面向工程应用的图形平台 TCAD

——PKPM 建筑工程软件系统的通用图形平台

中国建筑科学研究院　建筑工程软件研究所　编

中国建筑工业出版社

图书在版编目（CIP）数据

面向工程应用的图形平台 TCAD：PKPM 建筑工程软件系统的通用图形平台/中国建筑科学研究院　建筑工程软件研究所编．—北京：中国建筑工业出版社，2008
ISBN 978-7-112-10427-7

Ⅰ．面…　Ⅱ．中…　Ⅲ．建筑工程-建筑制图-计算机辅助设计　Ⅳ．TU204

中国版本图书馆 CIP 数据核字（2008）第 159991 号

本书主要介绍 PKPM 自主开发的图形平台 TCAD 的主要功能及使用说明。作为面向建筑行业和更多行业的通用图形平台，TCAD 可与 AutoCAD 兼容并导入其图形文件，也可将生成的文件保存成 AutoCAD 格式。同时，TCAD 还发展了考虑国内建设行业画图标准和习惯做法的一些特色功能，增加了建筑、结构、水电、暖通空调等专业设计的辅助绘图工具，方便用户使用。

本书可供工程建设行业设计施工人员参考使用，也可作为高校土木工程专业相关课程的教材。

*　*　*

责任编辑：王　梅
责任设计：赵明霞
责任校对：梁珊珊　陈晶晶

面向工程应用的图形平台 TCAD
——PKPM 建筑工程软件系统的通用图形平台
中国建筑科学研究院　建筑工程软件研究所　编
*
中国建筑工业出版社出版、发行（北京西郊百万庄）
各地新华书店、建筑书店经销
北京红光制版公司制版
北京建筑工业印刷厂印刷
*
开本：787×1092 毫米　1/16　印张：17¾　字数：442 千字
2008 年 12 月第一版　2008 年 12 月第一次印刷
印数：1—6,000 册　定价：**38.00** 元
ISBN 978-7-112-10427-7
（17351）

版权所有　翻印必究
如有印装质量问题，可寄本社退换
（邮政编码　100037）

参加本书编写人员名单

沈文都　郭华锋　邓正贤　陈岱林

姜　立　董　毅　马恩成　李守功

前　言

PKPM 系列建筑工程 CAD 系统是通过建设部鉴定的集建筑、结构、设备设计为一体的大型集成化自主版权 CAD 系统，是目前国内建筑行业内应用最广的一套建筑设计软件系统，市场占有率达 95%以上。它有力地推动了我国设计行业甩掉图板的技术革新，极大地提高了设计效率和质量，及时满足了建设事业高速发展的需要，并被逐渐推广到港澳地区及东南亚国家。PKPM 曾多次获得国家科技进步奖，是中国软件行业协会推荐的优秀软件产品。随着该系统近 20 年的不断推广应用，软件系统用户群日益壮大，注册用户已达数万家，取得了极为显著的社会效益和经济效益。

建筑工程设计软件离不开图形平台。PKPM 一直向用户提供一个自己开发的图形平台 TCAD，TCAD 嵌入在 PKPM 设计系统中，提供 CAD 软件中的建筑模型输入、专业计算结果输出、设计施工图绘制等各方面的应用。这种架构使 PKPM 不像很多其他 CAD 软件那样必须先要配置一个其他的图形平台，从而大大减少了用户的负担，而且安装轻便，设计过程非常流畅。

随着 PKPM 专业软件 20 年来不断发展壮大，图形平台 TCAD 也得到不断发展和普及应用。由于国内、国际上 Autodesk 公司的 AutoCAD 图形平台应用很多、发展很快，TCAD 多年来一直在跟踪和学习 AutoCAD 的发展。TCAD 在界面、基本功能操作、编辑方式等方面全面模仿 AutoCAD 的功能和风格，使广大熟悉 AutoCAD 的用户可同样无障碍地使用 TCAD。TCAD 在图形显示缩放、图形编辑、图档管理等主要性能指标上使自己不落后甚至优于 AutoCAD，这样保证了用户的工作效率。TCAD 保持与 AutoCAD 的兼容和顺畅地交流，TCAD 图形文件可以保存成为 AutoCAD 格式文件，TCAD 还可以在不进入 AutoCAD 环境的情况下，直接导入 AutoCAD 各种版本的 DWG 格式的图形文件。

由于是面向建设工程设计这一特定领域的应用，除了学习国外图形平台先进技术之外，TCAD 还发展了具有自己特色的若干功能和风格，这些功能充分考虑了国内建设行业的画图标准和习惯做法，从而给用户带来更大方便。

作为建筑行业的专业绘图编辑软件，TCAD 为用户增加了建筑设计方面建筑、结构、水电、暖通空调等专业设计的辅助绘图工具。

由于 PKPM 在我国建筑设计行业应用面达 95%以上，在建筑施工领域也得到越来越广泛的普及，TCAD 也同时得到了用户多年来广泛的应用，这种广泛应用是 TCAD 性能稳定和成熟的重要保障。

虽然 TCAD 是 PKPM 的组成部分之一，但是发展到现在，它已经可以作为一个独立的图形平台使用。TCAD 可以作为面向建筑行业和更多行业的通用图形平台，应该得到更多地推广应用，这对于发展我国的自主知识产权图形平台具有很大的意义，也必定给广大用户减轻负担和带来更多的收益。

TCAD可以提供软件开发包给软件开发商，使用TCAD平台开发的任何软件，都可在提供用户专业设计功能的同时，提供图形平台的支持，使用户减少了同时购买国外图形平台的巨大开销。

多年来，TCAD的发展得到国家科技部、建设部的“九五”、“十五”、“十一五”科技攻关项目和“863”项目的支持，多次获得国家和建设部“科技进步奖”奖励。

本书详细介绍了TCAD图形平台主要功能及使用说明，对书中错误和不足之处，恳请读者批评指正。

中国建筑科学研究院　建筑工程软件研究所

目　录

第一章　认识 PKPM 及 TCAD 图形平台 …… 1

第一节　TCAD 功能简介 …… 1

一、TCAD 的主要功能 …… 1

二、2008 版 TCAD 新功能介绍 …… 2

第二节　TCAD 的安装与启动 …… 3

一、TCAD 运行环境 …… 3

二、TCAD 的安装与启动 …… 3

第三节　TCAD 界面组成 …… 4

一、标题栏 …… 4

二、下拉菜单 …… 6

三、工具条 …… 8

四、绘图区 …… 9

五、屏幕右侧菜单区 …… 10

六、命令提示区和状态栏 …… 10

七、属性列表窗口 …… 11

第四节　TCAD 绘图操作方式 …… 11

一、认识坐标系 …… 11

二、几种坐标定位方式 …… 11

三、使用 TCAD 命令 …… 14

四、简化命令 …… 14

五、控制显示方法 …… 15

第五节　图形文件管理 …… 16

一、创建新图 …… 16

二、编辑旧图 …… 16

三、保存图形 …… 17

四、多文档引用及管理 …… 17

第六节　界面定制和编辑方式设置 …… 20

一、功能介绍 …… 20

二、界面定制操作说明 …… 20

三、与原有操作风格的兼容和编辑方式选项 …… 23

第七节　TCAD 帮助系统 …… 25

第二章　创建二维图形对象 …… 27
第一节　如何使用绘图命令 …… 27
第二节　创建直线、多段线及放射线 …… 29
一、直线的绘制（LINE ） …… 29
二、多段线的绘制（POLILINE ） …… 30
三、放射线的绘制（RAY ） …… 32
第三节　创建双线、平行直线 …… 33
一、双线的绘制（MULTILINE ） …… 33
二、由单线创建双线 …… 34
三、平行直线的绘制 …… 34
第四节　创建点与等距插点 …… 35
一、创建点（POINT ） …… 35
二、等距插点 …… 35
第五节　创建矩形、多边形及正多边形 …… 36
一、矩形的绘制（RECTANGLE ） …… 36
二、多边形的绘制（POLYGON ） …… 38
三、正多边形的绘制（ELPOLYGON ） …… 38
第六节　创建圆、圆弧及圆环 …… 40
一、圆的绘制（CIRCLE ） …… 40
二、圆弧的绘制（ARC ） …… 43
三、圆环的绘制（DONUT ） …… 44
第七节　创建椭圆、椭圆弧 …… 45
一、椭圆的绘制（ELLIPSE ） …… 45
二、椭圆弧的绘制（ELLIPSE ARC ） …… 47
第八节　创建样条曲线 …… 47
一、样条曲线（SPLINE ） …… 47
二、样条曲线的绘制 …… 48
第九节　图案填充与区域形成 …… 49
一、填充概念 …… 49
二、形成区域 …… 50
三、区域裁剪 …… 50
四、图案填充（HATCH ） …… 51
第三章　编辑二维图形对象 …… 56
第一节　如何构造选择集 …… 56
一、TCAD中的选择集 …… 56

二、选择集的构造方法 …… 57
三、TCAD选择集特有构造方式 …… 59
第二节　图素对象的删除与复制 …… 60
一、删除对象（ERASE ）…… 60
二、复制对象（COPY ）…… 61
三、镜像复制对象（MIRROR ）…… 62
四、旋转复制对象（ROTATE ）…… 63
五、缩放复制对象（SCALE ）…… 64
六、阵列复制对象（ARRAY ）…… 65
七、拖动复制与拖点复制 …… 68
第三节　图素对象的移动与偏移 …… 68
一、移动对象（MOVE ）…… 68
二、偏移对象（OFFSET ）…… 70
第四节　图素对象的拉伸与拉长 …… 71
一、拉伸对象（STRETCH ）…… 71
二、拉长对象（LENGTHEN ）…… 72
第五节　图素对象的修剪与延伸 …… 73
一、修剪对象（TRIM ）…… 73
二、延伸对象（EXTEND ）…… 74
第六节　图素对象的倒角与圆角 …… 75
一、倒角（CHAMFER ）…… 75
二、圆角（FILLET ）…… 76
第七节　图素对象的打断与分解 …… 77
一、打断（BREAK ）…… 77
二、分解（EXPLODE ）…… 78
第八节　“夹点编辑”方式 …… 79
一、认识夹点 …… 79
二、设置夹点 …… 79
三、夹点编辑 …… 80
第四章　对象特性与图层管理 …… 82
第一节　对象特性 …… 82
一、设置新创建图形对象的通用特性 …… 82
二、查询、修改已有图形对象的特性 …… 87
第二节　图层的创建与管理 …… 90
一、图层的创建 …… 90
二、指定图形对象图层特性和修改图形对象的图层特性 …… 91

三、图层的管理 …… 91
第五章　利用绘图辅助工具精确绘图 …… 95
第一节　捕捉与追踪 …… 95
一、栅格捕捉 …… 95
二、正交设置 …… 97
三、极轴追踪 …… 97
四、对象捕捉 …… 99
五、动态追踪 …… 104
第二节　查询图形对象的特性 …… 106
一、查询距离 …… 106
二、查询文字及图层 …… 108
三、查询半径、直径、角度 …… 111
四、查询面积 …… 112
五、综合查询 …… 115
第三节　图形显示控制 …… 117
一、重画与重生成图形 …… 117
二、缩放显示视图 …… 118
三、图形的平移显示 …… 122
四、鸟瞰视图 …… 123
五、控制填充及线宽显示 …… 124
第六章　文字与尺寸标注 …… 126
第一节　文字的创建 …… 126
一、字体的设置与修改 …… 126
二、创建文字 …… 129
三、使用特殊字符 …… 133
四、使用文件块和词库 …… 135
第二节　文字的修改编辑 …… 138
一、修改文字内容 …… 138
二、修改文字位置 …… 138
三、文字替换与合并 …… 139
四、修改文字对齐方式 …… 141
第三节　尺寸标注的组成与编辑 …… 143
一、尺寸标注的组成 …… 143
二、尺寸标注样式的修改 …… 143
第四节　使用尺寸标注命令 …… 145
一、线性尺寸标注 …… 145
二、圆、圆弧的标注 …… 149
三、角度的标注 …… 152
四、设置标注精度 …… 153

五、尺寸的合并与分解 …… 153
第七章　专业辅助绘图功能 …… 156
第一节　绘制建筑专业符号 …… 156
一、设置大地坐标及标高 …… 156
二、绘制图纸索引符号 …… 160
三、绘制对称、断面符号 …… 163
第二节　钢筋的绘制和标注 …… 165
一、钢筋圆点的绘制 …… 165
二、画槽筋 …… 166
三、画板底筋 …… 167
四、画折线筋 …… 168
五、画箍筋 …… 169
六、钢筋标注 …… 169
第三节　钢结构绘图符号 …… 171
一、标注编号 …… 172
二、标注螺栓孔 …… 172
三、标注钢板 …… 172
四、标注焊缝 …… 173
五、画螺栓群 …… 174
第四节　绘制建筑平面施工图 …… 174
一、轴网的生成 …… 174
二、轴网的标注 …… 182
三、建筑专业常见构件的生成和编辑 …… 183
四、房间名称的标注 …… 197
第八章　使用图块及图库 …… 200
第一节　块的创建与使用 …… 200
一、块的概念 …… 200
二、创建块 …… 201
三、插入块 …… 202
四、插入T图作为块 …… 203
五、图块的编辑 …… 204
第二节　图库的使用与管理 …… 204
一、TCAD图库类别与安装 …… 204
二、图库的使用 …… 205
三、图库的编辑与扩充 …… 207
第九章　创建三维模型 …… 210
第一节　三维曲面模型的创建方法 …… 210
一、创建球面、圆环面 …… 211
二、创建圆柱面、圆锥面 …… 213

三、创建长方体、棱锥、棱台 …… 214
四、创建方杆、圆杆 …… 216
五、创建旋转面、螺旋面 …… 218
第二节　在三维空间观察对象 …… 219
一、使用三维视图工具条观察对象 …… 219
二、使用系统预设置视图 …… 220
三、使用罗盘确定视点 …… 220
四、使菜单命令观察编辑三维对象 …… 221
第三节　应用实例 …… 222
第十章　页面设置与打印输出 …… 225
第一节　打印机设置 …… 225
第二节　打印页面设置 …… 226
一、打印方式 …… 226
二、打印范围 …… 227
三、打印原点 …… 228
四、旋转角度 …… 228
五、打印比例 …… 228
六、靠边方式 …… 228
七、打印线宽 …… 228
八、连打多图 …… 229
第三节　页面设置的保存和加载 …… 229
第四节　预览和调整 …… 230
第五节　正式打印 …… 231
第六节　驱动程序 …… 231
第十一章　工具与环境设置 …… 233
第一节　与其他程序进行数据交换 …… 233
一、与 DWG 及 DXF 格式进行数据交换 …… 233
二、与多种图形格式交换数据 …… 235
三、对象链接和嵌入（OLE） …… 239
第二节　设置、修改坐标系 …… 244
一、显示坐标系标志 …… 244
二、设置用户坐标系 …… 245
三、修改用户坐标系 …… 246
第三节　文件自动保存与恢复 …… 248
一、设置自动存盘时间 …… 249
二、恢复以往 T 图记录 …… 249
第四节　环境选项设置 …… 250
一、环境设置 …… 250
二、选项设置 …… 255

第十二章　TCAD 平台的二次开发 …… 258
第一节　ObjectCFG 简介与安装方法 …… 258
一、ObjectCFG 简介 …… 258
二、系统要求 …… 259
三、ObjectCFG 的安装及目录结构 …… 259
第二节　使用 ObjectCFG 制作简单的绘图程序 …… 260
一、创建 DLL 工程 …… 260
二、设置编译环境 …… 261
三、添加代码 …… 263
四、编译、设置程序 …… 265
五、运行程序 …… 266
附录　TCAD 系统命令列表 …… 268

第一章　认识 PKPM 及 TCAD 图形平台

本章将逐步引导读者认识 TCAD 图形平台，主要内容有：

◆ TCAD 的主要功能及 2008 版最新功能
◆ TCAD 的安装与启动
◆ TCAD 的界面组成与风格
◆ 理解坐标系及 TCAD 坐标输入方法
◆ 使用 TCAD 命令及简化命令的设置
◆ 使用图形文件管理功能
◆ 用户界面自定制的方法
◆ TCAD 帮助系统的使用方法

第一节　TCAD 功能简介

一、TCAD 的主要功能

TCAD 是一个计算机辅助绘图的图形平台。它提供常用的二维、三维画图功能，提供标注文字、标注尺寸功能，并可对图形编辑修改，打印输出。问世近 20 年来，已经经历了十余次升级，其每一次升级，在功能上都得到了逐步增强，且日趋完善。正因为 TCAD 具有强大的辅助绘图功能，它才成为了工程设计领域中应用广泛的计算机辅助绘图与设计软件之一，具体来说它的主要功能有：

1. 基本绘图功能：绘制图形如点、线段、平行直线、放射线、双线、多段线、多边形、正多边形、矩形、圆、圆弧、圆环、样条曲线、椭圆、椭圆弧等二维几何图形，并提供三维实体及三维曲面的造型功能。可对指定的图形区域进行图案填充。提供正交、极轴、对象捕捉和追踪等多种辅助工具，保证精确绘图。

2. 图形编辑功能：如复制、删除、镜像、偏移、阵列、移动、旋转、缩放、拉伸、拉长、延伸、打断、倒角、圆角、分解等多种强大的编辑功能。

3. 文字输入功能：可设置各种字体，标注中文、英文，文字修改，文字替换等，并且，TCAD 还拥有 PKPM 特色的文字查询、拖动、替换、避让、对齐、合并功能，以及对文本文件直接插入的文件行、文件块命令。

4. 标注尺寸功能：可标注的内容有点点距离、点线距离、线线间距、角度、直径、面积等。

5. 显示缩放功能：如窗口放大、局部放大、实时平移、实时缩放、重画、重生成、选择、隐藏等功能。对图形的缩放、平移、旋转的操作支持鼠标中键。对三维图形具有透视、轴测、着色、消隐等多种显示方式。

6. 图层管理功能：设置图层属性（包括层名、颜色、线宽、线型），查询图层，修改图层等功能，使用图层管理器便于对图形中各种内容的分类管理。

7. 图块图库、图形属性等功能：包括插入图块、新建库块、修改库块、图形入库等，使用图块可提高绘图效率。使用属性表可以集中统一地显示和修改所有图素的内容。

8. 专业绘图功能：提供针对建筑结构专业的轴线、标高、指北针、箭头、图名比例、详图索引、剖切索引、详图符号、对称符号、剖面符号、断面符号以及各级钢筋符号、钢结构符号的标注和绘图，还可作建筑图案的填充。

9. 支持 TCAD 图形格式 T 文件与 AutoCAD 图形格式 DWG/DXF 文件的相互转换。

10. 允许将所绘图形以不同布局样式通过绘图仪或打印机输出。

11. 提供二次开发接口：提供 C＋＋及 Fortran 语言环境下二次开发的接口，支持具有编程开发能力的用户或软件公司使用 TCAD 编制各类专业设计软件。

二、2008 版 TCAD 新功能介绍

1. 增加了“图层控制”工具条，集中图素的图层、颜色、线形、线框等属性的设置与修改，与 AutoCAD 相应的操作效果基本一致。修改了线宽设置机制，增加了“线宽选择”对话框，将绝对线宽（单位：mm）与原来的“PKPM 方式”下相对线宽（单位：笔）合并统一，兼顾两种操作习惯。修改了线型设置机制，可支持加载 AutoCAD 的线型，修改了“线型选择”对话框，增加了“线型加载”对话框。

2. 增加了与 AutoCAD 类似的属性表，集中统一地显示和修改所有图素的内容。对基本图素的显示内容主要为 4 部分：(1)“实体基本”，包括颜色、图层、线型、线宽；(2)“几何图形”，包括坐标、增量、角度、长度、面积、半径等；(3)“文字”，包括字宽、字高、角度、字体、文字内容、对齐方式等；(4)“其他”，包括填充标志。在屏幕上任意点击实体，属性表内容会自动切换，方便对基本属性进行查询、编辑。对属性表内容进行更改后，TCAD 会自动即时更新屏幕上的图形数据。

3. 新增多文档管理，可以按不同布局分别显示个别 T 图，也可以重叠显示多个 T 图。增加了“引用”的概念，可以把多文档之间的引用关系固定下来并予以保存，在需要时可以自动重建多文档打开状态，实现方便地自动相互引用。

4. 模仿 AutoCAD 的夹点追踪方式，引入了“动态夹点”的概念，对屏幕上各图形夹点的捕捉和追踪方式进行了改进。在图形对象绘制过程中，可直接捕捉到的动态夹点包括端点、交点、中点、基点、圆心和最近点，当光标划过这些点时，便用不同形状的夹点符号高亮显示出来。

5. 改进了文字、字符、多行文字的编辑方式。双击图上任一文字、字符，将直接弹出显示文字、字符或多行文字的属性表，方便修改编辑文字内容及字高、字宽等属性。另外，对于其他实体，如属性表未打开，双击实体将自动打开属性表。另外，还新增了对特殊符号的定义，输入方式为“%%X”，其中，X 为数字 128～138 共计 11 个数字，用来表示正负号、各级钢筋符号、二次方、三次方、角度等特殊符号。

6. 新版 T 图格式更加合理和丰富，容纳的图素属性更多，为 PKPM 今后的改进打好了坚实基础。新的 T 图格式文件是一套可扩展的格式，以适应近年来不断增长的用户需

求。2008 版 TCAD 对 T 图格式是向下兼容的，在默认状态下，只要打开一张旧格式 T 图，再保存出去就自动转换成 08 版格式了。用户如果仍想保留原有格式，可单独在【文件】菜单中选择【保存为旧版本】项。此外，新版 T 图格式具有一定的向上兼容性，支持正确跳过和忽略未来的未知新图素，因此将来无论增加任何新图素，程序都可以正常运行，图形数据不会出现异常。

7. 增加了“建筑平面”菜单，提供了针对建筑平面内轴网、墙、门窗、柱、阳台、楼梯等的绘制及修改功能，并提供了最新的符合国家标准的建筑图库及常用设备图库。

8. 改进了“图案填充”(Hatch)命令的功能，计算速度加快，精度更高，并在选取 AutoCAD 的“PAT 格式”图案时可输入填充角度，每个 PAT 中的图案种类可多达 500 个。还针对图块较多的 T 图文件，改进了图块索引方法，提高了显示和重生成的速度。

9. TCAD 新增了对界面的“自定制”功能，可对工具条、菜单、按钮、图标的外观、位置等进行重新设置，用户可根据自己的使用习惯和喜好设置用户界面，如打开工具条的个数和加载菜单的内容等，从而个性化定制符合自己风格的工作空间。

第二节 TCAD 的安装与启动

一、TCAD 运行环境

TCAD 软件适用于：

CPU——最低配置 586 以上，推荐使用 1G 以上的处理器；

内存——最低配置 128M 以上，推荐使用 512M 以上；

操作系统——最低配置 Windows98，推荐使用 Windows2000、WindowsXP 或更高；

显卡——VGA、TVGA 及 VESA 以上，显卡内存 16M 以上；

输入设备——鼠标、键盘；

输出设备——Windows 系统支持的各种绘图仪、打印机。

二、TCAD 的安装与启动

TCAD 有单独的安装盘，同时 TCAD 内嵌在 PKPM 的任何一个专业软件系统中，安装 PKPM 系统的同时也就安装了 TCAD。两种情况安装后的 TCAD 程序是一样的，只是安装的位置略有不同。

下面主要介绍 TCAD 安装程序内嵌在 PKPM 安装盘中时的安装方法。

将 PKPM 软件安装光盘插入光驱即可自动启动安装程序；也可以双击运行光盘根目录下的“Setup. exe”文件，按安装程序对话框提示逐步操作，即可完成 TCAD 的安装。

安装完成后将在屏幕桌面上出现 TCAD 的图标 。当然在安装 PKPM 系统后该图标和 PKPM 图标 都出现在屏幕桌面上。双击桌面的 TCAD 的图标 即可启动 TCAD。

对 PKPM 用户来说更多的是通过 PKPM 主菜单来启动 TCAD，因为这样做可以和 PKPM 专业设计的内容结合更加紧密。这时可双击桌面的“PKPM”图标 ，或从“开始→所有程序→PKPM CAD 系列工程软件”项目中单击“PKPM 主菜单”，也可以点击 PK-

PM 程序安装根目录下“PKPM. EXE”，将显示“PKPM 专业模块选择”对话框（见图 1-2-1），再选择“图形编辑、打印及转换”模块，即启动 TCAD 程序。用户可以通过点取右侧菜单、下拉菜单、工具条按钮，或直接在屏幕下方的命令提示区内输入命令，完成图形的绘制、编辑、打印等操作。

注意：TCAD 启动位置位于 PKPM 系列软件的各个模块，名称为“图形编辑、打印及转换”。在任意模块下点击此选项，都可单独启动 TCAD。

在“PKPM 专业模块选择”对话框中，单击“改变目录”按钮修改工作文件目录，将弹出“改变工作目录对话框”（图 1-2-2），选择要进行图形保存的位置。

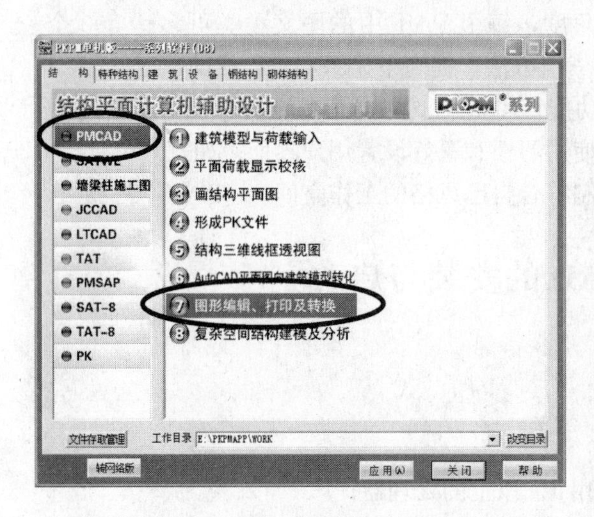

图 1-2-1　从 PKPM 专业模块中启动 TCAD　　　　图 1-2-2　改变工作目录对话框

第三节　TCAD 界面组成

TCAD 工作界面由标题栏、下拉菜单、工具条、绘图区、屏幕右侧菜单、属性列表、命令提示区和状态栏等部分组成，如图 1-3-1 所示。

TCAD 图标界面的风格进行了较大修改，主题颜色改为蓝色，更换了全套图标，更为鲜明美观，符合较流行的 WindowsXP 操作系统风格，更加逼近 AutoCAD 软件的风格。TCAD 的主界面见图 1-3-2，AutoCAD 的主界面见图 1-3-3。从对比图中可以看出，TCAD 的图形界面与 AutoCAD 的界面风格基本一致，使广大熟悉 AutoCAD 的用户不需要再学习《TCAD 用户手册》，就可以在两个平台之间进行相同功能的操作。并且，由于沿用大量 AutoCAD 的操作步骤、习惯与风格，使广大熟悉 AutoCAD 的用户同样能熟练使用 PKPM 的图形平台。

一、标题栏

如图 1-3-4 所示，标题栏位于应用程序窗口的最上面，用来显示图形文件的名称和路径。如果是 TCAD 默认的图形文件，其名称为 M*n*. T（*n* 是数字）。单击标题栏右端的按钮，可以最小化、最大化或关闭应用程序窗口。

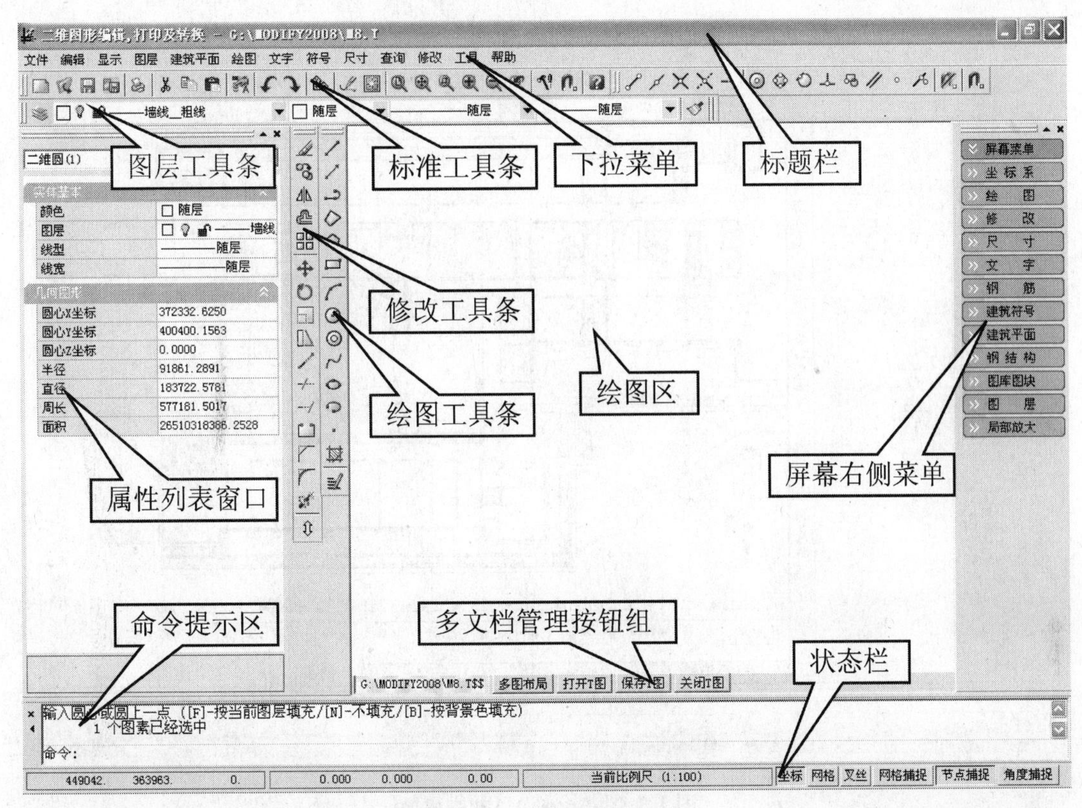

图 1-3-1　TCAD 界面组成

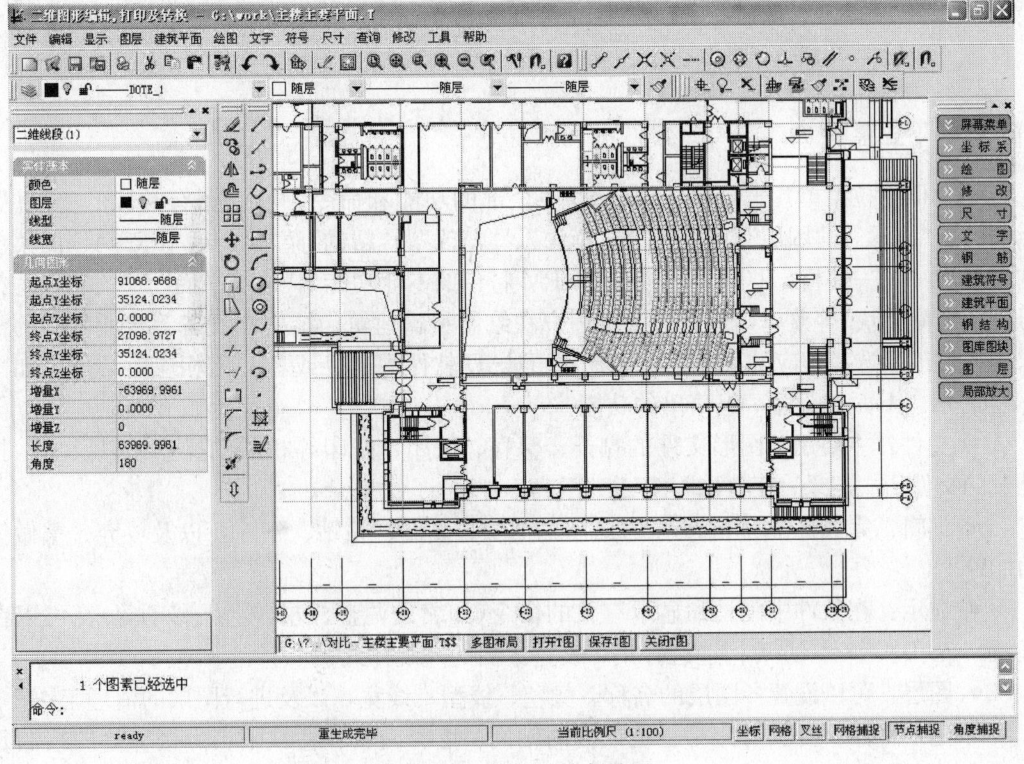

图 1-3-2　TCAD 的主界面

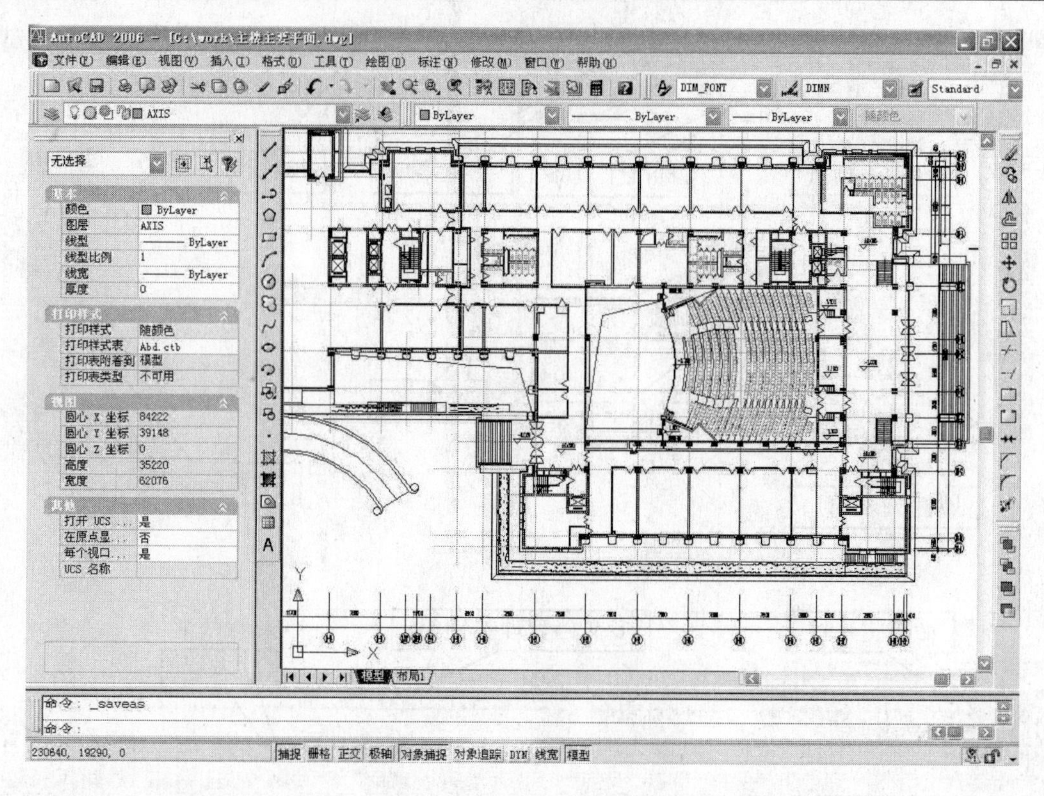

图 1-3-3 AutoCAD 的主界面

二维图形编辑,打印及转换 - E:\模板输入-图形\现浇桩\人工挖灌注桩-1型.T

图 1-3-4 标题栏

二、下拉菜单

TCAD 下拉菜单几乎包括了 TCAD 中全部的功能和命令，不仅拥有常规的“文件”、“编辑”、“显示”、“图层”、“绘图”、“标注”、“修改”、“帮助”菜单，与 AutoCAD 的菜单内容基本一致。并且，TCAD 还拥有 PKPM 特色的专业功能如“建筑平面”、“文字”、“符号”、“图库图块”等菜单，更好地满足用户在绘制编辑建筑、结构、设备等专业图时的需求，通过逐层选择相应的菜单，可以激活 TCAD 软件的命令或者弹出相应对话框，如图 1-3-5所示。下面介绍每一组菜单的功能：

- 文件：主要用于图形文件的打开、保存、关闭、打印等相关的操作，以及显示打开过的文件历史记录；
- 编辑：完成标准 Windows 方式下的剪切、复制、粘贴、删除，以及放弃、重做等功能；
- 显示：在软件中凡是和显示有关的命令(如缩放调整、左右上下移动等)都可以在“显示”菜单中激活，并可构造选择集，设置界面的外观样式；
- 图层：可以设置各图层的名称、颜色、线型、线宽，以及进行图层的清理工作；
- 建筑平面：提供了针对建筑平面内轴网、墙、门窗、柱、阳台、楼梯等的绘制及修改功能，并提供了符合国家标准的建筑图库及常用设备图库；

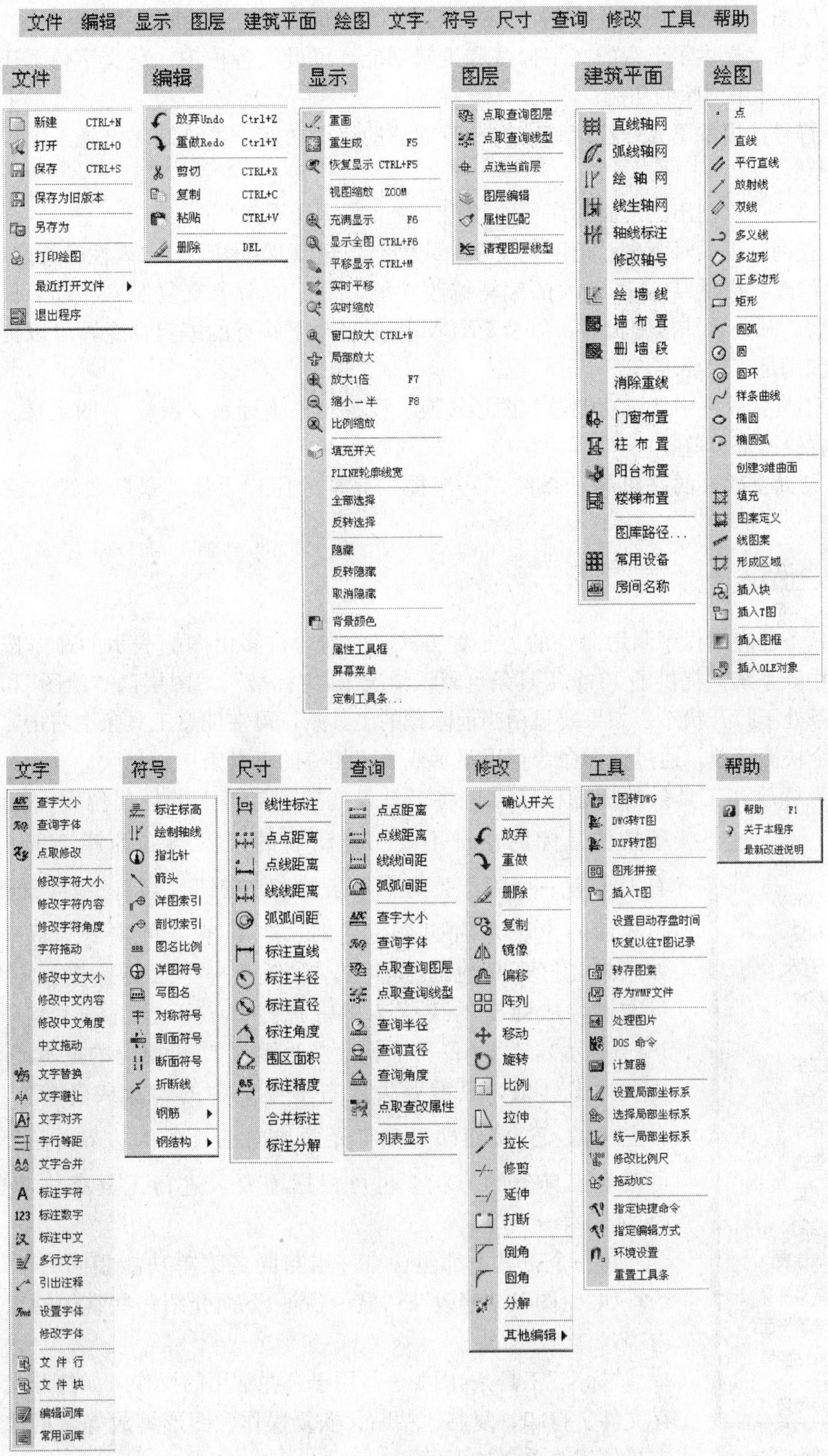

文件　编辑　显示　图层　建筑平面　绘图　文字　符号　尺寸　查询　修改　工具　帮助

文件

新建　CTRL+N
打开　CTRL+O
保存　CTRL+S
保存为旧版本
另存为
打印绘图
最近打开文件 ▶
退出程序

编辑

放弃Undo　Ctrl+Z
重做Redo　Ctrl+Y
剪切　CTRL+X
复制　CTRL+C
粘贴　CTRL+V
删除　DEL

显示

重画
重生成　F5
恢复显示　CTRL+F5
视图缩放　ZOOM
充满显示　F6
显示全图　CTRL+F6
平移显示　CTRL+M
实时平移
实时缩放
窗口放大　CTRL+W
局部放大
放大1倍　F7
缩小一半　F8
比例缩放
填充开关
PLINE轮廓线宽
全部选择
反转选择
隐藏
反转隐藏
取消隐藏
背景颜色
属性工具框
屏幕菜单
定制工具条...

图层

点取查询图层
点取查询线型
点选当前层
图层编辑
属性匹配
清理图层线型

建筑平面

直线轴网
弧线轴网
绘 轴 网
线生轴网
轴线标注
修改轴号
绘 墙 线
墙 布 置
删 墙 段
消除重线
门窗布置
柱 布 置
阳台布置
楼梯布置
图库路径...
常用设备
房间名称

绘图

点
直线
平行直线
放射线
双线
多义线
多边形
正多边形
矩形
圆弧
圆
圆环
样条曲线
椭圆
椭圆弧
创建3维曲面
填充
图案定义
线图案
形成区域
插入块
插入T图
插入图框
插入OLE对象

文字

查字大小
查询字体
点取修改
修改字符大小
修改字符内容
修改字符角度
字符拖动
修改中文大小
修改中文内容
修改中文角度
中文拖动
文字替换
文字避让
文字对齐
字行等距
文字合并
标注字符
标注数字
标注中文
多行文字
引出注释
设置字体
修改字体
文 件 行
文 件 块
编辑词库
常用词库

符号

标注标高
绘制轴线
指北针
箭头
详图索引
剖切索引
图名比例
详图符号
写图名
对称符号
剖面符号
断面符号
折断线
钢筋 ▶
钢结构 ▶

尺寸

线性标注
点点距离
点线距离
线线距离
弧弧间距
标注直线
标注半径
标注直径
标注角度
围区面积
标注精度
合并标注
标注分解

查询

点点距离
点线距离
线线间距
弧弧间距
查字大小
查询字体
点取查询图层
点取查询线型
查询半径
查询直径
查询角度
点取查改属性
列表显示

修改

确认开关
放弃
重做
删除
复制
镜像
偏移
阵列
移动
旋转
比例
拉伸
拉长
修剪
延伸
打断
倒角
圆角
分解
其他编辑 ▶

工具

T图转DWG
DWG转T图
DXF转T图
图形拼接
插入T图
设置自动存盘时间
恢复以往T图记录
转存图素
存为WMF文件
处理图片
DOS 命令
计算器
设置局部坐标系
选择局部坐标系
统一局部坐标系
修改比例尺
拖动UCS
指定快捷命令
指定编辑方式
环境设置
重置工具条

帮助

帮助　F1
关于本程序
最新改进说明

图1-3-5　TCAD下拉菜单一览

- 绘图：包含了创建 TCAD 主要二维图形对象的大部分命令；
- 文字：提供了丰富的文字标注和编辑功能，可设置各种中、英文字体，还提供了编辑、存储常用词库的功能；
- 符号：提供了大量建筑和结构专业的辅助绘图功能，可绘制建筑施工图中常用的各种符号；
- 尺寸：绘制出图形后标注尺寸和相关的文字注释等命令；
- 查询：提供对距离、角度、文字、线型、线宽以及各图形对象属性的查询功能；
- 修改：提供 TCAD 庞大的编辑修改功能，常用的命令有复制、移动、偏移、镜像、修剪、圆角、其他编辑等，以及 PKPM 图形平台下特有的编辑命令，可以提高设计的效率和满足工程要求；
- 工具：软件中特定功能，如图形转换、设置用户坐标系、恢复 T 图记录、图像处理、设置绘图环境等；
- 帮助：软件的联机帮助系统，甚至提供完整的用户手册、最新改进说明及版本介绍。

三、工具条

工具条是应用程序调用命令的另一种方式，它包含许多由图标表示的命令按钮。在 TCAD 中，系统共提供了 13 个工具条，默认情况下，“标准”、“图层”、“绘图”和“修改”等工具条处于打开状态。如果要显示当前隐藏的工具条，可在任意工具条上右击，此时将弹出一个快捷菜单，通过选择命令可以显示或关闭相应的工具条。

将光标放在工具条的标题栏区，可将工具条拖拽到屏幕上的任何位置，拖动时必须按住鼠标的左键不放。拖动后的工具条变为浮动的工具条，右上角有一个用于关闭工具条的 按钮。当将工具条拖动到用户界面的上下左右四个位置时，工具条又可恢复为固定状态。如果想要打开其他的工具条，在任意一个工具条按钮上单击鼠标右键，从弹出的快捷菜单中选择并激活想用的工具条（如图 1-3-6所示），TCAD 马上就会在屏幕上打开相应的工具条；如果要关掉工具条，只需要去掉右键菜单中的勾选或者单击工具条右上角的 按钮即可。将光标指向工具条的边界并进行拉伸，可改变工具条的形状。也可根据需要，进行工具条内容的定制（见本章第七节）。

图 1-3-6　选择显示工具条

每一个工具条都包含有一组与同名菜单功能相同的 TCAD 命令，如“绘图”、“修改”、“显示”等。下面介绍一些常用的工具条的内容：

“标准”工具条（图 1-3-7）用于一些常用的操作，如打开文件、保存文件、打印、复制、粘贴、恢复操作、图形缩放等，正常情况下它是位于菜单栏的下面。

“图层”工具条（图 1-3-8）用于交互设置各图层的名称、颜色、线

图 1-3-7　“标准”工具条

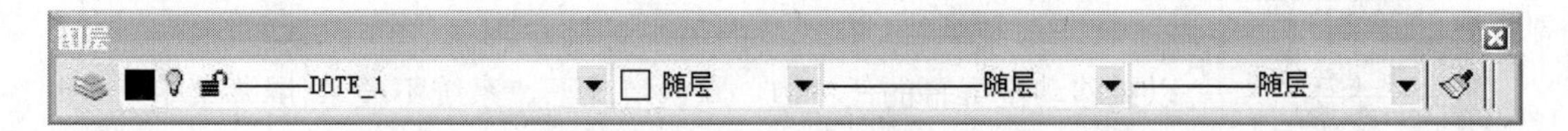

图 1-3-8　“图层”工具条

型、线宽、开关状态及锁定状态等，正常情况下它是位于“标准”工具条的下面。

“绘图”工具条(图 1-3-9)是绘制常见实体的命令集，用于绘制各种线、弧、圆、椭圆和文字等二维图形。在缺省状态下该工具条显示在 TCAD 绘图窗口的左侧，该工具条中几乎所有的命令都可以在“绘图”菜单中找到。

图 1-3-9　“绘图”工具条

“修改”工具条(图 1-3-10)中的工具用于修改已存在的实体，可对实体进行移位、复制、旋转、删除、修剪、拉伸等操作。在缺省状态下该工具条显示在 TCAD 绘图窗口的左侧。

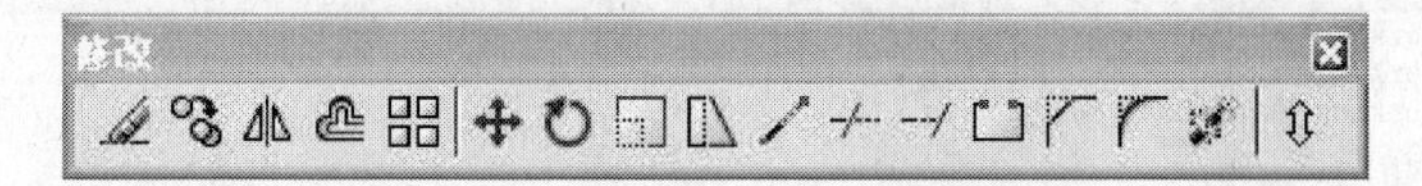

图 1-3-10　“修改”工具条

“捕捉”工具条(图 1-3-11)用于帮助用户选择对象上的特殊点，如端点、中点、交点、垂足点和圆心等。

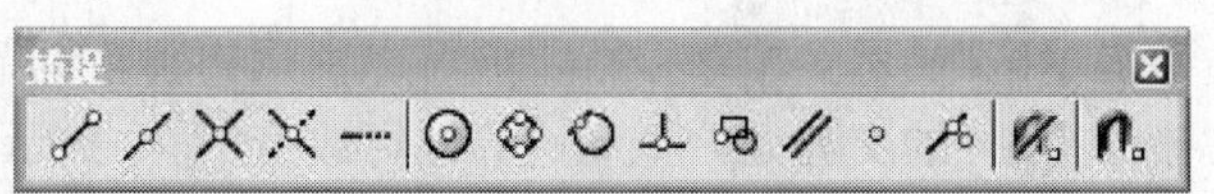

图 1-3-11　“捕捉”工具条

四、绘图区

在 TCAD 中，中间黑色区域为绘图区。绘图窗口是用户绘图的工作区域，所有的绘图结果都反映在这个窗口中。可以根据需要关闭其周围和里面的各个工具条，以增大绘图空间。绘图区可以随意扩展，在屏幕上显示的只是图形的一部分或全部，用户可以通过缩放、平移等命令来控制图形的显示。

在绘图区域移动鼠标会看到一个十字光标在移动，这就是图形光标。绘制图形时显示为“+”，在拾取对象时显示为“□”。箭头或十字靶标（ 、 ）表示程序等待状态，此时可在命令提示栏中输入数据、命令或拾取菜单命令。在绘图窗口中除了显示当前的绘图结果外，还显示了当前使用的坐标系类型以及坐标原点、X 轴、Y 轴、Z 轴的方向等。默认情况下，坐标系为世界坐标系(WCS)。

图 1-3-12　屏幕菜单

绘图区的默认颜色为黑色，此背景色可根据习惯由用户自行设置，见【显示】菜单中的【背景颜色】选项。

五、屏幕右侧菜单区

"屏幕菜单"是 TCAD 的另一种菜单形式，位于屏幕右侧，它可以被移动至屏幕的任一边。默认情况下，系统不显示"屏幕菜单"，但可根据用户需求自行决定是否启用及放置位置。设置位置为【显示】菜单中的【屏幕菜单】选项，如图 1-3-12 所示。

在"屏幕菜单"中，各个命令划分成不同的组。每一项命令，都可通过在"屏幕菜单"栏中上下移动光标被点亮，然后按下鼠标的左键来执行。

六、命令提示区和状态栏

在 TCAD 中，默认情况下"命令提示区"是一个可固定的窗口，可以在当前命令行提示下输入命令、对象参数等内容。状态行用来显示 TCAD 当前的状态，如当前光标的坐标、命令和按钮的说明等。绘制图形时，在绘图窗口中移动光标时，状态行的"坐标"区将动态地显示当前坐标值。状态栏还用来显示捕捉、追踪、叉丝、网格、比例尺等绘图模式的设置状态，如图 1-3-13 所示。

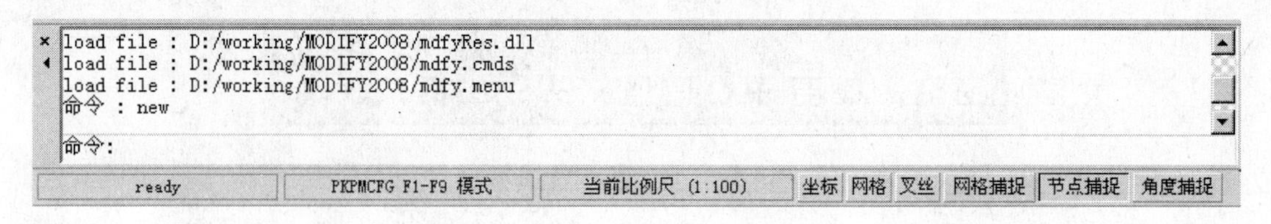

图 1-3-13　命令提示区和状态栏

默认设置下"命令提示区"显示 3 个命令行，但可以由用户自行调节行数的多少。将光标移至"绘图区"与"命令提示"的交界处，拖动边界即可改变"命令提示区"的大小。如果想查看已经运行过的命令历史，可以按键盘上的【F2】键进行查看，系统将弹出"历史记录文本窗口"对话框，其中记录了命令运行的过程和参数设置，如图 1-3-14 所示。对大多数命

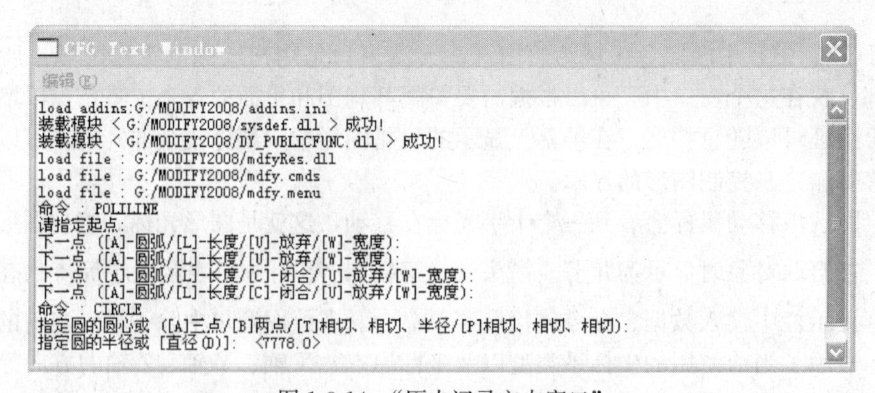

图 1-3-14　"历史记录文本窗口"

令，“命令行”中可以显示执行完的两条命令提示，而对于一些输出命令，例如“LIST”命令，需要在放大的“命令行”或“历史记录文本窗口”中才能完全显示。

在命令行中，还可以使用【BackSpace】键删除命令行中的文字；也可以选中命令历史，并执行“复制”命令，将其粘贴到命令行中再次执行。

七、属性列表窗口

“属性列表窗口”列出选定对象或对象集的特性以及当前设置。选择多个对象时，“属性列表窗口”只显示选择集中所有对象的公共特性。如果尚未选择对象，“属性列表窗口”只显示当前图层的基本特性的信息，如图1-3-15所示。如TCAD启动时，“属性列表窗口”没有显示，可以点选【显示】菜单中的【属性工具框】选项，将它打开。再次启动TCAD时，“属性列表窗口”默认就为打开状态了。

图1-3-15　属性列表窗口

第四节　TCAD绘图操作方式

一、认识坐标系

绘图过程中要想精确定位某一对象的位置，最好的方法是以某个坐标系作为参照。坐标(x，y)是表示点的最基本方法。在TCAD中，坐标系共包括WCS(世界坐标系)和UCS(用户坐标系)两种，掌握这两种坐标系的使用方法对于精确绘图十分重要。

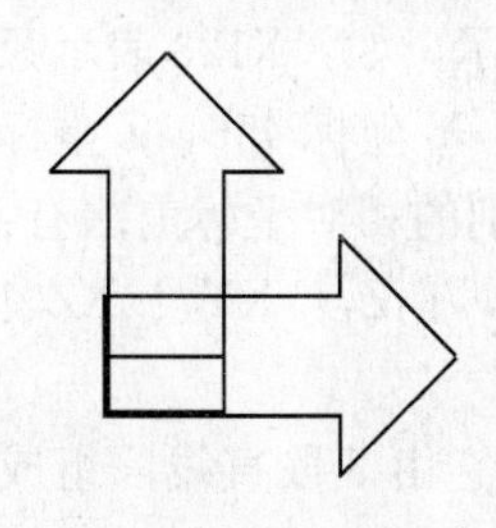

图1-4-1　TCAD的“坐标系”标志

世界坐标系(WCS)的英文全称为World Coordinate System，它是TCAD的基本坐标系统，包括X轴和Y轴(如果在3D空间工作，还有一个小房子表示Z轴)。WCS坐标轴交汇点位于坐标系原点，所有的位移设置都是相对该点进行计算的，并且沿X轴正向及Y轴正向的位移被规定为正方向，如图1-4-1所示。

TCAD提供了可变的用户坐标系统(UCS)，其英文全称为User Coordinate System，它可以更好地辅助绘图。默认情况下，用户坐标系统和世界坐标系统相重合，用户可以在绘图过程中根据具体需要来定义UCS。

有关世界坐标系(WCS)与用户坐标系统(UCS)的设置见第十一章“工具与环境设置”第二节设置、修改坐标系相关内容。

二、几种坐标定位方式

1. 键盘坐标输入方式

在绘制图形时，可采用TCAD提供的4种坐标精确定位方法进行绘制，即绝对坐标、相对坐标、绝对极坐标和相对极坐标，下面分别进行介绍。

(1) 绝对坐标(Absolute Coordinate)

绝对坐标以原点(0，0)或(0，0，0)为基点定位所有的点。TCAD默认的坐标原点位于绘图区左下角。在绝对坐标系中，X轴、Y轴和Z轴在原点(0，0，0)相交。绘图区内的任何一点都可以用"！(X，Y，Z)"的形式来表示，也可以用"！X，Y，Z"的形式来表示，如在命令提示区输入"！(500，500)"或"！500，500"表示绝对坐标(500，500，0)。

(2) 相对坐标(Relative Coordinate)

相对坐标是一点(假如A点)相对于另一特定点(假如B点)的位置。用户可以用"@X，Y"或者直接输入"X，Y"来表示相对坐标。一般情况下，绘图中常常把上一操作点看作特定点，后续操作都是相对上一操作点而进行的。如果上一操作点的坐标是(300，300)，通过键盘输入下一点的相对坐标"@500，400"或"500，400"，则等于确定了该点的绝对坐标为(300+500，300+400)，即(800，700)。

(3) 绝对极坐标(Absolute Polar Coordinate)

极坐标是通过相对于极点的距离和角度来定义一个点的坐标。在默认情况下，TCAD是以逆时针方向来测量角度。水平向右为0°(或360°)方向，90°为垂直向上，180°为水平向左，270°为垂直向下。绝对坐标都是以原点作为极点。TCAD中用"！$R<a$"来表示绝对极坐标。其中！表示绝对，R表示极径，a表示角度。例如，"！20<30"表示相对原点的极径为20个绘图单位，与X轴正方向夹角为30°的点。

(4) 相对极坐标(Relative Polar Coordinate)

相对极坐标通过相对于某一特定点的极径和偏移角度来表示。相对极坐标是以上一操作点作为极点，而不是以原点作为极点。这也是相对极坐标同绝对极坐标之间的区别。通常用"@$R<a$"或"$R<a$"来表示相对极坐标。其中@表示相对，R表示极径，a表示角度。例如，"@50<45"表示相对上一操作点的极径为50个绘图单位，角度为45°的点。

也可以使用直角坐标过滤功能，输入以XYZ字母前缀加数字表示，如：X123表示只输入X坐标123，YZ坐标不变；XY123，456表示输入X坐标123，Y坐标456，Z坐标不变；只输入XYZ不跟数字表示XYZ坐标均取上次输入值。可识别的相对坐标前缀有：X, Y, Z, XY, XZ, YZ, XYZ。可识别的绝对坐标前缀有：! X,! Y,! Z,! XY,! XZ,! YZ,! XYZ。

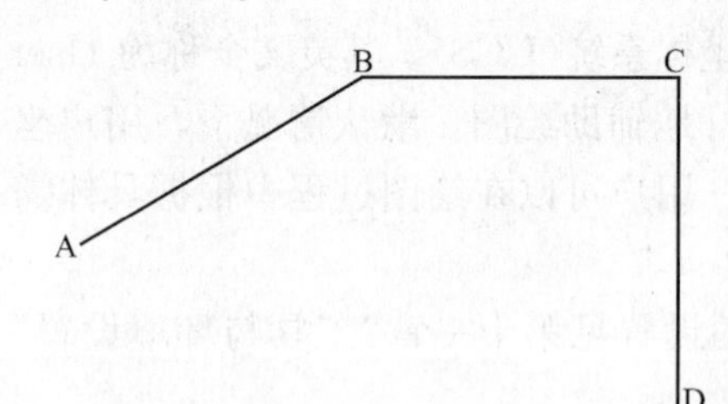

图1-4-2 坐标输入示例

示例：欲输入一条折线，它由3段直线段组成(见图1-4-2)，第1段AB段30°方向，长6000。第2段BC段0°方向，长6000。第3段CD段−90°方向，长6000。具体操作过程如下：

点取【绘图】菜单中的【直线】项，第一点A由绝对坐标(10000，20000)确定，在"输入第一点"的提示下在命令提示区键入"！10000，20000"，按键盘上的【回车】键确认。

第二点B希望用相对极坐标输入，该点位于第一点30°方向，距离第一点6000。这时屏幕上出现的是要求输入下一点的提示，这时键入"6000<30"，按键盘上的【回车】键输入相对极坐标，即完成第二点输入。

第三点C用相对坐标输入，键入“6000”并按【回车】键（Y向相对坐标0可省略输入）。

第四点D用相对坐标输入，键入“0，－6000”并按【回车】键，完成。

2. 利用追踪线方式输入点

用户输入一点后即出现橙黄色的方形框套住该点，随后移动鼠标在某些特定方向，比如水平或垂直方向时，屏幕上会出现拉长的虚线，这时输入一个数值即可得到沿虚线方向距离为该数值的点。我们称这种虚线为追踪线。这种输入方式为追踪线方式。这种方式非常方便操作。

用鼠标在任何点上稍作停留都会在该点出现橙黄色方形框，该点即成为参照点，随后都可采用追踪线方式。

程序隐含设定的追踪线方向是水平方向和垂直方向，用户还可定义其他角度的方向。

3. 鼠标键盘配合输入相对距离

输相对距离时，用鼠标在屏幕上拉出方向，用键盘输入距离数值。例如对上面的三段直线段的输入，点取第一点A后，按【F4】键进入角度捕捉状态，在30°方向拉出直线，键盘输入距离数值“6000”并按【回车】键给出B点，再在0°方向拉出直线，键盘输入“6000”并按【回车】键给出C点，再在－90°方向拉出直线，键盘输入“6000”并按【回车】键给出D点。

为了准确地找出方向，类似这样的操作建议使用键盘上的【F4】键，从而进入角度捕捉状态。有关“角度捕捉”的设置方式见第五章“利用绘图辅助工具精确绘图”相关内容。

4. 使用捕捉靶定位

在缺省方式下有一方框靶随光标移动，如果屏幕上已经画了若干图素，此方框可以捕捉到在靶范围中的已有图素，如线段的端点、两直线的交点，或图素上的任意点等，从而可以根据已有图素绘出准确图形。

当需要从已有图素的端点或交点上再延伸一些线段，就必须使用“捕捉靶方框”，它具有三项功能：

（1）捕捉图素节点

直线的两个端点，圆弧的两个端点，折线或多边形的顶点，圆或圆弧的圆心，直线与直线、直线与圆弧、圆弧与圆弧之间的交点。图素被捕捉靶套中后首先判断是否靠近这些节点，如果选中，光标便置于该点之上。

（2）捕捉拖动与图素的交点

如果图素的节点未能找到，该工具便试图找到拖动线与这个图素的交点，所谓拖动线就是你在捕捉中从上一点到当前光标的连线，由于上一点已成为历史，不可移动，而当前光标正为你所操纵，因此你可以有意控制这条线的角度，如打开【F4】进行角度捕捉等，这样可以在任意图形上画出不出头的准确图形。

（3）捕捉光标点到一个直线的水平或垂直投影点

如果当前光标作为第一点输入而没有拖动线时，光标靶如果套住了一条直线而且远离直线的两个端点时，光标将沿水平或垂直方向移向其在直线上的投影点，这对于画线段的第一点或画节点时十分有用。

5. 选择参照点定位

这个功能就是用已知图素上的点作参照，找出和它相对坐标的点。操作是：将光标移动到参照的节点，稍作停留后该节点上将出现橙黄色的方形框，这说明参照点已经选好，再用键盘输入和该点的相对距离，就得到需要输入的点。

如果需要输入的点在参照点的水平或垂直方向，当参照点上的橙黄色的方形框出现后，接着在水平或垂直方向拉动鼠标会出现水平或垂直的虚线，这时输入一个距离值即可得到需要输入的点。

还可以使用 TCAD 中功能更为强大的"捕捉与追踪"功能，详细使用方法及注意事项请参考第五章"利用绘图辅助工具精确绘图"。

三、使用 TCAD 命令

TCAD 中，所有的操作都会调用"命令"来执行，可以通过命令来告诉 TCAD 要进行什么操作，TCAD 将对命令作出响应，在命令行中将显示执行状态或给出执行命令需要进一步选择的选项。TCAD 提供了多种激活"命令"的方法，可以用鼠标单击工具条上的按钮，也可以从菜单栏中选择相应的命令，二者所达到的目的是一样的。在选择菜单命令或单击工具按钮后，命令行中就会出现相应的命令。用户也可以像在"DOS"操作系统中一样直接用键盘输入命令。

另一种输入命令的方式是使用"热键"，这是一些能打开和激活菜单选项的特殊键。在菜单栏和菜单命令后都有一个带下画线的字母，按【Alt】键后再按菜单项后的字母就可以打开相应的菜单，然后，按命令后的字母就可以执行相应的命令，无须使用鼠标。

在使用 TCAD 进行绘图时，有时会输入错误的命令或选项，若想取消当前正在执行的命令，可以使用键盘上的【Ese】键取消当前命令的操作。

有时您需要"重复执行"某个 TCAD 命令来完成设计任务。直接按回车键或空格键，TCAD 就会重复执行用户所使用的最后一条命令。

四、简化命令

PKPM 系列软件中的常用功能都有相应的英文命令表示，用户可以直接在屏幕下方的命令提示区输入命令执行其对应的操作。许多命令都有缩写式，输入一个或两个字母就代表了完整的命令名字。在熟悉了 TCAD 之后，就会感到这些快捷键很有用，命令的缩写文件放置在 TCAD 安装位置的根目录下，文件名是"shortcmd. txt"，用户可以在这里查找命令的缩写，也可以修改或添加简化命令。

TCAD 中的"快捷命令"选项页(如图 1-4-3 所示)，显示系统所有命令名称、内容描述，用户可增加、修改快捷命令的名称。用户在软件运行过程中，当屏幕下方出现"命令:"的提示时，只要用键盘输入程序认可的一个命令，此命令会在命令提示区显示，按【回车】键确认后即可执行。例如输入绘制直线命令"LINE"，输入删除图素命令"ERASE"等。用户输入的命令可以是命令全名，也可以是简化命令，例如画直线时还可以输入"L"，删除图素可输入"E"等。

用户输入命令后，可以用【Esc】键结束，也可以用鼠标右键结束。当用户在命令行输入"CONFIG"命令并按【回车】键后，程序将弹出"系统配置"对话框，此时用户可点取相应的命令，当被点取的命令处于可编辑状态下，用户即可以输入由用户自己定义的相应的简化命令。

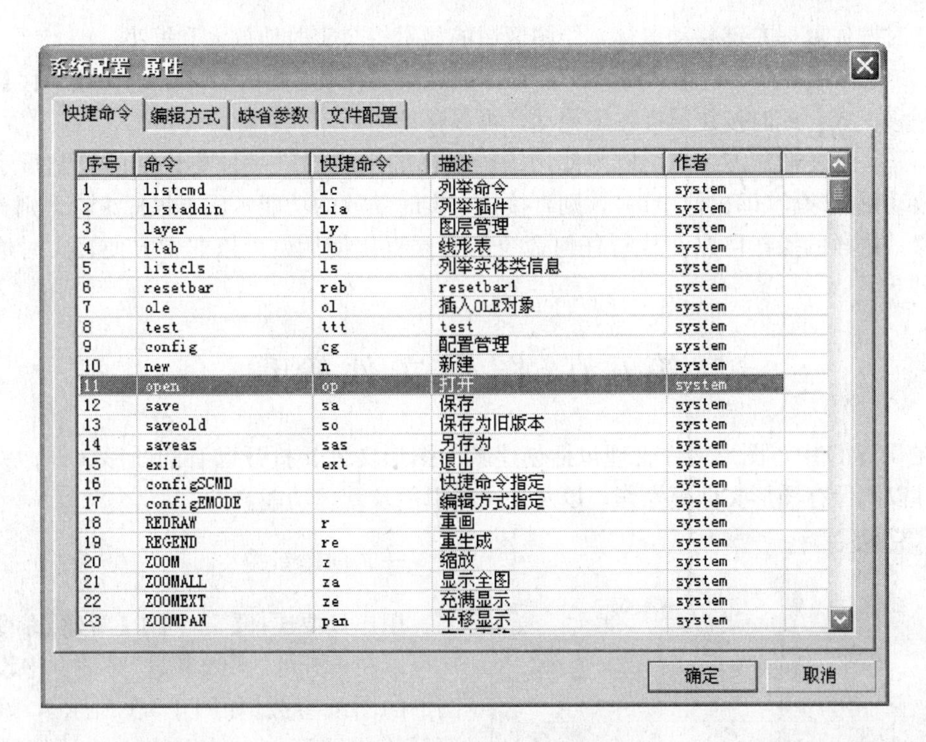

序号	命令	快捷命令	描述	作者
1	listcmd	lc	列举命令	system
2	listaddin	lia	列举插件	system
3	layer	ly	图层管理	system
4	ltab	lb	线形表	system
5	listcls	ls	列举实体类信息	system
6	resetbar	reb	resetbar1	system
7	ole	ol	插入OLE对象	system
8	test	ttt	test	system
9	config	cg	配置管理	system
10	new	n	新建	system
11	open	op	打开	system
12	save	sa	保存	system
13	saveold	so	保存为旧版本	system
14	saveas	sas	另存为	system
15	exit	ext	退出	system
16	configSCMD		快捷命令指定	system
17	configEMODE		编辑方式指定	system
18	REDRAW	r	重画	system
19	REGEND	re	重生成	system
20	ZOOM	z	缩放	system
21	ZOOMALL	za	显示全图	system
22	ZOOMEXT	ze	充满显示	system
23	ZOOMPAN	pan	平移显示	system

图 1-4-3　“快捷命令”选项页

五、控制显示方法

计算机显示屏幕的大小是有限的。也就是说，绘图区域受到计算机硬件的限制。TCAD提供的显示控制命令可以平移和缩放图形，这样在绘制图纸的细节时，可以清晰地观察到图形的细部。

在TCAD中常用的显示命令是缩放(ZOOM)和平移(PAN)。ZOOM命令的作用是放大或缩小对象的显示；PAN命令不改变图形显示的大小，只是移动图形。具体的应用方法如下。

(1) 命令行方式缩放：在命令行输入“ZOOM”，按【回车】键后系统给出如下提示：

[A]全图/[W]窗口/[M]平移/[X]放大/[Z]缩小/[S]比例/[E]充满/[F]飞行/[P]上次

常用的选项是“窗口(W)”方式，也就是用鼠标在屏幕上指定一个矩形区域，TCAD下一步将把指定的这块区域的图形显示到整个绘图区域。另外两个常用的方式是全部(A)和比例(S)。执行“全部”方式时，如果没有超出绘图区域的图形，TCAD将会显示全部绘图区域；如果有超出绘图区域的图形，TCAD将会显示全部图形。执行“比例”方式时，TCAD可以按比例缩放显示。

提示：大部分缩放显示命令都有简化命令，如缩放窗口(W)方式是“ZW”，缩放全部(A)方式是“ZA”，缩放充满(E)方式是“ZE”，即“ZOOM”命令的第一个字母“Z”加上其选项的指定字母。全部简化命令见“附录一”，它的设置方法见本节第四部分。

(2) 工具条方式缩放：单击【显示】工具条上的【实时缩放】按钮，则执行的是实时方式；这时按住鼠标左键移动鼠标，绘图区域的显示将会实时地放大和缩小。

(3) 平移：在命令行输入“PAN”后回车或者直接单击【显示】工具条上的【平移】按钮，进入平移模式。此时按住鼠标左键拖动，可以移动图形。

(4) 鼠标滚轮方式：TCAD 为使用滚轮鼠标的用户提供一种更快捷的控制显示的方法。滚动鼠标滚轮(即鼠标中键)，则直接执行实时缩放的功能，压下鼠标滚轮，则直接执行平移。这样的操作可以在执行任何命令的时候直接使用，可以非常方便、实时地显示图形。

第五节 图形文件管理

在 TCAD 中，图形文件管理包括创建新的图形文件、打开已有的图形文件、关闭图形文件以及保存图形文件等操作，以及多文档引用及管理功能。

一、创建新图

用户只要选择【文件】|【新建】命令，用户可以在打开的“图纸参数”对话框中设置新图形的图纸参数(如图 1-5-1 所示)，确定后便可绘制图形。在绘图当中应注意随时保存，也可在结束绘图时存盘赋名。

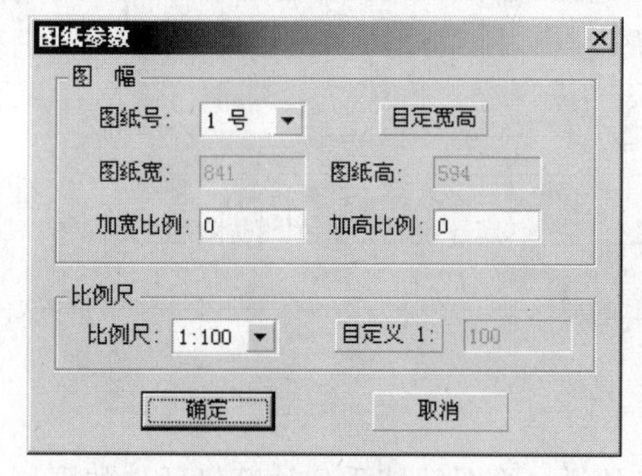

图 1-5-1 “图纸参数”对话框

提 示：

➡ 图纸号：在此下拉列表中，用户可选择绘图用的纸号(0～4 号)。

➡ 自定宽高：当用户点击“自定宽高”按钮后，可在对话框内的“图纸宽”和“图纸高”文本框内填入需要的图纸宽度与高度。

➡ 加宽比例：在此文本框内填入图纸加宽的比例，使图纸按比例放大。

➡ 加高比例：在此文本框内填入图纸加高的比例，使图纸按比例放大。

➡ 比例尺：设置图形的比例尺。分别为 1∶10、1∶20、1∶50、1∶100、1∶200、1∶500等。

➡ 自定义比例尺：用户可单击“自定义 1∶”按钮，激活自定义比例尺文本框，用户可在文本框内填入需要的比例。

二、编辑旧图

选择【文件】|【打开】命令，在打开的对话框中列出当前子目录下的 *.T 文件。程序具有图形预览功能，用光标点取文件，即可在对话框下方显示缩略图(如图 1-5-2 所示)。双击该文件或点取【打开】按钮，便可打开文件。

程序在“文件”下拉菜单中记录了新近打开的 10 个 T 格式图形文件的位置及名称(如图 1-5-3 所示)，方便用户在不同的图形文件之间进行切换。

应注意的是：当新打开一个图形文件时，当前窗口将被关闭。如果当前图已经被修改编辑过，会首先提示是否保存修改内容，再打开另一个图形文件。

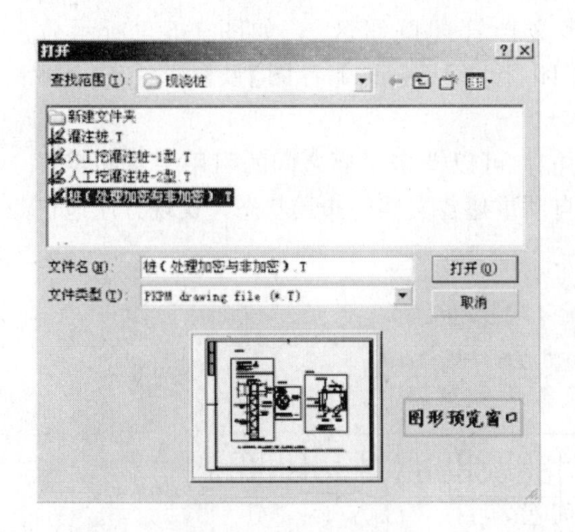

图 1-5-2　打开图形文件

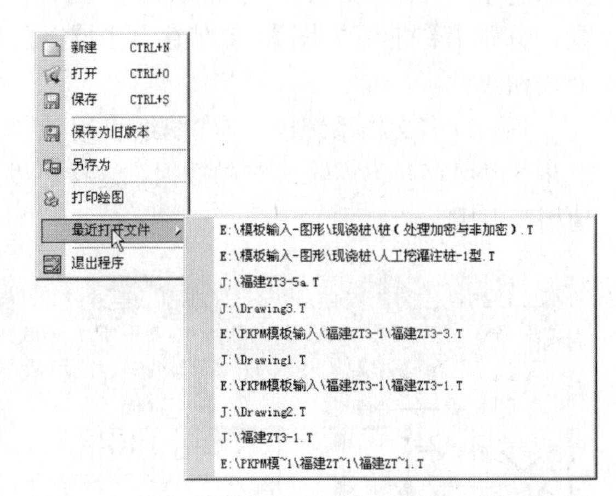

图 1-5-3　“文件”下拉菜单中的历史记录

三、保存图形

在 TCAD 中，可以使用多种方式将所绘图形以文件形式存入磁盘。例如，可以选择【文件】|【保存】命令，也可在命令提示区输入“SAVE”，快捷键为【Ctrl＋S】，或在“标准”工具条中单击“保存”按钮，以当前使用的文件名保存图形，也可以选择【文件】|【另存为】命令(SAVEAS)，将当前图形以新的名称保存，但不退出绘图状态，仍可进行绘图编辑。在第一次保存创建的图形时，系统将打开“保存为”对话框，如图 1-5-4 所示。默认情况下，文件将以“pkpm T 文件(*.T)”格式保存。

图 1-5-4　“保存为”对话框

TCAD 采用 PKPM 新版图形库，T 图格式更加合理和丰富，容纳的图素属性更多，为 PKPM 今后的改进打好了坚实基础。它对 T 图格式是向下兼容的，在默认状态下，只要打开一张旧格式 T 图，再保存出去就自动转换成 08 版格式了。如用户想将 T 文件存为旧版格式，选择【文件】|【保存为旧版】命令，或在命令提示区输入“SAVEOLD”，可将当前图形文件保存为旧版本格式。

四、多文档引用及管理

TCAD 具有多文档管理功能，可以按不同布局分别显示单个 T 图，也可以重叠显示多个 T 图。在命令行提示区上侧为“多文档管理按钮区”，如图 1-5-5 所示位置，分别有【打开 T 图】、【保存 T 图】、【关闭 T 图】、【重叠各图】及【多图布局】5 个按钮。

TCAD 多文档系统还具有“图纸引用”的功能，可以把多文档之间的引用关系固定下来并予以保存，不需输入布局数据，这样可以自动重建各文档的布局状态，实现方便地自动相互引用。

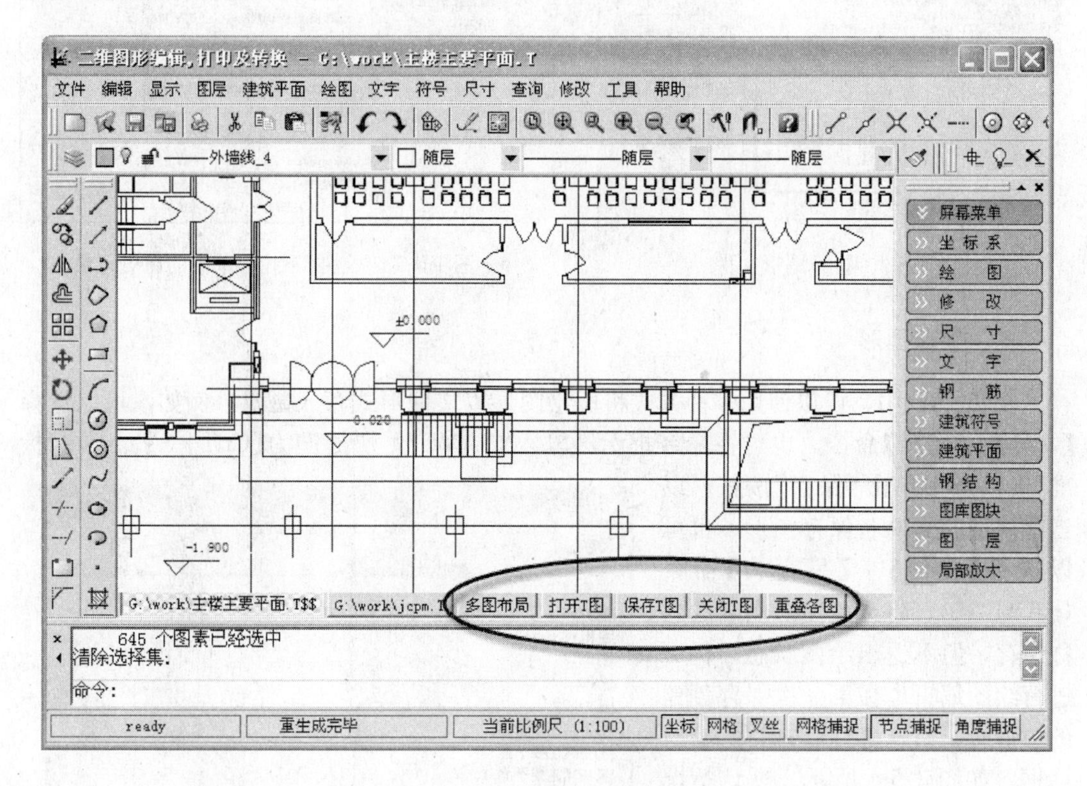

图 1-5-5　“多文档管理按钮区”

例如，要将已经绘制好的一张平面加上一个图框，而该图框保存在另外一张 T 图中，可以使用“多文档管理按钮区”中的“打开 T 图”功能打开这两张 T 图，然后使用“重叠各图”功能，两张图形将在同一窗口中显示，如图 1-5-6 所示。

用户可以在各自打开的 T 图中进行修改、编辑、保存等操作，单击“多文档管理按钮区”中的文件名称可把该文件置为可编辑状态。如果要修改重叠显示时各个 T 图中图形的相对位置，可以使用“多图布局”功能，单击该按钮后，系统将弹出“设置多图重叠显示及打印布局”对话框(图 1-5-7)，在该对话框中可以设置引用图和布局的基点、插入点、比例、转角等参数，并且可以将这些参数进行保存和装载。

在“设置多图重叠显示及打印布局”对话框中选取当前文件为“平面图”，它的文件号为“1”，点取上“启用该文件输出布局”选项，然后单击【拾取基点】按钮，在屏幕上拾取图框的左下角为基点，接下来采用相同步骤设置平面图对图框的插入点，最后单击【确定】按钮完成对两图布局的设置，设置结果如图 1-5-8 所示。

二维图形编辑,打印及转换 - G:\MODIFY2008\多文档布局\平面图.T
文件 编辑 显示 图层 建筑平面 绘图 文字 符号 尺寸 查询 修改 工具 帮助
CL_6
随层
随层
随层
屏幕菜单
坐标系
绘图
修改
尺寸
文字
钢筋
建筑符号
建筑平面
钢结构
图库图块
图层
局部放大
G:\MODIFY2008\多...\平面图.T$$
G:\MODIFY2008\多文档...\图框.T
多图布局
打开T图
保存T图
关闭T图
取消重叠
命令：ZOOMALL
命令：
ready
重生成完毕
当前比例尺 (1:1)
坐标
网格
叉丝
网格捕捉
节点捕捉
角度捕捉

图 1-5-6　重叠显示两张 T 图

设置多图重叠显示及打印布局
图文件
文件数 2
文件号 1
启用该文件输出布局 （布局数据全为0无效）
名称：G:\MODIFY2008\多文档布局\平面图.T$$
布局UCS
基点X 559374.625
插入X 1445017.625
比例X 0.0
转角X 0.0
基点Y -1255477.75
插入Y -723034.125
比例Y 0.0
转角Y 0.0
基点Z 0.0
插入Z 0.0
比例Z 0.0
转角Z 0.0
拾取基点
拾取插入点
提示:布局就是多加一层UCS以布置多图重叠位置,基点是原图全局坐标,插入点是布局坐标。
打开引用图和布局
保存引用图和布局
确定
取消

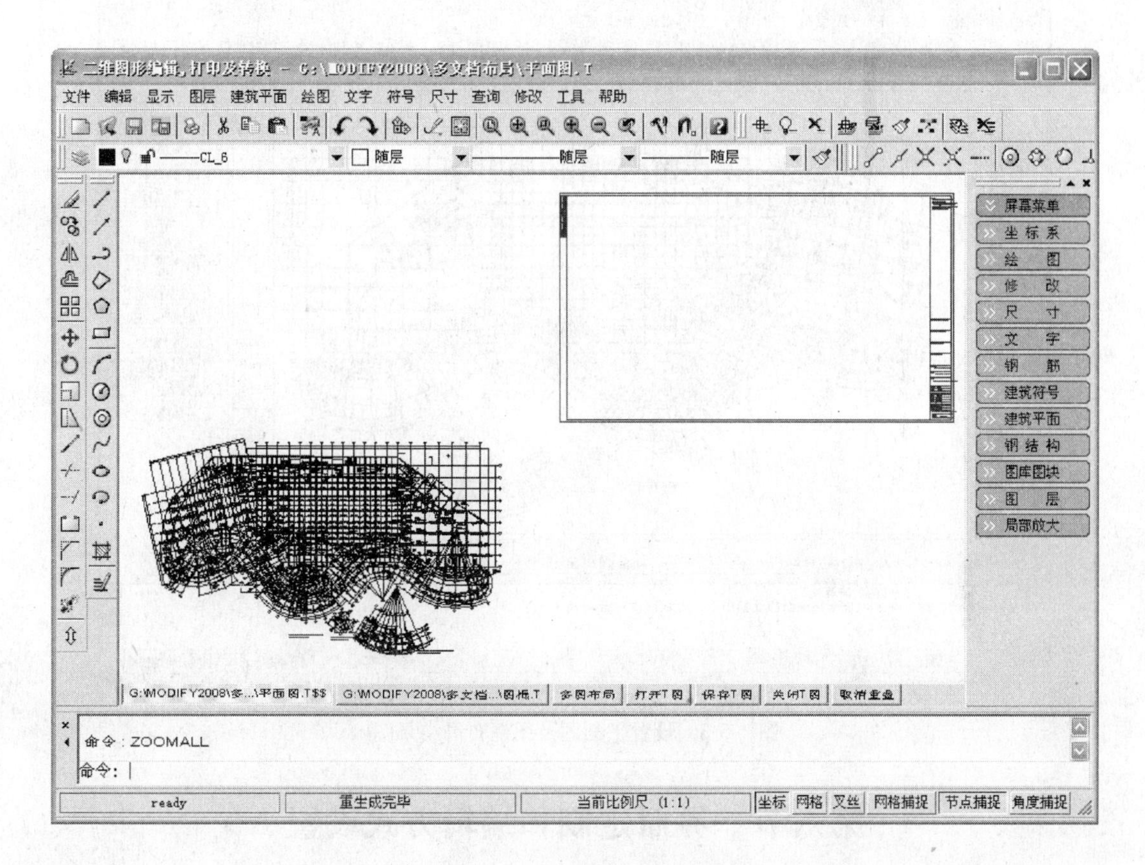

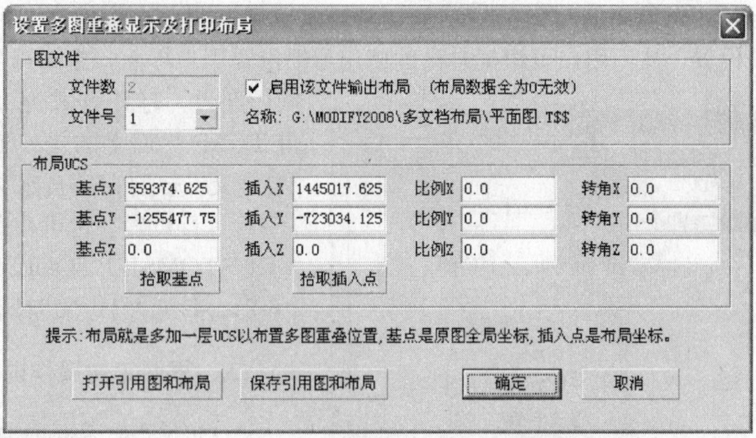

图 1-5-7　设置多图重叠和布局参数

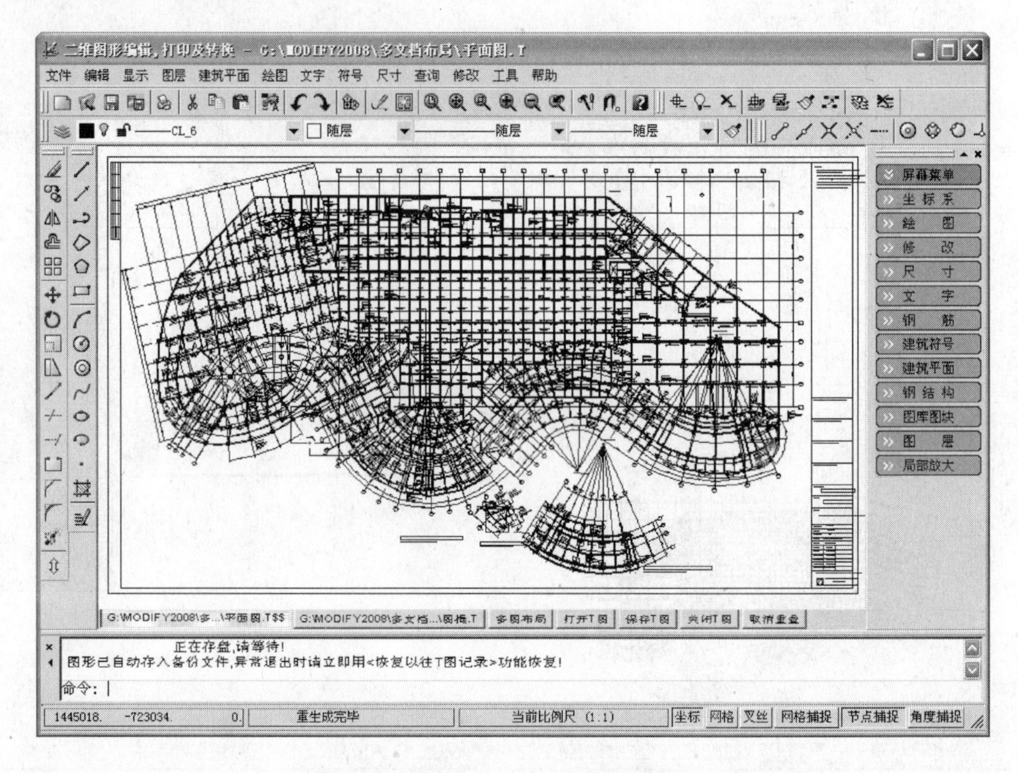

图1-5-8　设置平面图及图框布局结果图

第六节　界面定制和编辑方式设置

一、功能介绍

TCAD新增了对界面的“自定义”功能，可对工具条、菜单、按钮、图标的外观、位置等进行重新设置，从而用户可根据自己的使用习惯设置用户界面，定制符合自己风格的操作方式。打开方式为：鼠标右键点击TCAD界面上的任一工具条，选择“自定义”选项打开“自定义”对话框(图1-6-1)进行设置。也可在命令行内输入“CUSTOMSIZETOOLBAR”(图1-6-2)，打开“自定义”对话框。

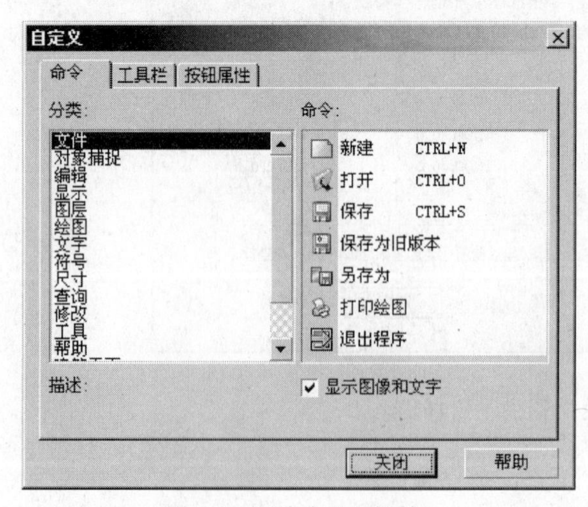

图1-6-1　“自定义”对话框

二、界面定制操作说明

“自定义”对话框内共有3个选项页，分别为“命令”、“工具栏”、“按钮属性”，下面分别举例说明操作方式。

(1) 添加菜单选项：在“命令”选项页面内，用户可在左侧列表中选择

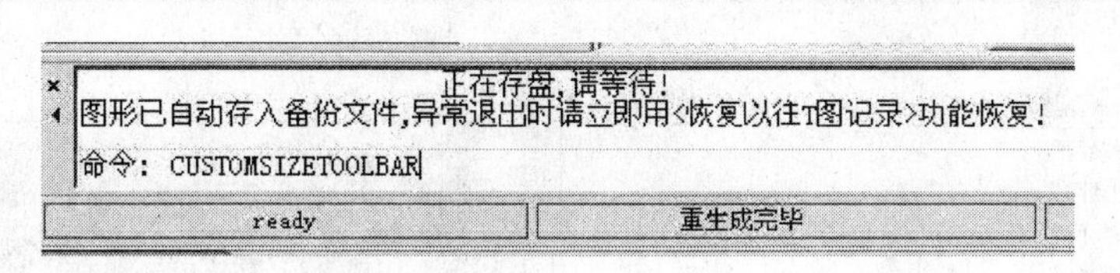

图 1-6-2　在命令行输入“CUSTOMSIZETOOLBAR”命令

相应的菜单，如图 1-6-3 所示，在“分类”中选择“尺寸”，在右侧的列表中选择相应的命令，如“线性标注”，然后使用鼠标左键将它拖拽至菜单条内预期位置，如“建筑平面”的“常用设备”项目下边。选择好位置后松开鼠标左键，则相应的命令——“线性标注”菜单项将出现在工具条“建筑平面”上(如图 1-6-4 所示)。如果想删除刚才添加的“线性标注”菜单项，或者操作失误将别的选项错误地添加进来了，保持“自定义”对话框为打开状态，在“建筑平面”菜单条内选择要删除的菜单项，使用鼠标左键将它拖拽出本菜单即可删除。

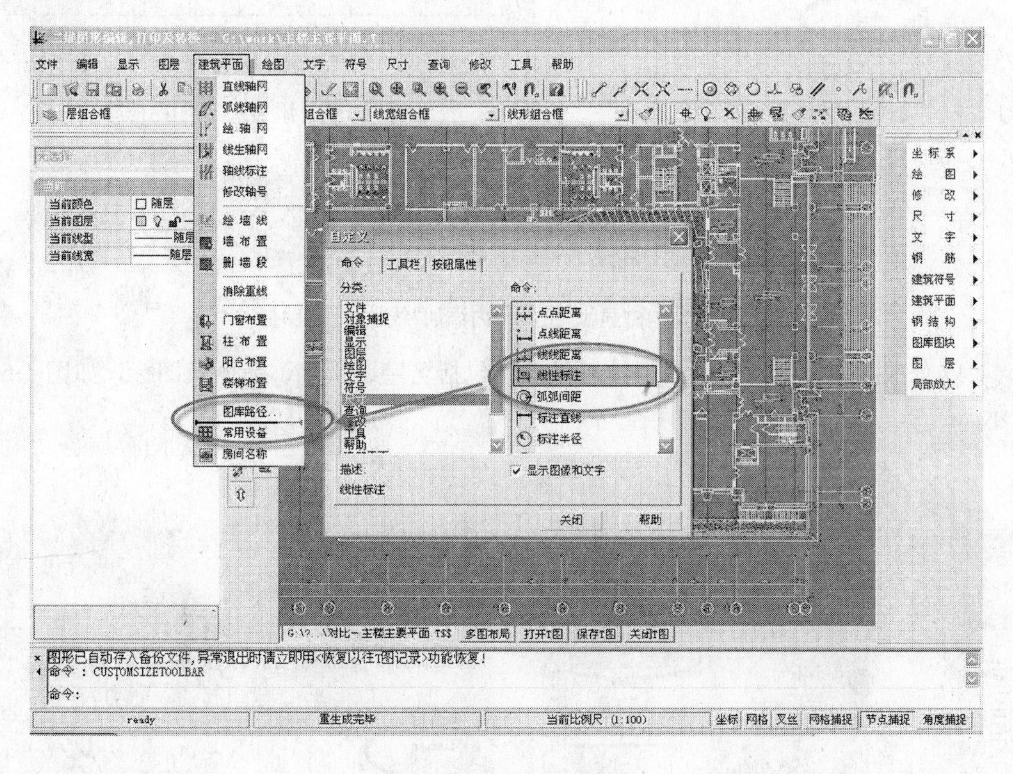

图 1-6-3　添加菜单选项

(2) 添加按钮选项：其操作过程同“添加菜单选项”，过程如图 1-6-5 所示，添加完成后的状态见图 1-6-6。

(3) 新建、删除工具条：在“工具栏”选项页面中，用户通过选择左侧复选框，添加或减少工具条。用户还可以点击新建按钮，添加新的工具条(图 1-6-7)、主菜单、屏幕菜单、属性表等内容。用户可选择左侧列表中的任意项，点击右侧的“改名(R)...”按钮，在弹出的对话框内修改列表项的名称。还可以点击左侧列表项，点击删除按钮，删除相应的工具条。用户还可以通过点击显示图像和文字复选框，决定是否显示工具条提示。

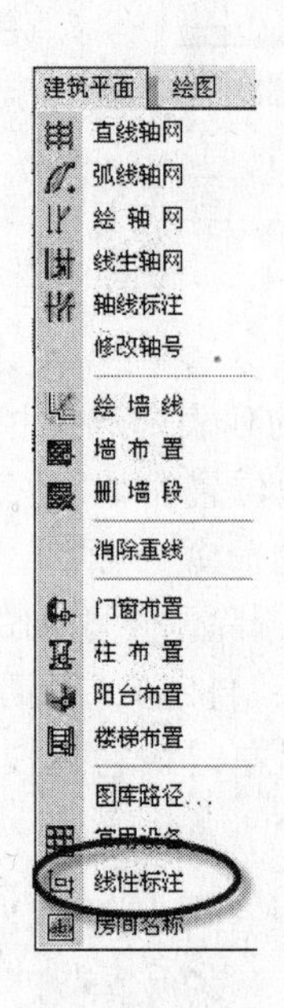

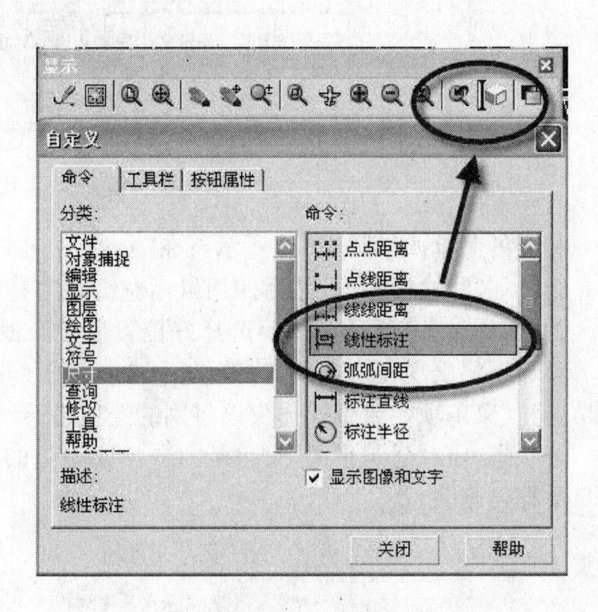

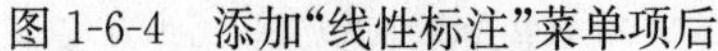

图 1-6-4　添加“线性标注”菜单项后　　　　图 1-6-5　添加工具条按钮选项

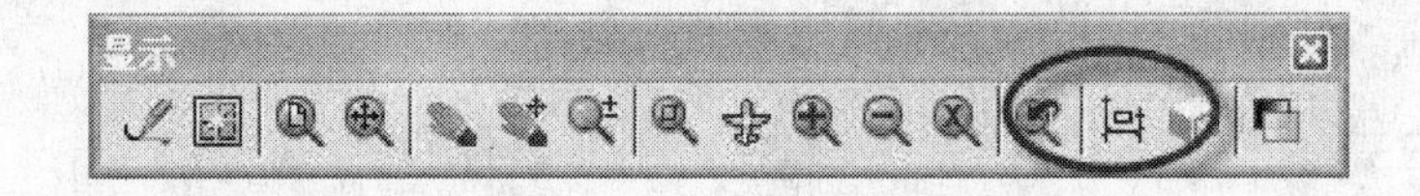

图 1-6-6　在“显示”工具条内添加“线性标注”图标

（4）修改按钮属性：可修改的按钮属性项包括名字、文字、命令及图标，如图 1-6-8 所示。

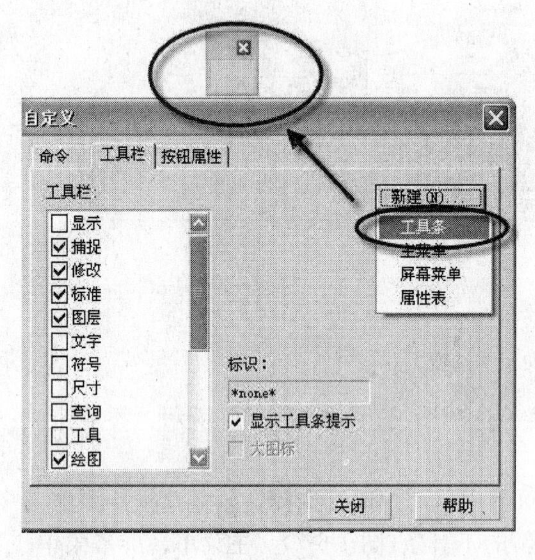

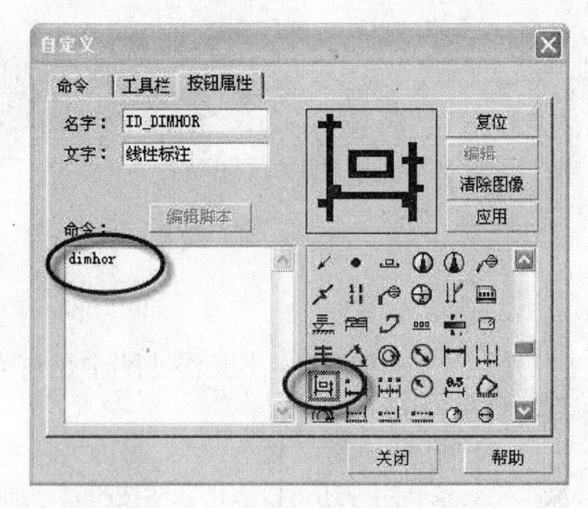

图 1-6-7　添加新工具条　　　　图 1-6-8　修改按钮属性

如界面位置错乱，想恢复初始状态，选择菜单【工具】|【重置工具条】即可恢复。

三、与原有操作风格的兼容和编辑方式选项

在下拉菜单【工具】下有【指定编辑方式】菜单，或在命令行输入“CONFIG”命令，调出“系统配置”对话框进行设置，如图 1-6-9 所示。

它有四个选项设置。

1. 绘图编辑方式的“PKPM 方式”及“AutoCAD 方式”选项

在 TCAD 中，为了保留原有 PKPM 老用户的操作风格，对一些绘制、编辑命令设置了两套操作方式，分别为“PKPM 方式”及“AutoCAD 方式”。这两种方式的主要区别是对于【移动】、【复制】、【旋转】、【阵列】、【比例变换】等命令，“PKPM 方式”是先设置基点、移动距离，然后在点取编辑对象，而“AutoCAD 方式”是先选取编辑操作的对象，再设置基点、移动距离。两种编辑方式最后对图形对象的编辑效果是一致的。

两种绘图编辑方式在动态追踪、夹点编辑的方式上是一致的，与 AutoCAD 环境下的提示方式基本类似。在图形对象绘制过程中，可直接捕捉到的动态夹点包括端点、交点、中点、基点、圆心和最近点等。在绘图命令运行过程中设置捕捉选项的快捷方式为“Shift＋鼠标右键”，将会调出右键菜单供用户设置捕捉方式(图 1-6-10)。按键盘上的“S”键同样会调出如图 1-6-10 的右键菜单，这是原来只在“PKPM 方式”下的绘图时的热键，现在在“AutoCAD 方式”下按键盘上的“S”键也有效。

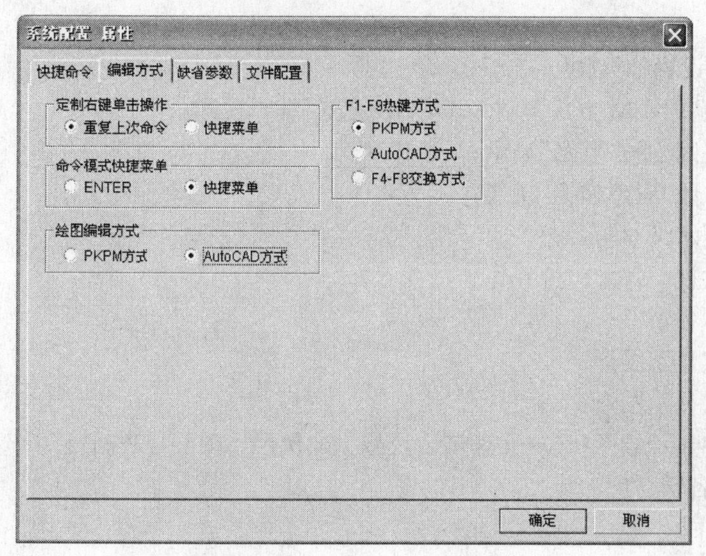

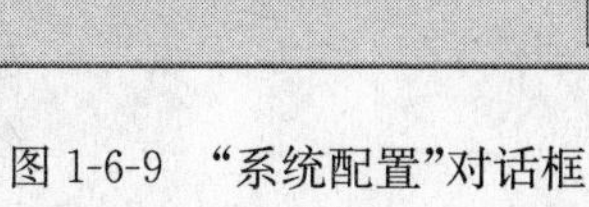
图 1-6-9　“系统配置”对话框

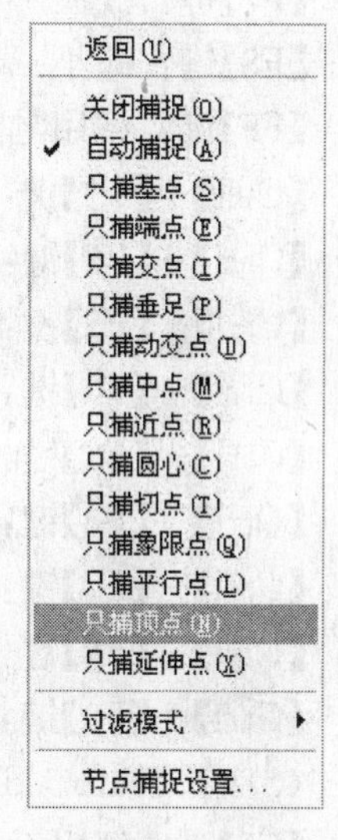

图 1-6-10　绘图过程中的右键菜单

快速切换 CAD 的绘制模式“AutoCAD 方式”或“PKPM 方式”的方法是按【Ctrl】＋【F1】。

2. 定制鼠标右键单击的功能选项

在“系统配置”对话框中，还可对鼠标右键单击的动作定制系统反馈内容。在“定制鼠标操作”组框中，当选择“重复上次命令”选项时，在屏幕上任意位置单击鼠标右键，系统将自动执行上次运行的命令。如果选择“快捷菜单”选项，当在屏幕上选择图形对象，再单击鼠标右键，将弹出针对选择集操作的快捷菜单，详细内容见第三章“编辑二维图形对象”

第一节的内容。

3.“命令模式快捷菜单”选项

可以对命令结束方式进行选择。在“命令模式快捷菜单”组框中，当选择“ENTER”选项时，结束命令的方式为按键盘上的【Enter】或【空格】键。如果选择“快捷菜单”选项，当执行完命令时，按鼠标右键调出快捷菜单，选择其中相应选项结束命令或执行其他操作。

4. F1-F9热键功能选项

此选项下共有3种模式，分别是“PKPM方式”、“AutoCAD方式”、“F4-F8交换方式”，TCAD默认选项为“PKPM方式”。这三个选项让用户选择对键盘上的【F1】～【F9】键及与【Ctrl】组合对应的功能，下面分别加以介绍。

（1）在“PKPM方式”下各键对应功能

【F1】键：调出系统帮助文件；

【F2】键：打开或关闭“坐标”显示；

【F3】键：打开或关闭“栅格捕捉”功能；

【F4】键：打开或关闭“角度距离捕捉”；

【F5】键：重新生成图形对象，并更新屏幕显示；

【F6】键：显示整个图形；

【F7】键：放大1倍显示；

【F8】键：缩小一半显示；

【F9】键：调用“捕捉和显示设置”对话框；

【Ctrl】+【F1】键：快速切换“PKPM方式”与“AutoCAD方式”编辑模式；

【Ctrl】+【F2】键：打开或关闭“栅格点网”显示；

【Ctrl】+【F3】键：打开或关闭“对象捕捉”功能；

【Ctrl】+【F4】键：绘图时显示叉丝与否；

【Ctrl】+【F5】键：显示上次视图；

【Ctrl】+【F6】键：重新显示各窗口；

【Ctrl】+【F7】键：移近视点显示图形；

【Ctrl】+【F8】键：移远视点显示图形；

【Ctrl】+【F9】键：状态栏中显示绘图状态（文件名、块号、比例尺、图层号）与否。

（2）在“AutoCAD方式”下各键对应功能

【F1】键：调出系统帮助文件；

【F2】键：显示系统命令操作历史记录窗口；

【F3】键：打开或关闭“对象捕捉”功能；

【F4】键：打开或关闭“角度距离捕捉”；

【F5】键：重新生成图形对象，并更新屏幕显示；

【F6】键：打开或关闭“坐标”显示；

【F7】键：打开或关闭“栅格点网”显示；

【F8】键：打开或关闭“正交绘图”模式；

【F9】键：打开或关闭“栅格捕捉”功能；

【Ctrl】+【F1】键：快速切换“PKPM方式”与“AutoCAD方式”编辑模式；

【Ctrl】+【F2】键：无；

【Ctrl】+【F3】键：无；

【Ctrl】+【F4】键：绘图时显示叉丝与否；

【Ctrl】+【F5】键：显示上次视图；

【Ctrl】+【F6】键：显示整个图形；

【Ctrl】+【F7】键：放大1倍显示；

【Ctrl】+【F8】键：缩小一半显示；

【Ctrl】+【F9】键：调用“捕捉和显示设置”对话框。

(3) 在“F4-F8交换方式”下各键对应功能

【F1】键：调出系统帮助文件；

【F2】键：显示系统命令操作历史记录窗口；

【F3】键：打开或关闭“栅格捕捉”功能；

【F4】键：缩小一半显示；

【F5】键：重新生成图形对象，并更新屏幕显示；

【F6】键：显示整个图形；

【F7】键：放大1倍显示；

【F8】键：打开或关闭“角度距离捕捉”；

【F9】键：调用“捕捉和显示设置”对话框。

“F4～F8交换方式”下无与【Ctrl】键组合对应的功能。

第七节　TCAD帮助系统

在用户今后学习和使用TCAD的过程中，肯定会遇到一系列的问题和困难，TCAD版提供了详细的中文在线帮助，善用这些帮助可以使解决这些问题和困难变得更加容易。

在TCAD中激活在线帮助系统的方法有：

(1) 在下拉菜单中选取【帮助】|【帮助】就可以启动在线帮助窗口，如图1-7-1所示。

在此窗口的【目录】选项卡中有详细的用户手册、命令参考等，是按TCAD的不同部分，以条目的形式组织的，展开后可以查找所需的内容。另外，还可以很方便地通过【索引】选项卡进行学习和疑难解答。

(2) 直接按下键盘上的功能键【F1】也能激活在线帮助窗口。

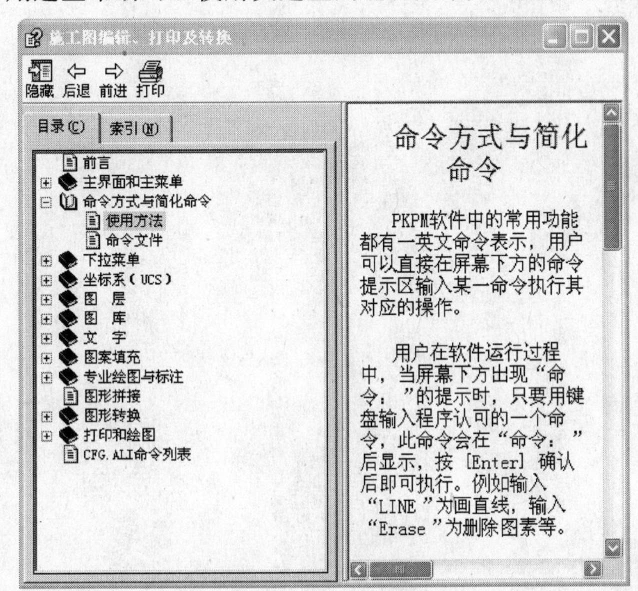

图1-7-1　TCAD的帮助文档

(3) 在命令行中键入命令

“HELP”，然后按【回车】键也可以激活。

如用户在“帮助文档”中查找不到所需功能介绍，或对某个命令、功能有所疑惑，以及对 TCAD 软件需要增加新的功能，可直接向 PKPM 的技术支持工程师求助或提出建议。PKPK 公司的网址是：http：//www. pkpm. cn，电子邮箱是：pub@pkpm. cn。此外，用户还可登陆 PKPK 公司的网站下载最新版本的 TCAD 升级程序，随时获得 TCAD 的最新功能，并在【菜单】中的【最新改进说明】项中查看有关新功能的介绍。

图 1-7-2 “关于 PKPM 软件”对话框

此外，执行菜单【帮助】|【关于本程序】选项，系统将弹出“关于 PKPM 软件”对话框，显示 TCAD 的版本号、时间及网址、邮箱、电话等信息(如图 1-7-2 所示)。

第二章　创建二维图形对象

工程图用于表现工程师的设计意图，同时也是产品加工与工程施工的依据。在工程图的绘制过程中，图形内容复杂多样，并且要求图形的尺寸和形状都必须准确无误，这就要求绘图系统不仅要拥有多种多样的基本图素，还要有精确的捕捉与定位功能。无论多复杂的图形都是由对象组成的，都可以分解成最基本的图形要素。用户使用 TCAD 制图时，可以通过使用定点设备指定点的位置，或者在命令行上输入坐标值来绘制基本对象，也可以通过显示控制命令来观察图形。

在 TCAD 中，可绘制的二维图形对象丰富多样，有点、直线、平行直线、放射线、双线、多段线、多边形、正多边形、矩形、圆、圆弧、圆环、椭圆、椭圆弧、样条曲线等，并且，在进行图案填充时，既可使用 TCAD 提供的图案库，也可使用 AutoCAD 提供的 PAT 格式图案库。其中，大部分图形对象的绘制方式、提示内容与 AutoCAD 基本类似，用户可以不用参考用户手册，就能迅速、高效地完成图形的绘制与编辑。

本章所涉及的命令大都位于【绘图】菜单内。在介绍各二维对象创建方法时，将举例说明各二维图形对象的绘制步骤，详细解释命令行提示内容中各个选项的含义，以及在绘制过程中应注意的问题。本章主要内容有：

◆ 使用 TCAD 绘图命令的 3 种方法
◆ 直线、多段线及放射线的绘制方法
◆ 双线、平行直线的绘制方法
◆ 创建点与等距插点
◆ 矩形、多边形及正多边形的绘制方法
◆ 圆、圆弧及圆环的绘制方法
◆ 椭圆、椭圆弧的绘制方法
◆ 样条曲线的绘制方法
◆ 图案的定义与填充，以及区域的形成、裁剪方法

第一节　如何使用绘图命令

TCAD 在实际绘图时，采用命令行工作机制，以命令的方式实现用户与系统的信息交互，在第一章介绍的 3 种使用 TCAD 命令的方法是为了方便操作而设置的，是 3 种不同的调用绘图命令的方式。在 TCAD 中，可以使用【绘图】菜单、【绘图】工具条及“命令行”来执行绘图命令。

【绘图】菜单(图 2-1-1)是绘制图形最基本、最常用的方法，其中包含了 TCAD 的大部分绘图命令。选择该菜单中的命令或子命令，可绘制出相应的二维图形对象。

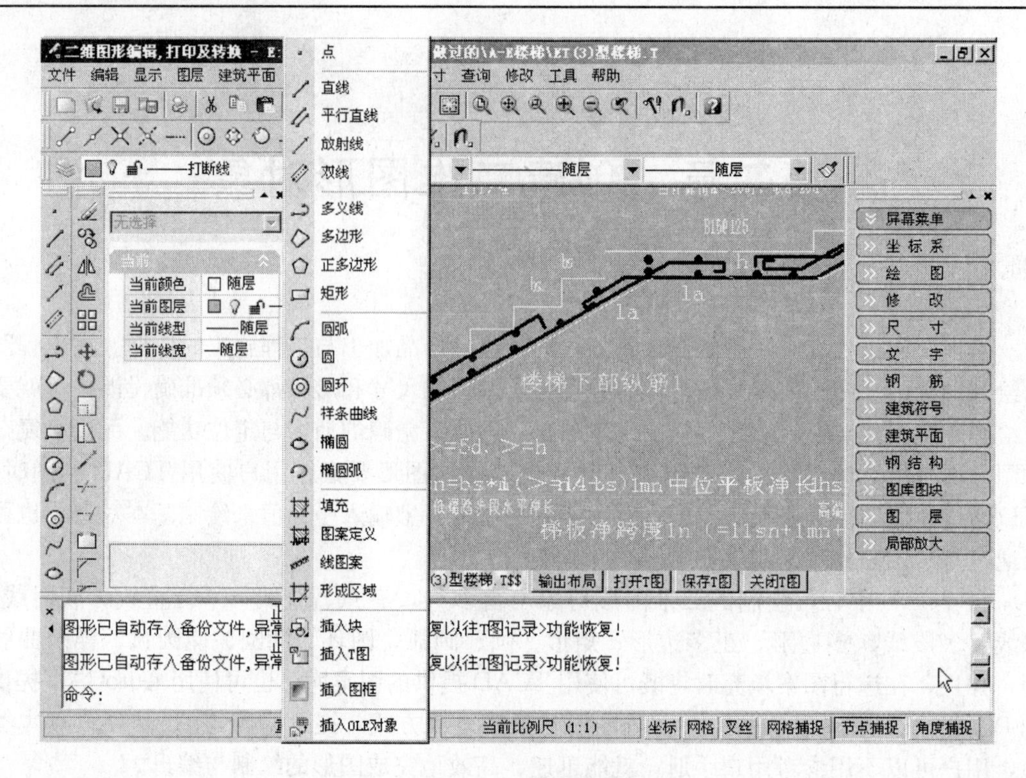

图 2-1-1 【绘图】菜单

【绘图】工具条(图 2-1-2)中的每个工具按钮都与【绘图】菜单中的绘图命令相对应，是图形化的绘图命令。可以在绘图工具条中选择相应命令，也可以在屏幕右侧菜单(图 2-1-3) 中选择相同的命令执行。

“屏幕菜单”是 TCAD 的另一种菜单形式。用鼠标左键选择其中的【绘图】子菜单，可以使用绘图相关命令。【绘图】子菜单中的每个命令分别与 TCAD 的绘图命令相对应。默认情况下，系统不显示“屏幕菜单”，但可以通过选择【显示】|【屏幕菜单】将它打开，也可在任意工具条上右击，此时将弹出一个快捷菜单，在选项组中选中“屏幕菜单”复选框将其显示。

使用绘图命令也可以绘制图形，在命令提示行中输入绘图命令，按【Enter】键，并根据命令行的提示信息进行绘图操作。这种方法快捷，准确性高，但要求掌握绘图命令及其选择项的具体用法。

下面举例说明各个绘图命令的功能。

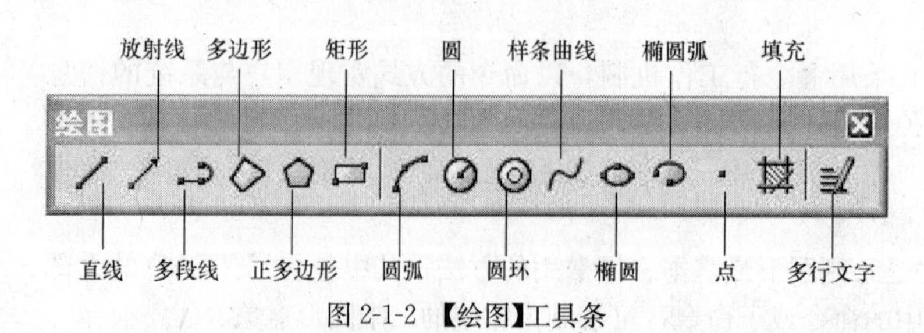

图 2-1-2 【绘图】工具条

图 2-1-3 屏幕菜单

第二节　创建直线、多段线及放射线

一、直线的绘制(LINE)

“直线”是各种绘图中最常用、最简单的一类图形对象，只要指定了起点和终点即可绘制一条直线。在 TCAD 中，可以用二维坐标(x，y)或三维坐标(x，y，z)来指定端点，也可以混合使用二维坐标和三维坐标。如果输入二维坐标，TCAD 将会用当前的高度作为 Z 轴坐标值，默认值为 0。可以用鼠标直接指定端点或在命令行输入二维、三维坐标来确定起点，这样可以绘制一系列连续的线段，但每条线段都是一个独立的对象，按回车或单击鼠标右键完成绘制。在绘制直线时，有一根与最后点相连的“橡皮筋”，直观地指示新端点放置的位置。

调用【直线】命令的方法如下：

- 命　　令：LINE↙(回车)
- 简化命令：L↙(回车)
- 菜　　单：【绘图】|【直线】选项
- 工 具 条：【绘图】| 按钮

执行此命令后，命令提示区出现如下提示：

请指定起点：(指定点或者直接回车)

下一点([U]-放弃)：

下一点([C]-闭合/[U]-放弃)：

在命令执行过程中，如果要执行括号中的选项，必须先在命令行中输入相应的字母，回车后才转入相应命令的执行。对于提示中的“闭合”选项，在命令行中输入字母“C”回车后，将使绘制完的一系列直线段首尾闭合。而提示中的“放弃”选项，用于删除直线序列中最新绘制的线段，多次输入“U”，系统将按绘制次序的逆序逐个删除线段。

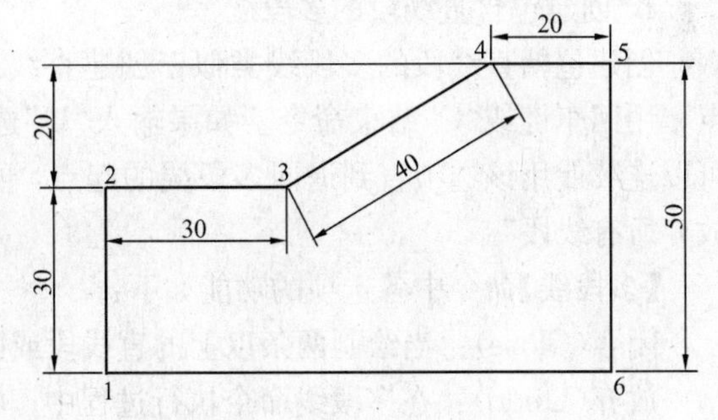

图 2-2-1　用“直线”命令绘图示例

示例：绘制如图 2-2-1 所示的图形，由此说明直线命令的使用方法及坐标的各种输入方式。

操作过程如下：

命令：LINE

请指定起点：20，20(输入绝对直角坐标，给定左下角 1 点)

下一点([U]-放弃)：30(直接距离输入，激活极轴，用鼠标提示方向，待竖直追踪线出来后输入距离值，给出第 2 点)

下一点([U]-放弃)：30(用鼠标指示方向，待水平追踪线出来后输入距离值，给出第 3 点)

下一点（[C]-闭合/[U]-放弃）：@40＜30（输入相对极坐标，给出第4点）

下一点（[C]-闭合/[U]-放弃）：20（待水平追踪线出来后输入距离值，给出第5点）

下一点（[C]-闭合/[U]-放弃）：50（待竖直追踪线出来后输入距离值，给出第6点）

下一点（[C]-闭合/[U]-放弃）：C（闭合图形，按鼠标右键或【回车】键结束绘图）

二、多段线的绘制（POLILINE ）

多段线是由许多段首尾相连的直线段和圆弧段组成的一个独立对象，它提供单个直线所不具备的编辑功能。例如，可以调整多段线的和圆弧的曲率。2008版TCAD对多段线(POLYLINE)进行了较大改进，对线宽及线型的表达更为流畅，更符合AutoCAD绘图环境下多段线的概念。“POLYLINE”可分为两部分：“POLY”和“LINE”。“POLY”就是“多”的意思，这也说明多段线是由多种图素组合而成，有如下的特征：(1)多段线可以具有宽度；(2)多段线很好的柔性与复杂性，可用于绘制任何形状。

调用【多段线】命令的方法如下：

- 命　　令：POLILINE↙（回车）
- 简化命令：PL↙（回车）
- 菜　　单：【绘图】|【多段线】选项
- 工 具 条：【绘图】| 按钮

执行此命令后，命令提示区出现如下提示：

命令：POLILINE

请指定起点：

下一点（[A]-圆弧/[L]-长度/[U]-放弃/[W]-宽度）：

下一点（[A]-圆弧/[L]-长度/[C]-闭合/[U]-放弃/[W]-宽度）：

1. 创建包含直线段的多段线

创建包括直线段的多段线类似于创建直线。在输入起点后，可以连续输入一系列端点，用回车键或“C”结束命令。如果输入“U”选项，则可以将最新绘制的多段线段擦除。可以连续使用该选项直到退回多段线的起点，再使用“U”选项时将出现以下信息：“已经放弃所有线段”。

【多段线】命令中各选项的功能如下：

闭合(Close)：当绘制两条以上的直线段或圆弧以后，此选项可以封闭多段线。

放弃(Undo)：在多段线命令执行过程中，将刚刚绘制的一段或几段取消。

宽度(Width)：设置多段线的宽度，可以输入不同的起始宽度和终止宽度。

长度(Length)：在与前一线段相同的角度方向上绘制指定长度的直线段。

圆弧(Arc)：将画线方式转化为画弧方式，将弧线段添加到多段线中。

图2-2-2为包含直线段的多段线示例，绘制过程与图2-2-1中介绍的直线绘制方法类似。

2. 创建具有宽度的多段线

首先指定直线段的起点，然后输入宽度(W)选项，再输入直线段的起点宽度。要创建等宽度的直线段，在终止宽度提示下按回车键。起始线宽的值一般作为结束线宽的缺省

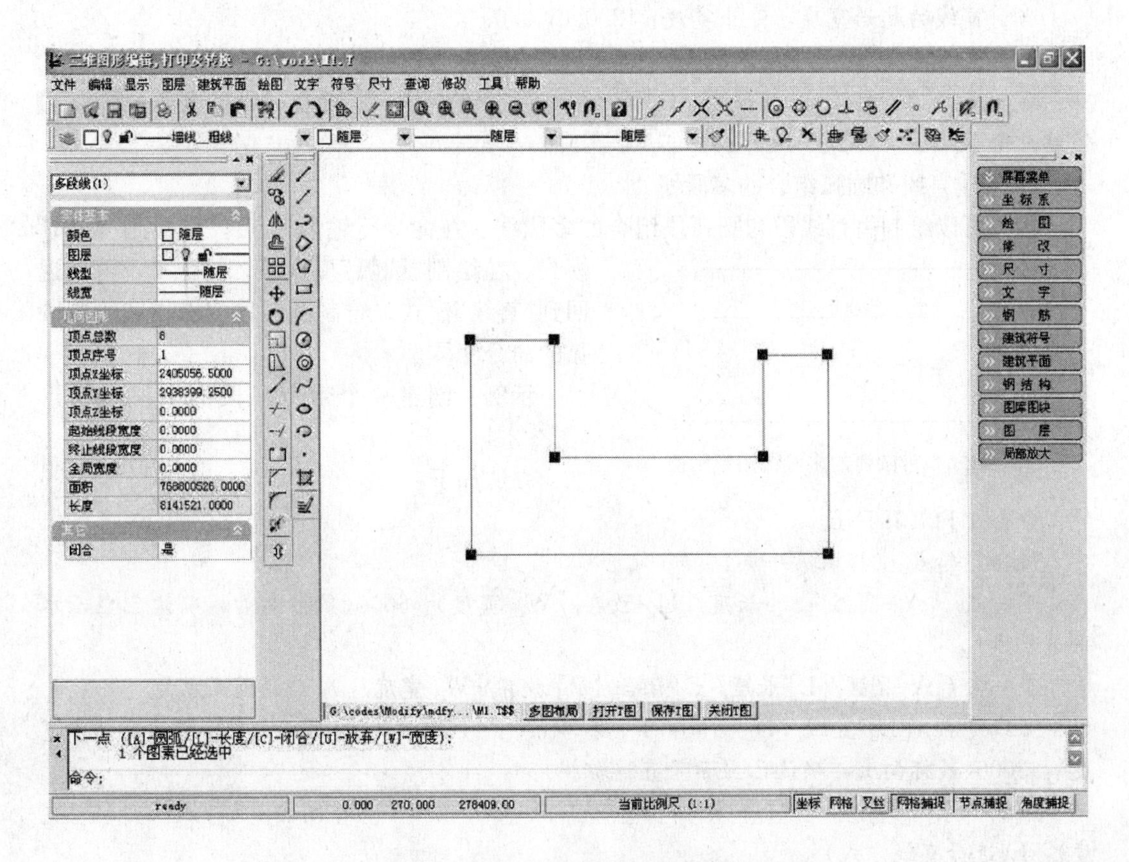

图 2-2-2　包含直线段的多段线示例

值。因此，对于统一的多段线，应在“请设置线的终止宽度:”提示下给出空响应(按【Enter】键)。要创建锥状线段，需要在起点和端点分别输入一个不同的宽度值。再指定线段的端点，并根据需要继续指定线段端点。按回车键结束，或者输入C键闭合多段线。

P1　　P2　P3

图 2-2-3　多段线表示的“箭头”图形示例

示例：创建一个多段线表示的箭头图形(图 2-2-3)。

方法如下：

命令 ：POLILINE

请指定起点：(拾取 P1 点)

下一点 ([A]-圆弧/[L]-长度/[U]-放弃/[W]-宽度)：W(选择指定线宽方式)

请设置线的起始宽度〈0.00〉：500(指定起始宽度)

请设置线的终止宽度〈500.00〉：(回车，终止宽度同起始宽度)

当前宽线的起始宽度，终止宽度：500.0，500.0

下一点 ([A]-圆弧/[L]-长度/[C]-闭合/[U]-放弃/[W]-宽度)：(指定 P2 点)

下一点 ([A]-圆弧/[L]-长度/[C]-闭合/[U]-放弃/[W]-宽度)：W(选择指定线宽方式)

请设置线的起始宽度〈0.00〉：1200(指定起始宽度)

请设置线的终止宽度〈1200.00〉：0(指定终止宽度为 0)

当前宽线的起始宽度，终止宽度：1200.0，0.0

下一点（[A]-圆弧/[L]-长度/[C]-闭合/[U]-放弃/[W]-宽度）：（指定 P3 点）

下一点（[A]-圆弧/[L]-长度/[C]-闭合/[U]-放弃/[W]-宽度）：（按键盘上的【回车】键结束命令）

3. 创建直线和圆弧组合的多段线

用户可以绘制由直线段和圆弧段组合的多段线。在命令行输入 A 后，切换到“圆弧”模式。在绘制“圆弧”模式下，输入 L，可以返回到“直线”模式。绘制圆弧段的操作和绘制圆弧的命令相同。

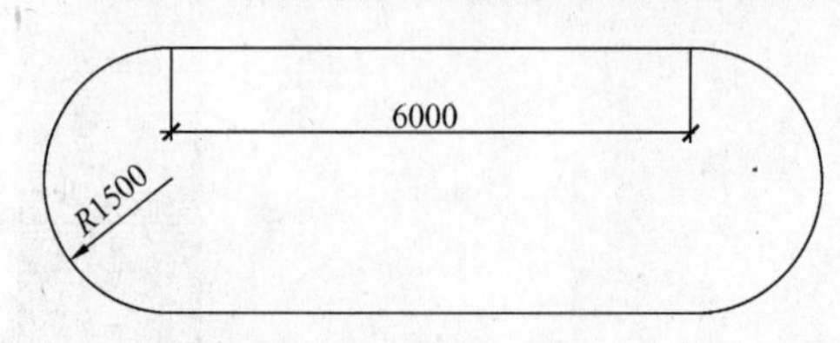

图 2-2-4　带圆弧的多段线图形示例

示例：创建一个带有弧段的多段线图形（图 2-2-4）。

方法如下：

命令：POLILINE

请指定起点：（拾取第一点）

下一点（[A]-圆弧/[L]-长度/[U]-放弃/[W]-宽度）：6000（鼠标向右，确认已显示水平追踪线）

下一点（[A]-圆弧/[L]-长度/[C]-闭合/[U]-放弃/[W]-宽度）：A（选择圆弧方式）

弧线终点（[L]-直线/[D]-方向/[P]-第二点/[M]-圆心/[C]-闭合/[U]-放弃/[W]-宽度）：3000（鼠标向上，确认已显示竖直追踪线）

弧线终点（[L]-直线/[D]-方向/[P]-第二点/[M]-圆心/[C]-闭合/[U]-放弃/[W]-宽度）：L（选择直线方式）

下一点（[A]-圆弧/[L]-长度/[C]-闭合/[U]-放弃/[W]-宽度）：6000（鼠标向左，确认已显示水平追踪线）

下一点（[A]-圆弧/[L]-长度/[C]-闭合/[U]-放弃/[W]-宽度）：A（选择圆弧方式）

弧线终点（[L]-直线/[D]-方向/[P]-第二点/[M]-圆心/[C]-闭合/[U]-放弃/[W]-宽度）：C（选择闭合多段线，按鼠标右键或【回车】键结束命令）

三、放射线的绘制（RAY ）

放射线为二维空间的一组放射线线段，始于一点而向四周延伸一确定距离。用户可以选择是否要以中心点为起点。绘制射线方法为选取放射线的中心点，然后选择起点，再指定方向和终点。如果需要一组放射线线段，还要指定角度增量和复制次数。可以用下列方法来调用【放射线】命令。

- 命　　令：RAY↙（回车）
- 简化命令：RA↙（回车）
- 菜　　单：【绘图】|【放射线】选项
- 工 具 条：无，用户可将 按钮自定义进【绘图】工具条

执行此命令后，命令提示区出现如下提示：

命令：RAY

输入旋转中心点

输入第一点（[Esc]直接输数）

输入第二点

输入复制角度增量，（次数）累计角度＝ 按[Esc]取消复制

根据提示，确定旋转中心点，再确定线段起点和线段终点，输入角度增量、复制次数(如果未输入复制次数，程序默认为1次)，按【回车】键确认，可得出围绕旋转中心点，按角度增量生成的N条放射线(N为输入的复制次数)。如果在提示“输入第一点[Esc]直接输数”按下【Esc】键，则提示变成“输入半径，起始角，线长度?（r，ds，l)”，其中，r表示放射线线段起始点距离中心点的半径值，ds表示起始角的角度，l表示放射线线段的长度。

示例：绘制如图2-2-5所示的图形，将一条竖直线按30度角复制12次，由此说明放射线命令的使用方法。

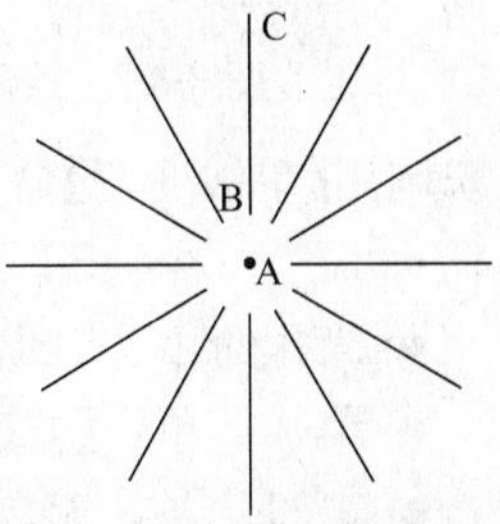

命令：RAY

输入旋转中心点：（输入中心点A点坐标，或用鼠标在屏幕上点取一点）

输入第一点([Esc]直接输数)：（输入放射线第1点B点坐标，或用鼠标在屏幕上点取一点，如按下【Esc】键，则提示变成“输入半径，起始角，线长度?（r，ds，l)”，可直接输入起始点距离中心点的半径值，起始角的角度，放射线线段的长度值）

图2-2-5　绘制“放射线”结果图

输入第二点：（输入放射线第2点C点坐标，或用鼠标在屏幕上点取一点）

输入复制角度增量，（次数）累计角度＝0.0 按[Esc]取消复制：（在命令行输入“30，12”后，按【回车】键确认，完成“放射线”绘制）

第三节　创建双线、平行直线

一、双线的绘制(MULTILINE)

双线是两根固定间距的平行线组成的复合对象。它主要用来绘制道路、管道、建筑物的墙线等。可以用下列方法来调用【双线】命令。

- 命　　令：MULTILINE↙(回车)
- 简化命令：ML ↙(回车)
- 菜　　单：【绘图】|【双线】选项
- 工 具 条：无，用户可将 按钮自定义进【绘图】工具条

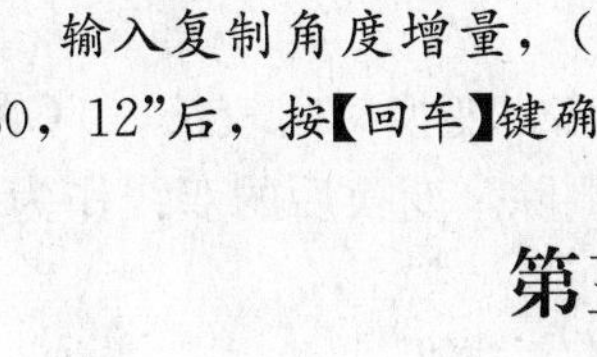

执行此命令后，将弹出“请输入”对话框(如图2-3-1所示)，在对话框中输入双线之间的宽度，然后可连续画出双线，同时命令提示区将给出提示，让用户选择双线各点的位置。

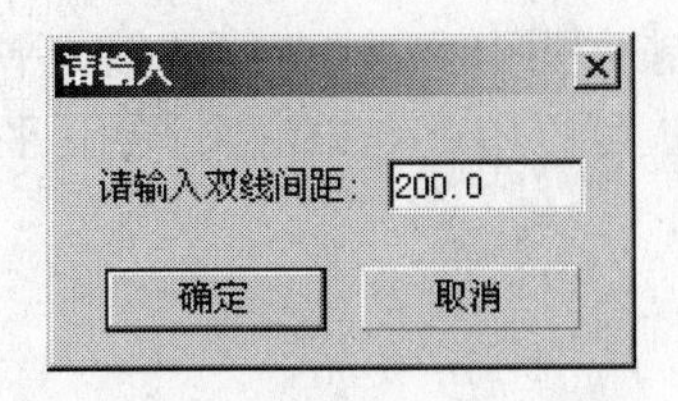

图2-3-1　绘制“双线”对话框

命令：MULTILINE

输入第一点（[Esc]放弃）

输入下一点（[Esc]结束）

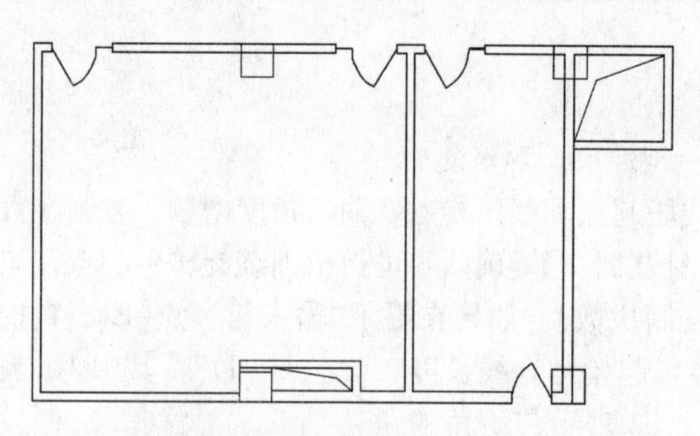

图 2-3-2　绘制“双线”结果图

绘制过程中，双线的转角处会自动连接，图 2-3-2 为采用双线绘制建筑物平面图。图中，双线作为外墙线，绘制完成后再用修剪等命令进行处理。

二、由单线创建双线

在 TCAD 中双线也可以由一个独立的曲线对象创建而成，如直线、多段线、圆、圆弧、椭圆、椭圆弧。可以用下列方法来调用【单线变双】命令。

- 命　　令：STDOUBLE↙（回车）
- 简化命令：SDB↙（回车）
- 菜　　单：【修改】|【其他编辑】|【单线变双】选项
- 工 具 条：无，可由用户自行定制

示例：用【单线变双】命令绘制图 2-3-3 中的外墙线，具体操作过程如下：

命令：STDOUBLE

指定双线间距〈800〉：（输入新的双线间距值“500”，或者直接按【回车】键或【空格】键，确认使用默认值）

选择需要变成双线的图素：（选择一条或多条直线，将变成双线，原有直线会被删除，按【回车】键或【空格】键完成变换）

【单线变双】命令变换过程中，如果用户一次选择的图素较多，变换时间较长，TCAD 会显示一进度条示意需要用户等待。图 2-3-3 中，原轴线将被删除，变换后的双线作为外墙线，又使用【修剪】等命令进行了处理。

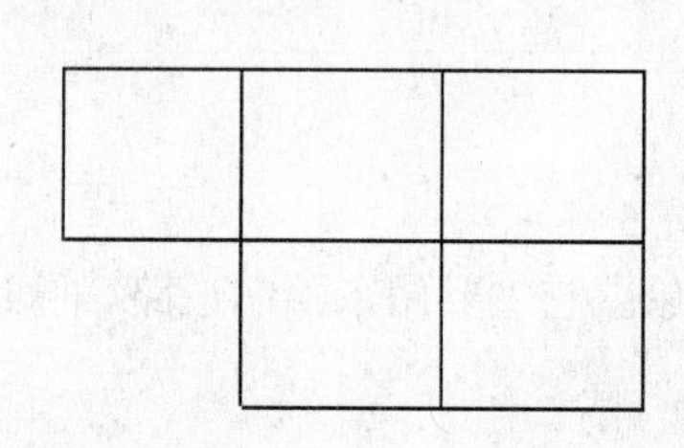

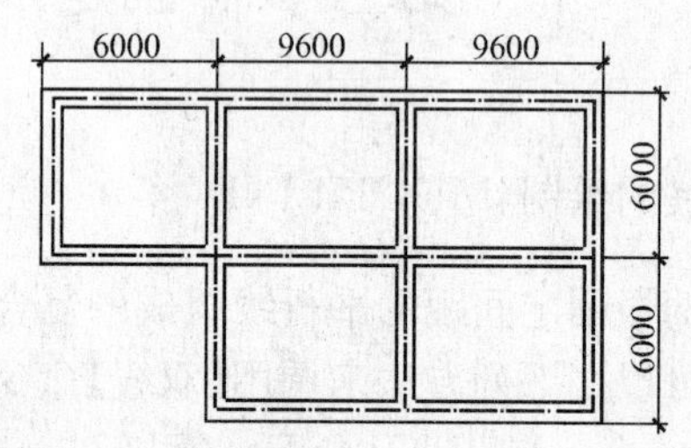

图 2-3-3　“单线变双”命令结果图

三、平行直线的绘制

一组平行直线可以包含多条平行线，其条数由用户指定。绘制时可通过指定每条偏移直线距第一条直线的偏移量来确定各平行直线的位置。在绘制工程图时，和双线类似，平行直线也可用来表示道路、管道和建筑物的墙体等复合对象。可以用下列方法来调用【平行直线】命令。

- 命　　令：PARALLEL↙（回车）
- 简化命令：PAL↙（回车）
- 菜　　单：【绘图】|【平行直线】选项

- 工 具 条：无，用户可将 按钮自定义进【绘图】工具条

执行此命令后，命令提示区将给出提示，让用户选择第一条平行直线的位置。

命令：PARALLEL

输入第一点（[Esc]放弃）

输入下一点（[Esc]放弃）

在绘图区内绘制第一条平行直线后，将弹出的“请输入”对话框（如图 2-3-4 所示）在对话框中输入复制间距、（次数），并确认后，程序将生成一组平行直线，图 2-3-5 为绘制结果。

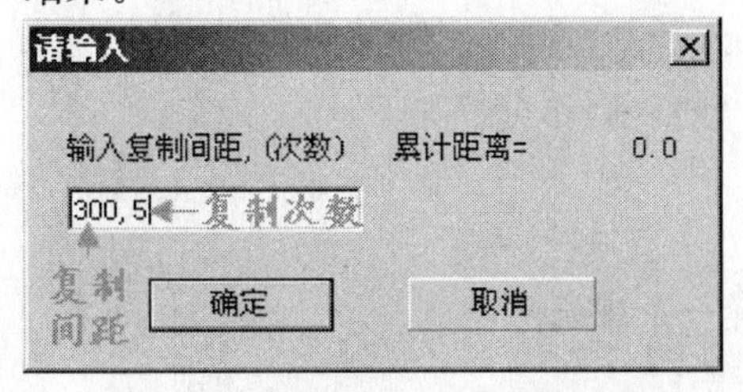

图 2-3-4　绘制“平行直线”对话框

图 2-3-5　绘制“平行直线”结果图

提示：复制间距的正负值将影响到平行线的复制方向。正值表示向 X 轴或 Y 轴的正方向偏移复制，负值表示向 X 轴或 Y 轴的负方向偏移复制。

第四节　创建点与等距插点

一、创建点（POINT ）

几何对象点是绘图的基本元素，是用于精确绘图的辅助对象。它可以作为对象捕捉和相对偏移的节点。TCAD 提供的【点】命令，可在屏幕的任何位置上绘制点。在绘制点时，可以在屏幕上直接拾取，也可以用对象捕捉定位一个点。可以用下列方法来调用【点】命令。

- 命　　令：POINT↙（回车）
- 简化命令：P↙（回车）
- 菜　　单：【绘图】|【点】选项
- 工 具 条：【绘图】| 按钮

执行此命令后，命令提示区出现如下提示：

命令：POINT

输入点（[Esc]放弃）：（在命令行输入绝对直角坐标，或者用鼠标在屏幕上指定一点）

启动命令后根据程序提示，在绘图区内用鼠标指定目标点并单击，插入点，完成后按鼠标右键结束命令。

提示：此命令可连续使用，在屏幕上输入一点后，继续输入其他点。

二、等距插点

用户在处理图形时，有时候需要等分线段或圆弧，TCAD 中提供了对应此功能的【等

距插点】命令。等距插点是在对象上按指定数目等间距地创建点。这个操作并不把对象实际等分为单独对象，而只在对象定数等分的位置上添加节点，这些节点将作为几何参照点，起辅助作图之用。调用【等距插点】命令的方法如下：

- 命　　令：INSPOINT↙(回车)
- 简化命令：INP↙(回车)
- 菜　　单：【修改】|【其他编辑】|【等距插点】选项
- 工 具 条：无，用户可将 按钮自定义进【绘图】工具条

执行命令后，程序要求用户选取需要插入点的对象，用鼠标选择并确认后，程序提示输入插入点数，输入并确认后，可按【Esc】键或鼠标右键结束命令。

示例：将一线段进行六等分(即等距离插入 5 个点)，操作过程如下：

命令：INSPOINT

用光标指定 直线或圆弧 位置

请选择图素〈ALL-全选，F-栏选〉(在屏幕上选择一条直线)

直线近点选中

请输入插入点数：〈1〉(用键盘输入“5”，或者用屏幕上出现的小键盘输入也可，按【回车】键完成操作)

进行“等距插点”后的结果如图 2-4-1 所示。

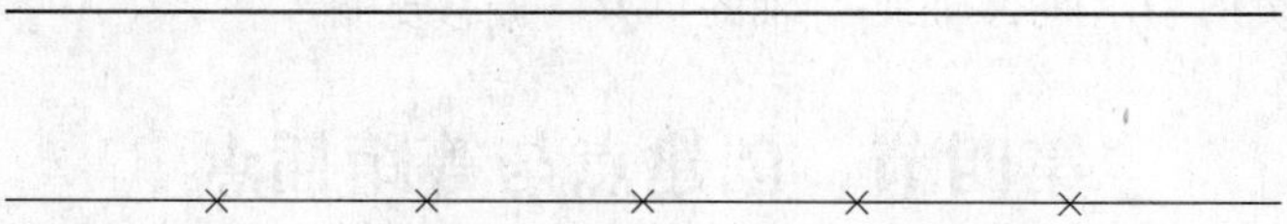

图 2-4-1　绘制“平行直线”结果图

示例：将一个角进行五等分操作(即插入 4 个点)。作图方法为：以角的顶点为圆心，绘制和两条边相连接的圆弧，并将圆弧等分为五段，再连接角顶点和定数等分的节点。操作过程如下：

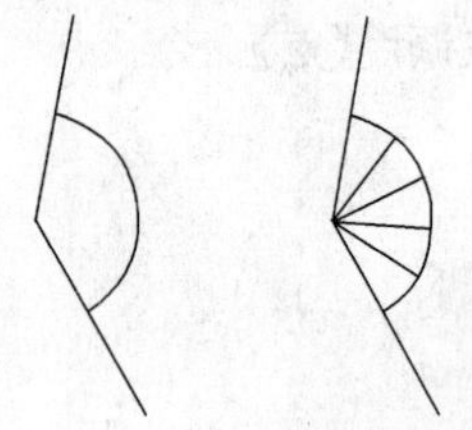

图 2-4-2　“等分圆弧”结果图

命令：INSPOINT

用光标指定 直线或圆弧 位置

请选择图素〈ALL-全选，F-栏选〉(在屏幕上选择一个圆弧)

圆弧近点选中

请输入插入点数：〈5〉(用键盘输入“4”，或者用屏幕上出现的小键盘输入也可，按【回车】键完成操作)

进行“等分圆弧”后的结果如图 2-4-2 所示。

第五节　创建矩形、多边形及正多边形

一、矩形的绘制(RECTANGLE)

矩形是最常用的几何图形，用户可以通过指定矩形的两个对角点来创建矩形。默认情况下绘制的矩形的边与当前 UCS 的 X 轴或 Y 轴平行。绘制的矩形还可以包括倒角、圆角

和宽度。整个矩形是一个独立的对象。调用【矩形】命令的方法如下：

- 命　　令：RECTANGLE↙（回车）
- 简化命令：REC↙（回车）
- 菜　　单：【绘图】|【矩形】选项
- 工 具 条：【绘图】| □按钮

在“PKPM”绘制模式下，指定矩形的第一个角点后，程序提示：“输入矩形第一点（【Esc】放弃，【F】—按当前图层填充/【N】—不填充/【B】—按背景色填充）”，可键入“F”将矩形按当前图层进行填充，或键入“N”，将矩形按背景色进行填充。完成后可通过移动光标确定矩形对角点，也可通过输入 X、Y 值确定矩形大小。图 2-5-1 为矩形“不填充”与“填充”效果图。

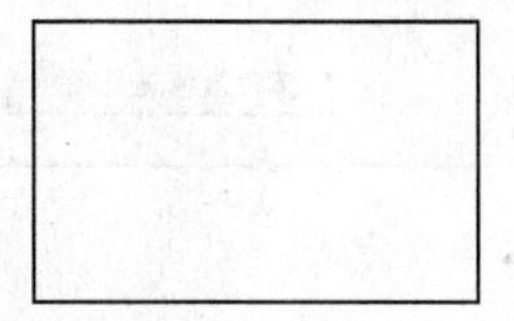

图 2-5-1　矩形“不填充”与“填充”效果图

在“AutoCAD”绘制模式下，执行此命令提示为：

命令：RECTANGLE

指定第一个角点或［倒角(C)/圆角(F)/宽度(V)］：

可先进行倒角和圆角的大小设置，如选项“C”倒角选项，提示如下：

指定矩形的第一个倒角距离：〈300〉（用键盘输入“500”，或用鼠标在屏幕上点取一段距离）

指定矩形的第二个倒角距离：〈500.00〉（用键盘输入“500”，或用鼠标在屏幕上点取一段距离，直接按【回车】键为接受默认设置值〈500.00〉）

当前矩形模式：倒角＝500.00 X 500.00（提示倒角已设置成功）

如选项“F”圆角选项，提示如下：

指定矩形的圆角半径：〈0.00〉（用键盘输入“500”，或用鼠标在屏幕上点取一段距离，确定圆角半径值）

当前矩形模式：圆角＝500.00（提示圆角已设置成功）

然后绘制带“倒角”及“圆角”的矩形。

此外，选择“宽度(V)”选项还可绘制带宽度的矩形环，提示如下：

指定矩形的线宽：〈0.00〉（用键盘输入“500”，或用鼠标在屏幕上点取一段距离，确定矩形线宽值）

当前矩形模式：圆角＝500.00 宽度＝500.00（提示线宽已设置成功）

接下来指定矩形的第一个角点及第二个角点，完成矩形的绘制。图 2-5-2 分别为带有“倒角”、“圆角”及“宽度”的矩形效果图。

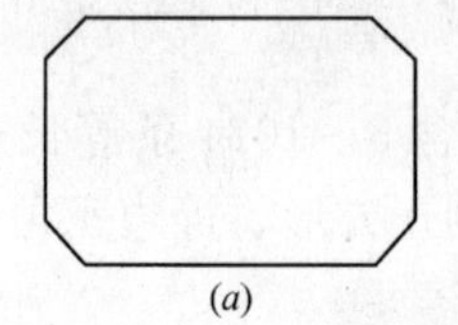
(*a*)

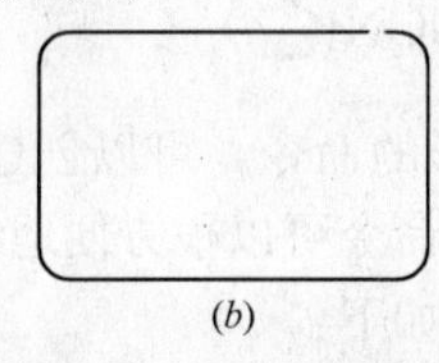
(*b*)

(*c*)

图 2-5-2　绘制 3 种模式矩形

(*a*)带“倒角”矩形；(*b*)带“圆角”矩形；(*c*)带“宽度”矩形

二、多边形的绘制(POLYGON)

【多边形】命令是TCAD中特有的命令。使用它，将创建一个独立的“多边形”图素，可以方便地表示带“填充”、“不填充”，以及带孔多边形。调用【多边形】命令的方法如下：

- 命　　令：POLYGON↙(回车)
- 简化命令：PLG↙(回车)
- 菜　　单：【绘图】|【多边形】选项
- 工 具 条：【绘图】| 按钮

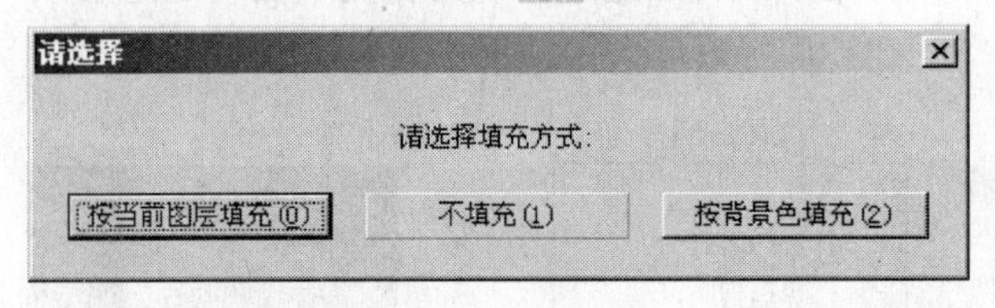

图2-5-3　选择填充方式

使用【多边形】命令后将弹出“选择填充方式”对话框(如图2-5-3所示)，从对话框中选择填充方式，若选“按当前图层填充”则绘制的是一个有填充色块的多边形(颜色即为定义颜色)，若选“不填充”则是一个闭合折线，若选“按背景色填充”则是一个有填充色块的多边形(颜色为背景色)。

选择填充方式后，命令提示区将给出提示：

命令：POLYGON

请指定起点：

请指定下一点([A]弧段/[U]回退/[Esc]完毕)

请指定下一点([A]弧段/[U]回退/[C]闭合/[Esc]完毕)

指定多边形起点，并输入其他各点(可用光标直接点取或按输入坐标值)，最后按【回车】键或【空格】键结束绘制多边形的外轮廓。其输入方法请参考【多段线】命令。

接下来，程序将弹出“选择是否开洞”对话框(如图2-5-4所示)，提示“闭合/开洞/放弃”。若选“闭合”则将各点首尾相接画出多边形；若选“开洞”则可以在多边形内画出几个洞口(最多200个洞口)；若选“放弃”则完成此不开洞多边形的绘制。

多边形“不填充”、“填充”、“开洞”结果如图2-5-5所示。

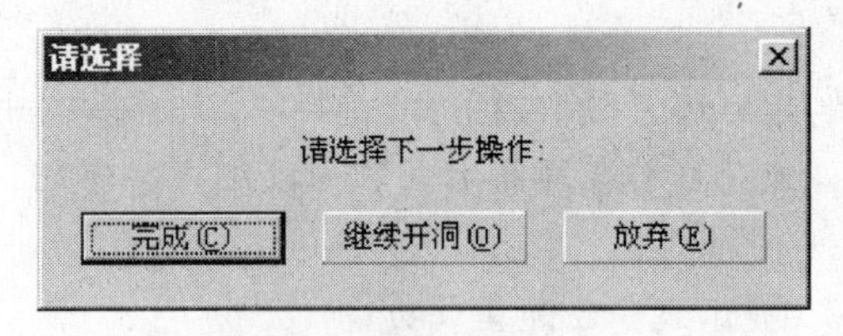

图2-5-4　设置“多边形”是否闭合

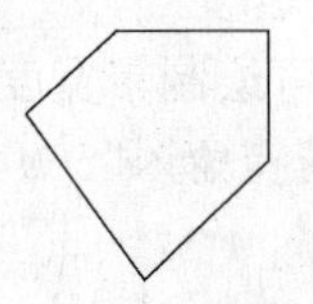

图2-5-5　多边形“不填充”、“填充”、“开洞”结果图

三、正多边形的绘制(ELPOLYGON)

利用TCAD提供的绘制正多边形的命令，可以创建包含3～1024条等长边的闭合多段线，多边形是一个独立对象。用此命令可以很方便地绘制正方形、等边三角形、正八边形等图形。调用【多边形】命令的方法如下：

- 命　　令：ELPOLYGON↙(回车)
- 简化命令：EPL↙(回车)

- 菜　　单：【绘图】|【正多边形】选项
- 工 具 条：【绘图】| ⬠ 按钮

在确定多边形边数的情况下，有两种绘制正多边形的方式。

1. 外切圆与内接圆方式

通过指定正多边形中心与每条边内接端点或外切中点)之间的距离绘制多边形。用户可以输入正多边形边数，然后确定正多边形的中心点或边，确定正多边形的绘制方式(外接圆或内切圆)，通过鼠标或输入坐标值准确定位绘制正多边形。

如果给定多边形的中心，系统让用户参照一个假想的圆，用内接或外切的方式绘制多边形。内接多边形就是多边形在假想圆内，多边形的所有顶点都在假想圆上。外切多边形就是多边形在假想圆的外侧，多边形的各边与假想圆相切。

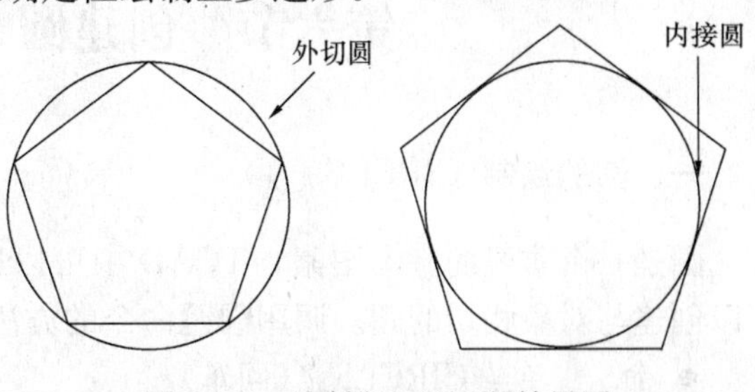

图 2-5-6　绘制"正五边形"结果图

示例：采用"外切圆"与"内接圆"两种方式绘制如图 2-5-6 所示的正五边形，操作过程如下：

命令：ELPOLYGON

请输入正多边形的边数：〈4〉(在命令行输入"5"，表示要绘制正五边形)

指定多边形的中心点或［边(D)］：(输入中心点坐标，或用鼠标在屏幕上点取一点)

请确定正多边形外接圆的半径：(［C］-内切圆)〈800〉("800"表示上一次绘制正多边形时外接圆半径的默认值，在命令行输入"500"，表示正五边形的外接圆半径为 500，按【回车】键完成绘制)

如果选择了"C"内切圆选项，则系统给出如下提示：

请确定正多边形内切圆的半径：(［C］-外接圆)〈800〉(在命令行输入"500"，表示正五边形的内接圆半径为 500，按【回车】键完成绘制)

注意：如果输入点来确定内接多边形的半径，顶点中的一个将位于所选择的点上。在外切多边形的情况中，边的中点将位于所选择的点上。以这种方式，可以确定多边形的大小与旋转方向。在输入数值确定半径时，如果打开了在状态栏中按下了"角度"按钮，即打开了"角度捕捉"选项，则多边形的底边将以"角度捕捉"设置中的最小旋转角度进行定位。

2. 指定一边的长度、位置方式

TCAD 中还可以根据一条已知边的长度和位置来创建多边形，但必须注意，指定边的起点和终点的顺序决定多边形的位置。TCAD 中，多边形将以这两点为第一条边，沿逆时针方向生成。

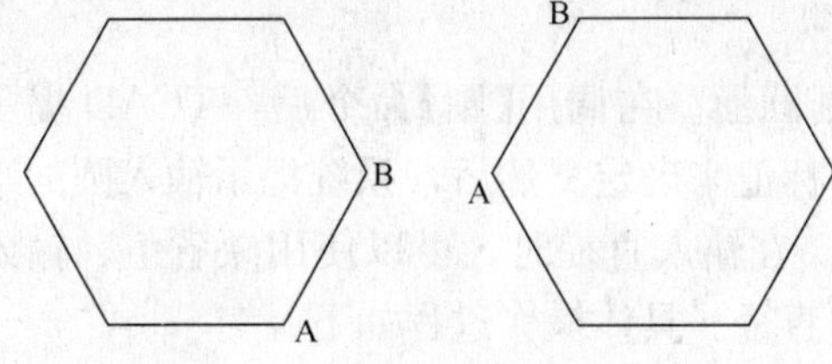

图 2-5-7　绘制"正六边形"结果图

示例：以"指定一边长度及位置方式"绘制一个正六边形，图 2-5-7 中的点 A 为多边形边的起点，点 B 为边的终点。具体操作过程如下：

命令：ELPOLYGON

请输入正多边形的边数：〈4〉(在命令行输入“6”，表示要绘制正六边形)

指定多边形的中心点或［边(D)］：(输入“D”选项，表示要采用“指定一边长度及位置方式”绘制正六边形)

请确定边的第一点：(输入第一点坐标，或用鼠标在屏幕上点取A点)

请确定边的第二点：〈500.0〉(输入第二点坐标，或用鼠标在屏幕上点取B点，注意A点及B点的顺序将决定正六边形的位置)

第六节　创建圆、圆弧及圆环

一、圆的绘制(CIRCLE ⊙)

圆是一个重要的基本图素，TCAD中可以通过圆心和半径或圆周上的点创建圆，也可以创建与对象相切的圆。调用【圆】命令的方法如下：

- 命　　令：CIRCLE↙(回车)
- 简化命令：C↙(回车)
- 菜　　单：【绘图】|【圆】选项
- 工 具 条：【绘图】|⊙按钮

执行此命令后，命令提示区出现如下提示：

命令：CIRCLE

指定圆的圆心或([A]三点/[B]两点/[T]相切、相切、半径/[P]相切、相切、相切)：

根据程序提示，使用相应的方式绘制圆形。TCAD中共有6种绘制方法，即“圆心、半径”方式、“圆心、直径”方式、“两点”方式、“三点”方式、“相切、相切、半径”方式及“相切、相切、相切”方式。下面分别进行介绍：

1.“圆心、半径”方式

这是TCAD中绘制圆的默认方式。在该种方式下，可通过确定圆心与半径来绘制圆形。执行【圆】命令后，TCAD提示输入圆心，圆心可以由屏幕上的一个点或输入坐标值来确定。然后，系统提示输入圆的半径，此时可以使用缺省值、输入一个新值或者在圆周上选择一个点来确定半径。执行结果如图2-6-1(*a*)所示。具体操作过程如下：

命令：CIRCLE

指定圆的圆心或([A]三点/[B]两点/[T]相切、相切、半径/[P]相切、相切、相切)：(输入圆心点坐标，或用鼠标在屏幕上点取一点)

指定圆的半径或［直径(D)］：〈800〉(输入新的半径值“500”，或者直接按【回车】键或【空格】键，确认使用默认半径值，完成绘制圆)

2.“圆心、直径”方式

利用该方式，可通过确定圆心与直径来绘制圆形。在调用【圆】命令后，TCAD提示输入圆心，圆心可以由屏幕上的一个点或输入坐标值来确定。然后，系统提示输入圆的半径。此时若输入“D”，系统将提示输入圆的直径。在输入直径时，可以使用缺省值、输入一个新值或者拖动该圆的边界使其达到所希望的直径。具体操作过程如下：

命令：CIRCLE

指定圆的圆心或（[A]三点/[B]两点/[T]相切、相切、半径/[P]相切、相切、相切）：（输入圆心点坐标，或用鼠标在屏幕上点取一点）

指定圆的半径或［直径(D)］：〈800〉(输入选项“D”，表示要采用“圆心、直径”方式绘制圆)

指定圆的直径：〈1600〉(输入新的直径值“1000”，或者直接按【回车】键或【空格】键，确认使用默认直径值，完成绘制圆)

3.“两点”方式

可用“[B]两点”选项绘制圆形，但要确定这两个点的距离决定了圆的直径大小。在该选项下，TCAD可通过确定圆的直径的两个端点来绘制圆形。例如，要绘制一个通过直径位于点(100，100)与点(1100，100)的圆，就可以在【圆】命令中使用“[B]两点”选项，执行结果如图2-6-1(*b*)所示。具体操作过程如下：

命令：CIRCLE

指定圆的圆心或（[A]三点/[B]两点/[T]相切、相切、半径/[P]相切、相切、相切）：（输入选项“B”，表示要采用“两点”方式绘制圆）

指定圆直径的第一个端点：（输入圆直径第一点坐标“100，100”，或用鼠标在屏幕上点取）

指定圆直径的第二个端点：（输入圆直径第二点坐标“1100，100”，按【回车】键完成绘制圆，或用鼠标在屏幕上点取）

4.“三点”方式

可用“[A]三点”选项通过确定圆的三个点绘制圆形。三点坐标能以任意次序依次输入。画一个通过3点坐标分别为(3000，3000)、(3000，1000)、(4000，2000)的圆，执行结果如图2-6-1(*c*)所示。具体操作过程如下：

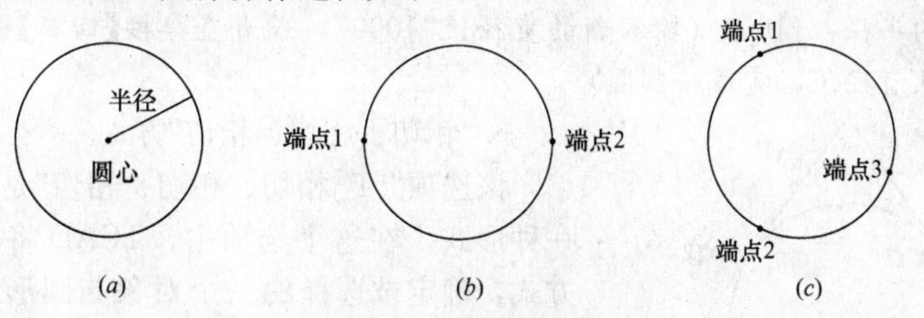

图2-6-1　三种方式绘制“圆”
(*a*)“圆心、半径”方式；(*b*)“两点”方式；(*c*)“三点”方式

命令：CIRCLE

指定圆的圆心或（[A]三点/[B]两点/[T]相切、相切、半径/[P]相切、相切、相切）：（输入选项“A”，表示要采用“三点”方式绘制圆）

指定圆上的第一点：（输入圆上第一点坐标“3000，3000”，或用鼠标在屏幕上点取）

指定圆上的第二点：（输入圆上第二点坐标“3000，1000”，或用鼠标在屏幕上点取）

指定圆上的第三点：（输入圆上第三点坐标“4000，2000”，按【回车】键完成绘制圆，或用鼠标在屏幕上点取）

5.“相切、相切、半径”方式

相切，是指一个对象(直线、圆或圆弧)与一个圆只有一点相交的情况。在这个选项

中，系统利用相切对象捕捉的方法，来确定被选择对象与圆相切的两个相切点，然后确定圆的半径。在命令行输入“T”，并按【回车】键，启用“相切、相切、半径”方式绘制圆。

使用此方式绘制圆时，程序首先提示用户选择第一个与圆形相切的对象，根据程序提示选择对象，程序再提示用户选择二个与圆相切的对象，再次选择对象，此时程序提示用户确定圆形的半径，根据程序提示，确定圆形半径，完成命令。如图 2-6-2 所示，原有圆 A 及圆 B，根据切点 1 和切点 2 以及半径值生成圆 C，根据切点 3 和切点 4 以及半径值生成圆 D。由于选择的切点位置不同，以及输入的半径值不同，可以生成圆的大小位置也不同，可以是内切圆，也可以是外接圆。具体操作过程如下：

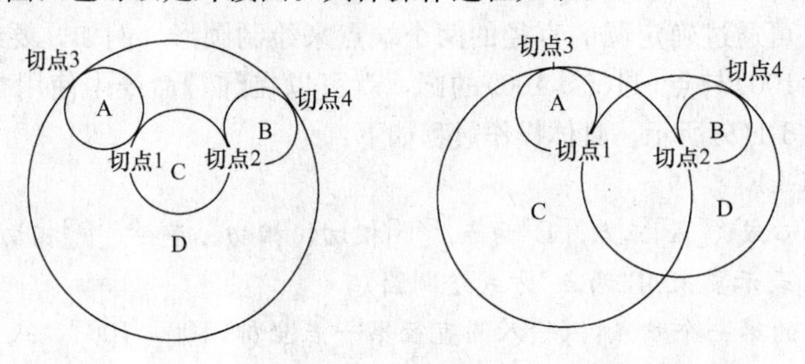

图 2-6-2　“相切、相切、半径”方式绘制“圆”

命令：CIRCLE

指定圆的圆心或（[A]三点/[B]两点/[T]相切、相切、半径/[P]相切、相切、相切）：（输入选项“T”，表示要采用“相切、相切、半径”方式绘制圆）

在对象上指定一点作圆的第一条切线：（选择圆、圆弧或者直线）

在对象上指定一点作圆的第二条切线：（选择圆、圆弧或者直线）

指定圆的半径：〈1000〉（输入新的直径值“1000”，或者直接按【回车】键或【空格】键，确认使用默认直径值，完成绘制圆）

6.“相切、相切、相切”方式

该选项“[P]相切、相切、相切”是三点选项的另一种形式。在这个选项中，TCAD 将以相切的捕捉方式，确定被选择的三个对象与圆形的相切点。在命令行输入“P”并按【回车】键，将按此方式绘制圆。程序将根据用户选择的三个对象，在此三个对象之间按与圆形相切的方式生成圆。图 2-6-3 为采用“相切、相切、相切”方式绘制圆的示例图。具体操作过程如下：

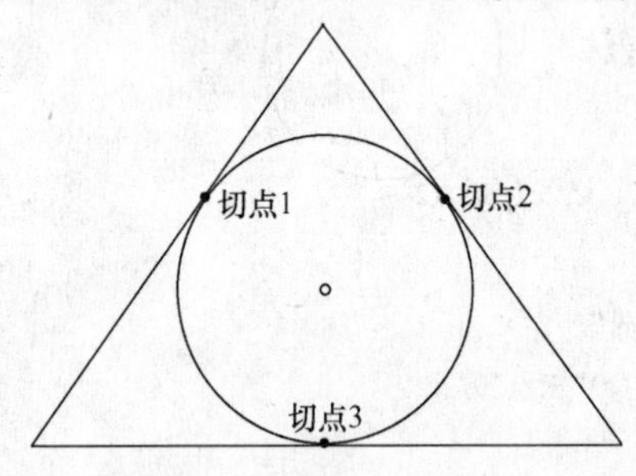

图 2-6-3　以“相切、相切、相切”方式绘制“圆”

命令：CIRCLE

指定圆的圆心或（[A]三点/[B]两点/[T]相切、相切、半径/[P]相切、相切、相切）：（输入选项“P”，表示要采用“相切、相切、相切”方式绘制圆）

在对象上指定一点作圆的第一条切线：（选择圆、圆弧或者直线）

在对象上指定一点作圆的第二条切线：（选择圆、圆弧或者直线）

在对象上指定一点作圆的第三条切线：（选择圆、圆弧或者直线，完成绘制圆）

二、圆弧的绘制（ARC ）

圆弧是圆的一部分，可以使用多种方法创建圆弧。缺省绘制方法是“三点”方式，其他选项可以通过输入相应的字母选择。调用【圆弧】命令的方法如下：

- 命　　令：ARC↙（回车）
- 简化命令：A↙（回车）
- 菜　　单：【绘图】|【圆弧】选项
- 工 具 条：【绘图】| 按钮

执行此命令后，命令提示区出现如下提示：

命令：ARC

指定圆弧的起点或［圆心(C)］：

由于圆弧命令的选项多而且复杂，通常用户无须将这些选项的组合都牢记，绘图时注意给定条件和命令行的提示就可以实现圆弧的绘制。但要记住，实际绘图过程中，很多圆弧不是通过绘制圆弧的方法绘制出来的，而是利用辅助圆修剪出来的。所以当创建圆弧给定条件不足时，建议用户利用辅助圆，通过修剪或打断命令修剪圆的方式来创建圆弧。下面主要介绍 3 种常用的绘制圆弧的方式，分别是“三点”方式、“起点、圆心、终点”方式、“起点、终点、角度”方式。

1.“三点”方式

执行【圆弧】命令后，自动进入“三点”方式。该方式要求已知圆弧的起点、第二点与终点（如图 2-6-4 所示）。通过光标拖动圆弧，可绘制出顺时针方向与逆时针方向两种不同圆弧。根据程序提示，确定圆弧的起点 P1，此时程序继续出现提示“指定圆弧的第二点或［圆心(C)/端点(N)］:”，确定圆弧第二点 P2（此点为圆弧通过的点），程序提示“指定圆弧的端点:”，根据程序提示，确定圆弧的端点 P3，完成命令。具体操作过程如下：

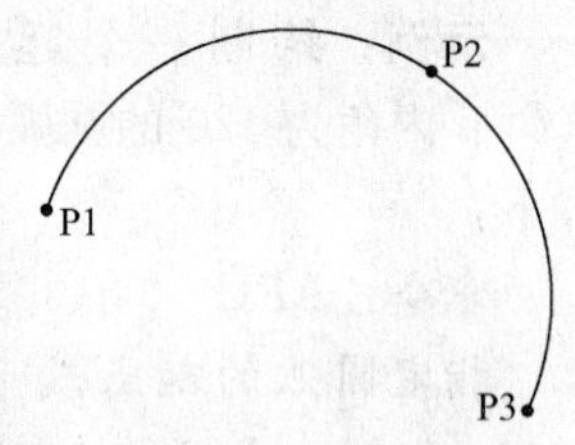

图 2-6-4　“三点”方式绘制“圆弧”

命令：ARC

指定圆弧的起点或［圆心(C)］：(输入圆心点坐标，或用鼠标在屏幕上点取 P1 点)

指定圆弧的第二点或［圆心(C)/端点(N)］：(输入第二点坐标，或用鼠标在屏幕上点取 P2 点)

指定圆弧的端点：(输入端点坐标，或用鼠标在屏幕上点取 P3 点)

2.“起点、圆心、终点”方式

该方式与“三点”方式有所不同。在此方式中，将以圆弧的圆心来代替“三点”方式中的第二点。在已知圆弧的起点、终点与圆心时选择该选项，可绘制出围绕指定圆心，沿逆时针方向由起点至终点的圆弧。终点不必在圆弧上，它仅用来确定圆弧结束的角度。圆弧半径由起点与圆心的距离确定。

示例：采用“起点、圆心、终点”方式圆弧，绘制图 2-6-5 中楼梯间的一扇门。操作过程如下：

命令：ARC

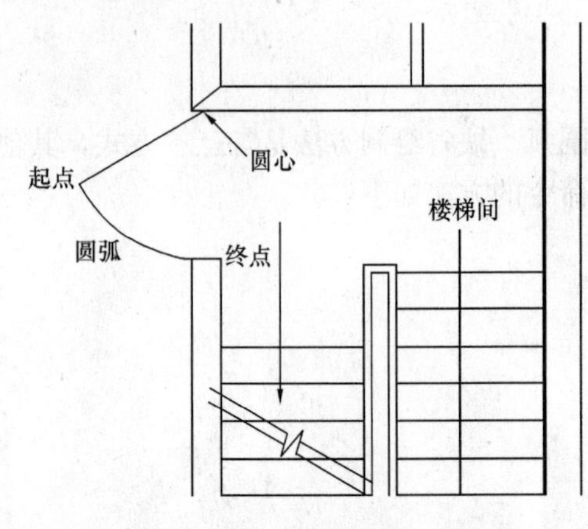

图 2-6-5　用圆弧绘制一扇门

指定圆弧的起点或［圆心(C)］:(输入选项“C”，表示要指定圆弧的圆心)

指定圆弧的圆心（输入圆心点坐标，或用鼠标在屏幕上点取圆心点）

指定圆弧的起点:(输入起点坐标，或用鼠标在屏幕上点取起点)

指定圆弧的端点或［顺时针(B)/角度(A)/弦长(L)］:(输入端点坐标，或用鼠标在屏幕上端点，完成圆弧的绘制)

注意：在指定圆弧的端点时，TCAD 是按逆时针方向绘制圆弧的。如果需要按顺时针方向绘制圆弧，应在命令行输入“B”，并按【回车】键确认，此时将是按顺时针方向绘制圆弧。此外，在“起点、圆心、终点”方式中，还可以指定圆弧的角度和弦长来构造圆弧。

3.“起点、终点、角度”方式

本选项通过确定圆弧的起点、终点与内角绘制圆弧。圆弧为由起点至终点沿逆时针方向的圆弧，内角为一正值，角度为内角值。

示例：绘制一个起点为(300，200)、终点为(200，400)、内角为 120°的圆弧(如图 2-6-6 所示)，具体操作过程如下：

命令：ARC

指定圆弧的起点或［圆心(C)］:(输入圆弧起点坐标(300，200)，或用鼠标在屏幕上点取起点)

指定圆弧的第二点或［圆心(C)/端点(N)］:(输入选项“N”，表示要指定圆弧的端点)

指定圆弧的端点:(输入圆弧端点坐标(200，400)，或用鼠标在屏幕上点取端点)

指定圆弧的圆心或［角度(A)/方向(D)/半径(R)/中间点(M)］:(输入选项“A”，表示要指定圆弧的内角角度)

指定包含角:(输入内角值“120”，按【回车】键或【空格】键，完成绘制圆弧)

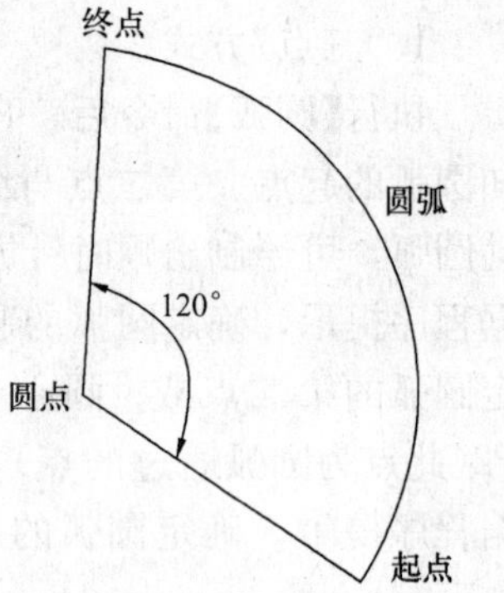

图 2-6-6　“起点、终点、角度”方式绘制圆弧

三、圆环的绘制(DONUT ◎)

在 TCAD 中，【圆环】命令用于绘制与填充圆环相似的称为圆环的对象。实际上，TCAD 的圆环是由一个带孔多边形图素构成的。该圆环可以有任意的内径与外径。如果在属性表中将填充标志改为“不填充”，当内径为 0 时，圆环就像一个圆；如果内径不为 0 时，圆环就成为同心圆。调用【圆环】命令的方法如下：

- 命　　令：DONUT↙(回车)
- 简化命令：DN↙(回车)
- 菜　　单：【绘图】|【圆环】选项

● 工 具 条:【绘图】|◎按钮

缺省的内径与外径是最近绘制的圆环的内径与外径。可以输入数值或指定两个点距离来确定内径与外径的数值。定义内径为0时，可绘制出实心圆。一旦完成直径的定义，圆环就在十字光标处生成，并可将圆环移至屏幕中任一点放置。可以输入坐标点或拖动鼠标确定圆心点。当继续确定圆心位置时，具有指定直径的圆环显示在指定位置。

示例：如图2-6-7，绘制内径值为“500”，外径值为“600”的圆环。具体操作过程如下：

命令：DONUT

指定圆环的内径：〈800〉(输入新的内径值“500”，或者直接按【回车】键或【空格】键，确认使用默认内径值)

指定圆环的外径：〈1000〉(输入新的外径值“600”，或者直接按【回车】键或【空格】键，确认使用默认外径值)

指定圆环的中心点：(输入圆环的圆心点坐标，或用鼠标在屏幕上点取一点，完成圆环的绘制)

图2-6-7 绘制圆环

第七节 创建椭圆、椭圆弧

一、椭圆的绘制(ELLIPSE)

圆在一个二维平面上投影所得到的图形称为椭圆。可以进行正投影和斜投影，正投影得到的仍是圆形，斜投影得到一般的椭圆，所以可以说圆形是椭圆的一种特例。在TCAD中【椭圆】命令可以用多种方法绘制椭圆。椭圆具有圆心与4个端点。如果选择标准椭圆，夹点将出现在它的圆心与4个端点上。如果移动位于周界上的任一夹点，可改变椭圆的长轴与短轴，从而改变椭圆的大小。调用【椭圆】命令的方法如下：

● 命　　令：ELLIPSE↙(回车)
● 简化命令：EL↙(回车)
● 菜　　单：【绘图】|【椭圆】选项
● 工 具 条：【绘图】|按钮

执行此命令后，命令提示区出现如下提示：

命令：ELLIPSE

指定椭圆的轴端点或[中心点(C)/外切矩形(R)]：

根据提示可以用光标或输入X、Y坐标值的方法指定椭圆的一个轴的端点，移动光标或输入X、Y坐标值生成另一端点，再指定椭圆的另一个轴的两个端点，完成绘制。也可用点选圆心、绘制半径的方式绘制椭圆，或者通过一个外切矩形来绘制椭圆。

示例：创建一个椭圆图形(图2-7-1)，长轴半径为5000，短轴半径为3000，有3种绘制椭圆的方式，下面分别介绍。

1.“三点”方式

已知椭圆轴的两个端点，直接指定椭圆的轴端点和另一轴的半轴长度生成椭圆。注意，第一条轴的角度确定了整个椭圆的角度，它既可以定义椭圆的长轴，也可以是椭圆的短轴。绘制步骤如图 2-7-1(*a*)所示，命令的执行过程如下：

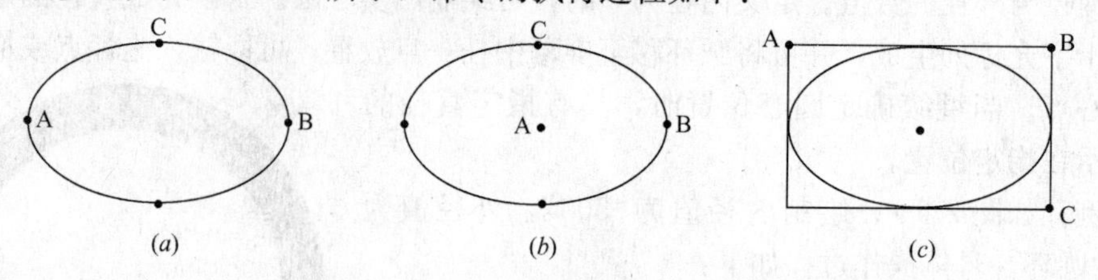

图 2-7-1　绘制椭圆的三种方式

(*a*)"三点"方式；(*b*)"圆心、两半轴"方式；(*c*)"外切矩形"方式

命令：ELLIPSE

指定椭圆弧的轴端点或［中心点(C)/外切矩形(R)］：(指定椭圆的第一个端点 A)

指定轴的另一个端点：(指定椭圆弧的第二个端点 B，或输入长轴值"10000"，注意第一条轴的方向确定了整个椭圆的角度)

指定另一条半轴长度或［旋转(R)］：(指定椭圆弧的第三个端点 C，或短半轴值"3000"，按【回车】键完成绘制)

2."圆心、两半轴"方式

已知椭圆中心点，指定椭圆两个半轴的长度生成椭圆，可先输入长半轴值再输入短半轴值，也可先短轴再长轴。绘制步骤如图 2-7-1(*b*)所示，命令的执行过程如下：

命令：ELLIPSE

指定椭圆弧的轴端点或［中心点(C)/外切矩形(R)］：(在命令行输入"C"，按【回车】键表示要指定中心点)

指定椭圆的中心点：(指定椭圆的中心点 A)

指定轴的另一个端点：(指定椭圆的第一个端点 B，或输入长半轴值"5000"，也可先指定端点 C，或输入短半轴值"3000")

指定另一条半轴长度或［旋转(R)］：(指定椭圆弧的第二个端点 C，或短半轴值"3000"，按【回车】键完成绘制)

3."外切矩形"方式

已知椭圆外切矩形的位置大小，通过指定矩形的各角点位置来确定椭圆位置。注意指定矩形时，第一条边可以用与 X 轴正方向的夹角来确定整个椭圆的角度。绘制步骤如图 2-7-1(*c*)所示，命令的执行过程如下：

命令：ELLIPSE

指定椭圆弧的轴端点或［中心点(C)/外切矩形(R)］：(在命令行输入"R"，按【回车】键表示要指定外切矩形)

指定外切矩形的起点：(指定矩形第一角点 A)

指定外切矩形的第二点：(指定矩形第二角点 B，或输入长轴值"10000"，但要注意 AB 轴的方向)

指定外切矩形的第三点：(指定矩形第三角点 C，或短轴值"6000"，按【回车】键完成

绘制）

二、椭圆弧的绘制（ELLIPSE ARC）

椭圆弧是椭圆的一部分，绘制过程先按照画椭圆的步骤绘制出相应的椭圆，再指定圆弧的起始点和终止点，即完成绘制。逆时针方向旋转光标，绘制出来的是实际显现的椭圆弧长度，顺时针方向旋转光标，光标划过处为不显示部分。调用【椭圆弧】命令的方法如下：

- 命　　令：ELLIPSEARC↙（回车）
- 简化命令：EA↙（回车）
- 菜　　单：【绘图】|【椭圆弧】选项
- 工 具 条：【绘图】| 按钮

执行此命令后，命令提示区出现如下提示：

命令：ELLIPSEARC

指定椭圆弧的轴端点或［中心点(C)/外切矩形(R)］：

操作说明：先按照画椭圆的步骤绘制出相应的椭圆，再指定圆弧的起始点和终止点，即完成绘制。逆时针方向旋转光标，绘制出来的是实际显现的圆弧长度，顺时针方向旋转光标，光标划过处为不显示部分。

示例：创建一个椭圆弧图形（图 2-7-2）。命令的执行过程如下：

命令：ELLIPSEARC

指定椭圆弧的轴端点或［中心点(C)/外切矩形(R)］：（指定椭圆弧的第一个端点1）

指定轴的另一个端点：（指定椭圆弧的第一个端点2）

指定另一条半轴长度或［旋转(R)］：（指定椭圆弧的第一个端点3）

指定起始角度：（指定椭圆弧的起点角度）

指定终止角度［包含角度(I)］：（指定椭圆弧的终点角度）

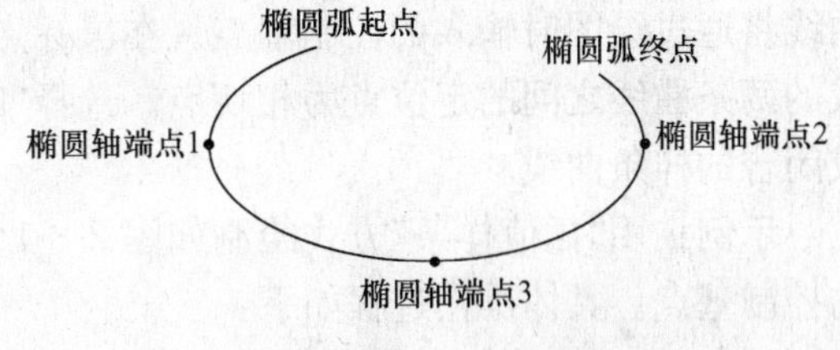

图 2-7-2　创建一个“椭圆弧”示例

第八节　创建样条曲线

一、样条曲线（SPLINE）

样条曲线是通过拟合一系列离散的点而生成的光滑曲线，它可以根据统计的实测数据生成拟合曲线，这种方法最早在船舶工业中得到广泛的应用。TCAD 使用一种称为“非均匀关系基本样条（Non-Uniform Rational Basis Splines，简称 NURBS）”曲线的特殊样条曲线类型。这种类型的曲线会在控制点之间产生一条光滑的曲线，并保证其偏差很小。它用于创建形状不规则的曲线，例如，用于地理信息系统（GIS）的曲线边界或地质剖面和采矿进度计划的平面，生成统计数据的曲线，为汽车、船舶、航空设计绘制轮廓线。

二、样条曲线的绘制

用户可以通过指定离散点创建样条曲线。用指定的点创建样条曲线可以在“指定下一点：”提示下继续指定离散的点，一直到完成样条曲线的定义为止。调用【圆环】命令的方法如下：

- 命　　令：SPLINE↙（回车）
- 简化命令：SP↙（回车）
- 菜　　单：【绘图】|【样条曲线】选项
- 工 具 条：【绘图】| 按钮

执行此命令后，命令提示区出现如下提示：

命令：SPLINE

请指定起点：

下一点（[C]-封闭/[F]-拟合样条/[T]-回退）：

TCAD中可以用两种方式生成样条曲线，分别是“插值样条”方式和“拟合样条”方式，二者最大的区别是所形成的样条通过控制基点与否。下面分别进行介绍：

1.“插值样条”方式

此方式为TCAD绘制样条曲线的默认方式。在“插值样条”方式下，绘制生成的样条曲线将通过绘图时输入的控制基点。在鼠标点取的两个定位点之间生成平滑曲线，连续生成的两条曲线之间的定位点为相切点。选择“闭合”选项，可以使最后一点与起点重合，构成闭合的样条曲线。

示例：用“插值样条”方式绘制如图2-8-1中的样条曲线，其中带“×”符号的点为输入的控制基点。具体操作过程如下：

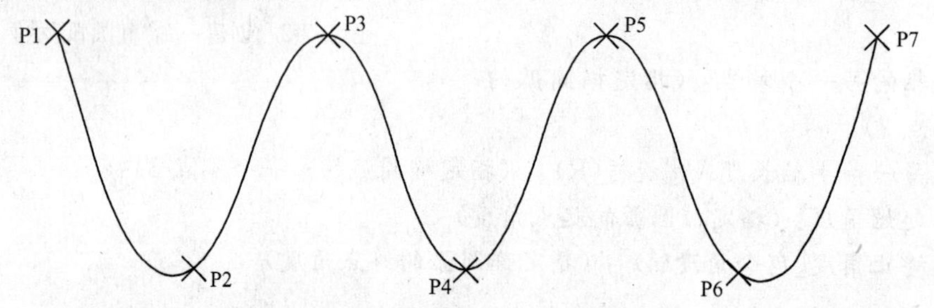

图2-8-1　用“插值样条”方式绘制样条曲线

命令：SPLINE

请指定起点：（输入起点坐标，或用鼠标在屏幕上点取P1点）

下一点：（输入第二点坐标，或用鼠标在屏幕上点取P2点）

下一点：（输入第三点坐标，或用鼠标在屏幕上点取P3点）

下一点（[C]-封闭/[F]-拟合样条/[T]-回退）：（输入第四点坐标，或用鼠标在屏幕上点取P4点）

……

下一点（[C]-封闭/[F]-拟合样条/[T]-回退）：（输入最后一点坐标，或用鼠标在屏幕上点取P7点，完成样条曲线的绘制）

2."拟合样条"方式

特别注意的是，在"拟合样条"方式下，绘制生成的样条曲线将不通过绘图时输入的控制基点。控制基点仅作为控制样条曲线形状的参考点。

示例：用"拟合样条"方式绘制如图 2-8-2 中的样条曲线。其中带"×"符号的点为输入的控制基点，它们的位置与图 2-8-1"插值样条"中所示位置完全一致。具体操作过程如下：

命令：SPLINE

请指定起点：(输入起点坐标，或用鼠标在屏幕上点取 P1 点)

下一点：(输入第二点坐标，或用鼠标在屏幕上点取 P2 点)

下一点：(输入第三点坐标，或用鼠标在屏幕上点取 P3 点)

下一点([C]-封闭/[F]-拟合样条/[T]-回退)：(输入选项"F"，表示要采用"拟合样条"方式绘制样条曲线。注意：命令提示区中后续提示时的"F"选项将改为"插值样条")

下一点([C]-封闭/[F]-插值样条/[T]-回退)：(输入第四点坐标，或用鼠标在屏幕上点取 P4 点)

……

下一点([C]-封闭/[F]-插值样条/[T]-回退)：(输入最后一点坐标，或用鼠标在屏幕上点取 P7 点，完成样条曲线的绘制)

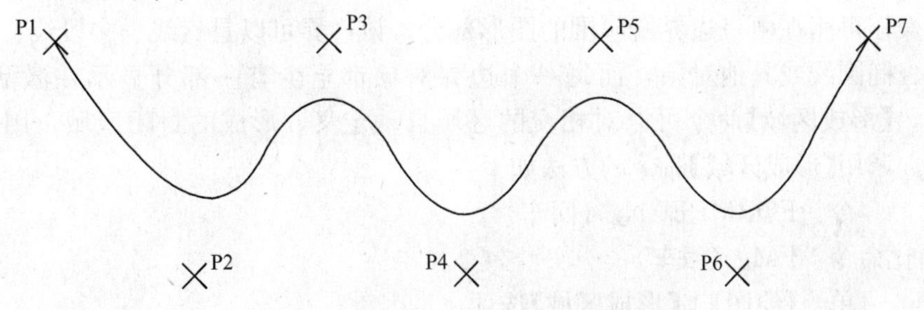

图 2-8-2　用"拟合样条"方式绘制样条曲线

第九节　图案填充与区域形成

一、填充概念

在许多图形中(如实体或对象的剖面图)，其剖面区域必须用特定的图案来填充。可用不同的填充图案来区分一个对象的不同组成部分，并指明组成对象的不同材料。以某一图案填满对象的区域称为"填充"，如图 2-9-1 所示，房间的地面被填充了两种图案。

TCAD 支持多种填充图案(见图 2-9-2)。每一个填充图案都由一种或多种填充线组成。这些填充线按一定的角度和间距排列，且各条填充线之间的角度和间距可变。填充线根据具体要求可以由点、短画线或实线组成。填充图案可以根据需要复

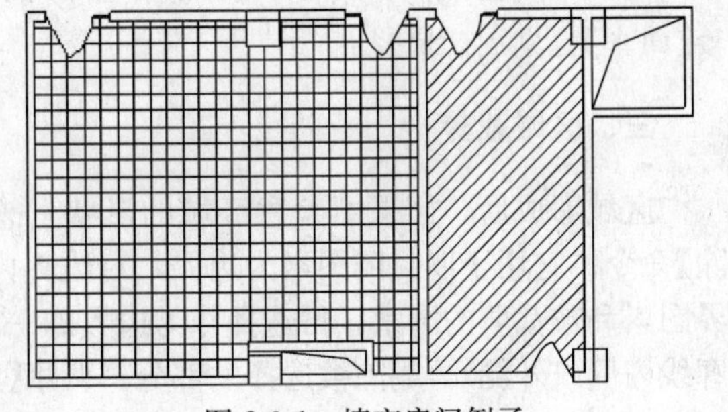

图 2-9-1　填充房间例子

图 2-9-2　一些填充图案

制或剪裁，正确地填满某个指定的区域。构成填充图案的线条绘制在当前绘图平面上。填充的基本机理是，生成选定的填充图案区域的边界线，并在相应的区域中绘制填充图。

尽管一个填充图案可由许多线条组成，TCAD 通常将它们组合成一个内部生成的“块参照”对象，并在应用中视作一个对象。例如，如要完成一个类似于擦去填充图案的编辑操作，要做的就是在填充图案上任选一点。当用于填充图形的所有参考点被删除(只有在所绘图已经保存并被重新打开)之后，该填充图形的对象就会被自动删除。如果想要将一个填充图案分解成独立的线段并希望编辑线段，可以使用 TCAD 的【分解】(EXPLODE)命令。

二、形成区域

填充操作可用在由一边界所包围的图形部分，该边界可以是直线、多段线、圆、圆弧线、椭圆、椭圆线或其他对象，而每一个边界对象都至少有一部分显示在激活视口内。TCAD 中，【形成区域】命令可以对相交的区域自动定义，形成的封闭区域，用来进行图案的填充。调用【形成区域】命令的方法如下：

- 命　　令：FORMREGN↙(回车)
- 简化命令：FM↙(回车)
- 菜　　单：【绘图】|【形成区域】选项
- 工 具 条：▢，可由用户自行定制至【绘图】工具条内

示例：使用【形成区域】命令，将图 2-9-3 中的直线 AB、BC、AD 以及圆弧 DEC 组合成一个封闭区域。具体操作如下：

命令：FORMREGN

形成填充区域，请等待!

请用光标点取要形成闭合区域内的一点（[Esc]结束）(用鼠标选择要形成区域的交错对象，注意它们要有一个封闭的区域，否则无法形成区域。如图 2-9-3，选择图形 ABCD 内部一点 K，按【回车】键完成区域形成)

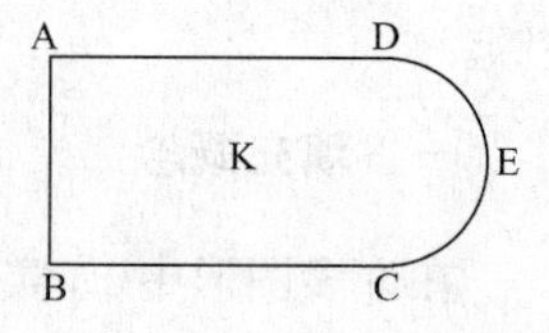

图 2-9-3　形成区域

三、区域裁剪

区域形成后，如果不满意区域的形状，想要进行修剪，可以用 TCAD 中的【区域切除】命令。它用于以封闭图素为边界，对边界内的其他图素进行切除。执行时，先选取边界图素和被裁剪的图素，再选择作为边界的一组轮廓线，然后点击需要裁剪的部分(即轮廓线内侧或外侧)，删除被选择的部分。调用【区域切除】命令的方法如下：

- 命　　令：OBJTRIM↙(回车)

- 简化命令：OBT↙(回车)
- 菜　　单：【绘图】|【其他编辑】|【区域切除】选项
- 工 具 条：，可由用户自行定制至【修改】工具条内

示例：使用【区域切除】命令，将图 2-9-4 中的组合图形 ABCED 和矩形 HIFG 形成的区域进行修剪，视操作过程中选择的顺序，可以有两种处理结果。具体操作如下：

命令：OBJTRIM

请选择需要处理的图素（[A]全选）(将组合图形 ABCED 和矩形 HIFG 都选择上)5 个图素已经选中

请选择封闭的边界（可多选，[Esc]结束）：(选择要裁剪的封闭边界，如果选择矩形 HIFG，则修剪结果如图 2-9-4 的(*a*)所示；如果选择组合图形 ABCED，则修剪结果如图 2-9-4 的(*b*)所示)

请点击需要裁剪的区域（[Esc]结束）(在所选边界内任意点取一点，则程序将修剪边界内的其他对象，重新生成区域)

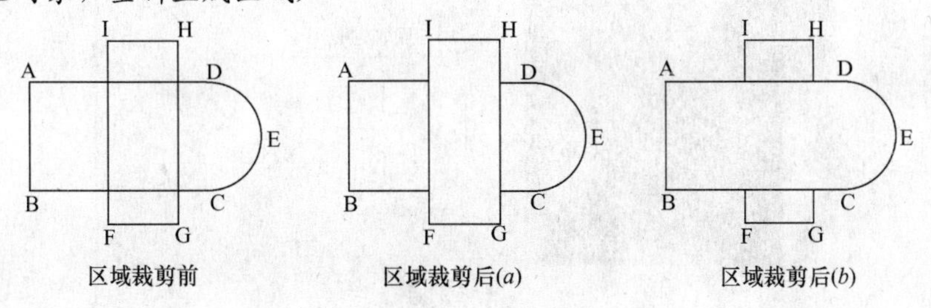

图 2-9-4　区域裁剪

四、图案填充(HATCH)

在 TCAD 中，可以用【填充】命令将一种图案填充到某一区域中。用户从图案库中挑选所需的填充图案，通过点取封闭区域中一点或使用光标围选区域的方式将图案填入，并可随时调整图案的大小和颜色。用户既可使用 PKPM 系统提供的图案库，也可使用 AutoCAD 软件提供的图案库。调用【填充】命令的方法如下：

- 命　　令：HATCH↙(回车)
- 简化命令：HAT↙(回车)
- 菜　　单：【绘图】|【填充】选项
- 工 具 条：【绘图】| 按钮

执行此命令后，命令提示区出现如下提示：

命令：HATCH

形成填充区域，请等待！

调用【填充】命令后，用户有多种选择，接下来介绍进行图案填充的 4 个主要步骤，以及在填充过程中的使用技巧和注意要点。

1. 计算封闭区域

使用本命令后，程序首先计算当前窗口内所有图素围成的封闭区域，为以后的点取填充作前期处理。

应注意：程序的计算时间和图素数量成正比，图素过多时程序会自动停止计算，并在弹出的对话框中提示不能使用点取封闭区域的方式填充，此时用户仍可使用围区方式进行填充。

2. 选择填充图案

统计封闭区域的计算完成后，会弹出“填充”对话框（如图 2-9-5 所示），对话框左侧为选取填充图案的区域，上方为【选择填充图案】按钮，下方为当前填充图案的预览窗口。点取【选择填充图案】按键，进入【选择填充图案】对话框（如图 2-9-6 所示），从左至右分别为图案类别列表和图案示意图。

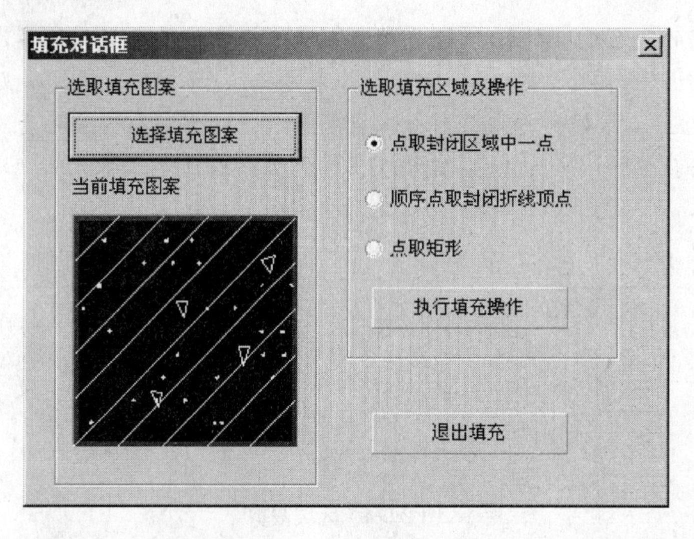

图 2-9-5　“填充”对话框

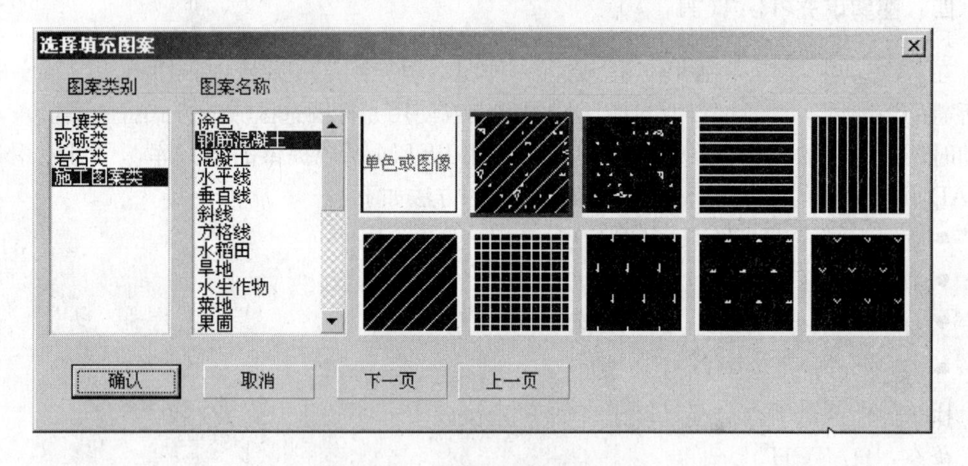

图 2-9-6　“选择填充图案”对话框

图案类别列表中存放了 PKPM 系统提供的四类图案，其中土壤、砂砾、岩石类为基础程序中经常使用的，而施工图案类则存放了绘制施工图中常用的多种图案。

用户也可使用 AutoCAD 的填充图案。使用方法是在 AutoCAD 所在目录内查找 *.PAT 文件，将它们拷入 PKPM 系统的 CFG 目录，再使用图案填充时会在图案类别列表中列出 AutoCAD 填充图的图案。

每一大类图案中都包含了多种图案式样，分别列在图案名称列表中，同时右侧的十个图案示意图也与每种图案名称对应。当用户选择了一个名称后，右侧示意图中也会用红色方框表示出对应的图案；同样当用户选择了右侧示意图中的一个图案后，名称列表中的选项也会自动跳到相应的名称上。图案较多时用户还可用【下一页】或【上一页】按钮翻页，选好一种图案后按【确定】按钮退出对话框。

3. 定义 PAT 图案

用户不但可以使用 AutoCAD 的“PAT”格式的填充图案，也可以在 TCAD 中自己创建 PAT 图案。调用【图案定义】命令的方法如下：

- 命　　令：ADDPAT↙(回车)
- 简化命令：AD↙(回车)
- 菜　　单：【绘图】|【图案定义】选项
- 工 具 条：，可由用户自行定制至【绘图】工具条内

执行此命令后，将显示“填充图案定义参数”对话框(如图 2-9-7 所示)。在打开对话框中，可以选择当前窗口中的图形对象，作为填充的图案进行保存，并通过【图案填充】命令调用此图案，还可以用来自定义图案的路径，插入点和相关参数。定义好的 PAT 图案各参数如图 2-9-8 所示。

图 2-9-7 “填充图案定义参数”对话框

图 2-9-8 定义 PAT 格式图案

注意：PAT 格式文件名称可以由用户自行命令，但存储位置规定为 PKPM 系列软件中的 CFG 目录下，请不要改变位置，否则在执行【图案填充】命令时，系统无法自动加载用户自定义的 PAT 图案。

4. 选择边界

如图 2-9-5“填充”对话框中所示，TCAD 中主要有 3 种选择边界的方式：

(1) 点取封闭区域中一点：使用本方式将填充单独的封闭区域。使用本方式的前提是必须有一个或一个以上的封闭区域。如图 2-9-9 所示，选择封闭区域中的一点后，TCAD 自动生成填充边界，为执行图案填充做好准备。

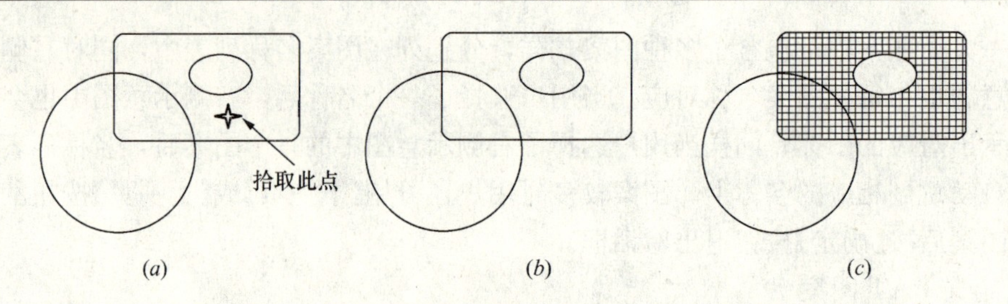

图 2-9-9　“矩形”方式快捷菜单

(a)指定内部点；(b)生成填充边界；(c)图案填充结果

(2) 顺序点取封闭折线顶点：使用本方式可看作在绘图区域绘制多边形并填充。

(3) 点取矩形：与“顺序点取封闭折线顶点”方式相似，即绘制矩形并填充。在进行填充时，程序弹出快捷菜单(如图 2-9-10 所示)，用户可以在进行图案填充的同时方便、快捷地设置、调整填充图形。

5. 执行填充操作

在【填充】对话框选择一种填充方式，再点取【执行填充操作】按钮即可开始填充。当使用“点取封闭区域中一点”的方式填充时，用户可用光标点取图形中的封闭区域内的任意一点，程序会自动将此区域填满图案。用户可连续点取多个区域，最后按【Esc】键回到“填充”对话框，点击【退出填充】按钮结束填充命令。当使用“顺序点取封闭折线顶点”方式填充时，可用光标依次点出封闭区域的顶点；使用“点取矩形”方式填充时，可用光标点出矩形的两角点并进行填充。在填充操作的过程中，用户可使用“调整填充内容”对话框(如图 2-9-11 所示)调整最后一次填充图案的大小或颜色，每点击一次【变大】按钮，填充图案会放大为原来的 1.4 倍，点击一次【变小】按钮，填充图案会缩小为原来的 0.7 倍。修改过大小后，再填充其他区域时会按此比例进行填充。

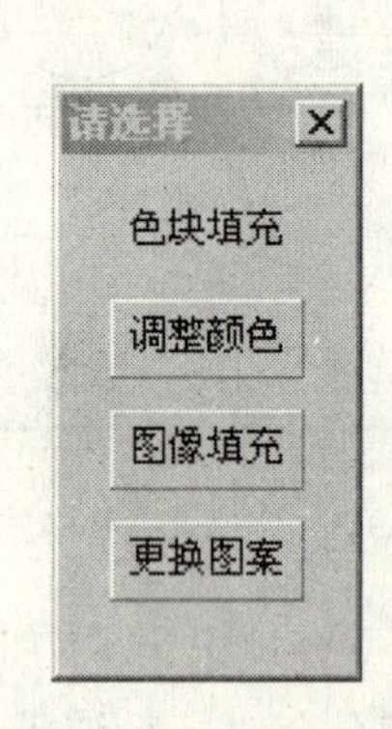

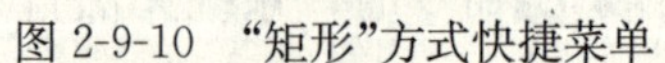
图 2-9-10　“矩形”方式快捷菜单

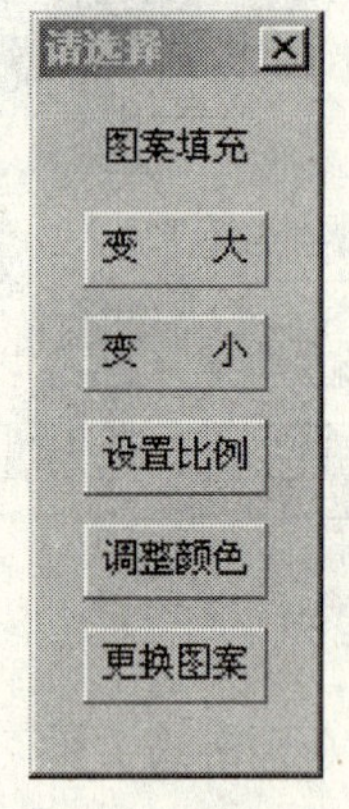

图 2-9-11　“调整填充内容”对话框

6. 使用技巧和注意要点

由于图案填充前先要进行封闭区域的计算，当图素较多时计算时间会很长，有时甚至无法完成自动统计。因此用户可在图案填充前先关闭一些无关的图层，减少参与计算的图素数量，加快计算时间。

每个填入图形中的图案都是以一个图块的形式存在的，可整体移动或删除，也可用

【图素分解】命令将它分解成单个图素。所有图案均存放在一个图层中。

由于图案填充只能在当前坐标系内进行，因此要在不同坐标系内填充时应使用【选坐标系】命令换到相应的坐标系中。应注意的是，不能在填充过程中转换坐标系，而要在使用【图案填充】命令前转换坐标系。

第三章　编辑二维图形对象

创建图形对象只是工程设计绘图的第一步，要充分展示计算机辅助设计与绘图准确、高效、快捷的优势，应充分利用 TCAD 的编辑修改功能。图形编辑是指对已有图形对象进行修剪、移动、旋转、缩放、复制、删除、参数修改及其他修改操作。

TCAD 具有十分强大的图形编辑功能，在设计和绘图过程中发挥极为重要的作用。TCAD 对二维图形对象可进行的操作有：复制、删除、镜像、偏移、阵列、移动、旋转、缩放、拉伸、拉长、延伸、打断、倒角、圆角、分解，以及 PKPM 图形平台下特有的编辑命令(位于“其他编辑”菜单内)：图素拖动、拖动复制、拖点复制、旋转复制、镜像复制、图素偏移、图素变换、等距插点、区域切除、单线变双等操作。

如果能够熟练掌握编辑功能并合理使用这些编辑命令，可以合理构造与组织图形，保证绘图的精确度，减少重复、繁杂的工作，极大地提高设计和绘图的效率。本章首先介绍有关“选择集”的基本概念和构造方法，然后举例说明每种编辑操作的方法和注意事项。本章的主要内容有：

◆ 理解“选择集”及掌握它的构造方法
◆ 图素对象的复制与删除方法
◆ 图素对象的移动与偏移方法
◆ 图素对象的拉伸与拉长方法
◆ 图素对象的修剪与延伸方法
◆ 图素对象的倒角与圆角方法
◆ 图素对象的打断与分解方法
◆ 理解和使用“夹点编辑”方式

在下拉菜单【工具】的【指定编辑方式】菜单，可以设置两种编辑方式，即“PKPM 方式”及“AutoCAD 方式”。本章说明介绍的主要是“AutoCAD 方式”。

第一节　如何构造选择集

在对图形进行编辑操作之前，首先需要选择要编辑的对象。选择集是被修改对象的集合，它可以包含一个对象或多个对象。用户可以在运行编辑命令之前建立选择集，即先在屏幕上选择要编辑的对象，再点取具体的编辑命令，本文称这种编辑方式为编辑方式 1。也可以在运行编辑命令时创建选择集，即先点取某一具体的编辑命令，再去选择要编辑的对象，本文称这种编辑方式为编辑方式 2。

一、TCAD 中的选择集

执行 TCAD 编辑命令时通常需要分两步进行：

(1)选择编辑对象，即构造选择集；

(2)对选择集进行相关的编辑操作。

这两步操作的顺序可以是先做(2)再做(1)，也可以是先做(1)再做(2)，分别为编辑方式 2 和编辑方式 1。

在 TCAD 中，选择对象的方法很多。例如，可以通过单击对象逐个拾取，也可利用矩形窗口或交叉窗口选择；可以选择最近创建的对象、前面的选择集或图形中的所有对象，也可以向选择集中添加对象或从中删除对象。

通常，在输入编辑命令之后，系统提示“选择对象：”。当选择对象后，TCAD 将加亮显示已经被选择加入选择集的对象。也可以从选择集中将某个对象移出。在选择对象的过程中，拾取框将代替十字光标。

对选择对象的选择结束确认方式：对于编辑方式 1(即先选择编辑对象，后点取编辑命令)，用户在屏幕上逐一选取要编辑的对象后，再执行编辑命令，系统将自动结束对象选择过程，直接进行该命令的编辑过程。对于编辑方式 2(即先点取编辑命令，再选择编辑对象)，执行编辑命令后，用户逐一选择编辑对象后，必须按一下鼠标右键，表示结束选择过程，才能继续执行该命令的编辑过程。

二、选择集的构造方法

下面介绍构造选择集的几种最常用的方法：

1. 直接选择对象

直接选择对象很简单，用拾取框直接选择一个对象，用此方法可以连续地选择多个对象。在命令提示区，系统会逐步提示本次选择对象的个数及总个数。

2.“窗口”方式

“窗口”方式可以选择所有位于矩形窗口内的对象，用户只需指定窗口的两个角点即可，该窗口内被完整包围的对象都会被加入进选择集。

“窗口”方式和直接选择方式是自然切换的。当用户用鼠标在屏幕上没有图素的位置点取时(即没有选中任何图素)，程序将自动切换到“窗口”状态下，该鼠标的点取马上成为窗口选择的第一点，然后随鼠标移动出现蓝色矩形窗口，程序会提示用户输入窗口的第二点。

如图 3-1-1 所示，先在屏幕左上角点取 P1 点，随着鼠标向屏幕右下角的移动，会产生一个蓝色实线边矩形框表示选择范围的大小。在右下角点取 P2 点后矩形框消失，此时，系统会提示“6 个图素已经选中”。其中，每个桌子和椅子各为一个单独的块实体，由于是窗口选择方式，椅子 D 只被选中一半，所以不被计入选择集。选择集中共 3 个桌子，

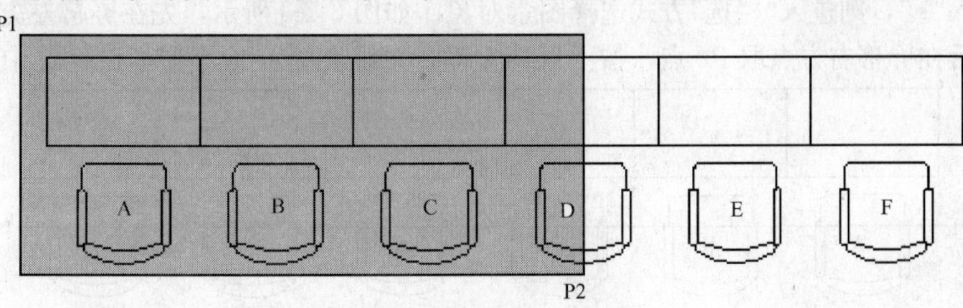

图 3-1-1　“窗口方式”选择对象

3 把椅子，共计 6 个图素。

3.“窗交”方式

“窗交”方式下，选择集内的图素对象即包括全部位于矩形窗口内的所有对象外，还包括与窗口 4 条边相交的所有对象。进行窗交选择时，指定窗口的两个角点的顺序与“窗口”方式相反。如图 3-1-2 所示，先在屏幕右下角点取 P1 点，随着鼠标向屏幕左上角的移动，会产生一个绿色实线边矩形框表示选择范围的大小。在左上角点取 P2 点后矩形框消失，此时，系统会提示“8 个图素已经选中”。由于是窗口选择方式，椅子 D 虽然只被选中一半，也要被计入选择集。选择集中共 4 个桌子，4 把椅子，共计 8 个图素。

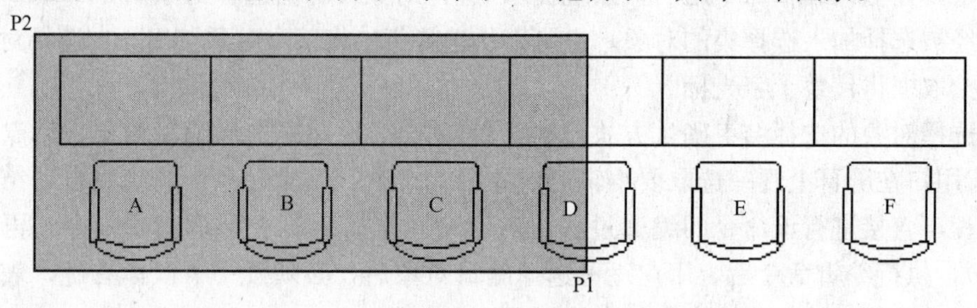

图 3-1-2　“窗交”方式选择对象

4.“反选”方式

有时，一次选中的图素较多，其中有一些是由于误选被添加进选择集的，是不应参与编辑的对象。用户如果想将这些对象从选择集中去除，可以使用构造选择集的“反选”方式，具体操作为：按住键盘上的【Shift】键，再用鼠标点取这些误选的图素，此时这些图素将从选择集中被去除，原被选中的加亮状态又还原到未被选中的状态。

5.“全部选择”方式

全部选择方式用于选择图形文件中创建的所有对象。在“全部选择”方式下，对于已经关闭的图层，里面的所有对象将不会被加入选择集。进行“全部选择”的方法为：(1)执行编辑命令时，如果遇到系统提示“请选择图素〈ALL-全选，F-栏选〉”，在命令提示区输入“ALL”，则进入“全部选择”方式，所有图素对象将被选择并加亮；(2)在【显示】菜单中选择【全部选择】菜单项，则整个 T 图内除已关闭图层的所有图素对象将都被加入选择集，同时都被加亮显示。

6.“栏选”方式

“栏选”方式是绘制一条直线段，所有与直线段相交的对象将被全部选中，加入选择集。执行编辑命令时，如果遇到系统提示“请选择图素〈ALL-全选，F-栏选〉”，在命令提示区输入“F”，则进入“栏选”方式选择图素对象。如图 3-1-3 所示，先在屏幕左方点取 P1 点，然后在屏幕右方点取 P2 点，按下鼠标左键，系统会提示“6 个图素已经选中”。加入

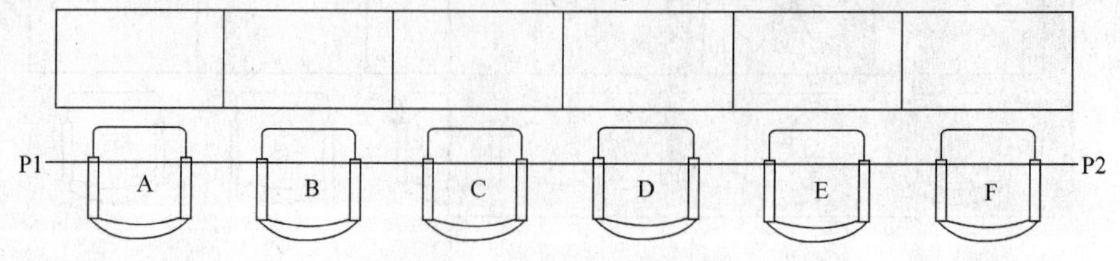

图 3-1-3　“栏选”方式选择对象

选择集的对象是6把椅子。

三、TCAD选择集特有构造方式

1. 反转选择对象方法

值得一提的是，在【显示】菜单中还有一个【反转选择】选项，当想选取较多的图素对象，选择过程比较繁琐，可以先选择不希望被加入选择集的较少的图素对象，然后用此选项，就能迅速得到理想的选择结果。

例如，要将图3-1-4中的5个圆形进行编辑，可以使用“反转选择”对象的方法进行选择，具体操作过程如下：用鼠标左键在屏幕上单击不需要进行隐藏的矩形对象，然后选择【显示】菜单中的【反转选择】选项，5个圆将被选择上，而矩形将从选择集中被去除，恢复原始未被选中的状态，选择结果如图3-1-4所示。

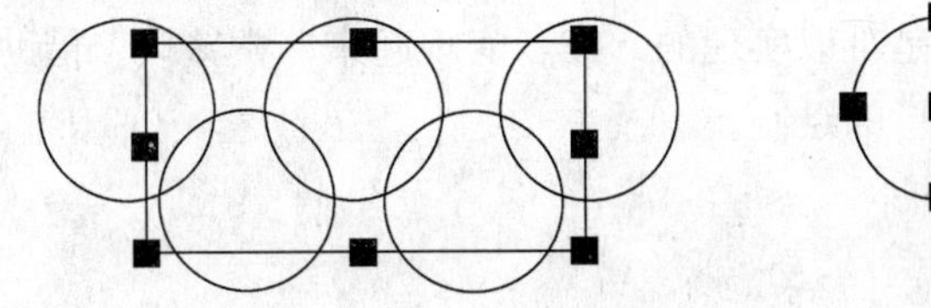

图3-1-4　“反转选择”方式选择对象

2. 隐藏图素方法

“图素隐藏”机制是TCAD所特有的机制。以往对于“隐藏图素”功能只在整个图层都被关闭时才有效，而现在对于所有图素对象，都可以单独控制其显示状态。经过隐藏的图素不参加编辑，从而可以使图面清洁，编辑速度加快，适合对大型图的处理。

“图素隐藏”和“图层关闭”是双重控制，因此一个图素能够显示的前提是本身未隐藏同时所在图层未隐藏，否则它在屏幕上不能被显示出来。隐藏状态是保存在T图中的，因此保存图形后再次打开仍然会保持隐藏状态。

进行“图素隐藏”的方法如下：在“PKPM”方式下，用鼠标左键在屏幕上单击需要进行隐藏的图素对象，然后在已选对象上单击鼠标右键，调出“选择集右键快捷菜单”(图3-1-5)，选择“隐藏”选项，刚才屏幕上已经被选择的图素对象将消失。也可以在【显示】中选择【隐藏】选项执行相同功能。需要注意的是，如果想要让它解除隐藏，由于它在屏幕上不再显示，将无法进行选择，应选择在【显示】中的【解除隐藏】选项，则整个T图内被隐藏的图素对象都会显示出来。

清除选择
反转选择
全选

隐藏
反转隐藏
解除隐藏

删除
粘贴

拖动
平移
镜像
旋转
比例

拖动复制
平移复制
镜像复制
旋转复制

图3-1-5　选择集右键菜单

例如，在编辑图3-1-6中的矩形时，由于背景中存在5个圆形，很不方便对矩形的编辑处理，可以使用“图素隐藏”功能将5个圆形隐藏，编辑完矩形后，再将它们显示出来，具体操作过程如下：用鼠标左键在屏幕上单击需要进行隐藏的5个圆形对象，然后选择【显示】菜单中的【隐藏】选项，5个圆形将被隐藏，只剩下1个矩形，结果如图3-1-6右侧图所示。编辑完矩形后，再选择【显示】菜单中的【解除隐藏】选项，将5个圆形显示出来。

此外，【显示】菜单中还有一个【反转隐藏】选项，它的用法与【反转选

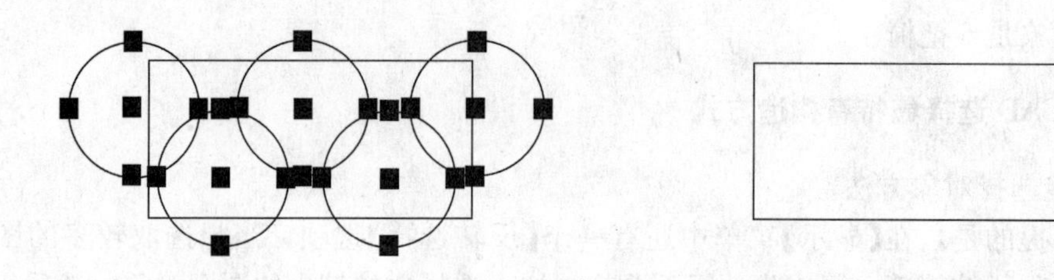

图 3-1-6　隐藏 5 个圆形对象

择】选项基本类似，灵活应用此选项功能将能大大提高对图素对象的编辑效率。

第二节　图素对象的删除与复制

绘制复杂的图形，仅靠绘图命令是难以实现的，或者实现起来非常繁琐。借助于编辑命令，可以轻松、高效地实现复杂图形的绘制。

一、删除对象(ERASE)

绘图时，有些对象绘制得不合适，有些对象属于临时辅助作图对象，还有一些对象属于修剪后的残留对象，这些都是在最后完工的工程图中不需要的对象，应予以删除。调用【删除】命令的方法如下：

- 命　　令：ERASE↙(回车)
- 简化命令：E↙(回车)
- 快 捷 键：键盘上的【Delete】键
- 菜　　单：【修改】|【删除】选项，或者【编辑】|【删除】选项
- 工 具 条：【修改】| 按钮

删除图素对象时，可以先执行"删除"命令再选择对象，也可以在未激活任何命令的状态下选择对象到高亮状态，再执行命令进行删除。以上两种不同顺序的删除对象的方法，实际上代表了 TCAD 软件中编辑修改的两种模式。一种是先输入编辑命令再选择要编辑的对象，另一种是先选择编辑对象再执行编辑命令。

执行此命令后，命令提示区出现如下提示：

命令：ERASE

请选择需要删除的图素：(选择要删除的对象)

请选择图素〈ALL-全选，F-栏选〉

　　1 个图素已经选中 (命令行提示已经选择 1 个图素对象)

请选择图素〈ALL-全选，F-栏选〉(按鼠标右键或【回车】键结束命令，删除对象)

删除对象还可以按照如下操作进行：

(1)先在未激活任何命令的状态下选择对象到高亮状态，然后按键盘上的【Delete】键即可；

(2)先在未激活任何命令的状态下选择对象到高亮状态，然后按鼠标右键，在弹出的快捷菜单中选择【删除】选项。

二、复制对象(COPY)

在 TCAD 中，可以使用【复制】命令创建与原有对象相同的图形。复制的对象完全独立于源对象，可以对它进行编辑或其他操作。调用【复制】命令的方法如下：

- 命　　令：COPY↙(回车)
- 简化命令：CP↙(回车)
- 快 捷 键：同时按住键盘上的【Ctrl】键和【C】键
- 菜　　单：【修改】|【复制】选项，或者【编辑】|【复制】选项
- 工 具 条：【修改】| 按钮，或者【标准】| 按钮

执行该命令时，首先在屏幕上选择要复制的对象，按鼠标右键确认后，指定基点和位移矢量(相对于基点的方向和大小)。使用该命令还可以同时创建多个副本，通过连续指定位移的第二点来创建该对象的其他副本，直到按鼠标右键结束命令。

示例：使用【复制】命令，将图 3-2-1 中的左侧图形复制到右侧图 3 个指定位置，创建 3 个副本图形。具体操作过程如下：

命令：COPY
请选择需要拷贝的图素（选择要复制的对象）
请选择图素〈ALL-全选，F-栏选〉
　　　　1 个图素已经选中（命令行提示已经选择 1 个图素对象）
请选择图素〈ALL-全选，F-栏选〉(按鼠标右键或【回车】键确认要复制的对象)
请输入基点：〈D-位移〉(选择被复制对象的基点位置)
请输入第二点：(确定第 1 个复制对象的位置 A)
请输入第二点：(确定第 2 个复制对象的位置 B)
请输入第二点：(确定第 3 个复制对象的位置 C)
请输入第二点：(按鼠标右键结束命令)

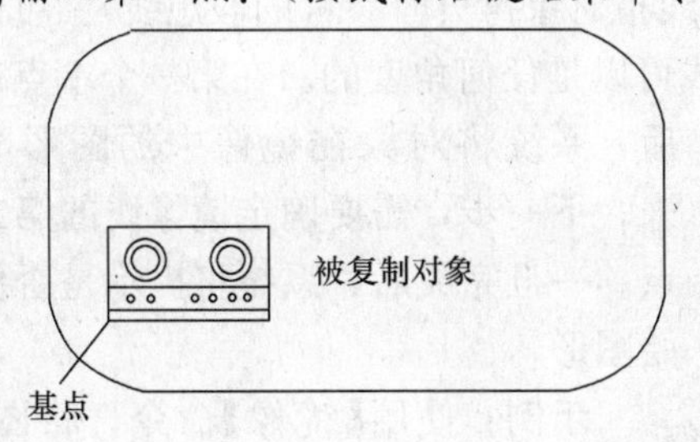

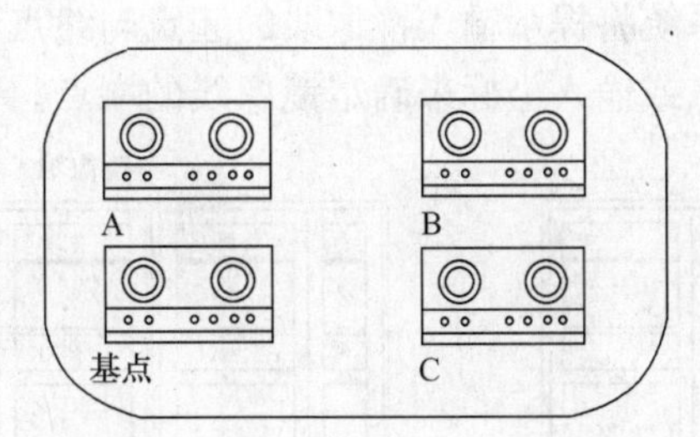

图 3-2-1　执行“复制”命令效果

如果需要对选择的图形对象在不同的 T 图形文件之间的拷贝，常用“Windows”方式下的【复制】命令，调用方法为同时按住键盘上的【Ctrl】键和【C】键(即【编辑】菜单中“Ctrl＋C”的含义)或在命令提示区输入“COPYWIN”。但在这种方式下，需要首先选择好要复制的图素对象，然后采用这组快捷键来执行【复制】命令。此时，被复制对象的基点为所选择所有对象坐标范围的中心点，由 TCAD 程序自动计算得到。

在【编辑】菜单中，与【复制】命令相对应的是【粘贴】命令，调用方法如下：

- 命　　令：PASTEWIN↙(回车)

- 简化命令：PW↙(回车)
- 快 捷 键：同时按住键盘上的【Ctrl】键和【V】键
- 菜　　单：【编辑】|【粘贴】选项
- 工 具 条：【标准】| 按钮

执行此命令后，原被复制的对象将被整体加亮显示，同时，命令提示区出现如下提示：

命令：PASTEWIN

1 个图素已经选中

请移动光标拖动图素（[Esc]取消）(选择要粘贴的位置，按下鼠标左键确认粘贴。按鼠标右键退出命令）

这种复制操作的方式也可用于同一个 T 图形文件内选择对象的复制。

三、镜像复制对象(MIRROR)

在 TCAD 中，【镜像】命令可以建立一个对象的镜像拷贝，且可以建立该对象的任意角度镜像。该命令在绘制对称图形时非常有用。在工程设计中经常遇到左右对称、上下对称和四分之一对称的图形，利用镜像功能，用户仅需创建半个对象，然后通过镜像快速生成整个对象。调用【镜像】命令的方法如下：

- 命　　令：MIRROR↙(回车)
- 简化命令：MI↙(回车)
- 菜　　单：【修改】|【镜像】选项，或者【修改】|【其他编辑】|【镜像复制】选项，或在选择集右键快捷菜单中 |【镜像复制】选项
- 工 具 条：【修改】| 按钮

在调用该命令后，系统将提示选择对象，然后确定镜像线。选中需要镜像拷贝的对象后，系统将提示输入镜像线的起点与终点(镜像线指对象拷贝时参考的假想线)。可以通过确定点或输入坐标来确定镜像线的端点。镜像线可以是任何角度的。在第一个端点被选择后，系统将对象在镜像中的图形显示出来；下一步，需要确定镜像线的第二个端点。一旦完成后，系统将提示是否保留原始图形。

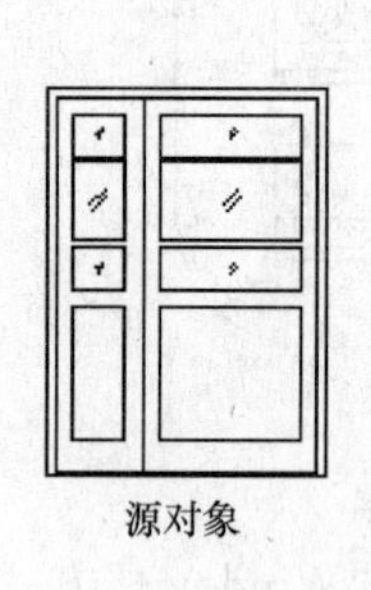

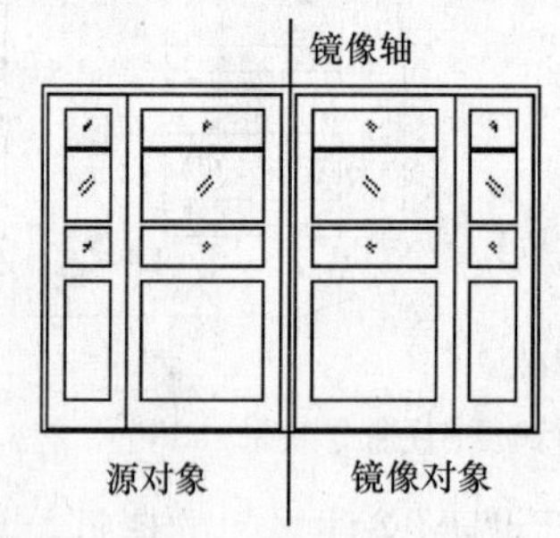

图 3-2-2　执行“镜像”命令效果图

示例：使用【镜像】命令，将图 3-2-2 中的左侧图形沿镜像轴创建 1 个镜像副本。具体操作过程如下：

命令：MIRROR

请选择需要镜像的图素：(选择要镜像的对象）

请选择图素〈ALL-全选，F-栏选〉

1 个图素已经选中（命令行提示已经选择 1 个图素对象）

请选择图素〈ALL-全选，F-栏选〉(按鼠标右键或【回车】键确认要镜像的对象）

请输入镜像轴第一点：(用鼠标点取或用键盘输入镜像轴第1点坐标)

请确定镜像轴第二点或直接输入镜像轴角度：(用鼠标点取或用键盘输入镜像轴第2点坐标，或者输入镜像轴与X轴正方向夹角的角度值)

是否删除源对象？[是Y/否N](选择"N"选项保留源对象)

四、旋转复制对象(ROTATE)

在绘图时，常常需要将一个对象或一组对象旋转一个角度，这可用【旋转】命令来实现。【旋转】命令也可以通过选择对象后，在对象上单击右键调用快捷菜单，并从中选择【旋转复制】来调用。调用【镜像】命令的方法如下：

- 命　　令：ROTATE↙(回车)
- 简化命令：RO↙(回车)
- 菜　　单：【修改】|【旋转】选项，或者【修改】|【其他编辑】|【旋转复制】选项，或在选择集右键快捷菜单中|【旋转复制】选项
- 工 具 条：【修改】|按钮，或者将【其他编辑】|按钮自定义进【修改】工具条

调用该命令后，系统会提示选择对象以及确定被选择对象旋转的基点。在选择基点时要非常仔细，因为如果基点没有定位在一个已知对象上，则可能引起误解。在确定了基点后，则要求输入旋转角度。正角度产生逆时针方向的旋转，角度为负时则产生顺时针方向的旋转。

示例：使用【旋转】命令，将图3-2-3中的图形沿顺时针方向旋转90°。如果要进行旋转复制，则在操作过程中，在提示"确定旋转角度：〈C-复制 R-参照〉"时输入"C"选项即可。执行旋转操作结果如图3-2-4所示。具体操作过程如下：

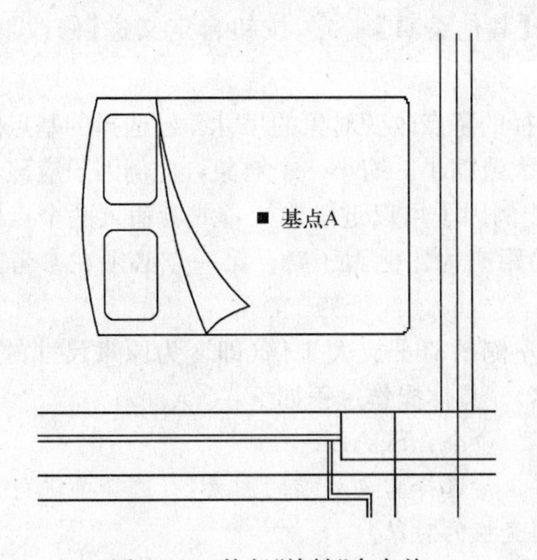

图3-2-3　执行"旋转"命令前

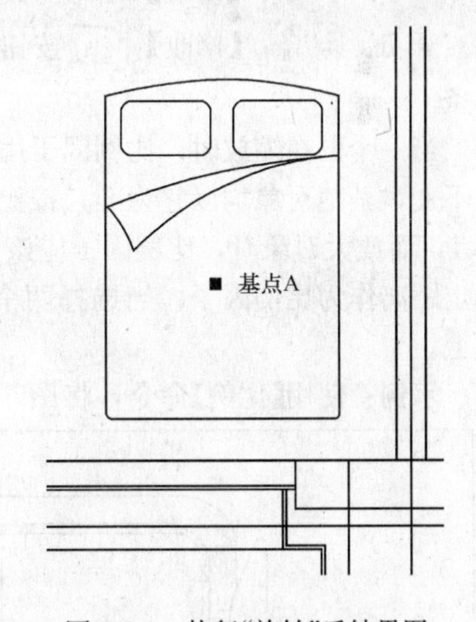

图3-2-4　执行"旋转"后结果图

命令：ROTATE

请选择需要旋转的图素：(选择要旋转的对象)

请选择图素〈ALL-全选，F-栏选〉

1 个图素已经选中（命令行提示已经选择 1 个图素对象）

请选择图素〈ALL-全选，F-栏选〉(按鼠标右键或【回车】键确认要旋转的图素对象)

请输入基点：(在图形上选择基点 A)

确定旋转角度：〈C-复制 R-参照〉(输入“－90”表示按顺时针方向旋转 90°，回车确认，旋转操作完成。如果选择“C”选项，则可以进行旋转复制)

如果需要相对于一个已知的角旋转对象，可以用“R－参照”选项。有两种不同的方法。一种方法是定义已知的角为参考角，并确定对象需绕该角需旋转的角度。在这种情况下，该对象先沿 X 轴顺时针转到参考角，然后从参考角的位置逆时针转到新角度的位置。另一种方法是在对象上确定两个点以指定一条参考线，然后确定对象绕指定参考线所需旋转的角度，旋转方向取决于参考线上第一点。

五、缩放复制对象(SCALE)

在工程设计中，对于图形结构相同、尺寸不同且长宽方向缩放比例相同的零件，在设计完成一个图形后，其余可通过比例缩放图形完成，这可以用 TCAD 中的【比例】命令来实现。该命令可以在 X 轴方向、Y 轴方向和 Z 轴方向以不同的比例相对于基点放大或缩小被选中的对象，对 X 轴、Y 轴及 Z 轴方向尺寸采用相同的比例因子的方法，可使被缩放对象的形状保持不变。缩放的源对象可以保留也可以删除。【比例】命令是一个有效且省时的编辑命令，因为可以按需求来缩放对象，而无需按尺寸重新绘制对象。调用【比例】命令的方法如下：

- 命　　令：SCALE↙(回车)
- 简化命令：SC↙(回车)
- 菜　　单：【修改】|【比例】选项，或者【修改】|【其他编辑】|【图素变换】选项
- 工 具 条：【修改】| 按钮，或者将【其他编辑】| 按钮自定义进【修改】工具条

当一个图在缩放时，比例因子用于绕已选择的基点改变对象的尺寸。已选择的基点固定不变，其他对象均以它为准，按比例因子放大或缩小。缩小一个对象，比例因子应该小于 1；而放大对象时，比例因子应该大于 1。比例因子可以键盘输入，或者输入两个点以指定距离作为比例因子。当选择两个点之间的距离为比例因子时，第一点必须在参考对象上。

示例：使用【比例】命令，将图 3-2-5 中的左侧的椅子放大 1 倍(即变为原来尺寸的 2 倍)。具体操作过程如下：

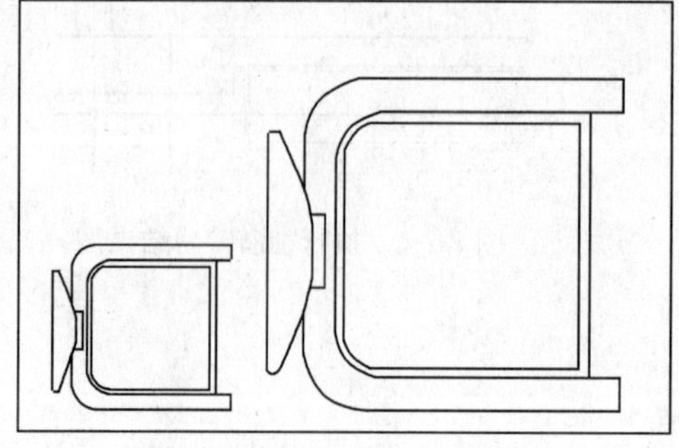

图 3-2-5　执行“比例”命令后结果图

命令：SCALE

请选择需要放缩的图素：(选择要进行比例变换的对象)

请选择图素〈ALL-全选，F-栏选〉

1 个图素已经选中（命令行提示已经选择 1 个图素对象）

请选择图素〈ALL-全选，F-栏选〉(按鼠标右键或【回车】键确认要变换的对象)

请输入基点：(用鼠标点取或用键盘输入变换基点，如椅子的左下角)

确定比例大小：〈C-复制 R-参照〉：(输入变换比例大小，如输入 2.0，则最终椅子会变大为原来的 2 倍，输入 0.5 则缩小为原来的一半，如输入"C"选项，则保留原来对象，回车后完成比例变换)

有时，计算相对比例因子是很费时的。在这种情况下，可以输入一希望的尺寸来缩放对象，该尺寸与一个已存在尺寸(已知尺寸)相关。换言之，可以使用一个"参考长度"。可以在"确定比例大小：〈C-复制 R-参照〉："的命令提示时输入"R"选项，然后指定两点来确定长度或用键盘输入长度。下一个提示则要求输入与参考长度相关的长度。

例如，如果一参考线条原 2500 个单位长度，而所需要的线条长度为 1000 个单位长度，这时若使用"R—参照"选项就无需计算相对比例因子，从而把整个图形进行缩放。操作过程如下：

命令：SCALE

请选择需要放缩的图素：(选择要进行比例变换的对象)

请选择图素〈ALL-全选，F-栏选〉

　　1 个图素已经选中 (命令行提示已经选择 1 个图素对象)

请选择图素〈ALL-全选，F-栏选〉(按鼠标右键或【回车】键确认要变换的对象)

请输入基点：(用鼠标点取或用键盘输入变换基点)

确定比例大小：〈C-复制 R-参照〉：(输入"R"选项，表示要使用参照长度确定比例因子)

请指定参照长度：(在屏幕上选择参照直线线段的第一点，如一根长 2500 的线段)

请指定参照长度第二点：(在屏幕上选择参照直线线段的第二点)

屏幕上对象随鼠标移动变化大小(选择离基点距离为 1000 个单位长度，从而确定鼠标目标点的位置。系统将自动计算比例因子，缩放整个图形)

六、阵列复制对象(ARRAY)

复制多个对象并按照一定规则(间距和角度)排列称为"阵列"。在有些图中，可能需要多次以矩形阵列或环形阵列绘制同一个对象。例如，假设需要沿桌子画 6 把椅子，可以一把一把地画椅子，或用【复制】命令拷贝多次来完成。也可以只画一把椅子，然后利用【阵列】命令生成其他 5 把，这种方法非常高效省时。【阵列】命令允许对对象按矩形或环形的式样进行多次拷贝。形成的阵列元素可以被分别控制。调用【阵列】命令的方法如下：

- 命　　令：ARRAY↙(回车)
- 简化命令：AR↙(回车)
- 菜　　单：【修改】|【阵列】选项
- 工 具 条：【修改】|按钮

【阵列】命令可以按照环形或者矩形阵列复制对象或选择集。对于环形的阵列，可以控制复制对象的数目和决定是否旋转对象：对于矩形阵列，可以控制复制对象行数和列数，以及对象之间的角度。下面分别进行介绍：

1. 创建"矩形阵列"

矩形阵列是将被选中对象，沿 X 轴或 Y 轴排列(沿行或列排列)进行拷贝。命令允许选择

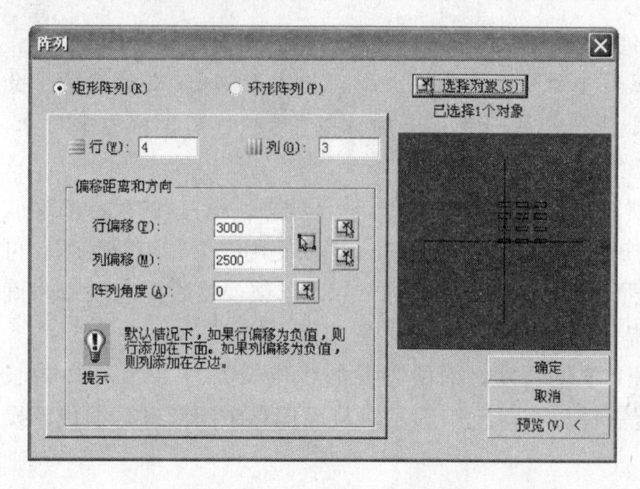

图 3-2-6　“阵列”对话框中的“矩形阵列”设置

行数和列数。行和列必须是整数。执行该命令后，会弹出“阵列”对话框，如图 3-2-6 所示。

“矩形阵列”示例：将图 3-2-7 立面图中的窗户进行“矩形阵列”操作。首先在【修改】菜单中选择【阵列】命令，激活阵列命令，弹出“阵列”对话框。然后选择“矩形阵列”选项，点取“选择对象”按钮，在图形中选择窗户对象。接下来，设置行数为“4”(注意总行数、总列数均包含原对象)，列数为“3”，设置行偏移量为“3000”，列偏移量为“2500”，阵列角度为“0”。最后点击“预览”按钮，如图 3-2-8 所示，如符合预期效果，则点击“接受”按钮完成“阵列”操作。

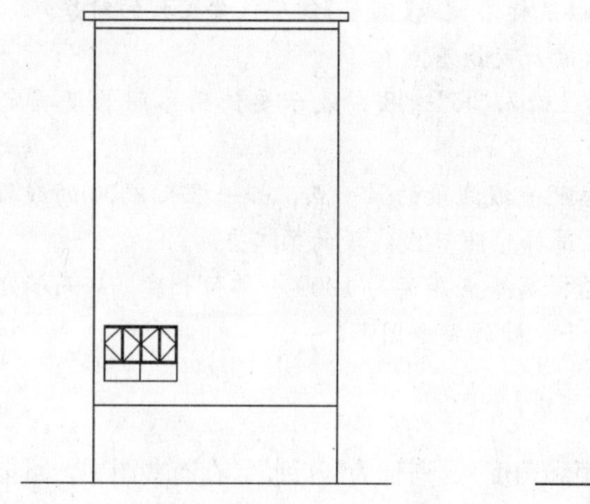

图 3-2-7　阵列前原始图形

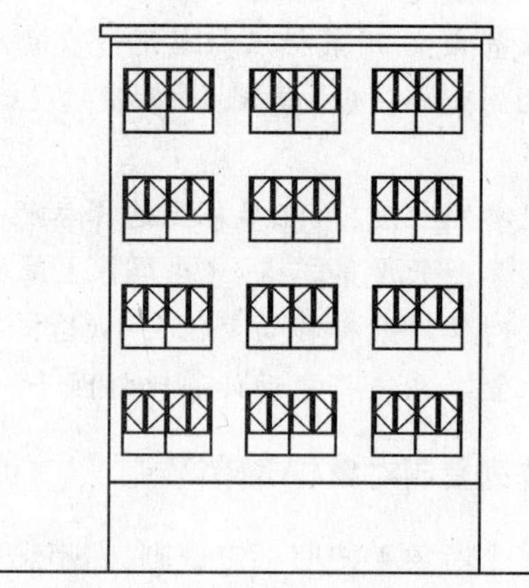

图 3-2-8　执行“矩形阵列”结果图

需要注意的是：

(1)如果行与列的间距都是正的，生成的阵列在基准元素的右上方；如果行间距为负，则行处在基准的下方；同样，负的列间距值则在基准的左方增加列。

(2)在缺省条件，阵列角度为 0，系统将以这个角度定义的基线为准构造阵列。因此，矩形阵列通常都是正交的。通过重新设置阵列角度，可以生成一个旋转的阵列。这时如果建立一个阵列，它将按指定角度(与 X 轴正方向的夹角)旋转。

2. 创建“环形阵列”

环形阵列将对象围绕一点以圆形方式排列。是指复制多个图形并按照指定的中心进行环形排列的操作。

“环形阵列”示例：将图 3-2-9 平面图中的椅子进行“环形阵列”操作。首先在【修改】菜单中选择【阵列】命令，激活阵列命令，弹出“阵列”对话框。然后选择“环形阵列”选项（见

图 3-2-10)，点取“选择对象”按钮，在图形中选择椅子对象。接下来，设置旋转中心点坐标，直接输入坐标值或点击“选取中心点”按钮，在图形上选取桌子中心点，设置项目总数为“12”，设置填充角度为“360”。如果要让椅子沿桌子中心旋转复制，应先选中“复制时旋转项目”复选框，如不需要旋转，则不用点选此项。最后点击“预览”按钮，如图 3-2-11 所示，如符合预期效果，则点击“接受”按钮完成“阵列”操作。

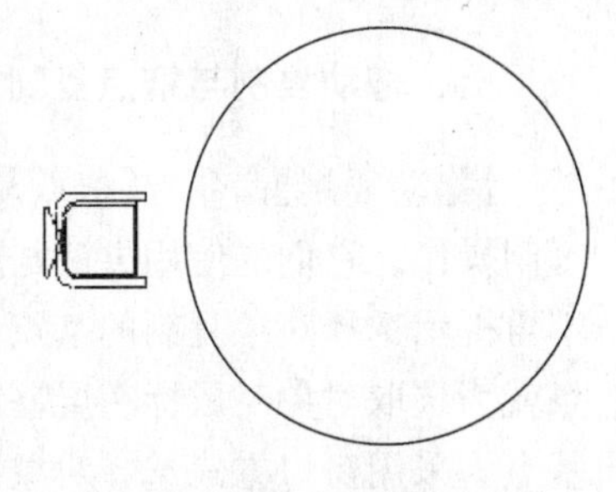

图 3-2-9　阵列前原始图形

需要注意的是：

(1)对于填充角度，正角度生成的阵列沿逆时针方向排列；负角度生成的阵列沿顺时针方向排列。

(2)如果希望让选择对象按照旋转角度复制，应选中“复制时旋转项目”复选框，如不需要旋转对象，则不选择此选项。

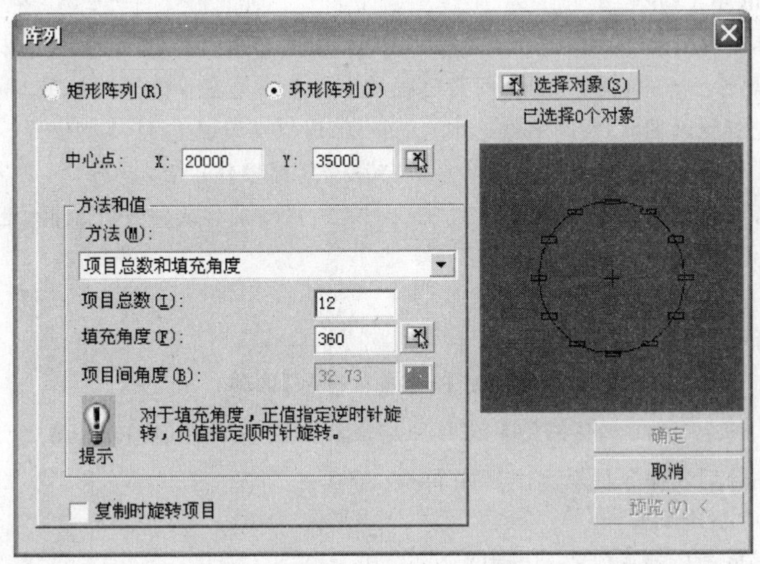

图 3-2-10　“阵列”对话框中的“环形阵列”设置

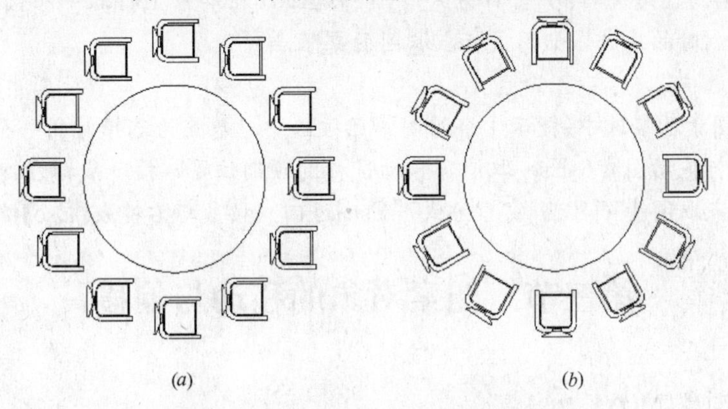

图 3-2-11　“环形阵列”后结果图

(*a*)阵列时不旋转项目；(*b*)阵列时旋转项目

七、拖动复制与拖点复制

【拖动复制】命令与【拖点复制】命令是 TCAD 所特有的，主要是为了更加快速地进行复制操作。它们的使用方法与【复制】命令基本相同，唯一不同的是，在命令执行过程中，不再提示选择对象复制的基点。基点设置是在选择对象这一步骤，如果是对单一对象，基点就为选取对象时鼠标在屏幕上的位置；如果是采用“窗口”或者“窗交”方式选择对象，则基点为采用窗口方式选择对象的最后一点。调用【拖动复制】命令的方法如下：

- 命　　令：DRAGCOPY↙(回车)
- 简化命令：DC↙(回车)
- 菜　　单：【修改】|【其他编辑】|【拖动复制】选项
- 工 具 条：无，可将【修改】|【其他编辑】| 按钮定制进工具条

执行此命令后，命令提示区出现如下提示：

命令：DRAGCOPY

请用光标点取图素([Tab]窗口方式/[Esc]返回)(在屏幕上用“窗口方式”选择图素对象)

60 个图素已经选中(提示 60 个图素已被选中，基点为窗口选择时的第二点)

请移动光标拖动图素([A]继续选取/[Esc]取消)(移动鼠标到预期位置，按下鼠标左键完成复制。选择“A”选项重新选择对象进行拖动复制操作)

请用光标点取图素([Tab]窗口方式/[Esc]返回)(按鼠标或键或【Esc】键退出命令)

调用【拖点复制】命令的方法如下：

- 命　　令：DRAGENDC↙(回车)
- 简化命令：DRA↙(回车)
- 菜　　单：【修改】|【其他编辑】|【拖点复制】选项
- 工 具 条：无，可将【修改】|【其他编辑】| 按钮定制进工具条

执行此命令后，命令提示区出现如下提示：

命令：DRAGENDC

请拾取要拖动的端点([Esc]返回)

请用光标点取图素([Tab]窗口方式/[Esc]返回)(在屏幕上拾取一个圆对象，注意此操作会设置复制时的基点，如用鼠标点取圆的象限点)

圆象限点选中

1 个图素已经选中(提示 1 个圆图素已被选中，基点为选择时的一个象限点)

请移动光标拖动图素([Esc]取消)(移动鼠标到预期位置，按下鼠标左键完成复制)

请用光标点取图素 ([Tab]窗口方式/[Esc]返回)(按鼠标右键或【Esc】键退出命令)

第三节　图素对象的移动与偏移

一、移动对象(MOVE)

在实际工程绘图时，我们可以先绘制图形，然后再调整图形在图纸中的摆放位置，此

时需要使用【移动】命令。该命令可将对象从当前位置移至一个新位置，这种移动不会改变对象的大小与方位。要精确地移动对象，可以使用对象捕捉模式，也可以通过指定位移矢量的基点和终点精确地确定位移的距离和方向。此命令也可以用于移动三维对象，在指定位移点时必须给定三维坐标。调用【移动】命令的方法如下：

- 命　　令：MOVE↙(回车)
- 简化命令：M↙(回车)
- 菜　　单：【修改】|【移动】选项
- 工 具 条：【修改】| ✥ 按钮

执行命令后，TCAD将提示选择被移动对象。可以单独选择对象，也可使用“窗口选择”方式或“窗交”方式选择对象。然后，TCAD将提示输入基点，它可以是位于对象上的或旁边的任一点。最好选择位于对象上的点、一个角(如果该对象有的话)或者圆心。下一个提示要求输入第二个点，即要移动对象的目标点。被选中的对象将由基点移到第二个点。

示例：使用【移动】命令，将图3-3-1中房间内的部分家具移动到另一房间内。移动后的结果如图3-3-2所示。具体操作过程如下：

命令：MOVE

请选择需要移动的图素：(选择要移动的对象)

请选择图素〈ALL-全选，F-栏选〉

　　4个图素已经选中(命令行提示已经选择4个图素对象)

请选择图素〈ALL-全选，F-栏选〉(按鼠标右键或【回车】键确认要移动的图素对象)

请输入基点：〈D-位移〉(在图形上选择基点A)

请输入第二点：(在图形上选择基点B)

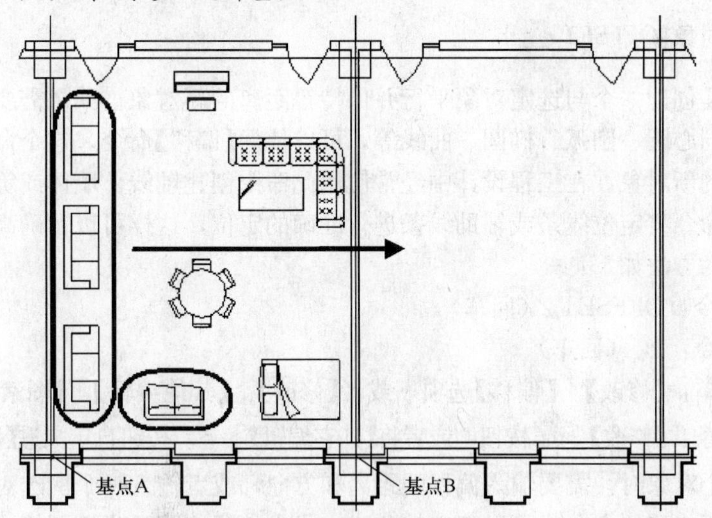

图3-3-1　执行“移动”命令前

需要注意的是：在命令行提示区的“请输入基点：〈D-位移〉”提示下，如果选择“D-位移”选项，命令行将显示“请输入第二点：”提示，同时，将以原点(0，0)作为基点，鼠标移动时将给出相对基点的一根黄线表示偏移矢量。如果用鼠标左键在屏幕上单击，或以键盘输入形式给出了第二点位置，图形将相对于原点移动由第二点决定的偏移量。

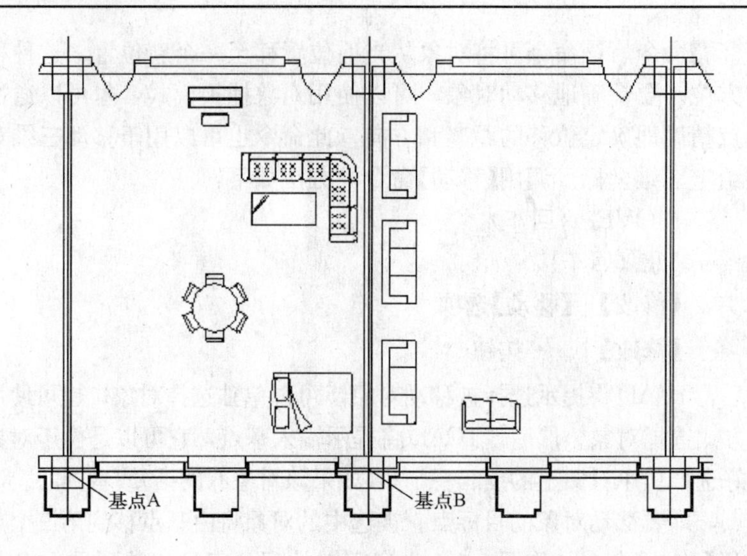

图 3-3-2　执行“移动”后结果图

此外，如果使用的是【修改】菜单中【其他编辑】|【图素拖动】命令，将不再提示选择对象复制的基点。对单一对象，基点就为选取对象时鼠标在屏幕上的位置；如果“窗口方式”选择对象，则基点为采用窗口方式选择对象的最后一点。该命令的调用方式如下：

- 命　　令：DRAGMOVE↙(回车)
- 简化命令：DM↙(回车)
- 菜　　单：【修改】|【其他编辑】|【图素拖动】选项
- 工 具 条：无，可将【图素拖动】| 按钮自定义进【修改】工具条

二、偏移对象(OFFSET)

偏移图形是创建一个与选定对象平行并保持等距离的新对象。如果需要绘制平行的直线、多段线、同心圆、圆弧、椭圆、曲线等，可以使用【偏移】命令。这个命令用来建立与选中对象相似的新对象。在工程设计中经常使用此命令创建轴线、墙体或等距的图形。例如，通过偏移命令将定位线条或辅助线条进行准确的定位，这样可以精确高效地绘图。调用【偏移】命令的方法如下：

- 命　　令：OFFSET↙(回车)
- 简化命令：O↙(回车)
- 菜　　单：【修改】|【偏移】选项，或者【修改】|【其他编辑】|【图素偏移】选项
- 工 具 条：【修改】| 按钮，或者将【其它编辑】| 按钮自定义进【修改】工具条

当偏移一个对象时，需要输入偏移的距离和方向，或者输入一个所选对象偏移通过的目的点。根据所偏移的方向，可以建立一些或小或大的圆、圆弧或椭圆等。如果偏移方向是向着周界的内侧时，那么偏移得到的圆、圆弧或椭圆比原有的要小。如果是偏移直线，长度不会变化；如果是一条折线，将在保持平行间距的状态下，会将转角位置的线段长度进行修剪或延伸。输入一次偏移距离可对多个图素进行循环偏移复制。

示例：使用【偏移】命令，图 3-3-3 左侧的一个圆和倒角矩形按照指定的距离进行偏移，偏移圆将产生同心圆，偏移单一对象将产生该对象的类似图形，如图 3-3-3 右侧所

示。具体操作过程如下：

命令：OFFSET

指定偏移距离或[通过(T)]〈0.0〉：8000(指定偏移距离)

选择要偏移的对象或〈退出〉：(选择要偏移的对象，先选择一个圆)

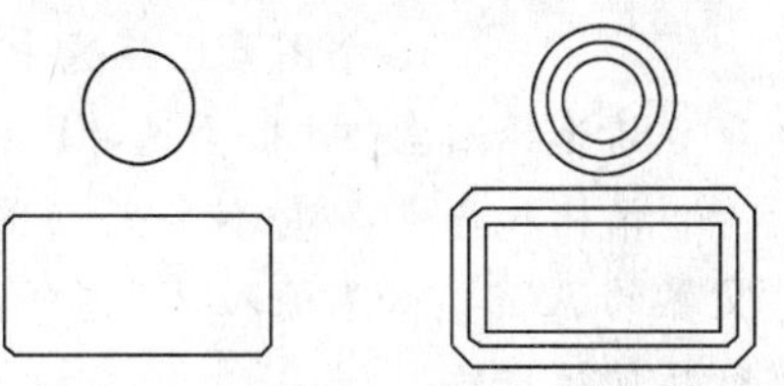

图 3-3-3 执行“偏移”命令效果图

指定点以确定偏移所在一侧：(在圆中任意位置点取一点，确定向内侧偏移)

选择要偏移的对象或〈退出〉：(再次选择圆形，准备向外侧偏移)

指定点以确定偏移所在一侧：(在圆外侧任意位置点取一点，确定向外侧偏移)

选择要偏移的对象或〈退出〉：(选择倒角矩形)

指定点以确定偏移所在一侧：(在倒角矩形中任意位置点取一点，确定向内侧偏移)

选择要偏移的对象或〈退出〉：(再次选择倒角矩形，准备向外侧偏移)

指定点以确定偏移所在一侧：(在倒角矩形外侧任意位置点取一点，确定向外侧偏移，按鼠标右键或【Esc】键退出命令)

第四节 图素对象的拉伸与拉长

一、拉伸对象(STRETCH)

拉伸命令用于移动图形对象的指定部分，同时保持与图形对象未移动部分相连接。凡是与直线、圆弧、多段线等对象的连线都可以拉伸。应用这个命令，可以拉长或缩短对象，并且改变它们的形状。调用【拉伸】命令的方法如下：

- 命　　令：STRETCH↙(回车)
- 简化命令：S↙(回车)
- 菜　　单：【修改】|【拉伸】选项
- 工 具 条：【修改】| 按钮

执行该命令后，可以使用“窗口”方式或者“窗交”方式选择对象，然后依次指定位移基点和位移矢量，将会移动全部位于选择窗口之内的对象，而拉伸(或压缩)与选择窗口边界相交的对象。

一般在【拉伸】命令中，大都使用“窗交”选择方式。因为如果用“窗口”选择方式则与选择窗口相交的对象不能被选中，而那些选中的对象由于完全处于窗口中则只能被移动而不能被拉伸。该命令的对象选择与拉伸过程是有些特别。实际上同时在确定两件事，在选择对象的同时，也正在选择该对象上要拉伸的那部分。

示例：使用【拉伸】命令，将图 3-4-1 左侧图中的钢琴和椅子的一边进行拉伸。拉伸后的结果如图 3-4-1 的右侧图所示。具体操作过程如下：

命令：STRETCH

请拾取要拖动的端点([Esc]返回)：(采用“窗交”方式，先点取 P1 点，再点取 P2 点，将选择上钢琴右侧部分及椅子的右侧部分)

请选择图素〈ALL-全选，F-栏选〉

15 个图素已经选中(命令行提示已经选择 15 个图素对象)

请选择图素〈ALL-全选，F-栏选〉(按鼠标右键或【回车】键确认要拉伸的对象)

请输入基点：〈D-位移〉：(用鼠标点取或用键盘输入变换基点，如图中钢琴与选择框交界的 A 点。如果输入“D”选项，则系统提示输入相对原点的位移值，将依据此位移值进行拉伸操作)

请移动光标拖动图素([Esc]取消)：(拖动鼠标将物体拉伸至预期位置，单击鼠标左键或按【回车键】完成拉伸操作)

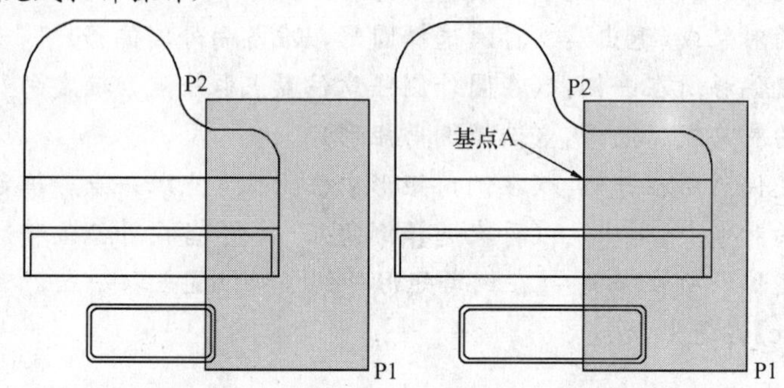

图 3-4-1　执行“拉伸”命令后结果图

二、拉长对象(LENGTHEN)

【拉长】命令用于延长或缩短直线、多段线、圆弧、椭圆弧等对象。该命令可提供几种改变对象长度的方式，如动态地移动对象的终点，输入增量值、输入百分比值或输入对象的整个长度。该命令也可以重复选择对象进行编辑，但对于封闭的对象是无效的，如圆形、椭圆等。调用【拉长】命令的方法如下：

- 命　　令：LENGTHEN↙(回车)
- 简化命令：LEN↙(回车)
- 菜　　单：【修改】|【拉长】选项
- 工 具 条：【修改】| 按钮

执行此命令后，命令提示区出现如下提示：

命令：LENGTHEN

选择对象或[增量(D)/百分数(P)/全部(T)/动态(V)]：

“选择对象”选项是缺省选项，它返回被选对象的当前长度或角度。如果对象是一线条，系统将仅返回长度。如果选择的对象是圆弧，系统则返回其长度与角度。

“增量(D)”通过定义长度与角度，用来增加或减小对象的长度或角度。D 值可以由输入一个数值或输入两个点来确定。正值将增加(延伸)选中对象的长度，负值将缩小(修剪)选中对象的长度。

“百分比(P)”选项通过定义原长度或角度的百分比来延伸或修剪对象。例如，正 150 将使长度比原长度增加 50%，正 75 将使长度比原长度缩小 25%(负值是不允许的)。

“全部(T)”选项通过定义一个新长度或角度来延伸或修剪对象。例如，输入总长度为 125，系统会自动增加或减小对象的长度，以使该对象的新长度为 125。该值可以由输入一个数值或输入两个点来确定。对象是被缩短还是被拉长，取决于离选中的点最近的端点，而点的选择则由对象在哪里被选中来决定。

"动态(V)"选项通过确定一个端点并把它拖曳到一个新的位置，可动态地改变对象的长度或角度。对象的另一个端点保持不变，不受拖曳的影响。线的角度、弧的半径及椭圆弧的形状不受影响。

示例：使用【拉长】命令，将图 3-4-2 所示的直线和圆弧进行拉长操作。具体操作过程如下：

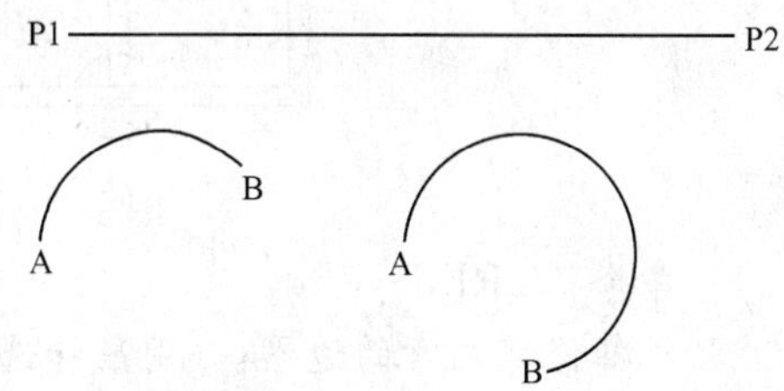

图 3-4-2　执行"拉长"命令后效果图

命令：LENGTHEN

选择对象或[增量(D)/百分数(P)/全部(T)/动态(V)]：(选择要拉长的对象，如选择直线，会提示所选直线的长度；如选择圆弧，则会提示圆弧长度及角度)

选择对象或[增量(D)/百分数(P)/全部(T)/动态(V)]：(输入"P"选项，表示要按百分比拉长图素对象)

输入长度百分数：〈300.0〉(对于输入"300"表示拉长为原来的三倍)

输入长度增量或[角度(A)]〈120.00〉：(如选增量"D"选项，再输入角度"A"选项，则为圆弧要增加的角度值，如输入"120"，表示增加 120°圆弧)

选择要修改的对象：(选择要修改的对象，如直线 P1-P2 或圆弧 AB，单击鼠标左键或按【回车键】完成拉长操作)

第五节　图素对象的修剪与延伸

一、修剪对象(TRIM)

可将通过或进入某一区域的图素裁剪掉它在区域内的部分。操作是首先用光标选取图素形成裁剪边界，再用光标点出要裁剪掉的图素。

有时，需要修剪图中已有的对象。如果绘制的是一个包含有多个对象的复杂图形，打断单一对象可能要花费很多时间。TCAD 中的【修剪】命令可以修剪那些延伸到所需交点以外的对象，可以按照指定的对象边界裁剪对象，将多余的部分去除。使用此命令可以保证绘图的精确性。调用【修剪】命令的方法如下：

- 命　　令：TRIM↙(回车)
- 简化命令：TR↙(回车)
- 菜　　单：【修改】|【修剪】选项
- 工 具 条：【修改】| 按钮

使用这个命令时，必须先选择剪切的边或者边界。可能会有许多剪切边，因此可采用任何选择方式来选取它们。在选择好剪切边后，必须选择每一个需修剪的对象。如果需要把一个单个对象打断成两部分以删除其中一部分，可以在同一个对象上选取两个剪切边，然后在这两条剪切边之间选择对象修剪。一个对象可以同时既是剪切边又是修剪对象。可以修剪有对象有直线、圆、弧、多段线、样条曲线、椭圆、椭圆弧等。

示例：使用【修剪】命令，将图 3-5-1 中的墙线拐角处(各圆圈内位置的墙线)进行处理。修剪后的结果如图 3-5-1 的右侧图所示。具体操作过程如下：

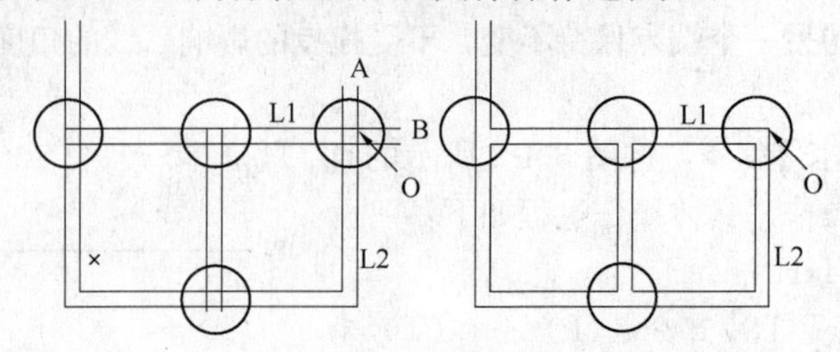

图 3-5-1　执行“修剪”命令后结果图

命令：TRIM

选择修剪图素的边界：(用鼠标选择修剪对象时所用的边界，如直线 L1、L2)

2 个图素已经选中(命令行提示已经选择 2 个图素对象作为边界)

选择需要修剪的图素：〈F-栏选〉(用鼠标选择要修剪的对象，用鼠标左键单击线段 OA、OB 后，线段 OA、OB 将被修剪掉)

选择需要修剪的图素：〈F-栏选〉(按鼠标右键或【Esc】键完成修剪操作)

……(采用相同步骤继续修剪其他直线)

需要注意的是：在选择修剪对象时，出现“选择需要修剪的图素：〈F-栏选〉”时，用户可以直接选择修剪对象或修改对象选择方式。选项中的“F-栏选”是构造选择集的一种方式。在修剪模式下，除了可以用鼠标拾取对象以外，还可以通过栏选或窗交方式选择对象。

二、延伸对象(EXTEND --/)

可将图素延伸或缩短到某一指定边界线。操作时首先用光标选取延伸边界线，再用光标点出要延伸的图素。

该命令执行的功能可认为与【修剪】命令相反。在【修剪】命令中可以修剪一个对象，在【延伸】命令中则可以延长或拉伸线条、多段线、射线和弧，使之与其他对象相接。该命令不能拉伸封闭多段线。【延伸】命令的格式也与【修剪】命令相似，需要首先选择边界边。边界边是那些直线或弧要延伸而与之连接的图素对象，这些边可以是直线、多段线、射线、圆、圆弧、椭圆、椭圆弧、样条线。调用【延伸】命令的方法如下：

- 命　　令：EXTEND↙(回车)
- 简化命令：EX↙(回车)
- 菜　　单：【修改】|【延伸】选项
- 工 具 条：【修改】| --/ 按钮

示例：使用【延伸】命令，将图 3-5-2 中的墙线拐角处(各圆圈内位置的墙线)进行处理。延伸后的结果如图 3-5-2 的右侧图所示。具体操作过程如下：

命令：EXTEND

选择延伸图素的边界：(用鼠标选择延伸对象时所用的边界，如直线 L1 或 L3 等)

1 个图素已经选中(命令行提示已经选择 1 个图素对象作为边界)

选择需要延伸的图素：〈F-栏选〉(用鼠标选择要延伸的对象，如用鼠标左键单击拾取 L2、L4 线段后，直线 L2、L4 线段延伸到与直线 L1、L2 交界处。对于圆弧、椭圆弧也

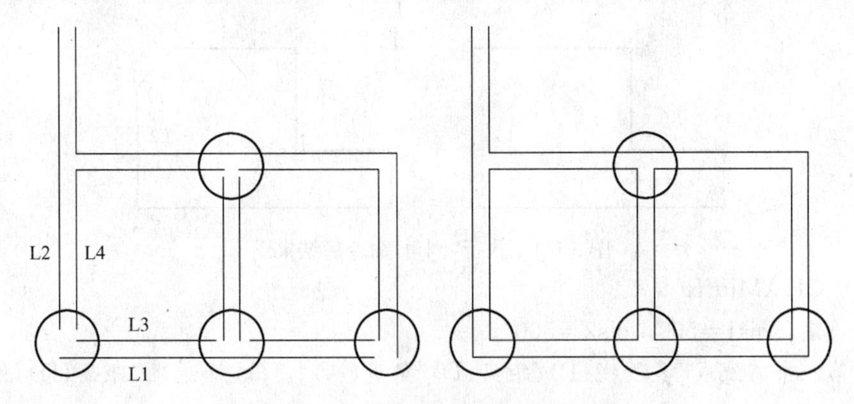

图 3-5-2　执行“延伸”命令后结果图

可进行类似的延伸操作）

……（采用相同步骤继续延伸其他直线）

第六节　图素对象的倒角与圆角

一、倒角（CHAMFER ）

在工程制图过程中，倒角是连接两个非平行的对象，通过延伸或修剪使之相交或用斜线连接。倒角的大小，取决于它离开角的距离。如果倒角与角的距离，在两个方向上都相等，这就是一个 45°的倒角。倒角可以用在两条相交或不相交的直线之间，也可用于对一整条多段线的处理，但平行线是无法进行倒角。调用【倒角】命令的方法如下：

- 命　　令：CHAMFER↙（回车）
- 简化命令：CHA↙（回车）
- 菜　　单：【修改】|【倒角】选项
- 工 具 条：【修改】| 按钮

执行此命令后，命令提示区出现如下提示：

命令：CHAMFER

距离设定：dis1＝800，dis2＝800（上次倒角操作设置的距离值）

选择第一条直线或[多段线(P)/距离(D)/角度(A)]：

在两个对象之间进行倒角有两种方法，分别是距离法和角度法。距离法可指定倒角边被修剪或延伸的长度，选择“距离（D）”选项，设置倒角的距离。角度法可以指定倒角的长度以及它与第一条直线间的角度，选择“角度（A）”选项，可以设置倒角的距离和角度。

“多段线(P)”选项用设定的倒角距离对整个多段线的各线段进行倒角。在封闭多段线的情况下，所有多段线的角均以设置的距离值作斜切。有时，多段线看似闭合，但如果并未有“闭合”选项使其闭合，则它实际上是开口的。在这种情况下，该多段线的起始角不被斜切。

示例：使用【倒角】命令的“距离（D）”选项，将图 3-6-1 的左侧图形的一角进行倒角处理。倒角后的结果如图 3-6-1 的右侧图所示。具体操作过程如下：

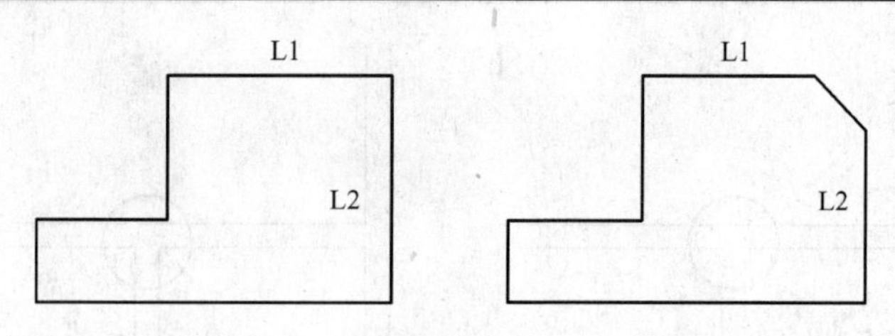

图 3-6-1　执行“倒角”命令后结果图

命令：CHAMFER

距离设定：dis1=500，dis2=500

选择第一条直线或[多段线(P)/距离(D)/角度(A)]：(选择选项“距离(D)”修改倒角距离)

请指定倒角第一段距离：〈500.00〉：(输入倒角第一段距离值“800”)

请指定倒角第二段距离：〈800.00〉：(输入倒角第二段距离值“800”)

距离设定：dis1=800，dis2=800(提示倒角距离已经修改完成)

选择第一条直线或[多段线(P)/距离(D)/角度(A)]：(用鼠标选择要进行倒角的第一段直线 L1)

选择第二条直线：(用鼠标选择要进行倒角的第二段直线 L2，单击鼠标左键后完成倒角操作)

二、圆角(FILLET)

圆角是按照指定的半径创建一条圆弧，或自动修剪和延伸圆角的对象使之光滑连接。TCAD 中，用光滑圆弧连接两个对象。在确定了两线条后，【圆角】命令可实现这两条线的圆滑连接。可以在任何两条交叉或非交叉、平行的或非平行的线条之间倒圆角，也可以在弧、多段线、放射线、样条线、圆与椭圆之间倒圆角。调用【圆角】命令的方法如下：

- 命　　令：FILLET↙(回车)
- 简化命令：F↙(回车)
- 菜　　单：【修改】|【圆角】选项
- 工 具 条：【修改】| 按钮

执行此命令后，命令提示区出现如下提示：

命令：FILLET

当前圆角半径为：1500.00

选择第一个对象或：〈R-设置半径，P-圆角折线〉

“R-设置半径”选项用来设置相接处的圆弧半径，相接处可以是圆弧也可以是硬角相接。首先要输入圆弧半径，用光标分别点出转角处的两条直线。当圆弧半径输 0 时，表示将两条直线硬角相接。当要输入圆弧半径时按【Tab】键，表示要动态输入圆弧，在点出两条直线后，可移光标动态确定圆弧位置。

“P-圆角折线”选项用来直接选择一条多段线进行圆角操作，它采用已经设置好的半径值。选择“P”选项后，系统先提示选择多段线，然后它的所有顶点均被倒圆角。如果选中的多段线不是封闭的，则它的起始端不倒圆角。

可以用“窗口”方式或者“窗交”方式选择线条。但是为了避免出现不希望的结果，最好逐一选择对象。同样，在圆和弧的情况下，逐一选择对象更是很必要的，因为在这种情况下很可能有多个倒圆角，它们将在离选择点最近处形成倒圆角。

【圆角】命令也可用于给两条平行线的端点“封口”。这个“封口”是一个半径为两平行线间距离一半的半圆。当选择了两条需要圆滑连接的平行线后，系统会自动计算“封口”的距离。

示例：首先使用【圆角】命令的“R-设置半径”选项修改半径值，然后将图 3-6-2 的左侧图形的一角进行圆角处理。圆角后的结果如图 3-6-2 的右侧图所示。具体操作过程如下：

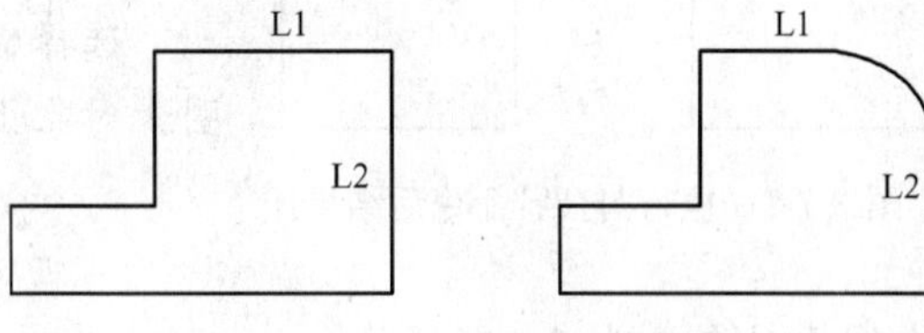

图 3-6-2　执行“圆角”命令后结果图

命令：FILLET

当前圆角半径为：1000.00

选择第一个对象或：〈R-设置半径，P-圆角折线〉：（选择选项“R-设置半径”修改圆角半径）

请指定圆角半径：〈1000.00〉：（输入圆角半径值“1500”）

当前圆角半径为：1500.00（提示已圆角半径值已经修改完成）

选择第一个对象或：〈R-设置半径，P-圆角折线〉：（用鼠标选择要进行倒角的第一个对象直线 L1）

选择第二个对象：（用鼠标选择要进行倒角的第二个对象直线 L2，单击鼠标左键后完成圆角操作）

第七节　图素对象的打断与分解

一、打断（BREAK ▭）

【打断】命令将对象断为两部分或删除对象的某一部分。该命令用于删除对象的一部分或打断对象，如直线、弧、圆、椭圆、放射线、样条线和多段线。调用【打断】命令的方法如下：

- 命　　令：BREAK↙（回车）
- 简化命令：BR↙（回车）
- 菜　　单：【修改】|【打断】选项
- 工 具 条：【修改】| ▭ 按钮

执行此命令后，命令提示区出现如下提示：

命令：BREAK

选择需要切断的图素：〈退出〉

输入命令后，系统提示选择被打断的对象，然后选择打断点。打断对象时，可以先在第一个断点处选择对象，然后再指定第二个打断点；也可以先选择对象，再指定两个打断点。

如果需要对圆、圆弧以及椭圆、椭圆弧进行打断，则必须沿逆时针方向进行，否则可能会导致相反的结果。在这种情况下，第二个打断点的选择，必须在相对第一个点的逆时

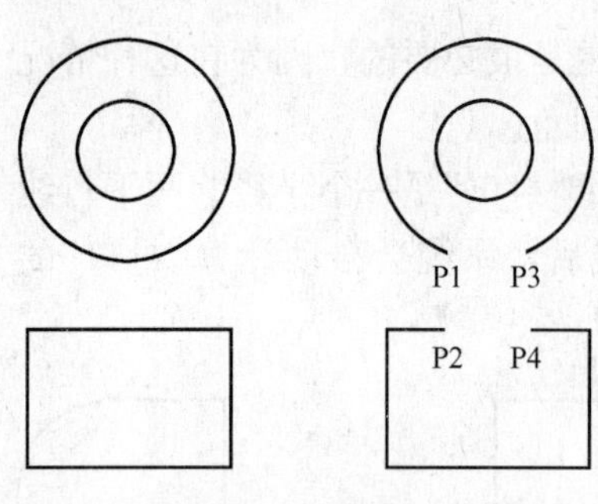

图 3-7-1　执行“打断”命令后结果图

针方向上。

示例：使用【打断】命令，将图 3-7-1 的左侧图形的圆形和矩形切除一段，其结果如图 3-7-1 的右侧图所示。具体操作过程如下：

命令：BREAK

选择需要切断的图素：〈退出〉(用鼠标选择要打断的图素对象上的一点，如圆形上的 P1 点、矩形上的 P2 点等）

1 个图素已经选中（命令行提示已经选择 1 个图素对象要进行打断操作）

指定第二个打断点或[第一点(F)]：(用鼠标选择要打断的对象上的第二点，如圆形上的 P3 点、矩形上的 P4 点等，单击鼠标左键后圆形上的 P1 点至 P3 点之间的弧线段被删除，矩形上 P2 至 P4 间的线段被删除。如选择选项“第一点(F)”，即按字母 F 后回车，则系统提示重新选择要打断对象的第一点，然后再选择第二点进行打断操作）

二、分解(EXPLODE)

在 TCAD 中，【分解】命令用于将复合对象分解为构成它们的对象，如块、多段线、矩形、圆环、多边形和尺寸标注等。要对这些对象进行进一步的修改，需要将它们分解为各个层次的组成对象。例如，分解一条多段线或一个矩形，其结果是正常的二维折线。调用【分解】命令的方法如下：

- 命　　令：EXPLODE↙(回车)
- 简化命令：X↙(回车)
- 菜　　单：【修改】|【分解】选项
- 工 具 条：【修改】| 按钮

执行此命令后，命令提示区出现如下提示：

命令：EXPLODE

请选择需要分解的图素：

请选择图素〈ALL-全选，F-栏选〉

当块或尺寸标注被分解时，在图中不会看到变化。除了因为浮动的图层、颜色或线型使颜色或线型可能改变以外，图形保持不变。被分解的块变为一组对象，每个对象可以单独进行修改。为了检查块的分解是否进行，选择属于块的任何对象，如果块被分解，则只有特指的对象才被点亮。利用【分解】命令，一次只能分解一个嵌套层。因此，如果块中有嵌套块或多段线，在第一次分解过程中它们将不被分解。

有时在图形外观上看不出明显的变化，例如，将矩形分解为多个简单的直线段，但用鼠标直接拾取对象后可以发现它们之间的区别。

下面简要介绍一些图素对象分解后，将会产生的结果：

- 标注、图块、填充图案：可以分解为图形中包含的零散图素；
- 多段线：可以分解为二维线段，并且将失去宽度；
- 矩形、正多边形：可以分解为二维线段；

● 圆、圆弧、椭圆、椭圆弧、圆环：可以分解为折线段，分解精度取当前圆弧精度，再次点取可以进一步分解为两点直线段；

● 圆形面：可以分解为闭合多边形面，分解精度取当前圆弧精度；

● 矩形面：两点矩形可以分解为闭合四边形面；

● 文字、多行文字：可以分解为单行或单个汉字或字符。

第八节 “夹点编辑”方式

一、认识夹点

夹点(Grips)提供了一种编辑对象的简便、快捷的方法。使用夹点可以拉伸、移动、旋转、缩放和镜像对象，改变对象属性等。夹点指当对象被选中时，显示在对象定义点上的小方块。在不输入任何命令的情况下，拾取对象，被拾取的对象上将显示夹点标记。夹点标记就是选定对象上的控制点，它的数量取决于所选对象。例如，直线有 3 个夹点，一条多段线有 2 个夹点，圆有 5 个夹点。而对于圆弧和椭圆弧比较特殊，各有 7 个夹点，可以用来修改圆心位置、半径值、角度值、弧长值等参数。一个尺寸标注也有 7 个夹点，改变标注点位置，标注内容也可自动更新。对于填充图案、块等图素对象，只有 1 个夹点，表明插入点位置。如图 3-8-1 所示，标明了各图素对象的夹点的位置。

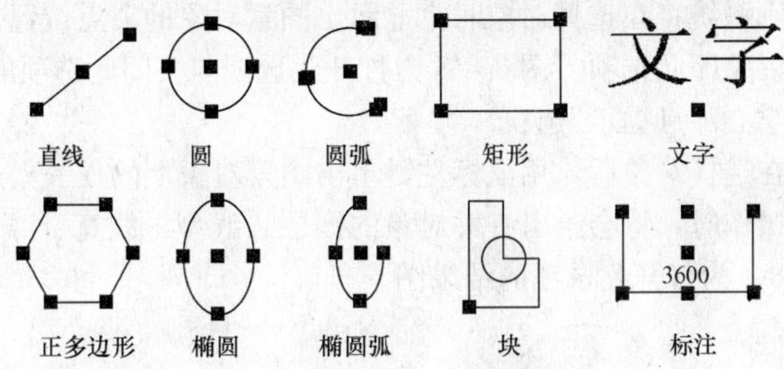

图 3-8-1 各图素对象的夹点位置

二、设置夹点

夹点显示与否可以在“捕捉和显示”对话框中设置，还可设置是否给出有关夹点的动态提示内容。调用“捕捉和显示”对话框的方法如下：

● 命　　令：DRAW _ SETTING↙(回车)

● 简化命令：DST↙(回车)

● 快 捷 键：用鼠标右键单击“多文档管理按钮组”

● 菜　　单：【工具】|【环境设置】选项 |【对象捕捉】选项卡

● 工 具 条：【工具】| 按钮 |【对象捕捉】选项卡

执行【环境设置】命令后，系统将弹出“捕捉和显示”对话框，选择“对象捕捉”选项卡(图 3-8-2)，与夹点设置相关的有两个选项：

(1)“启用选择集夹点编辑”选项

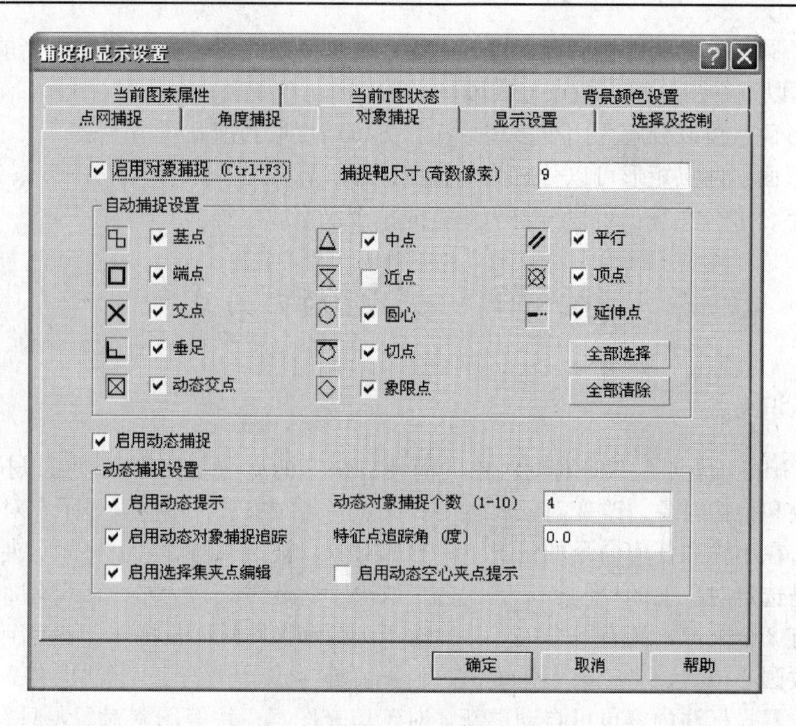

图 3-8-2　设置夹点显示方式

点选此选项，则系统将在选择对象时，显示出图素对象的夹点位置。如屏幕上图素较大，空间有限，可以关闭此选项。图 3-8-3 为打开此选项与关闭此选项的对比图。

(2)“启用动态空心夹点提示”选项

选择此选项，在选择对象后，用鼠标左键单击图素对象上的任一夹点，执行移动、复制、旋转、镜像等操作时，将会给出有关对象的图层、线型、线宽、颜色、UCS 等信息，供用户参考。图 3-8-4 为打开此选项的结果图。

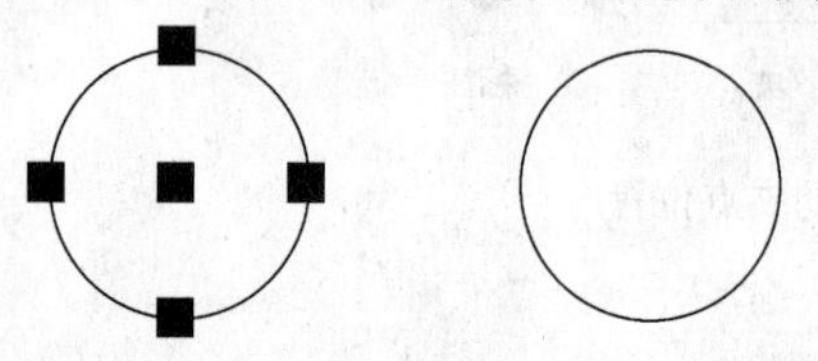

图 3-8-3　打开与关闭“夹点编辑”选项

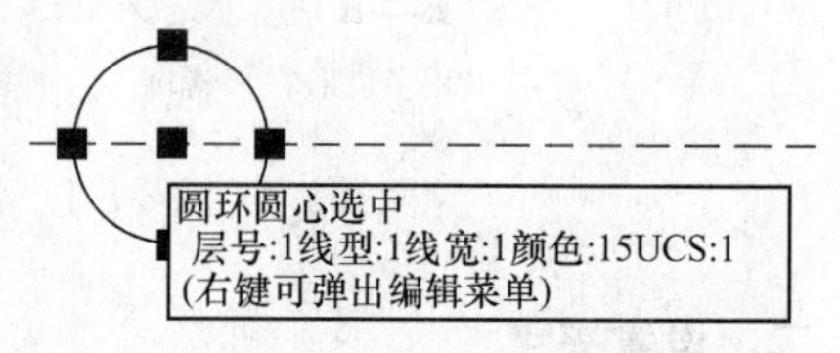

图 3-8-4　打开“动态空心夹点提示”选项

三、夹点编辑

夹点可分为三种类型：热夹点、温夹点和冷夹点。当选择一个对象时，夹点显示在所选对象的定义点上，且对象变为蓝色实线表示被选中。这些夹点称为温夹点(蓝色)。现在，如果在该对象上选择一个夹点，这个夹点就变为了热夹点(可随鼠标移动)。当夹点是热夹点时，它所在的对象可以编辑。若要撤销编辑，则按【Esc】键。如果按【Esc】键多于一次，热夹点将变为冷夹点。当为冷夹点时，它所在的对象不被选中。

如果选中了一个对象，系统将显示位于对象定义点处的夹点(温夹点)。当选中夹点进行编辑时，就自动进入了“拉伸”模式。“拉伸”模式与【拉伸】命令的功能相似。当选中一个夹点，该夹点即作为基准点，并称为基准夹点。也可以复制所选对象或定义一个新的基准点。在“拉伸”模式中，当所选夹点处于文本对象、块、线段的中点、圆或弧的圆心及点对象时，所选中对象被移到一个新的位置。如下为命令提示区所给出的提示：

清除选择集.(系统提示已经消除选择集，即无对象被选中)

1个图素已经选中(选择一个圆环)

圆环圆心选中(提示圆环圆心被选中)

请拾取要拖动的端点([Esc]返回)(移动鼠标，圆环将随之移动，进入“拉伸”模式)

请移动光标拖动图素：〈B-基点 C-复制〉

当移动对象时，其大小与角度并不发生变化。也可以使用“C-复制”和“B-基点”选项，建立所选对象的拷贝或重新定义其基准点。

在对象处于高亮状态下，如果要进行拖动、平移、镜像、旋转、比例拉伸等操作，可以用鼠标右键单击已被选择上的图素对象，在弹出的右键快捷菜单选择相应操作即可。

详细操作步骤请参考本章各节有关“编辑操作命令”的内容。

第四章　对象特性与图层管理

在工程图纸中，工程设计人员使用多种不同类型的图线来代表不同的功能，而且每一类图线都有线型和线宽等不同的特性。同样，在 TCAD 中，用户创建的图形对象除了具有线型和线宽等普通特性外，还有许多其他的特性用来表达更多的工程用途。

图层是用于管理和组织工程设计和产品设计工程图中的不同特性的图形对象，它对设计图形进行分类管理。用户可以按不同的专业和功能为图形对象设置特性，然后对这些不同特性的图形对象进行分层管理。图层是一些特性的组合整体，这种方式极大地方便了图形对象特性的管理，为所有通用 CAD 软件所采用。

本章主要讨论如下内容：

◆ 对象特性的设置、查询与修改方法

◆ 图层的设置、查询与修改方法

第一节　对　象　特　性

在工程图纸中，工程设计人员使用多种不同类型的图线来代表不同的功能，而且每一类图线都有线型和线宽等不同的特性。与此相似，在 TCAD 中，用户创建的图形对象除了具有线型和线宽等普通特性外，还有许多其他的特性用来表达更多的工程用途。在 TCAD 中，对象特性可以分为四大类：

(1)“实体基本”，包括颜色、图层、线宽、线型、线型比例 5 项；

(2)“几何图形”，包括坐标、增量、角度、长度、面积、半径等；

(3)“文字”，包括字宽、字高、角度、字体、文字内容、对齐方式等；

(4)“其他”，包括填充标志等。

第一类“实体基本”特性由通用的操作来完成，而第二类到第四类特性需要针对特定的图形对象，由特定的操作来完成。下文先讨论通用特性设置和修改通用特性的具体内容，然后讨论特定特性的设置与修改的具体内容。本节重点讨论对象的基本特性和特定特性的设置与修改，而图层特性将作为一种更加特殊的特性在下一节进行更加复杂的讨论。

一、设置新创建图形对象的通用特性

对于新创建的对象，其特性由“图层”工具条中的当前特性所控制，如图 4-1-1 的上图所示，选择了对象后，“图层”工具条中的当前特性为已经选择对象的特性，如图 4-1-1 的下图所示。或由“属性表”中的当前特性所控制，如图 4-1-2 的左图所示，选择了对象后，“属性表”工具条中的当前特性为已经选择对象的特性，如图 4-1-2 的右图所示。在 TCAD 中，当没有选择上图形对象时，这两处显示的特性都是当前特性，它们是一致的，都等同

地控制着当前新创建对象的特性。当选择了图形对象后，就显示已经选择了的对象的特性，如果这些对象对应的同一类特性有不同的特性值，就显示为空白，参见图 4-1-1 的下图和图 4-1-2 的右图。

显示或隐藏“图层”工具条和“属性表”工具条的方法，见第一章第四节相关内容。

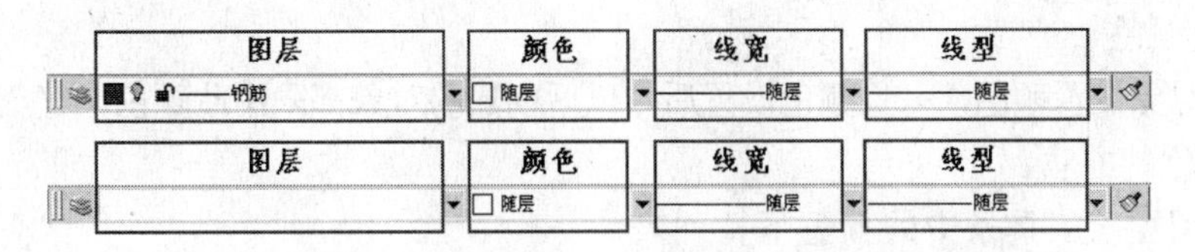

图 4-1-1　“图层”工具条与其中的当前特性设置区域

（上图：未选择对象；下图：已经选择了对象）

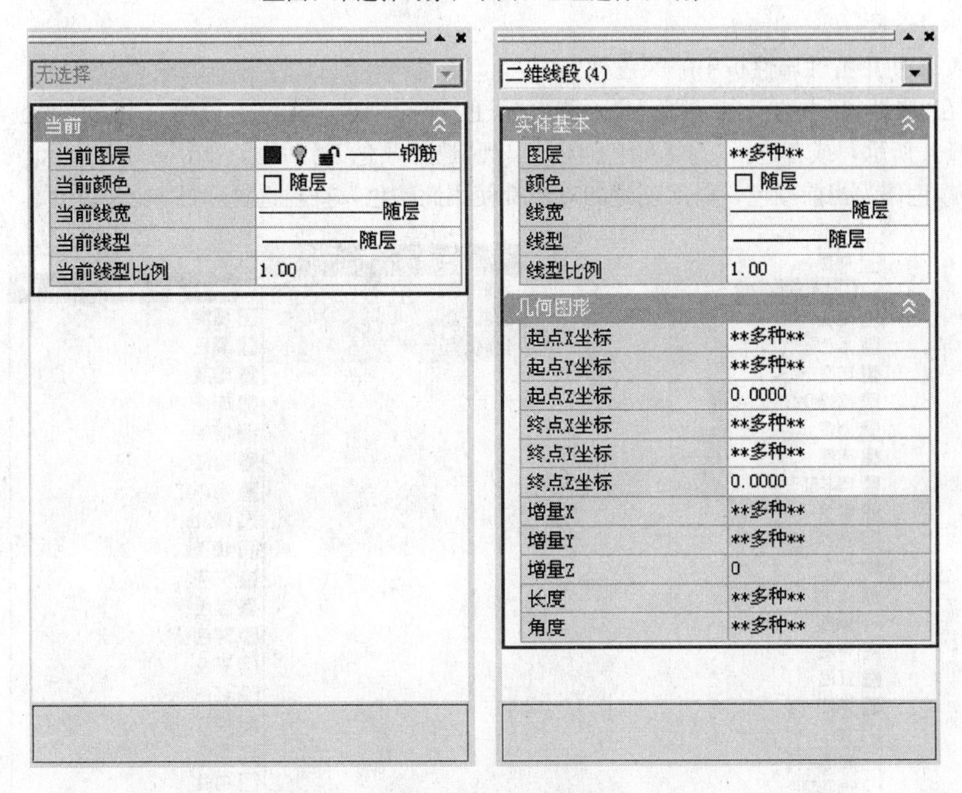

图 4-1-2　“属性表”工具条中的当前特性设置

（左图：未选择对象；右图：已经选择了对象）

“图层”工具条中有 4 个下拉列表，分别控制对象的图层、颜色、线型和线宽。首先设置“图层”特性。在 TCAD 中，都已经设置了当前的图层，用户可以设置、修改当前图层的颜色、线型和线宽，新建立的图形对象都属于该图层，直至改变新的图层。

对于任一图素对象，其颜色、线型、线宽的当前设置可以是“随层”，表示当前的对象特性随图形对象所在的图层的相应颜色、线型和线宽的设置而定，并不单独设置，该设置就是图层工具条最左侧的“图层”框下显示的颜色、线型和线宽。另外，该图素对象的颜色、线型、线宽也可以单独设置成不“随层”，可以设置成另外的颜色、线型和线宽，也就是说，属于同一个图层的对象的颜色、线型、线宽可以不同。

“属性表”中有类似的4个下拉列表，分别控制对象的图层、颜色、线型和线宽，这4个列表的初始值与“图层”工具条中的设置一致。“属性表”工具条中还有一个显示当前线型比例系数的文本框，显示当前的线型比例，初始值为1，即不放大也不缩小线型定义时的画线抬笔段和落笔段的距离。

1. 设置颜色

可以为对象设置颜色，一旦颜色设置后，以后创建的对象都采用此颜色，直至修改颜色。

调用颜色的方法：

(1) 使用图层工具条中的颜色下拉列表

在工具条“颜色”下拉列表中选择颜色，或者选择“选择颜色”项，出现【选择颜色】对话框，选择一个颜色块作为当前颜色，以后创建的对象都使用此颜色，直至选择新的颜色，如图4-1-3所示。

(2) 使用特性属性板中的颜色栏

在“属性表”中的点击“颜色”栏，弹出“颜色”下拉列表，在该下拉列表中选择颜色，如图4-1-4所示，或者选择“选择颜色”项，出现“选择颜色”对话框，如图4-1-5所示，选择一个颜色作为当前颜色，以后创建的对象都使用此颜色，直至选择新的颜色。

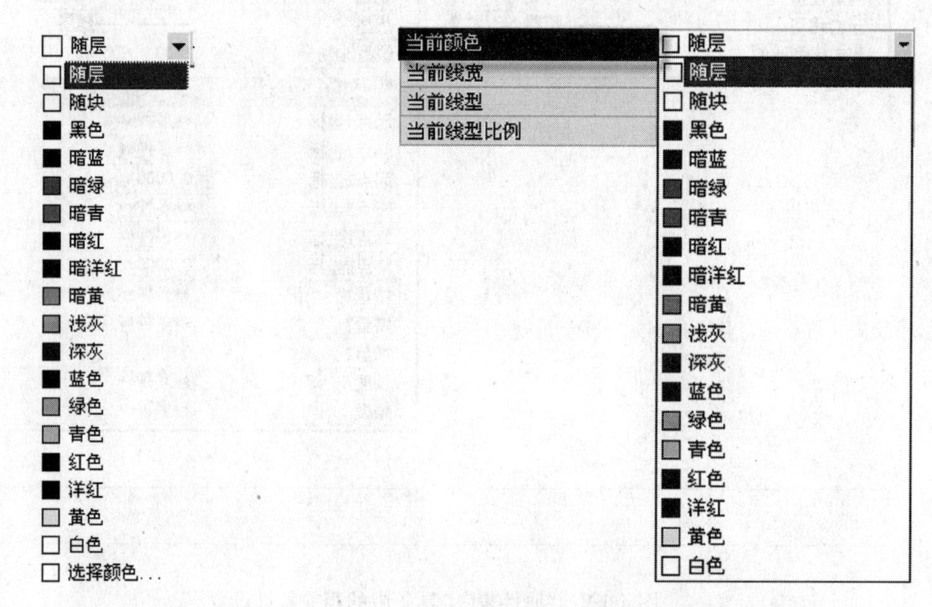

图4-1-3　在“图层”工具条选择颜色特性

图4-1-4　在“特性”属性板中选择颜色特性

颜色属性有“随层”、“随块”以及其他的各种颜色，用户可以任意选择。“随层”和“随块”这两项属于逻辑特性，在颜色、线型、线宽特性列表中都有这两项。对于“随层”，就是随图形对象所在的图层的颜色特性而定，而“随块”表示对象的颜色特性随图块的颜色特性而定。

2. 设置线宽

线宽是指线条在打印输出时的宽度，这种线宽可以显示在屏幕上，并输出到图纸。TCAD中线宽的概念直接模拟绘图笔的宽度，基本上以“一笔”、“两笔”等多笔宽的概念。以“笔”为单位的笔宽是相对的概念，笔的绝对宽度在“PKPM. INI”文件中设置。也可以设置绝对线宽，见线宽显示列表中的设置值。

调用线宽命令的方法：

(1) 使用图层工具条中的线宽下拉列表

在工具条“线宽”下拉列表中选择线宽，选择某一线宽作为当前线宽，以后创建的对象使用此线宽，直至选择新的线宽，如图 4-1-6 所示。

(2) 使用特性属性框中的线宽栏

在特性属性框中的线宽栏，弹出“线宽”下拉列表，选择某一线宽作为当前线宽，以后创建的对象使用此线宽，直至选择新的线宽，如图 4-1-7 所示。

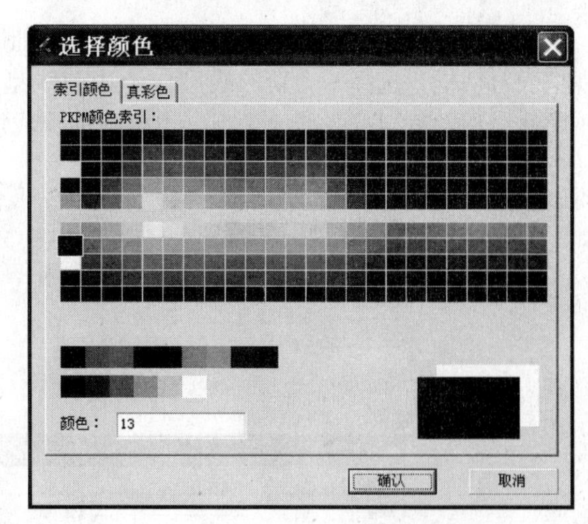

图 4-1-5　“选择颜色”对话框

“线宽”列表中有“随层”和“随块”两项逻辑特性和其他线宽的设置值，用户可以任意选择。对于“随层”，对象的线宽特性就是随图层而定，而“随块”表示对象的线宽特性随图块而定。

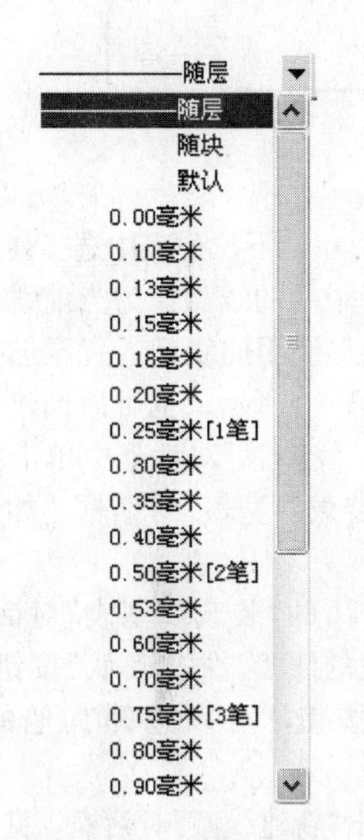

图 4-1-6　在“图层”工具条设置线宽

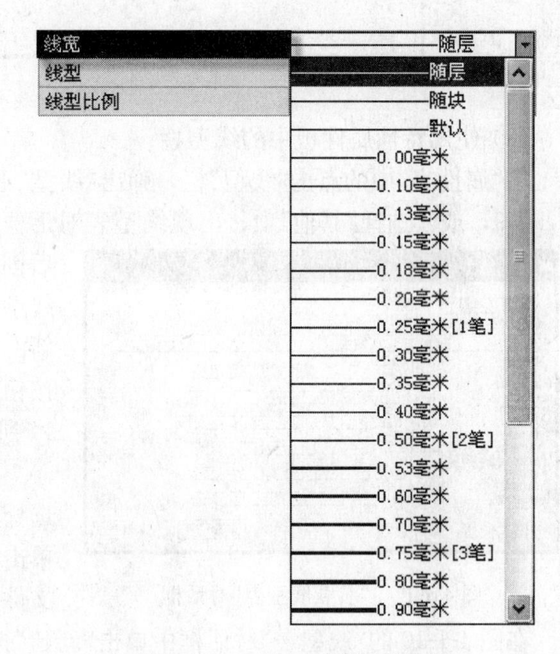

图 4-1-7　在“属性表”设置线宽

3. 设置线型

用户可以根据需要直接对对象设置线型。一旦此线型设置后，以后创建的对象皆采用此线型，直至选择新的线型为止。

调用线型命令的方法：

(1) 使用图层工具条中的“线型”下拉列表

在工具条“线型”下拉列表中选择线型，如图 4-1-8 所示，或者选择“其他”项，出现线型表对话框，选择一个新的线型作为当前线型，如图 4-1-10 所示，以后创建的对象都使用此线型，直至选择新的线型。也可以创建或加载新的线型，见图 4-1-11。

图 4-1-8 “图层”工具条中线型下拉列表　　图 4-1-9 “属性表”中的线型下拉列表

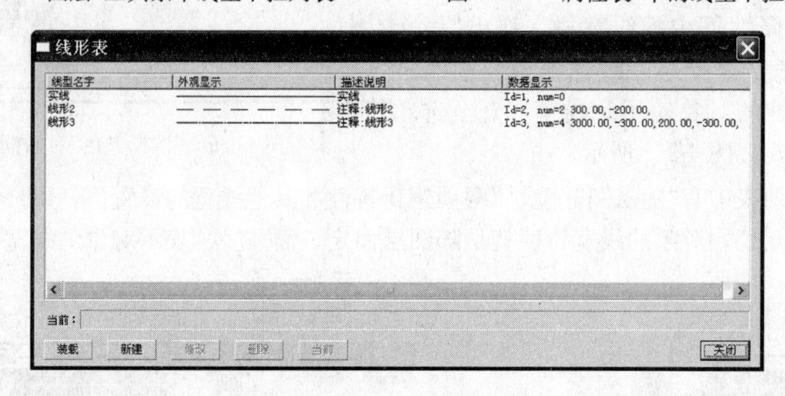

图 4-1-10 线型表

(2) 使用特性属性板中的线型栏

在“属性表”中的点击“线型”栏，弹出“线型”下拉列表，在该下拉列表中选择线型，如图 4-1-9，或者选择“其他”项，出现线型表对话框，选择一个新的线型作为当前线型，以后创建的对象都使用此线型，直至选择新的线型，如图 4-1-10 所示。也可以创建或加载新的线型，在“线型表”对话框中单击“装载”按钮，出现“装载线型表”对话框，如图 4-1-11 所示。

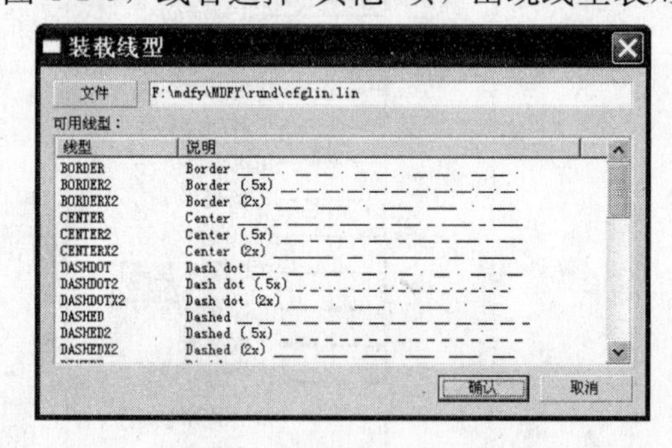

图 4-1-11 “装载线型表”对话框

在图 4-1-11 的“装载线型表”对话框中，选择需要装载的线型，按“确认”按钮即可。单击“文件”按钮，可以选择其他的线型文件。

在图 4-1-10 的“线型表”对话框中单击“新建”按钮，弹出“新建线型”对话框，见图 4-1-12 所示。用户在此定义新的线型。用户输入线型的名字，线型的定义数据和线型的描述。线型的定义数据由 8 个数据组成，正数表示笔绘制的长度，0 表示绘制一个点，而负数表示抬笔的长度。图 4-1-12 中示意了新建一个线型的例子。

在“线型表”中选择上了某个线型，此时对话框中的“修改”“删除”和“当前”按钮由灰变为有效。“修改”线型，将弹出“修改线型定义”对话框，如图 4-1-13 所示，类似新建线型的操作。“删除”线型，将删除该线型。“当前”，将当前选择的线型作为当前线型，直至选择其他的线型作为当前线型，类似于单击“线型”下拉列表中的某个线型作为当前线型的操作。

图 4-1-12　新建线型

图 4-1-13　修改线型定义

4. 设置线型比例

用户选择好的线型，不一定能够达到预期的效果，这是因为线型的比例不合适，绘制的线条不能反映线型，可以调整线型比例来解决此问题。设置的线型比例系数对所有新建的对象都起作用，直至设置新的线型比例系数。

设置线型比例系数的方法：在"属性表"中，选择"当前线型比例"栏，见图 4-1-14，直接输入需要的数字，如 2，5，10，就是设置线型比例系数为 1，2，5，10 时的效果，如图 4-1-15 所示。

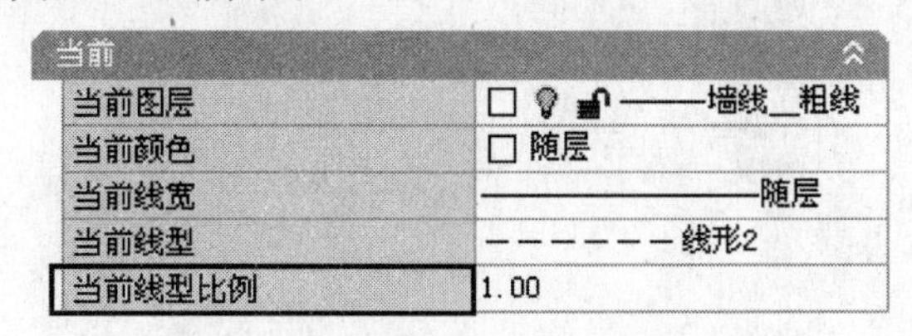

图 4-1-14　设置线型比例系数

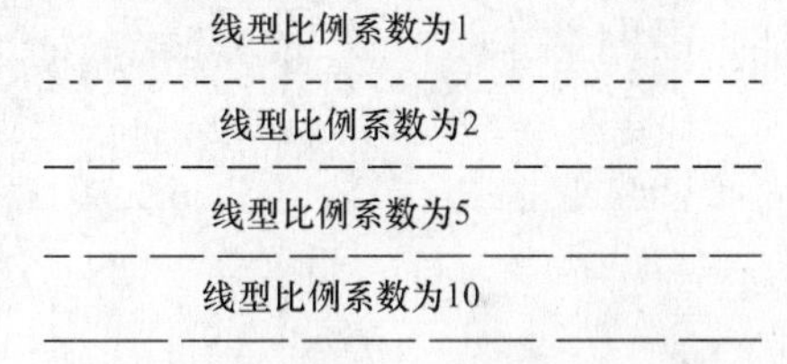

图 4-1-15　相同线型不同线型比例系数的效果

二、查询、修改已有图形对象的特性

对于已有图形对象，TCAD 可以方便快捷地查询和修改它们的特性。利用"图层"工具条，"特性属性板"和图形对象属性对话框可以实现所有的功能。

1. 使用"图层"工具条查询、修改通用特性

使用"图层"工具条可以显示查询和修改对象的通用特性，如图层、颜色、线宽、线型。操作过程是：首先选择图形对象，将对象加入到选择集合，此时"图层"工具条显示被选择对象的特性，如果这些图形对象的相应特性都是一样的就直接显示该特性，否则显示空白，表示对象的相应特性有多种值，接着，选择下拉列表中的相应特性作为这些对象的当前特性，单击选择结束后，这些对象的相应特性都改成当前单击选择的特性，图面上立即显示改变特性后的效果，"属性表"的相应栏也显示为当前选择的特性。下文介绍改变线型和线宽的例子。

实例：修改直线的线型与线宽。首先选择直线，有选择集合后，图层工具条和属性表都显示当前直线的图层、颜色、线型、线宽和线型比例系数等特性，如图 4-1-16、图 4-1-17、图 4-1-18 所示。

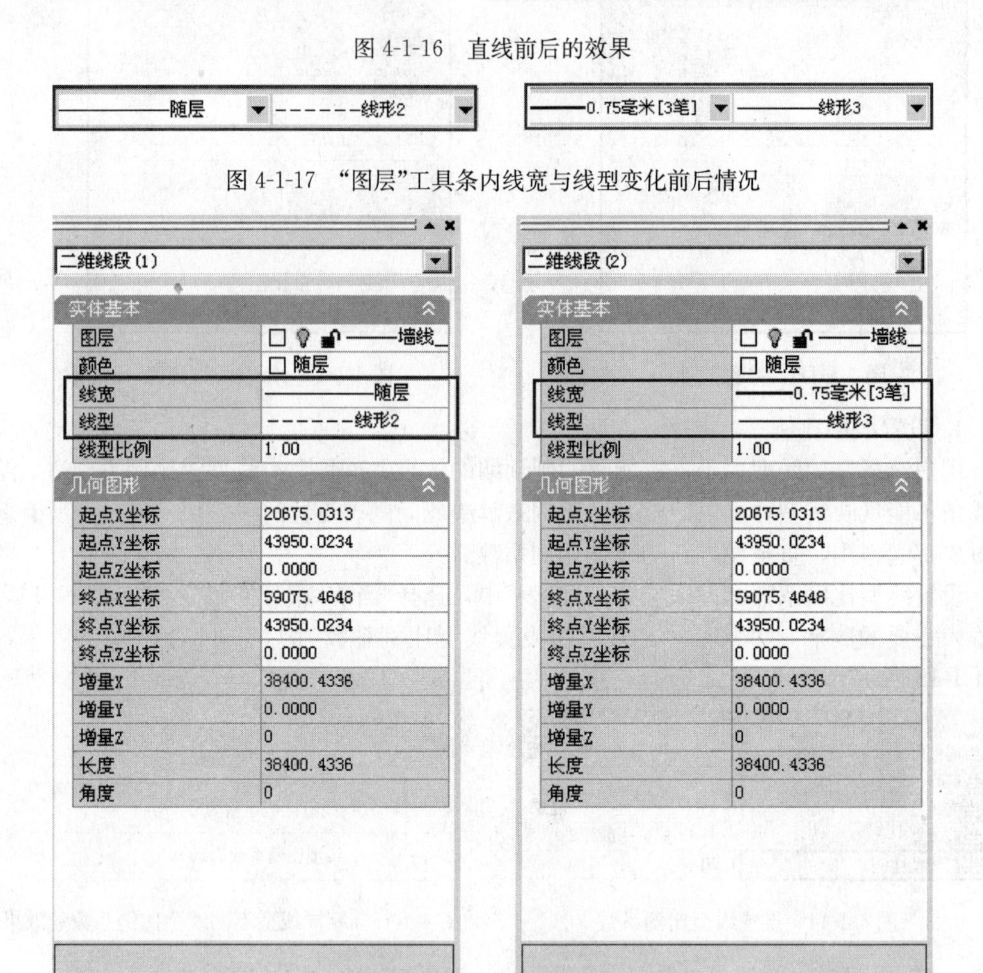

图 4-1-16　直线前后的效果

图 4-1-17　“图层”工具条内线宽与线型变化前后情况

图 4-1-18　属性表内前后变化情况

2. 使用“特性”属性板查询、修改通用特性与单独特性

使用“特性”属性板可以查询、修改通用特性，还可以查询和修改对象的通用特性和各自的单独特性。操作过程类似于使用“图层”工具条的方法，除了显示图层、颜色、线宽、线型和线型比例系数外，还显示单独特性。下文介绍查询和修改直线的坐标点和圆的半径的例子。

单击“属性表”中“起点”右侧的箭头按钮，系统提示拾取点，拾取新的点后，直线的坐标发生相应的变化，见图 4-1-19、图 4-1-20。

3. 使用“CHANGE”命令查询、修改通用特性与单独特性

TCAD 中有一个非常通用，非常高效的命令，就是“CHANGE”，利用该命令可以查询和修改所有图形对象的各个特性。操作过程如下：在命令行输入“CHANGE”命令，见图 4-1-21 所示，或者点击工具条上的按钮“CHANGE”，见图 4-1-22，开始执行，提示选择需要的图形对象，然后弹出对话框，如图 4-1-23 所示，在此对话框中修改需要的内容。图 4-1-23 显示了使用“CHANGE”命令修改直线的例子。

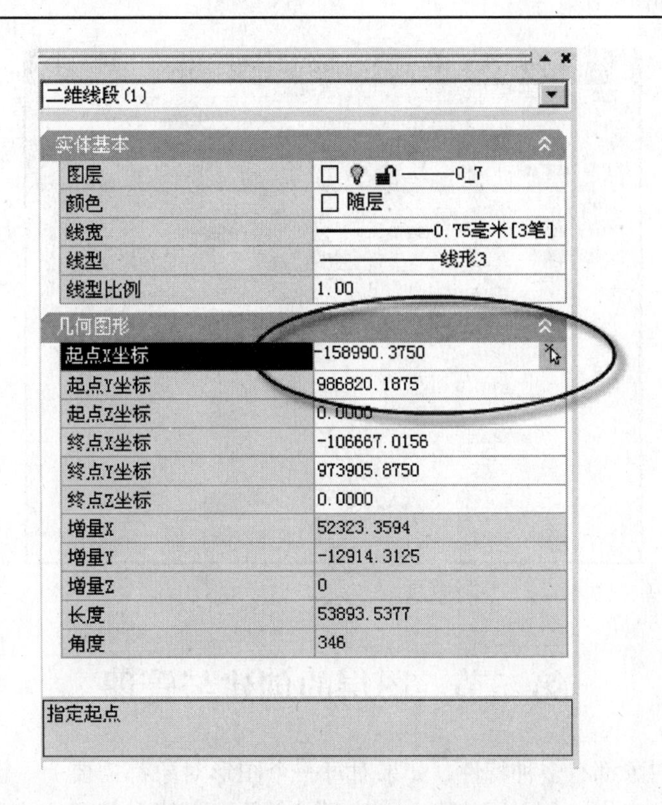

图 4-1-19　“属性表”内修改直线端点

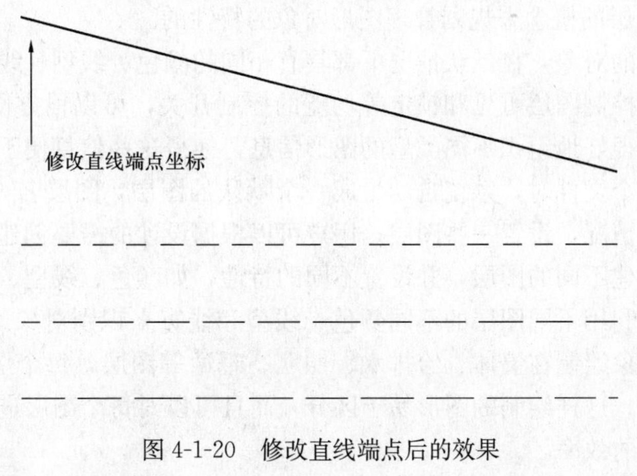

图 4-1-20　修改直线端点后的效果

图 4-1-21　命令行内输入“CHANGE”命令

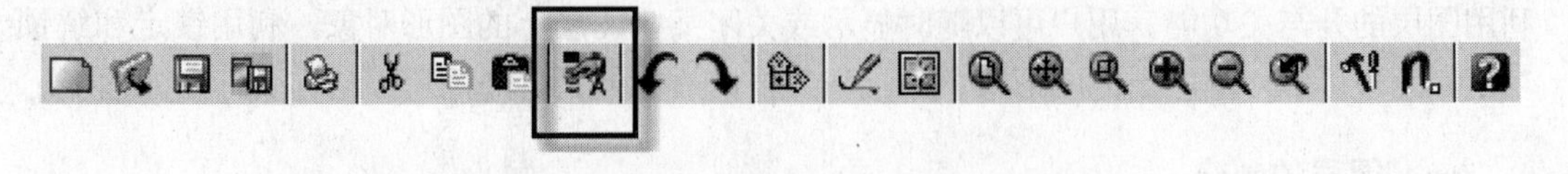

图 4-1-22　点取工具条的“CHANGE”按钮

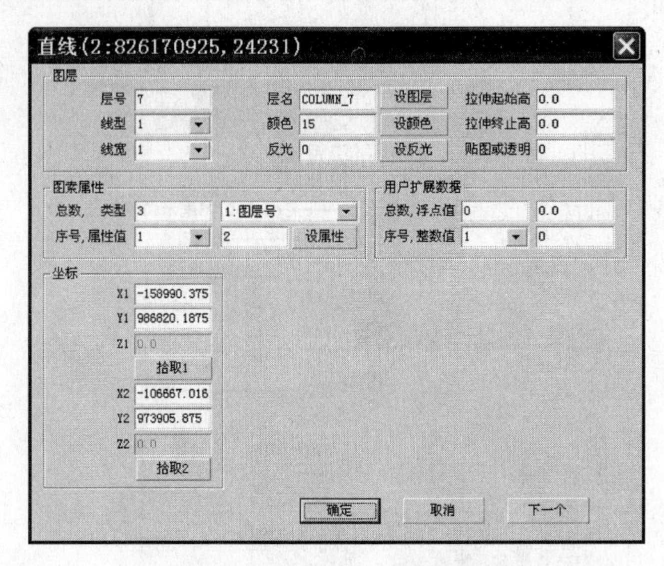

图 4-1-23　“CHANGE”命令弹出的对话框

第二节　图层的创建与管理

每一类图形对象都有多种特性，如果对每一个图形对象都需要一一设置其特性的话，是一件比较繁琐的工作，利用层的概念，就可以方便地设置和管理这些不同类型的对象。TCAD 就是利用图层的概念来规划管理图形对象的特性的。

同一个图层上的对象，在默认情况下都具有相同的颜色、线型、线宽等对象特征，而且每个图层还具备控制图层可见和锁定等功能的控制开关，可以很方便地进行单独控制，而且运用图层可以很好地组织不同类型的图形信息，使得这些信息便于管理。

当用户创建一个文件时，系统自动生成一个默认的图层，图层名为“0”，TCAD 中也会根据用户的一般情况，设置一些图层。用户可以根据设计的需要创建自己的图层，根据项目按专业划分创建不同的图层，并设置不同的特性，如颜色、线型、线宽等。然后使用图层将对象分类，利用不同图层的不同颜色、线型和线宽来识别对象。例如，建筑图中，按照专业分别将对象绘制在墙体、给排水、照明、暖通等图层，每个层都有自己的颜色、线型、线宽等特性。这样绘制的图形易于区分，而且可以对每个图层进行单独控制，极大提高了设计和绘图的效率。

图层管理的第一步就是创建图层。然后就是根据各种需要来灵活地管理图层。许多专业软件已经创建了必需的图层，如 APM 建筑软件已经创建了墙体、门、窗、楼板等图层。我们可以根据单位的要求和规范创建包括多个图层的样板图，使得用户在规定的图层上进行设计。利用图层可以控制显示的对象。由于图层具有开、关、锁定、解锁等管理图形的功能，利用图层的开与关功能，用户可以随时显示或关闭某些图层上的图形对象。利用锁定和解锁功能，用户可以使图层上的图形对象不参与编辑修改，但是，通用可以参与目标点的捕捉。

一、图层的创建

可以为设计概念相关的图形对象创建和命名一个图层，并为这些图层指定通用的特性。通过将对象分类到各自的图层中，可以更方便、更有效地进行编辑和管理。在开始绘制一个新图形时，系统创建一个 ID 号为“1”的图层，该图层颜色为 7(黑色或白色，由背景颜色确定)，CONTINUOUS(连续)线型，而且线宽为 1 笔，见图 4-2-1。

图 4-2-1　系统自动创建的图层

图层创建的方法：

(1) 调用下拉菜单中“图层”的“图层编辑”项；

(2) 在命令行输入“LAYER”命令；

(3) 点击图层工具条中图层编辑按钮，见图 4-2-2。

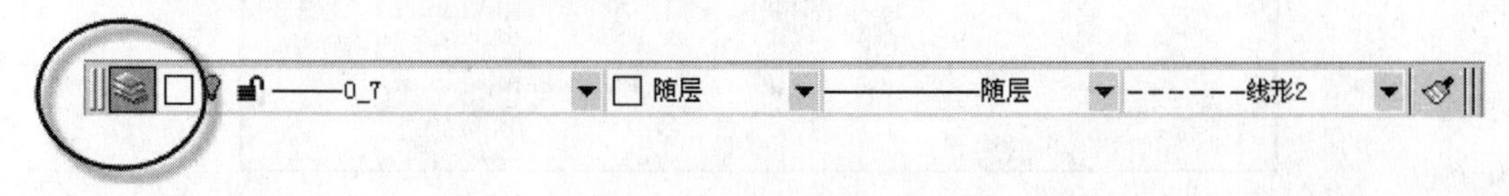

图 4-2-2　“图层”工具条中的“图层编辑”按钮

使用上面 3 个方法都可以弹出“图层管理”对话框，如图 4-2-3 所示，然后在该对话框内创建图层。创建了需要的图层后，就可以为新建的图形对象设置“图层”特性，可以为已经建立的图形对象修改“图层”特性。

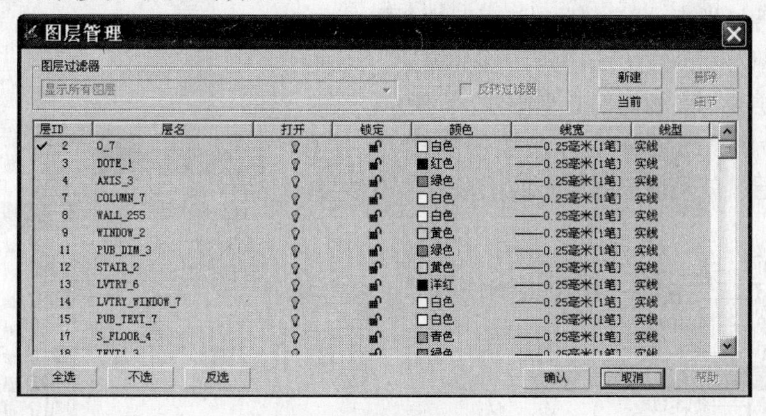

图 4-2-3　图层管理对话框

二、指定图形对象图层特性和修改图形对象的图层特性

使用“图层”工具条和“属性表”工具条来指定图形对象的图层特性和修改图形对象的图层特性，类似于前文介绍的设置图形对象的“颜色”、“线宽”与“线型”特性。通过“图层”工具条的“图层”下拉列表(见图 4-1-1)和“属性表”工具条的“图层”栏(见图 4-1-2)，设置新建图形对象的图层特性和修改图形对象的图层特性。

三、图层的管理

TCAD 可以管理图层的开/关、锁定/解锁以及一些通用的图层管理功能。下文一一介绍。

1. 开/关图层

开/关图层，就是控制图层上的图形对象的显示与隐藏。可以使用“图层管理”对话框和图层工具条以及特性属性板中图层栏来实现图层的开与关。

单击图层管理对话框中的标记，就可以实现图层的开与关，见图 4-2-4 所示。

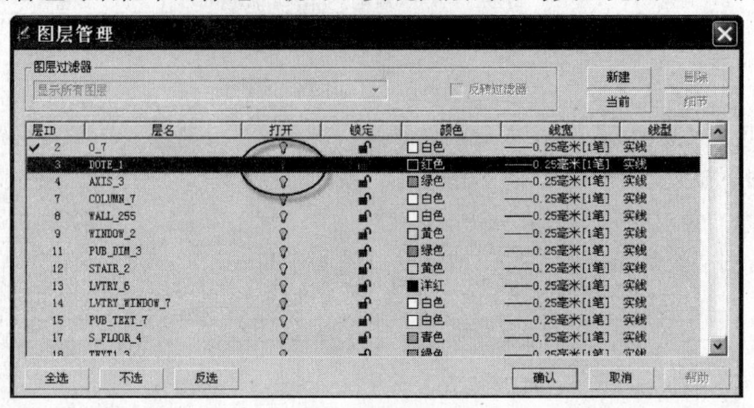

图 4-2-4　图层的开与关

单击图层工具条中的标记，也可以实现图层的开与关。首先单击图层下拉列表，弹出下拉列表后，在需要开关的图层项的左边标记处，单击就可以实现图层开与关的切换。见图 4-2-5 所示。

单击特性属性板中图层栏，打开下拉列表，在需要开关的图层项的左边标记处，单击标记，同样可以实现图层开与关的切换。见图 4-2-6 所示。

2. 锁定/解锁图层

锁定图层，就是使该图层上的图形对象不参与

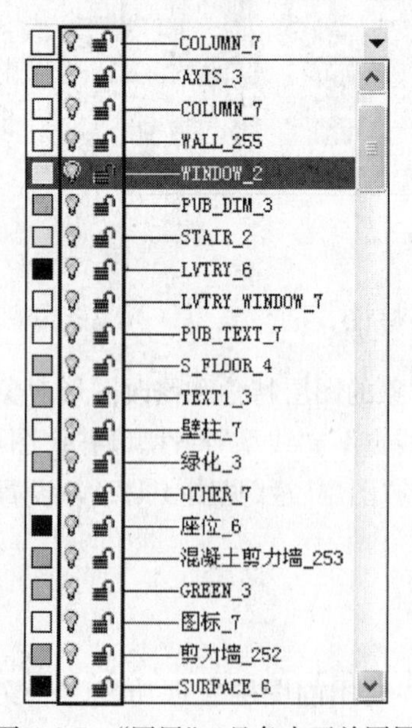

图 4-2-5　“图层”工具条中开关图层

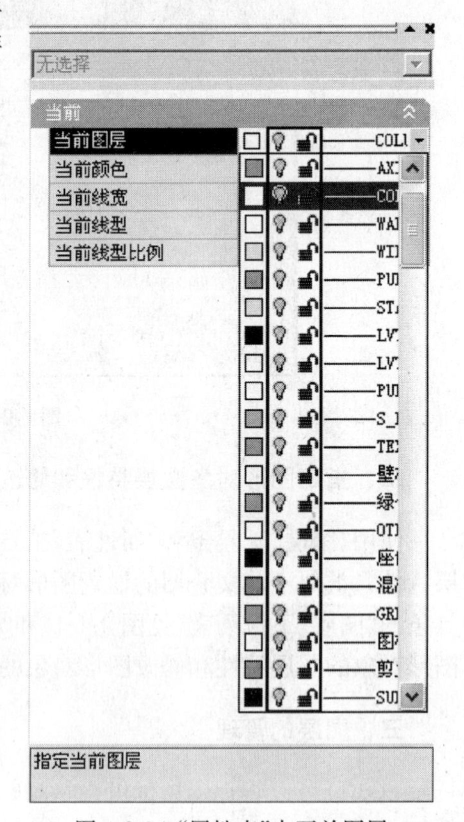

图 4-2-6　“属性表”中开关图层

选择集合的形成，不参与任何的编辑修改工作。但是，锁定的图层上的图形对象照样可以进行目标点捕捉。解锁图层，就是恢复图层上图形对象的选择与编辑修改功能。可以使用“图层管理”对话框和图层工具条以及属性表中图层栏来实现图层的锁定与解锁。具体操作类似与图层的开与关，参见图 4-2-5、图 4-2-6、图 4-2-7。

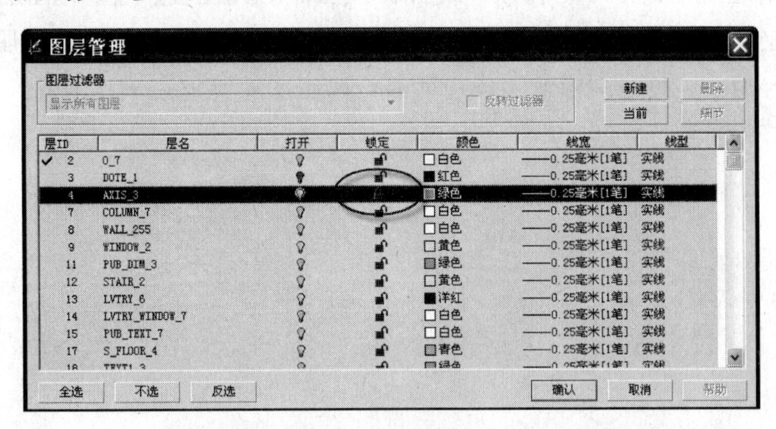

图 4-2-7　在“图层管理”对话框中锁定、解锁图层

3. 点取查询图层

这是一个快速查询图形对象所在图层信息的命令，实现查询图层号、图层名字、线型、线宽和颜色的功能。操作方法如下：调用命令“SNPINQLY”，或用户点取右侧菜单中【图层】项内的【点取查询】按钮或下拉菜单中【图层】|【点取查询图层】命令，根据提示用光标点取屏幕中的图素，此图素所在图层的信息即显示在屏幕下方的提示区内。如选择钢筋线后的结果，见图 4-2-8 所示。

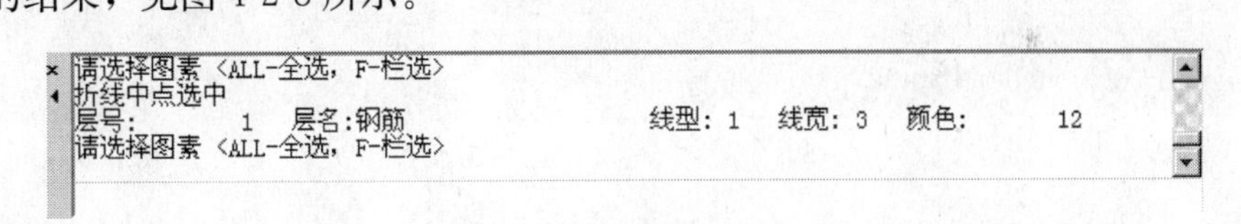

图 4-2-8　点取查询图层

4. 点选当前层

这是一个快速切换当前图层的命令，实现当前图层的快速切换。操作方法如下：调用命令“SNPNOWLY”，或点取“PKPM 图层”工具条“点取当前层”按钮，根据提示，用光标点取屏幕中的图形对象，该对象所处的图层就切换为当前图形。

5. 图层匹配

这是一个将某图形对象所处图层的特性快速复制到其他图形对象上的命令。操作方法如下：调用命令“LYRMATCH”，或“图层”工具条“图层匹配”按钮，用户首先用光标选取原始图素，它的图层信息将被程序自动记录下来，再选择目标图素，所有被选到的图素都将改为与原始图素相同的图层。

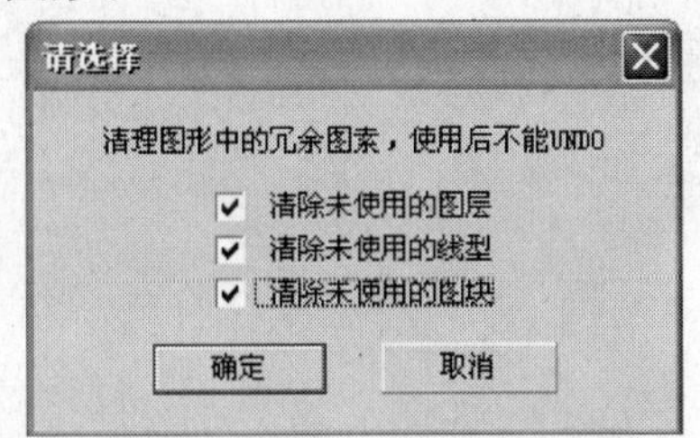

图 4-2-9　清理图层线型对话框

6. 清理图层线型

这是一个快速清理未使用图层、未使用线型和未使用图块的命令，可以一次性清除图形文件中不需要的图层、线型和图块。操作方法如下：调用"INQLTYPE"命令，或"图层"工具条"清理图层线型" 按钮，或点取下拉菜单中【图层】|【清理图层线型】命令，将出现"请选择"对话框(如图4-2-9所示)，可以清除的图素包括未使用的图层、线型、图块，选择确认后系统将自动给予清除。注意：使用此命令进行清理后，将不能用恢复(UNDO)命令进行恢复。

第五章　利用绘图辅助工具精确绘图

在工程设计中，需要对设计方案或图纸内容进行反复论证和修改。在此需求下，需要设计人员能够精确地进行制图。TCAD提供了强大的精确绘图的功能，其中包括对象捕捉、追踪、栅格、极轴、正交等。利用精确绘图可以进行图形处理和数据分析，数据结果的精度能够达到工程应用所需的程度，降低工作量，提高设计效率。

应用TCAD进行绘制图形时，用户需要通过显示控制命令控制图形在屏幕中的位置，以方便地进行设计、修改，观察整个图形或局部内容。TCAD提供了用于图形显示控制的命令，用来实现缩放、平移、重画、重生成、选择、隐藏等功能。同时，还提供了一组命令用来从图形中查询提取出相关数据，如点的坐标值、两点之间的距离，两条直线的夹角，圆的半径、直径，文字的大小、字体，封闭图形的面积，图形对象的图层、颜色、线型线宽等信息。使用本章提供的绘图辅助工具可以大大提高计算机绘图的工作效率。

本章主要介绍捕捉与追踪、图形显示与控制以及图素对象综合信息查询的相关内容。主要内容有：

◆ 理解“栅格”的概念及掌握它的使用方法

◆ 正交捕捉、极轴追踪、动态追踪的设置及使用方法

◆ 了解“对象捕捉”的类型及掌握它们的设置与使用方法

◆ 距离、角度、直径、面积等的查询方法

◆ 针对批量图素对象的整体查询方法

◆ 控制图形重画与重生成的方法

◆ 理解“视图”的概念及对它进行缩放、平移、鸟瞰、局部显示的各种方法

◆ 如何控制填充图案与多段线宽度的显示

第一节　捕 捉 与 追 踪

TCAD为精确绘图提供了很多工具，包括栅格捕捉、正交与极轴、对象捕捉与动态追踪等，本节将逐一介绍这些工具。屏幕右下方的状态栏中的按钮基本上都是用来进行精确绘图的工具，它提供了打开关闭这些工具的快捷方法。如图5-1-1所示，按钮处于按下状态，意味着打开按钮上的文字内容表示的某项功能，按钮弹起则为关闭该项功能。

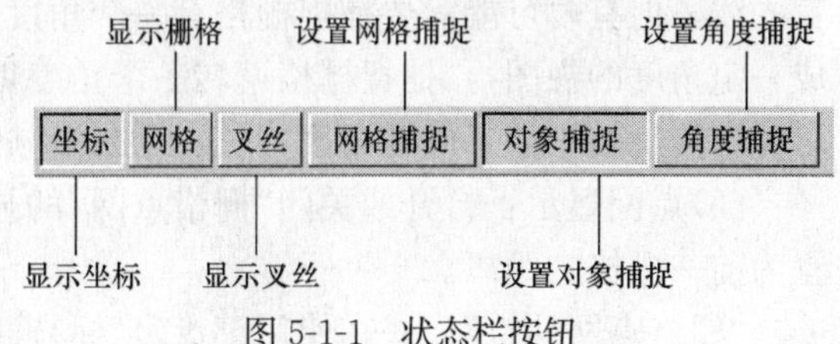

图5-1-1　状态栏按钮

一、栅格捕捉

在绘制图形时，尽管可以通过移动光标来指定点的位置，但却很难精确指定点的某

一位置。在TCAD中，使用“捕捉”和“栅格”功能，可以用来精确定位点，提高绘图效率。

栅格是显示在用户定义的图形界限内的点阵，它类似于在图形下放置一张坐标纸。使用栅格可以对齐对象并直观显示对象之间的距离，使用户可以直观地参照栅格绘制草图。在输出图纸时并不打印栅格。可根据每一个不同需要改变栅格点的距离。栅格图形出现在整个屏幕绘图区(图5-1-2)，并且会随图形缩放进行加密或稀疏显示。

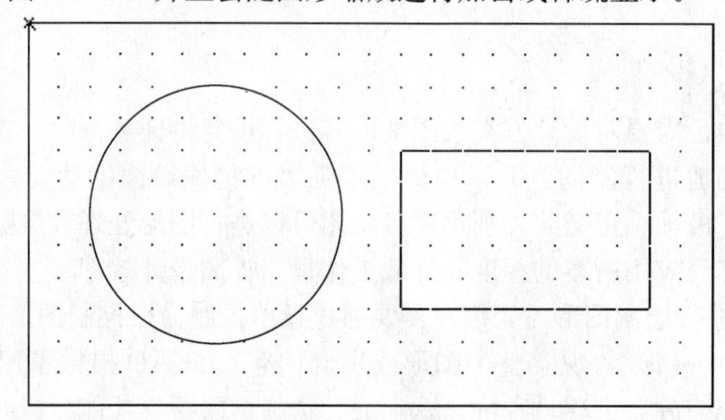

图5-1-2　显示栅格点网

要打开或关闭“栅格点网”的显示及“栅格捕捉”功能，可以选择以下几种方法：

- 菜　单：【工具】|【环境设置】选项|【点网捕捉】选项卡
- 工具条：【工具】| 按钮|【点网捕捉】选项卡
- 快捷键：按【F7】键打开或关闭“栅格点网”显示，按【F9】键打开或关闭“栅格捕捉”功能
- 在屏幕右下方状态栏中，单击【网格】按钮。按钮处于按下状态，意味着打开“栅格显示”功能，按钮弹起则为关闭显示
- 在屏幕右下方状态栏中，单击【网格捕捉】按钮。按钮处于按下状态，意味着打开“栅格捕捉”功能，按钮弹起则为关闭捕捉

执行【环境设置】命令后，系统将弹出“捕捉和显示”对话框，选择“点网捕捉”选项卡(图5-1-3)，与“点网捕捉”设置相关的是以下几个选项：

(1)启用点网捕捉：打开或关闭“栅格捕捉”功能。

(2)X方向、Y方向、Z方向点网间距：用于定义栅格沿X轴、Y轴、Z轴的距离。例如，要在二维平面上选择栅格距离为100个绘图单位，则在X方向点网间距与Y方向点网间距的编辑框中输入“100”，屏幕上将显示正方形点网栅格。如果间距设置得太小，可能在屏幕上无法显示。也可以输入不同的水平与垂直栅格距离，屏幕上将显示矩形点网栅格。

(3)X方向、Y方向、Z方向基点坐标：栅格点网整体旋转的中心点。

(4)点网绕基点转角：设置将栅格旋转的角度，单位是度。通常捕捉栅格是水平和垂直的线，但有时可能需要捕捉栅格有一个角度。例如，在画一个辅助视图时(与其他视图成一定角度的视图)，捕捉栅格偏转一个角度就很有用了。如果旋转角度为正，栅格沿逆时针方向旋转；如果旋转角度为负，栅格沿顺时针方向旋转。

(5)点网显示：打开或关闭“栅格点网”的显示。当栅格在关闭后又打开时，栅格被设置为前一栅格的距离。

“栅格点网捕捉”模式在使用键盘(坐标)输入方式时无效。它配合键盘光标输入方式和

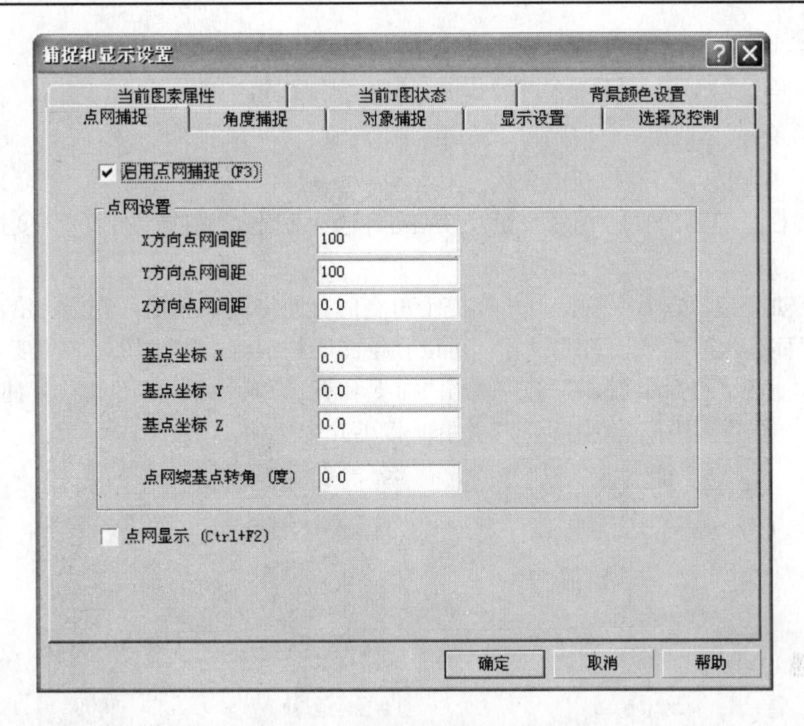

图 5-1-3　“栅格点网捕捉”设置

鼠标输入方式使用，适合正交的、有固定模数的图形，以及可以由正交进行适当编辑转换的图形。

二、正交设置

TCAD 提供的正交模式也可以用来精确定位点，它将定点设备的输入限制为水平或垂直。使用【F8】功能键打开或关闭正交模式，用于控制是否以正交方式绘图。

在正交模式下，可以方便地绘出与当前 X 轴或 Y 轴平行的线段。打开正交功能后，输入的第 1 点是任意的。无论用鼠标确定的下一个点在什么位置，与光标连接的橡皮线要么是水平的(与 X 轴平行)，要么就是垂直的(与 Y 轴平行)。当移动光标准备指定第 2 点时，引出的橡皮筋线已不再是这两点之间的连线，而是起点到光标十字线的垂直线中较长的那段线，此时单击，橡皮筋线就变成所绘直线。

需要说明的是，捕捉和栅格的设置不会影响到正交模式的作用，如果在捕捉和栅格的设置中使用了“角度”设置，正交模式不会相应进行旋转。

三、极轴追踪

在 TCAD 中，可自动按指定角度追踪绘制对象，或者绘制与其他对象有特定关系的对象，这就是极轴追踪，又叫“角度距离捕捉”。该功能与直角坐标系中的“栅格点网捕捉”功能相同，利用该功能可在相对极坐标下指定绘制线段的角度和距离。

极轴追踪是按事先给定的角度增量来追踪特征点。而对象捕捉追踪则按与对象的某种特定关系来追踪，这种特定的关系确定了一个未知角度。也就是说，如果事先知道要追踪的方向(角度)，则使用极轴追踪。要打开或关闭“角度距离捕捉”的显示，以及设置捕捉的角度和距离，可以选择以下几种方法：

- 菜　单：【工具】|【环境设置】选项 |【角度捕捉】选项卡
- 工具条：【工具】| 按钮 |【角度捕捉】选项卡
- 快捷键：按【F4】键打开或关闭"角度捕捉"显示
- 状态栏：单击【角度捕捉】按钮。按钮处于按下状态，意味着打开"角度捕捉"功能，按钮弹起则为关闭显示

使用极轴追踪，光标将按指定角度提示角度值。使用极轴捕捉，光标将沿极轴角按指定增量进行移动，通过极轴角的设置，可以在绘图时捕捉到各种设置好的角度方向。

执行【环境设置】命令后，系统将弹出"捕捉和显示"对话框，选择"角度捕捉"选项卡（图 5-1-4），与"角度距离捕捉"设置相关的是以下几个选项：

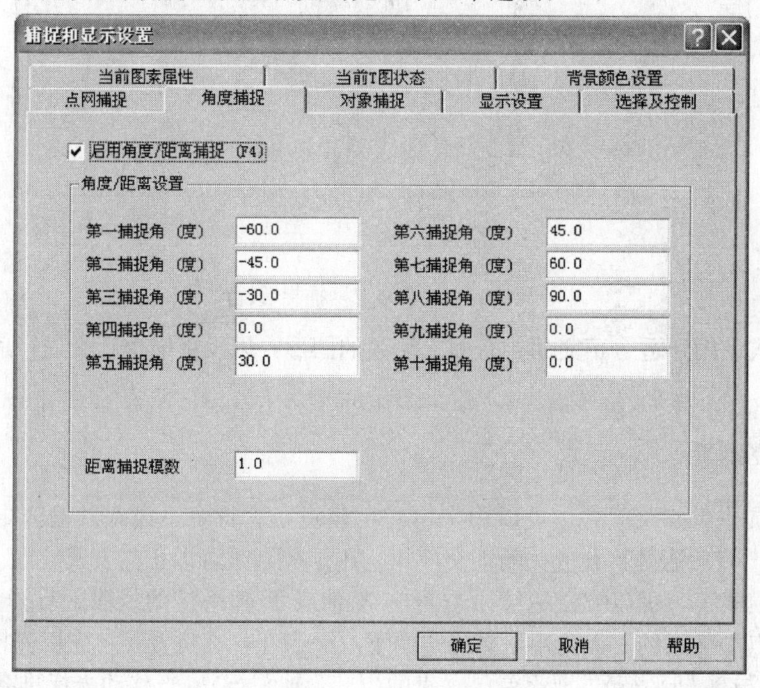

图 5-1-4　"角度距离捕捉"设置

(1)启用角度距离捕捉：打开或关闭"角度距离捕捉"功能。

(2)角度设置：用来设置要捕捉的各个角度值(a1，a2……a10)。每个角度的有效值为0～±360°。但应注意相差 180°和 360°是同一角度，不要重复输入。

(3)距离捕捉模数：用来设置要捕捉的距离值 d。若 d 为 0 表示任意长度，非 0 表示捕捉的模数。如 300 表示绘制的线段只能是 0，300，600，900……等长度。d 参数不要输入负值。

在绘图过程中，凡有连带关系的两点都可以显示并控制其方向和长度。例如绘制一个平面三角形，边长模数为 300 个绘图单位，可以设定 6 个角度进行控制：0°，30°，60°，90°，120°，150°，距离控制为 300，在角度和距离捕捉功能开启后就可以很方便地绘制出该图形。

TCAD 缺省设置有 9 个控制角度：0°、±30°、±45°、±60°、±90°，这相当于有一套标准的三角尺，可以准确地绘制出在这些角度方向上的线段。

四、对象捕捉

在绘图的过程中，经常要找到一些对象的特征点，例如端点、中点、垂足、圆心、交点等。如果依靠手工寻找，很难精确找到这样的点。TCAD 提供的对象捕捉功能可以自动找出对象中这样的点，并用不同的符号给出提示，用户点取鼠标直接确认，即可方便地找到这些特征点。

1.“对象捕捉”的操作

最常用最方便的方式是对象捕捉的自动捕捉方式，即系统自动帮用户选定一批常用的图素对象特征点，如端点、交点、中点、垂足、圆心等。当用户已有图素时，光标移动到图素上的这些特征点时会自动给出符号提示用户已捕捉到，不同的特征点程序给出不同的符号，用户点取鼠标确认即可自动到这些特征点。

“对象捕捉”是 TCAD 中最有用的功能之一。它可以提高绘图的效果与精度，且使绘图比常规要简单得多。可以通过“捕捉和显示”对话框等方式调用对象捕捉功能，迅速、准确地捕捉到某些特殊点，从而精确地绘制图形。对象捕捉方式只可以捕捉那些在屏幕上可见的对象。处于被关闭或隐藏的图层中的对象是不可见的，所以不能用于对象捕捉方式。要打开或关闭“对象捕捉”的功能，以及设置捕捉的方式，可以选择以下几种方法：

- 菜　　单：【工具】|【环境设置】选项 |【对象捕捉】选项卡
- 工 具 条：【工具】| 按钮 |【对象捕捉】选项卡
- 快 捷 键：按【F3】键打开或关闭“对象捕捉”功能
- 状 态 栏：单击【对象捕捉】按钮。按钮处于按下状态，意味着打开“对象捕捉”功能，按钮弹起则为关闭此功能

对象捕捉特征点的设置方法：执行【环境设置】命令后，系统将弹出“捕捉和显示”对话框，选择“对象捕捉”选项卡(图 5-1-5)，与“对象捕捉”设置相关的是矩形圈内的几个选项，

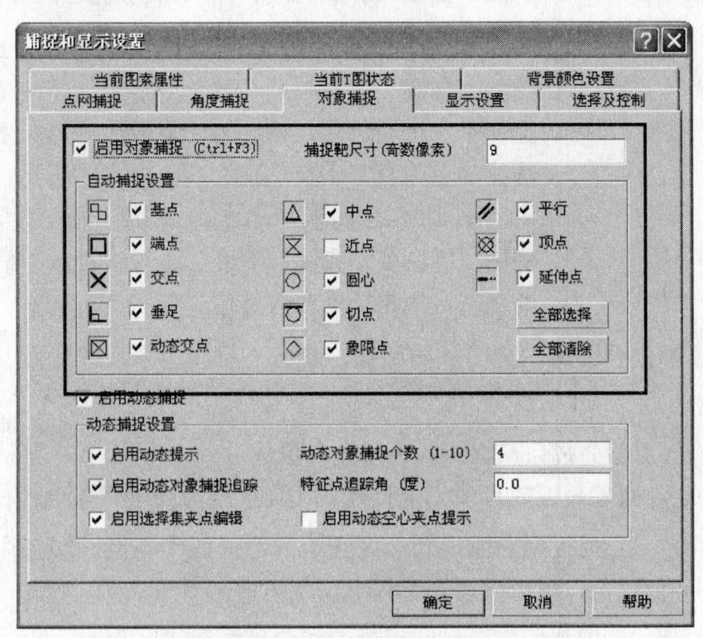

图 5-1-5　“节点捕捉”设置

勾选这些选项将打开相应捕捉功能。

2. 指定“对象捕捉”特征点的类型

在绘图中，用户可以直接指定对象捕捉的特征点的某一种类型。例如要求找到直线的中点，就直接选“中点”作为捕捉对象，这种情况下程序将只捕捉对象的中点。操作方法是：用户标注捕捉某种特征点类型时，单击【捕捉】工具条中相应的特征点按钮，再把光标移到要捕捉对象上的特征点附近，即可捕捉到相应的对象特征点。图 5-1-6 列出了在 TCAD【捕捉】工具条中可用的对象捕捉类型。

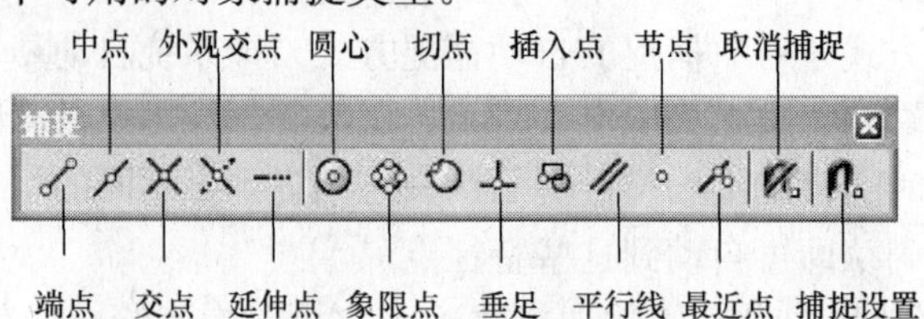

图 5-1-6　“捕捉”工具条

在绘图命令运行过程中设置捕捉选项的快捷方式为：“【Shift】+鼠标右键”，将会调出右键菜单(图 5-1-7)供用户设置捕捉方式。

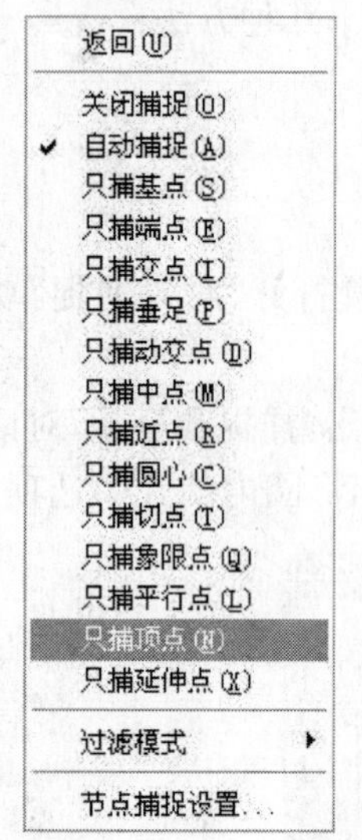

图 5-1-7　绘图过程中的右键菜单

在 TCAD 中，可以指定的“对象捕捉”特征点类型如下：

● 基点：捕捉到文字、字符、块、填充图案、线图案等的基点。

● 端点：捕捉到圆弧、直线、多段线线段、样条曲线或放射线等最近的端点或捕捉实体最近角点。

● 交点：捕捉到圆弧、圆、椭圆、椭圆弧、直线、双线、多段线、放射线、样条曲线的交点。

● 垂足：用于从一点向其他直线，或者向一个圆、圆弧、椭圆、椭圆弧画一条正交垂线。当使用该捕捉方式并选择了一个对象后，系统将计算被选中对象上的点，使得所选择的点与直线正交垂直。

● 动态交点：动态显示从一点出发，与圆弧、圆、椭圆、椭圆弧、直线、双线、多段线、放射线、样条曲线等的交点，用来辅助获取其他交点。

● 中点：捕捉到圆弧、椭圆、椭圆弧、直线、多线、多段线线段、实体、样条曲线的中点。

● 近点：一般认为将会捕捉到距离某个对象最近的一个点。在 TCAD 中的最近点可以理解为这个点与对象最近或者说无限接近，实际上就等同于对象上的任意点。

● 捕捉到圆心：捕捉到圆弧、圆、椭圆或椭圆弧的中心点。在使用该方式时，可以将光标放到圆心位置上，也可以放到圆周上。

● 切点：捕捉到圆弧、圆、椭圆、椭圆弧或样条曲线的切点。当正在绘制的对象需要捕捉一个以上的切点时，自动打开“递延切点”捕捉模式。例如，可以用“递延切点”来绘制与两条弧、两条多段线弧或两条圆相切的直线。

● 象限点◇：捕捉到圆弧、圆、椭圆、椭圆弧象限节点。

● 平行∥：捕捉到和选定的对象平行的直线。当在所需线条上暂停时，一个指示该线被选中的标志出现在线上，然后移动光标使之接近于与该对象平行的角度，一条平行线的符号将出现在所选对象上。选择下一个点，将画出一条与选定对象平行的直线。

● 项点⊠：捕捉到点对象、直线、多段线线段、标注定义点或标注文字起点。

● 延伸点--：当光标经过直线对象的端点时，显示临时延长线，以便用户使用延长线上的点绘制对象。用鼠标沿着这条临时延长线移动，光标会一直位于延长线上，此时单击鼠标左键，将会捕捉到直线上的点。

在“捕捉和显示”对话框中，选择“自动捕捉设置”，如端点、中点、圆心等，然后单击【确定】按钮。当选择“启用对象捕捉”后，用户在绘制图形遇到点提示时，一旦光标进入特定点的范围，该点就被捕捉到。通常，用户将最常用的对象捕捉方式设置为“持续”方式，其他捕捉方式可以根据需求用单点捕捉进行设置。

3.“对象捕捉”的透明命令

TCAD中，可以在使用一个命令时启动其他命令，此时启动的命令称为“透明命令”，它可以在不中断其他命令的情况下被执行。TCAD设置了一组用来控制“对象捕捉”功能的透明命令，可以在执行绘图命令的过程中，在不停止绘图命令的运行前提下，重新设置捕捉方式，从而方便用户精确进行图形对象的定位。所有“对象捕捉”的透明命令如表5-1-1所示，它包含了【捕捉】工具条与“捕捉和显示”对话框中的各项“对象捕捉”类型。

对象捕捉“透明命令”一览表　　　　**表 5-1-1**

<table>
<tr><td>END</td><td>只捕捉端点</td><td>MID</td><td>只捕捉中点</td></tr>
<tr><td>NOD</td><td>只捕捉顶点</td><td>CEN</td><td>只捕捉圆心</td></tr>
<tr><td>QUA</td><td>只捕捉象限点</td><td>INS</td><td>只捕捉基点</td></tr>
<tr><td>INT</td><td>只捕捉交点</td><td>PER</td><td>只捕捉垂足</td></tr>
<tr><td>TAN</td><td>只捕捉切点</td><td>DRI</td><td>只捕捉动态交点</td></tr>
<tr><td>NEA</td><td>只捕捉近点</td><td>PAR</td><td>只捕捉平行线</td></tr>
<tr><td>EXT</td><td>只捕捉延伸</td><td>AUT</td><td>恢复为自动</td></tr>
<tr><td>NON</td><td>暂时都不捕捉</td><td rowspan="2">′OSNAP或
′DSETTINGS</td><td rowspan="2">设置捕捉对话框</td></tr>
<tr><td>′ZOOM或′Z</td><td>缩放控制</td></tr>
</table>

需要注意的是，在命令行输入各透明命令后，还需要按【回车】键或【空格】键后才能起作用。下面针对一些常用的捕捉选项举例进行介绍透明命令的用法：

示例1：如图5-1-8所示，在绘制直线过程中，使用“只捕捉端点”的透明命令，则只捕捉圆弧和矩形的端点。首先在工具条中选择【直线】命令或在命令行中输入【直线】命令，然后在命令提示行中输入“END”并按【回车】键，将光标移近对象上的端点处，标志将显示在其端点上，然后就可单击确定该点。系统将捕获离光标最近的端点。具体操作过程

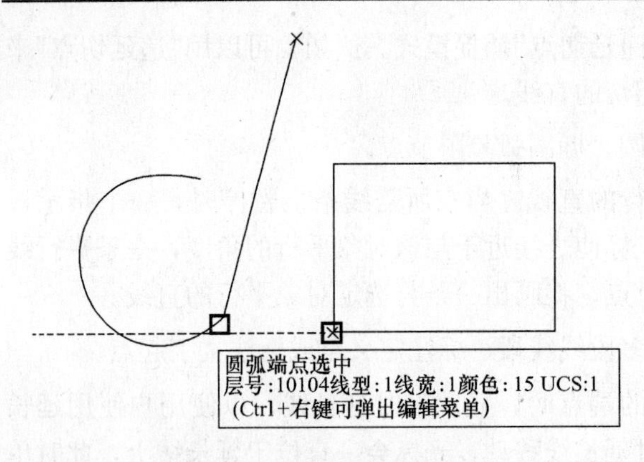

图 5-1-8　"只捕捉端点"效果图

如下：

命令：LINE

请指定起点：(用鼠标在屏幕上指定起点)

下一点（[U]-放弃）：(输入"END"并按【回车】键，表示接下来只捕捉图素对象的端点)

下一点（[U]-放弃）：(选择圆弧的端点，按鼠标左键，完成直线的绘制)

示例 2：如图 5-1-9 所示，在绘制直线过程中，使用"只捕捉中点"的透明命令，则只捕捉圆弧和矩形的中点。首先执行【直线】命令，然后在命令提示行中输入"MID"并按【回车】键，将光标移近圆弧或矩形上，系统将捕获离光标最近的中点。具体操作过程如下：

命令：LINE

请指定起点：(用鼠标在屏幕上指定起点)

下一点（[U]-放弃）：(输入"MID"并按【回车】键，表示接下来只捕捉图素对象的中点)

下一点（[U]-放弃）：(选择圆弧的中点，按鼠标左键，完成直线的绘制)

示例 3：如图 5-1-10 所示，在绘制直线过程中，使用"只捕捉圆心"的透明命令，则只捕捉圆形和椭圆的圆心。选择该捕捉方式后，光标必须指向圆或弧边界的可视部分。具体操作过程如下：

命令：LINE

请指定起点：(用鼠标在屏幕上指定起点)

下一点（[U]-放弃）：(输入"CEN"并按【回车】键，表示接下来只捕捉图素对象的圆心)

下一点（[U]-放弃）：(选择椭圆的圆心，按鼠标左键，完成直线的绘制)

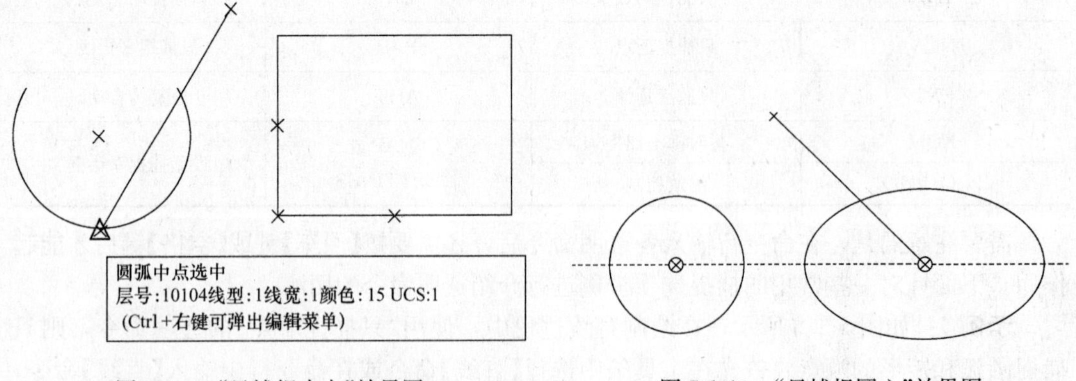

图 5-1-9　"只捕捉中点"效果图　　　图 5-1-10　"只捕捉圆心"效果图

示例 4：如图 5-1-11 所示，在绘制直线过程中，使用"只捕捉垂足"的透明命令，则只捕捉点到直线的垂足。当使用该捕捉方式并选择了一个对象后，系统将计算被选中对象上的点，使得所选择的点与直线正交。以下为绘制一条与已有线段垂直的直线，具体操作过程如下：

命令：LINE

请指定起点：（用鼠标在屏幕上指定起点）

下一点（[U]-放弃）：（输入"PER"并按【回车】键，表示接下来只捕捉图素对象的垂足）

下一点（[U]-放弃）：（选择与已知直线的垂足，按鼠标左键，完成直线的绘制）

示例5：如图5-1-12所示，在绘制直线过程中，使用"只捕捉平行线"的透明命令，则只捕捉在与已知线段平行的直线上的点。首先执行【直线】命令，然后在命令提示行中输入"PAR"并按【回车】键。当在所需线条上暂停时，一个指示该线被选中的标志出现在线上；然后移动光标使之接近于与该对象平行的角度，一条平行线的符号将出现在所选对象上；选择下一个点，将画出一条与选定对象平行的直线。具体操作过程如下：

命令：LINE

请指定起点：（用鼠标在屏幕上指定起点）

下一点（[U]-放弃）：（输入"PAR"并按【回车】键，表示接下来只捕捉在与已知图素对象平行的直线上的点）

下一点（[U]-放弃）：（选择在与已知线段平行的直线上的一点，按鼠标左键，完成直线的绘制）

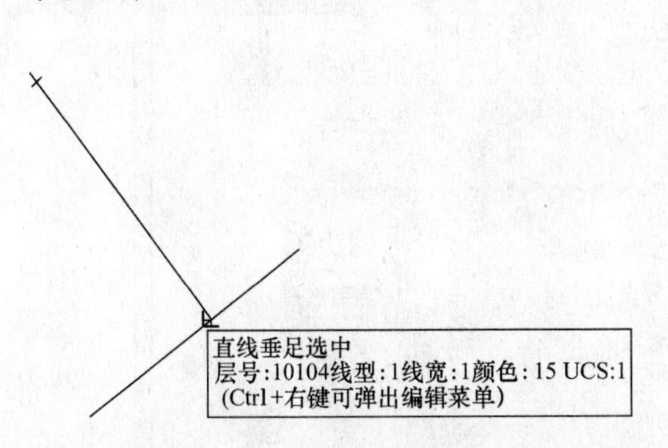

图5-1-11　"只捕捉垂足"效果图

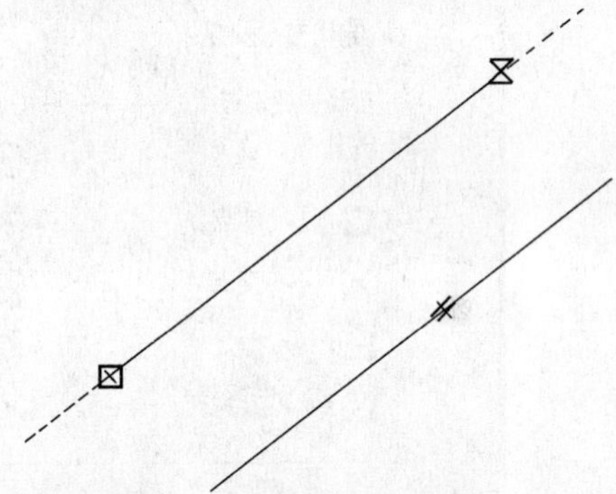

图5-1-12　"只捕捉平行线"效果图

示例6：如图5-1-13所示，在绘制直线过程中，使用"只捕捉切点"的透明命令，则只捕捉直线到圆上或椭圆弧上的切点。首先执行【直线】命令，然后在命令提示行中输入"TAN"并按【回车】键。当在需要相切的图素对象上暂停时，一个指示相切的标志将出现在对象上，可以用鼠标左键点取该位置，从而绘制与已知的圆、圆弧、椭圆、椭圆弧的切线。具体操作过程如下：

命令：LINE

请指定起点：（用鼠标在屏幕上指定起点）

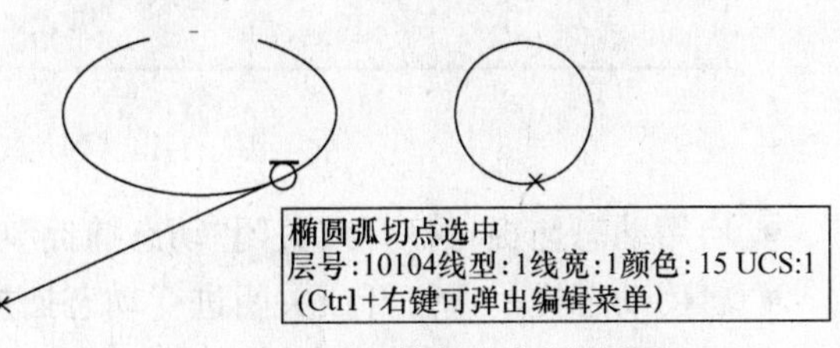

图5-1-13　"只捕捉切点"效果图

下一点（[U]-放弃）：（输入"TAN"并按【回车】键，表示接下来只捕捉与已知图素对象的切点）

下一点（[U]-放弃）：（选择与已知图素对象相切的点，按鼠标左键，完成切线的绘制）

五、动态追踪

对于无法用对象捕捉直接捕捉到的某些点，可以利用TCAD中动态追踪功能来快捷地定义这些点的位置。动态追踪又叫动态捕捉，它可按指定角度绘制对象，或者绘制与其他对象有特定关系的对象，还可以根据现有对象的特征点定义新的坐标点。

动态追踪功能分极轴追踪和对象捕捉追踪两种，是非常有用的辅助绘图工具。如果事先知道要追踪的方向(如角度)，则使用极轴追踪；如果事先不知道具体的追踪方向(角度)，但知道与其他对象的某种关系(如相交)，则用对象捕捉追踪。极轴追踪和对象捕捉追踪可以同时使用。

动态追踪的设置方法：执行【环境设置】命令后，系统将弹出"捕捉和显示"对话框，与动态追踪相关的是"对象捕捉"选项卡和"角度捕捉"选项卡，前面已作介绍。下面介绍与"动态追踪"设置相关的其他几个选项，如矩形圈内所示(图5-1-14)：

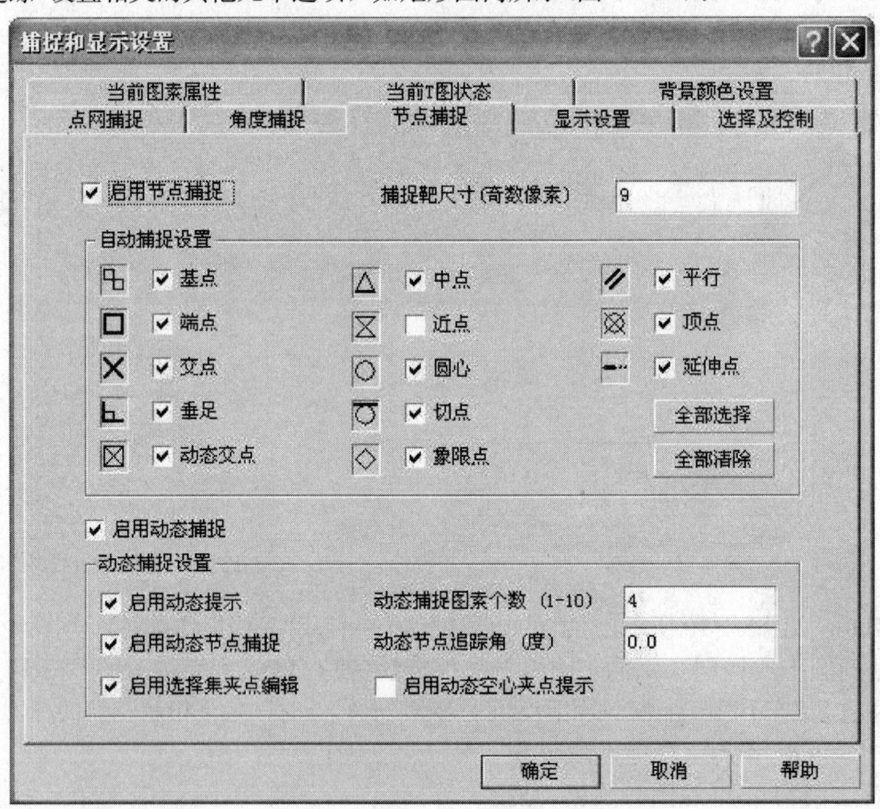

图5-1-14　"动态追踪"设置

- 启用动态捕捉：打开或关闭"动态捕捉"功能；
- 启用动态提示：打开或关闭进行动态捕捉时，有关所选图素对象的提示信息；
- 启用动态捕捉：打开或关闭对图素节点的捕捉功能；

- 启用选择集夹点编辑：打开或关闭对图素对象的“夹点编辑”功能；
- 动态捕捉图素个数：每次动态捕捉的最大图素个数，有效值为1～10；
- 动态节点追踪角：设置动态捕捉追踪角度值，有效值为0°～±360°；
- 启用动态空心夹点提示：打开或关闭进行动态捕捉时，有关所选空心夹点的提示信息。

下面说明动态追踪常见的几种应用。

1. 利用追踪线方式输入点

用户输入一点后该点即出现橙黄色的方形框套住该点，随后移动鼠标在某些特定方向，比如水平或垂直方向时，屏幕上会出现拉长的虚线，这时输入一个数值即可得到沿虚线方向该数值距离的点。我们称这种虚线为追踪线。这种输入方式为追踪线方式。这种方式非常方便操作。

用鼠标在任何点上稍作停留都会在该点出现橙黄色方形框，该点即成为参照点，随后都可采用追踪线方式。

程序隐含设定的追踪线方向是水平方向和垂直方向，用户还可定义其他角度的方向。

2. 选择参照点定位

这个功能就是用已知图素上的点作参照，找出和它相对坐标的点。操作是：将光标移动到参照的节点，稍作停留后该节点上将出现橙黄色的方形框，这说明参照点已经选好，再用键盘输入和该点的相对距离，就得到需要输入的点。

如果需要输入的点在参照点的水平或垂直方向，当参照点上的橙黄色的方形框出现后，接着在水平或垂直方向拉动鼠标会出现水平或垂直的虚线，这时输入一个距离值即可得到需要输入的点。

3. 用动态追踪设置临时路径(辅助线)来确定图上的关键点的位置

在使用动态追踪时，光标将沿着一条临时路径来确定图上的关键点的位置，该功能可用于相对于图形中其他点或对象的那些点的定位。路径方向由光标的移动或者所选对象上的点决定。例如，如果要画一条直线，它的终点位于已知圆 X 轴负方向与已知椭圆弧中心点 Y 轴方向的交点，可以使用“动态追踪”功能，如图 5-1-15 所示，具体操作过程如下：

(确保“捕捉和显示”对话框中“对象捕捉”选项卡的“启用动态捕捉”选项和“启用动态对象捕捉追踪”选项已被勾选上)

命令：LINE

请指定起点：(用鼠标在屏幕上指定起点)

下一点([U]-放弃)：(光标在椭圆弧中心点处停留，出现空心圆形标记并向上拖出对象追踪线。然后光标在圆中心点处停留，出现空心圆形标记并向左拖出对象追踪线。屏幕上出现两条相交的虚线，出现交点标记即为动态追踪所要捕捉的点)

下一点([U]-放弃)：(选择与出现交点标记的点，按鼠标左键，完成直线的绘制)

图 5-1-15 中的两条虚线就是辅助线，它可以使用动态追踪功能即时地得到，效率很高。

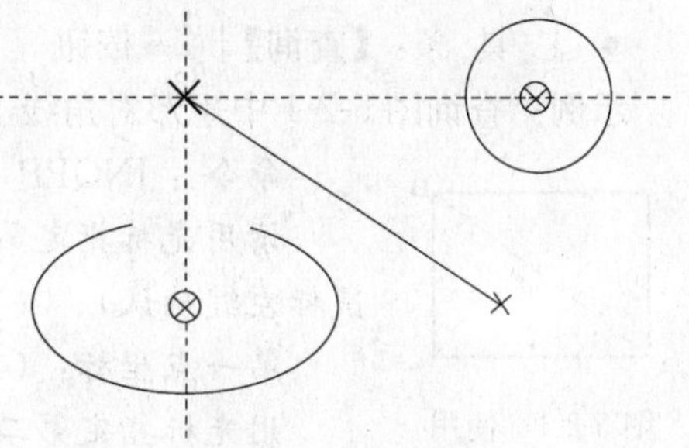

图 5-1-15 使用“动态追踪”效果图

在进行动态追踪时，从每个参考点可以发出四根参考虚线，它们是水平线、垂直线、角度线及延长线。其中，角度线是根据用户定义的一个角度值创建的，可以随时在“捕捉和显示设置”对话框中设置。延长线是根据所选图素及所选参考点的位置进行延伸得到的，如果所选图素是圆弧或椭圆弧，则该延长线是能够形成闭合的圆或椭圆的弧线。所有参考虚线都可与图面上的其他图素或它们自身相互求交并被捕捉，但是参考线与参考线之间的交点不会被记忆下来作为新的参考点。参考线一般并不直接显示出来，光标靠近这些交点，有关的参考线才会显示出来。

第二节　查询图形对象的特性

当建立一个图形或检查一个现有图形时，经常需要一些关于图形的信息。在手工制图中，关于图形的查询是通过手工测量和计算来完成的。同样，在 TCAD 环境下绘图时也需要查询属于图形的有关数据。这些查询可以是关于图中从一个定点到另一个定点之间的距离，多边形或圆这类对象的面积，图中一个定位点的坐标值等。查询命令用于获得关于所选对象的信息，这些命令不会改变图形对象自身的特性。

对于大部分查询命令，其信息是显示在 TCAD 的文本窗口中的，按【F2】键可以打开或关闭文本窗口。执行查询命令后，系统会提示选择对象，一旦选择完成，系统就会在文本窗口内显示所有关于所选对象的信息。利用鼠标可以调整文本窗口的大小使其符合自己的要求，并且，通过将文本窗口移到合适位置，可以同时观察图形屏幕和文本屏幕。如果选择最小化按钮或关闭按钮，则将返回图形屏幕。

TCAD 中的查询功能包括：两点之间、点线之间、线线之间的距离，圆的半径、直径，文字的大小、字体，封闭图形的面积，图形对象的图层、线型及其他特性。

一、查询距离

1. 查询点到点的距离

【点点距离】命令用于测量两个所选点之间的距离。可用光标点取任意两点，查询它们的坐标、间距、水平间距、垂直间距和两点连线与 X 轴正方向的夹角。调用【点点距离】命令的方法如下：

- 命　　令：INQPP↙（回车）
- 简化命令：IPP↙（回车）
- 菜　　单：【查询】|【点点距离】选项
- 工 具 条：【查询】| 按钮

示例：查询图 5-2-1 中矩形对角线上两端点间的距离，具体操作过程如下：

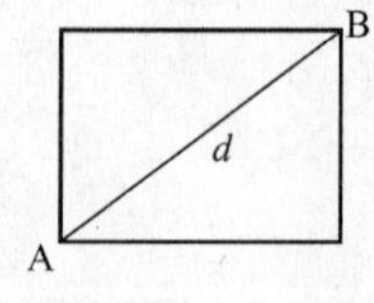

图 5-2-1　使用“点点距离”命令

命令：INQPP

请用光标指定第一点位置（用鼠标选择矩形的左下角 A 点，单击鼠标左键确认）

第一点坐标：（412344.2，85793.5）

用光标指定第二点位置（用鼠标选择矩形的右上角 B 点，单击鼠标左键确认）

第一点坐标：(412344.2，85793.5)第二点坐标：(444173.8，109246.9)

两点间距＝39537.2　X 方向间距＝31829.6　Y 方向间距＝23453.4 角度＝36.384 (提示已经计算出点到点的距离值 d＝39537.2)

请用光标指定第一点位置(按鼠标右键退出命令)

2. 查询点到直线的距离

【点线距离】命令用于查询点与直线之间的距离。根据程序提示，用光标点取任意一点和一条直线并确认，在命令提示区将显示它们之间的距离。需要注意的是，在屏幕上拾取点的时候，并不需要有实际点对象。并且，在拾取直线对象时，用鼠标点取直线上的任意点，就可获取整个直线对象用来计算需要的距离值。调用【点线距离】命令的方法如下：

- 命　　令：INQPL↙(回车)
- 简化命令：IPL↙(回车)
- 菜　　单：【查询】|【点线距离】选项
- 工 具 条：【查询】| 按钮

示例：查询图 5-2-2 中的已知点到已知直线间的距离，具体操作过程如下：

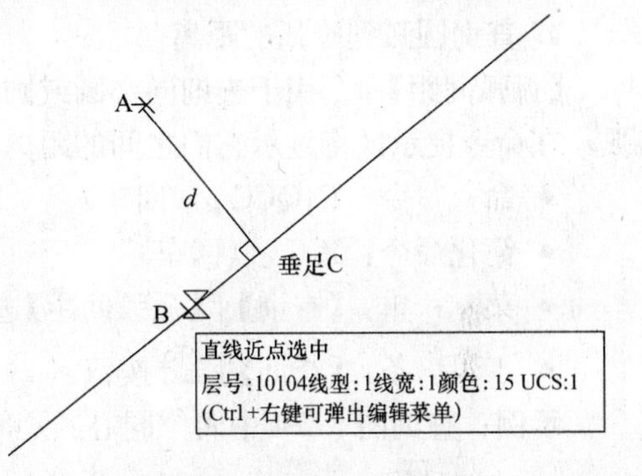

图 5-2-2　使用“点线距离”命令

命令：INQPL

请用光标指定 点 位置(用鼠标选择矩形的左下角 A 点，单击鼠标左键确认)

点坐标：(594887.8，139906.1)

用光标指定 直线 位置

请选择图素〈ALL-全选，F-栏选〉(用鼠标选择直线上的 B 点，单击鼠标左键确认。系统将自动计算 A 点到直线上垂足 C 点之间的距离)

直线端点选中

点：(594887.8，139906.1)直线：(572041.6，76925.0)-(672687.8，155960.1)

点线间距为：35423.8(提示已经计算出点到直线的距离值 d＝35423.8)

请用光标指定点位置(按鼠标右键退出命令)

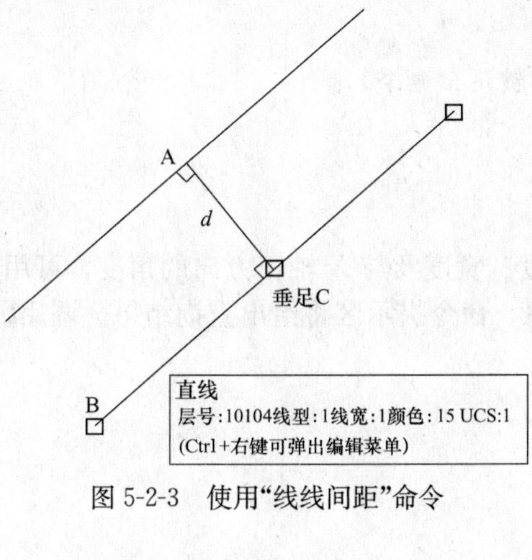

图 5-2-3　使用“线线间距”命令

3. 查询直线到直线的距离

【线线间距】命令用于查询线与线之间的距离。根据程序提示，可用光标点取任意两条平行直线，在命令提示区将显示它们之间的距离。调用【线线间距】命令的方法如下：

- 命　　令：INQLL↙(回车)
- 简化命令：ILL↙(回车)
- 菜　　单：【查询】|【线线间距】选项
- 工 具 条：【查询】| 按钮

示例：查询图 5-2-3 中的两条已知直线之间的距离，具体操作过程如下：

命令：INQLL

用光标指定第一根直线位置

请选择图素〈ALL-全选，F-栏选〉(用鼠标选择直线上的 A 点，单击鼠标左键确认)

直线坐标：(715744.9，40642.6)-(786265.4，100584.8)

用光标指定第二根直线位置(用鼠标选择另一条直线上的 B 点，单击鼠标左键确认)

请选择图素〈ALL-全选，F-栏选〉

直线一坐标：(715744.9，40642.6)—(786265.4，100584.8)

直线二坐标：(732981.6，20364.0)—(803502.1，80306.2)

两线间距为：26614.4(按任意键继续)(提示已经计算出两直线的间距值 d=26614.4，按两次【Esc】键退出命令)

4. 查询圆弧到圆弧的距离

【弧弧间距】命令用于查询同心圆或圆弧之间的距离。用光标点取任意两个同心圆或圆弧，在命令提示区将显示它们之间的距离。调用【弧弧间距】命令的方法如下：

- 命　　令：INQCC↙(回车)
- 简化命令：ICC↙(回车)
- 菜　　单：【查询】|【弧弧间距】选项
- 工 具 条：【查询】| 按钮

示例：查询图 5-2-4 中两个同心圆之间的距离，具体操作过程如下：

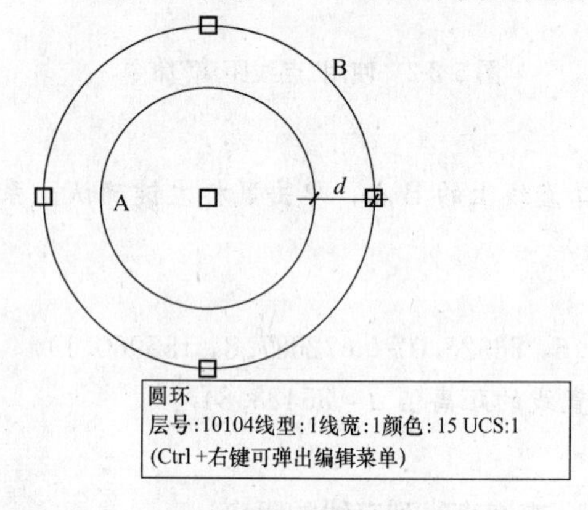

图 5-2-4　使用“弧弧间距”命令

命令：INQCC

用光标依次指定弧(或圆) 位置

请选择图素〈ALL-全选，F-栏选〉(用鼠标选择小圆 A，单击鼠标左键确认)

圆环近点选中

用光标依次指定 弧(或圆) 位置

请选择图素〈ALL-全选，F-栏选〉(用鼠标选择大圆 B，单击鼠标左键确认)

圆环近点选中

两弧间距为：10103.4，用光标依次指定弧(或圆) 位置(提示已经计算出两同心圆之间的间距值 d=10103.4)

请选择图素〈ALL-全选，F-栏选〉(按鼠标右键退出命令)

二、查询文字及图层

1. 查询文字的特性

【查字大小】命令用于查询汉字或字符的高度、宽度及与 X 轴正方向的角度。可用光标点取任意汉字、数字、字母、符号等图素对象，命令提示区将给出查询结果。调用【查字大小】命令的方法如下：

- 命　　令：CHKTXTSZ↙(回车)
- 简化命令：CTS↙(回车)
- 菜　　单：【查询】|【查字大小】选项

- 工 具 条：【查询】|按钮

示例：查询图5-2-5中汉字及英文字母的信息，具体操作过程如下：

命令：CHKTXTSZ

请用光标点取图素（[Tab]窗口方式/[Esc]返回）（用鼠标点取汉字“建筑”）

字符宽，高，角度(度)分别为350.00，500.00，0.00（显示中文汉字的信息）

请用光标点取图素（[Tab]窗口方式/[Esc]返回）（用鼠标点取字母“ABC”）

图5-2-5　使用“查字大小”命令

字符宽，高，角度(度)分别为250.00，300.00，20.00（显示英文字母的信息）

请用光标点取图素（[Tab]窗口方式/[Esc]返回）（按鼠标右键退出命令）

2. 查询文字的字体

【查询字体】命令用于查询汉字或字符字体。可用光标点取任意汉字、数字、字母、符号等图素对象，命令提示区将给出字体的查询结果。调用【查询字体】命令的方法如下：

- 命　　令：INQFONT↙（回车）
- 简化命令：IF↙（回车）
- 菜　　单：【查询】|【查询字体】选项
- 工 具 条：【查询】|按钮

示例：查询图5-2-6中汉字及英文字母的字体信息，具体操作过程如下：

命令：INQFONT

请用光标点取图素([Tab]窗口方式/[Esc]返回)（用鼠标点取汉字“建筑”）

字符字体为中文1号：SFT：隶书（中文汉字的字体）

请用光标点取图素([Tab]窗口方式/[Esc]返回)（用鼠标点取字母“ABC”）

字符字体为英文2号：SFT：幼圆（英文字母的字体）

请用光标点取图素([Tab]窗口方式/[Esc]返回)（按鼠标右键退出命令）

图5-2-6　使用“查询字体”命令

3. 查询线型

【查询字体】命令用于查询圆弧、圆、椭圆、椭圆弧、直线、双线、多段线、放射线、样条曲线等的线型。查询到的线型信息用数字表示在命令提示行，其含义请参考第四章有关线型的定义。调用【查询字体】命令的方法如下：

- 命　　令：INQLTYPE↙（回车）
- 简化命令：IL↙（回车）
- 菜　　单：【查询】|【查询字体】选项
- 工 具 条：【查询】|按钮

示例：查询图5-2-7中4条直线的线型信息，具体操作过程如下：

命令：INQLTYPE

图 5-2-7　使用“查询线型”命令

请选择图素〈ALL-全选，F-栏选〉(用鼠标点第 1 条直线)

直线近点选中

线型参数：线型号 线型值 1 线型值 2……(表示线型类型为“ACAD_ISO005W100”)

9　24.0　−3.0　0.0　−3.0　0.0　−3.0

请选择图素〈ALL-全选，F-栏选〉(用鼠标点第 2 条直线)

直线近点选中

线型参数：线型号 线型值 1 线型值 2……(表示线型类型为“DASHEDX2”)

7　1.0　−0.5

请选择图素〈ALL-全选，F-栏选〉(用鼠标点第 3 条直线)

直线近点选中

线型参数：线型号 线型值 1 线型值 2……(表示线型类型为“DASHDOT2”)

4　0.3　−0.1　0.0　−0.1

请选择图素〈ALL-全选，F-栏选〉(用鼠标点第 4 条直线)

直线近点选中

线型参数：线型号 线型值 1 线型值 2……(表示线型类型为“线型 2”)

2　300.0　−200.0

请选择图素〈ALL-全选，F-栏选〉(按鼠标右键退出命令)

4. 查询图层

【点取查询图层】命令用于查询各种图素对象的图层信息，命令提示区将给出查询结果，包括图素对象所在的图层号、名称、线型号、线宽号、颜色号等信息。调用【点取查询图层】命令的方法如下：

- 命　　令：SNPINQLY↙(回车)
- 简化命令：SIL↙(回车)
- 菜　　单：【查询】|【点取查询图层】选项
- 工 具 条：【查询】| 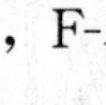 按钮

示例：查询图 5-2-8 平面图中外墙线所在图层的信息，具体操作过程如下：

命令：SNPINQLY

请选择图素〈ALL-全选，F-栏选〉(用鼠标左点取外墙线的 A 点)

直线近点选中

层号：34 层名：外墙线_4 线型：1 线宽：1 颜色：11

请选择图素〈ALL-全选，F-栏选〉(按鼠标右键退出命令)

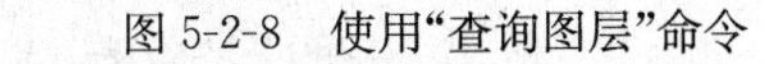

图 5-2-8　使用"查询图层"命令

三、查询半径、直径、角度

1. 查询半径

【查询半径】命令用于查询圆或圆弧的半径值，调用方法如下：

- 命　　令：INQR↙(回车)
- 简化命令：IR↙(回车)
- 菜　　单：【查询】|【查询半径】选项
- 工 具 条：【查询】| 按钮

示例：查询图 5-2-9 中圆形的半径值，具体操作过程如下：

命令：INQR

用光标指定 弧(或圆) 位置

请选择图素〈ALL-全选，F-栏选〉(用鼠标左键点取圆形)

直线端点选中

圆弧半径为：2900.0，用光标指定 弧(或圆) 位置 (提示查询到半径值 R=2900.0)

请选择图素〈ALL-全选，F-栏选〉(按鼠标右键退出命令)

2. 查询直径

【查询直径】命令用于查询圆或圆弧的直径值，调用方法如下：

- 命　　令：INQD↙(回车)
- 简化命令：ID↙(回车)
- 菜　　单：【查询】|【查询直径】选项
- 工 具 条：【查询】| 按钮

示例：查询图 5-2-10 中圆形的直径值，具体操作过程如下：

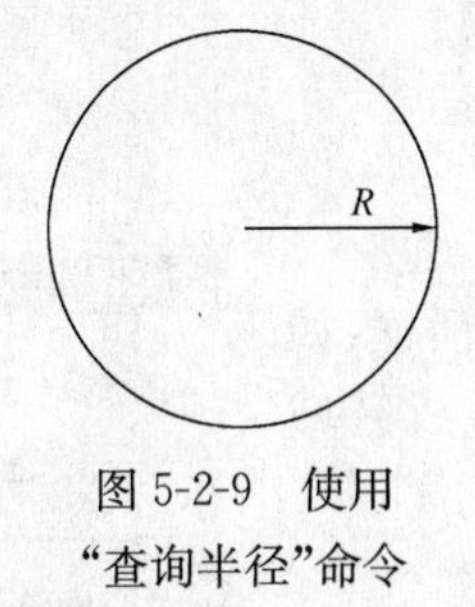

图 5-2-9　使用"查询半径"命令

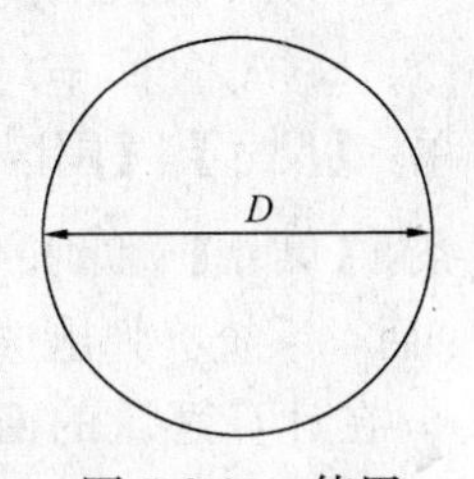

图 5-2-10　使用"查询直径"命令

命令：INQD

用光标指定 弧(或圆) 位置

请选择图素〈ALL-全选，F-栏选〉(用鼠标左键点取圆形)

圆弧直径为：5800.0，用光标指定 弧(或圆) 位置 (提示查询到直径值 D=5800.0)

请选择图素〈ALL-全选，F-栏选〉(按鼠标右键退出命令)

3. 查询角度

【查询角度】命令用于查询两条直线的夹角。用鼠标依次点取两条直线，在命令提示区将显示它们的夹角。需要注意的是，两条直线点取的顺序决定了查询到的角度值。TCAD中，夹角是按起始边到终止边的逆时针方向定义的。调用【查询角度】命令方法如下：

- 命　　令：INQANGLE↙（回车）
- 简化命令：IA↙（回车）
- 菜　　单：【查询】|【查询角度】选项
- 工 具 条：【查询】| 按钮

示例：查询图 5-2-11 中两条直线 L1 和 L2 的夹角值，具体操作过程如下：

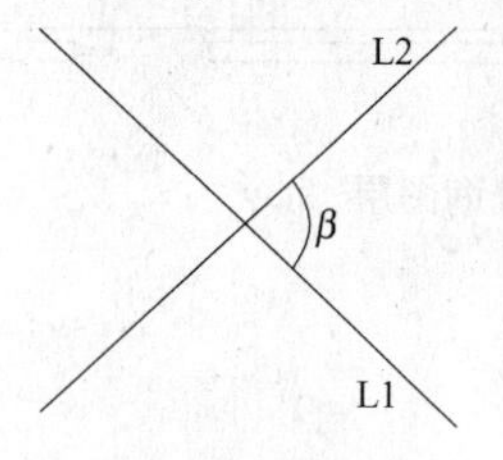

图 5-2-11　使用“查询角度”命令

命令：INQANGLE

用光标指定角起始边位置

请选择图素〈ALL-全选，F-栏选〉（用鼠标左键点取直线 L1）

直线端点选中

用光标指定角终止边位置

请选择图素〈ALL-全选，F-栏选〉（用鼠标左键点取直线 L2）

直线端点选中

两线夹角为：84.625°，用光标指定角起始边位置（提示查询到两条直线夹角值β=84.625°，如果首先选择直线 L2，再选择 L1，则查询到的角度值β=275.375°）

请选择图素〈ALL-全选，F-栏选〉（按鼠标右键退出命令）

四、查询面积

手工计算一个对象或形状的面积是很费时的。在 TCAD 中，【围区面积】用于自动以平方米单位计算对象的面积。该命令可以计算和显示点序列或封闭对象的面积，主要用于工程设计中的面积计算，如房间面积、场地面积等。当计算一个形状比较复杂的面积时，使用该命令可以节省很多时间。调用【围区面积】命令的方法如下：

- 命　　令：SNAPAREA↙（回车）
- 简化命令：SNA↙（回车）
- 菜　　单：【尺寸】|【围区面积】选项
- 工 具 条：【尺寸】| 按钮

调用该命令后，系统将弹出选择“区域生成方式”对话框（如图 5-2-12 所示）。在计算区域的面积时，可以有两种生成区域的方法，下面分别加以介绍。

1. 按封闭区域计算面积

该模式对应“点取区域内一点”按钮。使用该方式将填充单独的封闭区域，使用前提是必须有一个或一个以上的封闭区域。封闭区域可以由任意图素对象构成，如直线、多段线、矩形、多边形、圆、圆弧、椭圆、椭圆弧及样条线等。当选择的区域为未闭合区域时，将无法计算出面积，系统将标注面积值为“0.0”。在区域图形

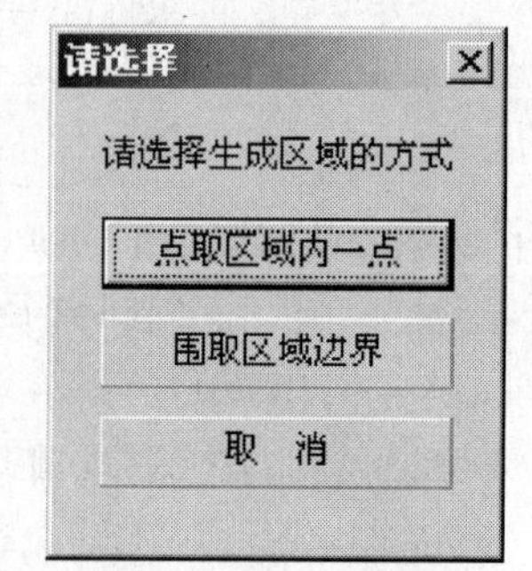

图 5-2-12　选择“区域生成方式”对话框

的边界是具有宽度的多段线情况中，多段线的面积和长度以中心线计算。

示例：查询图 5-2-13 图形中阴影部分的面积。其中，图(*a*)是由 3 个矩形组成，最外边的矩形边长 8000×5000，内部除去的两个矩形边长为 2000×1000；图(*b*)是由 1 个矩形和 1 个圆形组成，矩形边长 8000×5000，圆形的半径为 2000，查询这两个组合图形的面积值的具体操作过程如下：

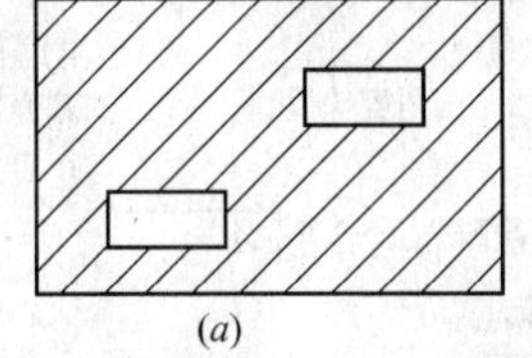

(*a*)

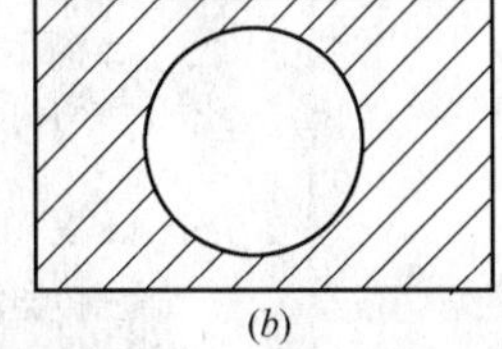

(*b*)

图 5-2-13　使用"查询面积"命令

命令：SNAPAREA

形成填充区域，请等待！(弹出"选择区域生成方式"对话框中按下"点取区域内一点"按钮)

请用光标点取要形成闭合区域内的一点（[Esc]结束）（在图形 a 中，在阴影部分内的任意一点单击鼠标左键，阴影所在的封闭边界将变为绿色，同时，一个包含"36.00m²"内容的字符对象将被创建，文本的位置标将随鼠标移动而改变，单击鼠标左键确定位置；如果选择图 *b* 中的阴影图形，则文本内容为"27.46m²"）

请用光标点取要形成闭合区域内的一点（[Esc]结束）（按鼠标右键退出命令）

需要注意的是，TCAD 中默认 1 个绘图单位为 1mm，上面例子中查询到的面积值是以平方米为面积单位。图(*a*)中阴影面积 $A=8\times5\text{-}2\times2\times1=36\text{m}^2$，与系统查询到的面积值一致。而图(*b*)中阴影面积 $A=8\times5-\pi\times2^2=27.44\text{m}^2$，其中 π 取 3.14，与系统查询到的面积值"27.46m²"略有差别，这是因为在 TCAD 中，圆形的绘制方法是按照正多边形进行逼近，它的边数是采用"圆弧精度"这个选项来控制。在计算面积时，是按照正多边形的边来形成区域边界的。

可以在"捕捉和显示"对话框中设置"圆弧精度"，操作方法方法如下：

- 菜　　单：【工具】|【环境设置】选项|【显示设置】选项卡
- 工 具 条：【工具】| 按钮|【显示设置】选项卡

执行【环境设置】命令后，系统将弹出"捕捉和显示"对话框，选择"显示设置"选项卡(图 5-2-14)，可以设置"圆弧精度"选项的数值。TCAD 系统中"圆弧精度"默认值为 64，最大值可设置为 960，设置的数值越大，在绘制圆、圆弧、椭圆、椭圆弧时，屏幕上逼近时采用的正多边形的边数越多，形成的边界也越光滑。输入的"圆弧精度"正值表示要逼近时采用的正多边形的边数值；负值表示每条边的边长，系统会根据圆的大小自动计算出逼近所要采用的正多边形的边数。

2. 按序列点计算面积

该模式对应"围取区域边界"按钮。使用该方式可以测量指定点所定义的任意形状的封闭区域。如果需计算面积的复杂图形没有闭合(由独立线段构成)，且具有部分边界，可以应用该模式确定该图形的精确面积，通过选择复杂图形的顶点，构成封闭的区域，从而计算由这些序列点围成的面积。

示例：查询图 5-2-15 中两个房间的面积。具体操作过程如下：

命令：SNAPAREA（弹出"选择区域生成方式"对话框中按下"围取区域边界"按钮）

请用光标围取要计算面积的区域

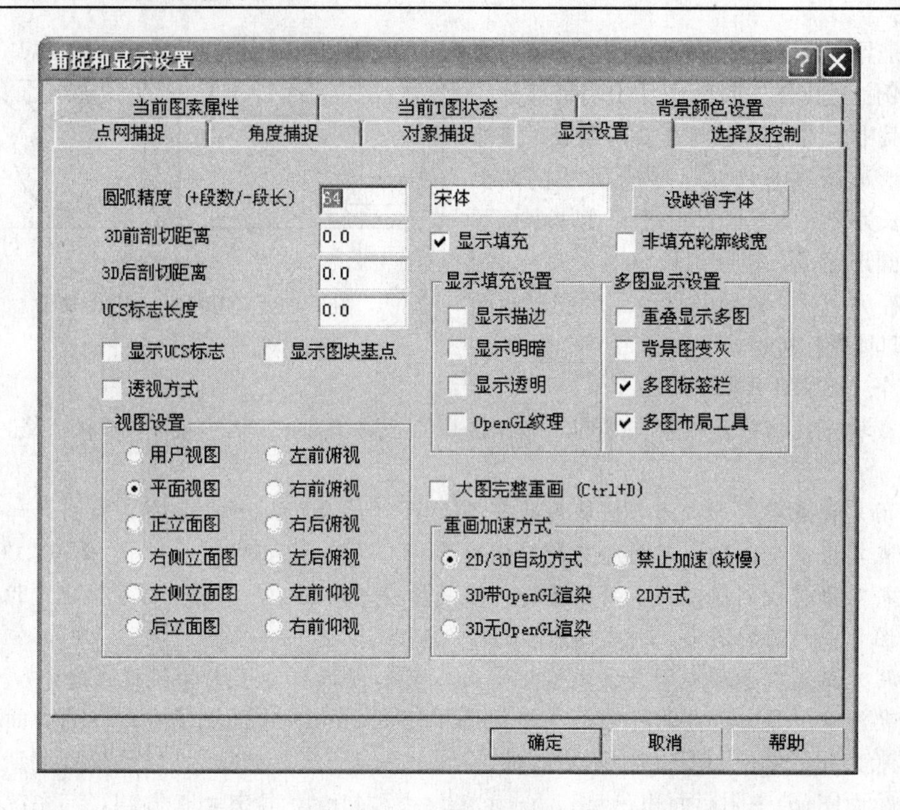

图 5-2-14　设置“圆弧精度”

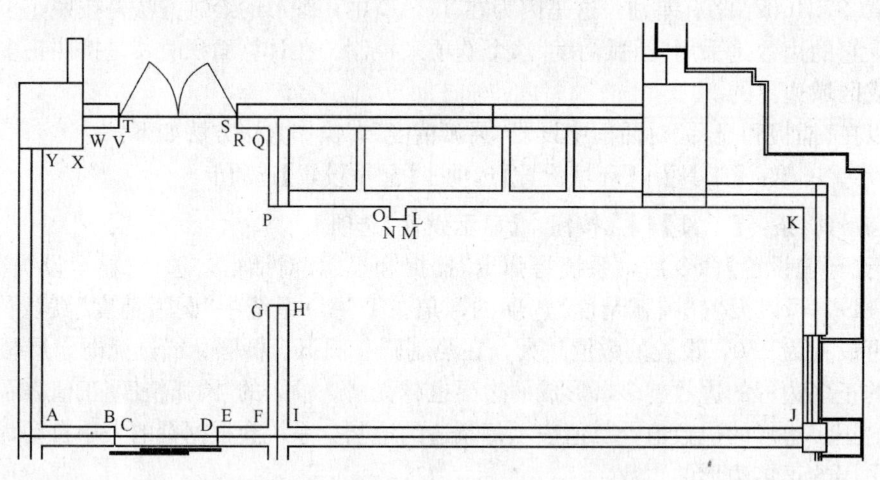

图 5-2-15　按“序列点”方式计算房间面积

输入第一点（[Esc]放弃）（用鼠标左键拾取房间中的 A 点）

输入下一点（[Esc]快捷菜单）（用鼠标左键拾取房间中的 B 点）

……（依次用鼠标左键拾取房间中的 C 点、D 点……Y 点）

输入下一点（[Esc]快捷菜单）（按键盘上的【Esc】键，或按鼠标右键，在弹出的快捷菜单中选择“输入完毕并闭合”选项，一个包含“27.980m²”内容的字符对象将被创建，文本的位置标将随鼠标移动而改变，单击鼠标左键确定位置）

请用光标围取要计算面积的区域

输入第一点（[Esc]放弃）（按键盘上的【Esc】键退出命令）

五、综合查询

前面介绍的是针对一个图素对象的查询方法，有时要查询一批图素对象的信息，这就需要综合查询功能。TCAD 中，具有此功能的是两个命令，【列表显示】和【点取查改属性】。【列表显示】主要在“文本窗口”中显示批量对象的全部信息；【点取查改属性】则提供一个“属性对话框”来提供信息，并且它还包含修改对象属性的功能。下面分别加以介绍：

1. 列表查询批量图素对象

【列表显示】用于显示所有属于所选对象的数据。调用【列表显示】命令的方法如下：

- 命　　令：LIST↙（回车）
- 简化命令：LI↙（回车）
- 菜　　单：【查询】|【列表显示】选项
- 工 具 条：无，可由用户自行定制

执行此命令后，命令提示区出现如下提示：

命令 ：LIST

请选择图素〈ALL-全选，F-栏选〉

启动命令后，程序要求用户选择图素。根据程序提示选择图素，按鼠标右键，系统就会从图形屏幕转换到 TCAD 的文本窗口，在窗口中会依据用户选择图素的先后顺序分别显示图素的属性。如图 5-2-16 所示，为选择了 1 个多行文字、1 个字符、1 条直线、1 条

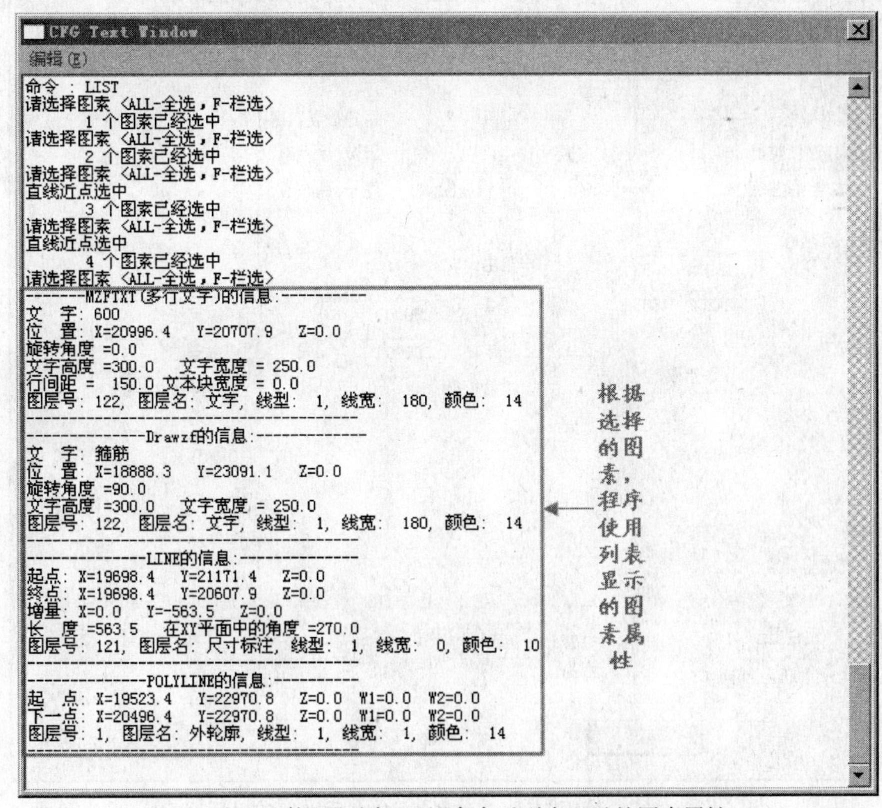

图 5-2-16　使用“列表显示”命令后列表显示的图素属性

多段线进行查询的结果。

所显示的信息根据对象的不同而变化。对于所有类型的对象其显示信息都包括：对象的类型、所位于的图层、颜色、线宽和线型等。基于图形中对象的更多信息也会被显示，例如，对于一条直线会显示以下信息：

(1) 直线起点和终点的坐标。

(2) 直线的长度。

(3) 直线相对于 X 轴正方向的夹角。

(4) 增量 X、增量 Y、增量 Z：指三个坐标中每个从起点到终点的变化。

(5) 直线建立时所在图层的名称、图层号、颜色、线宽、线型等。

对于其他图素对象，会显示相应的额外信息：对于圆，圆的圆心点坐标、半径值会被显示，如果是圆弧，还会显示起始角度值和终止角度值；对于椭圆，其中心点坐标、长轴半径值、短轴半径值会被显示出来，如果是椭圆弧，还会显示起始角度值和终止角度值；对于多段线，该命令会显示所有点的坐标值及宽度值；对于文字，会显示字高值、字宽值、角度值、位置及文字内容；对于块，会显示源块号值、插入号值、插入点坐标、旋转角度及各方向比例值等信息。

2. 点取查改图素对象

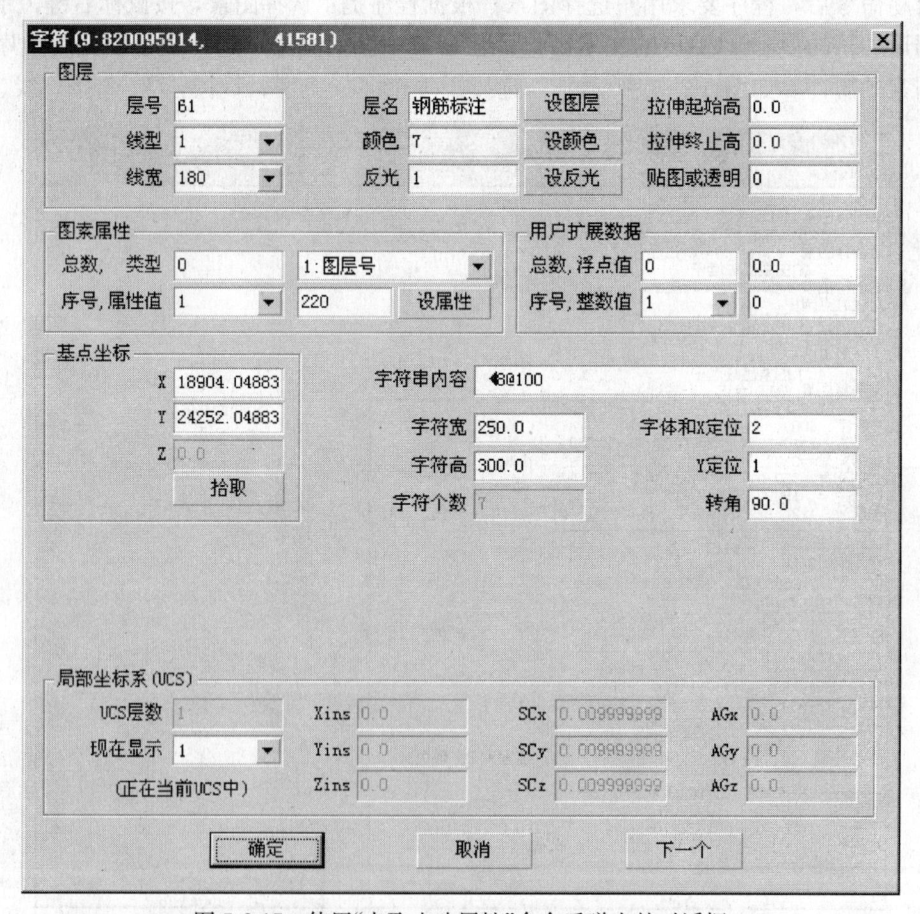

图 5-2-17　使用"点取查改属性"命令后弹出的对话框

【点取查改属性】命令与第四章介绍的属性表的功能类似，不过，该命令供用户查询的信息更为全面，并且还具有修改图素对象属性的功能。调用【点取查改属性】命令的方法如下：

- 命　　令：CHANGE↙(回车)
- 简化命令：CHG↙(回车)
- 菜　　单：【查询】|【点取查改属性】选项
- 工 具 条：【尺寸】| 按钮

执行此命令后，命令提示区出现如下提示：

命令：CHANGE

请选择图素〈ALL-全选，F-栏选〉

根据系统提示，在屏幕上选择要查询的一个图素对象，则会弹出一个对话框，其标题为所选择的图素对象的名称，如图 5-2-17 所示。

与【列表显示】命令及属性表的功能最大的差别是，【点取查改属性】能够查询更为详实的对象信息。不仅有图素对象的基本信息，如坐标、图层、线型、线宽、颜色等，还有图素属性、用户扩展数据以及局部坐标系(UCS)等信息。用户查询完一个图素对象，可以不用退出该命令，按“下一个”按钮继续选择其他图素对象进行查询。

第三节 图 形 显 示 控 制

在绘制工程图纸时，查看与修改微小的细节常常是很困难的。在 TCAD 中，通过观察整幅图形的一部分可以解决这个难题。用户可以使用多种方法来观察绘图窗口中图形效果，如使用“显示”菜单中的子命令、“标准”和“显示”工具条(图 5-3-1)中的工具按钮，以及视口、鸟瞰视图等。通过这些方式可以灵活观察图形的整体效果或局部细节。

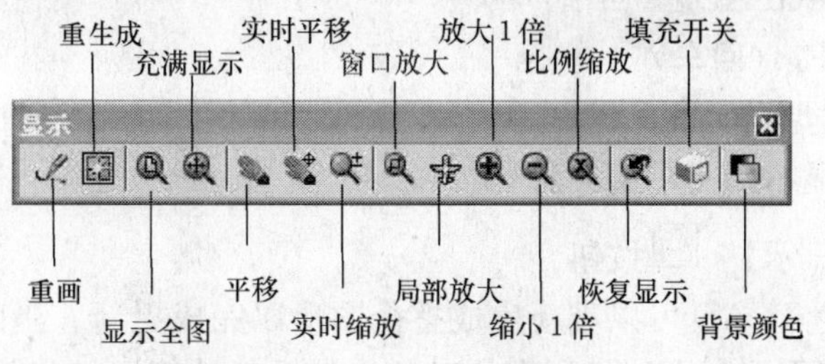

图 5-3-1 “显示”工具条

例如，当需要将图形的一部分显示在一个大一些的区域时，可以使用【缩放】命令，该命令可以放大或缩小显示在屏幕上图形的大小。同样，可以用【重生成】命令重新生成图形，用【重画】命令刷新屏幕。本节将讨论一些图形显示命令，如：【重画】、【重生成】、【平移显示】、【缩放】等。这些命令可在透明命令模式中使用。“透明”命令指那些可以在其他命令执行过程中运行的命令。一旦所调用的透明命令执行完毕，系统会自动返回到被该透明命令中断的命令中。有关透明命令的使用方法请参考第一节“捕捉与追踪”的内容。

一、重画与重生成图形

在绘图和编辑过程中，屏幕上常常留下对象的拾取标记，这些临时标记并不是图形中的对象，有时会使当前图形画面显得混乱，这时就可以使用 TCAD 的“重画”与“重生成”图形功能清除这些临时标记。

1.【重画】命令

该命令可以重画屏幕，系统将在显示内存中更新屏幕，并将一些在确定点时出现在屏幕中的小十字标志删除。这些被称作“显示点”标志，指示那些选中过的点(拾取点)，显示点标志并不是图形的元素。调用【重画】命令的方法如下：

- 命　　令：REDRAW↙(回车)
- 简化命令：R↙(回车)
- 菜　　单：【显示】|【重画】选项
- 工 具 条：【显示】| 按钮

在 TCAD 中，有许多命令都可实现重画屏幕，如执行大部分绘图、编辑命令时，系统都会首先进行屏幕重画，确保屏幕上的图形内容清晰可用。但明确地重画屏幕，有时是很有用的。重画可以删除显示点，重新显示屏幕图形，保持原图大小和位置不变，以利于接下来的图形绘制。使用【重画】命令并不会产生命令提示序列，实际上，重画过程进行时不出现任何提示信息。

2.【重生成】命令

【重生成】与【重画】在本质上是不同的，利用【重生成】命令可重生成屏幕，此时系统从内存中或者图形文件中调用当前图形的数据，比【重画】命令执行速度慢，更新屏幕花费时间较长。在 TCAD 中，某些操作只有在使用【重生成】命令后才生效，如一直使用某个命令修改编辑图形，但该图形似乎看不出发生什么变化，此时可使用【重生成】命令让该图形重新生成，并更新屏幕显示。调用【重生成】命令的方法如下：

- 命　　令：REGEND↙(回车)
- 简化命令：RE↙(回车)
- 快 捷 键：键盘上的【F5】键
- 菜　　单：【显示】|【重生成】选项
- 工 具 条：【显示】| 按钮

【重生成】命令使 TCAD 可以重新生成整个图形以完成更新。当图形的某些外观改变后，就需要重新生成图形。图形中所有的对象将被重新计算，且当前视口也将重新生成。这个过程要比【重画】命令过程长很多，因而并不经常使用。这个命令的一个优点，是通过圆形和弧的光滑连接来提高图形的质量。和【重画】命令一样，【重生成】命令执行过程中命令提示区也不会出现任何提示信息。

二、缩放显示视图

按一定比例、观察位置和角度显示的图形称为视图。在 TCAD 中，可以通过缩放视图来观察图形对象。缩放视图可以增加或减少图形对象的屏幕显示尺寸，但对象的真实尺寸保持不变。通过改变显示区域和图形对象的大小更准确、更详细地绘图。

如果不能放大图形对它的细节进行处理，在屏幕上绘图可能就没有多大用处了。【视图缩放】命令的功能是可以接近或远离图形。换言之，该命令可以放大或缩小屏幕中图形的视图，但并不影响对象的实际大小。在这个意义上，【视图缩放】命令的功能与相机中的变焦镜头有点相似。当放大图形一部分的显示尺寸时，可以更清楚地查看这个区域；相反，如果缩小图形的尺寸，可查看更大的区域。调用【视图缩放】命令的方法如下：

● 命　　令：ZOOM↙(回车)

● 简化命令：Z↙(回车)

● 菜　　单：【显示】|【视图缩放】选项

● 工 具 条：无，可由用户自行定义进【显示】工具条

该命令是使用频率最高的命令之一。这个命令也可以透明地使用，也就是说，该命令可以在其他命令执行时运行。该命令有几个选项可以以多种方式应用。在执行【视图缩放】命令后，不同的选项将在命令提示区被列出：

命令：ZOOM

[A]全图/[W]窗口/[M]平移/[X]放大/[Z]缩小/[S]比例/[E]充满/[F]飞行/[P]上次

下面分别介绍每个选项的含义。

1.【全图】选项

“【全图】(A)”选项是一种使用比较频繁的缩放显示方式。在确定新的图形界限后，必须使用此缩放方式才能显示和观察整个图形界限中的图形，否则屏幕上仍显示当前的视图。在 TCAD 中，对应此选项还提供了一个单独的【显示全图】命令，调用方法如下：

● 命　　令：ZOOMALL↙(回车)

● 简化命令：ZA↙(回车)

● 快 捷 键：键盘上的【Ctrl】+【F6】键

● 菜　　单：【显示】|【显示全图】选项

● 工 具 条：【显示】| 按钮

不论图形有多大，使用【显示全图】命令将显示图形的边界或范围，不管对象有多少，范围有多大，它们都将被显示出来。因此，在该选项的帮助下，可查看当前视口中的整个图形。如图 5-3-2 所示的门和柜子，左图为初始状态，右图为执行【显示全图】命令后的状态。

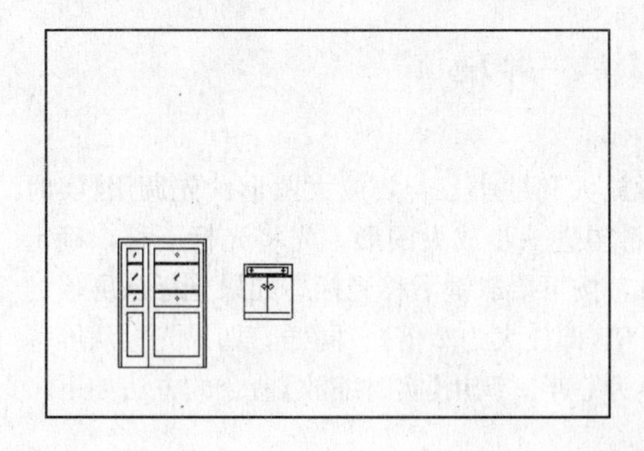
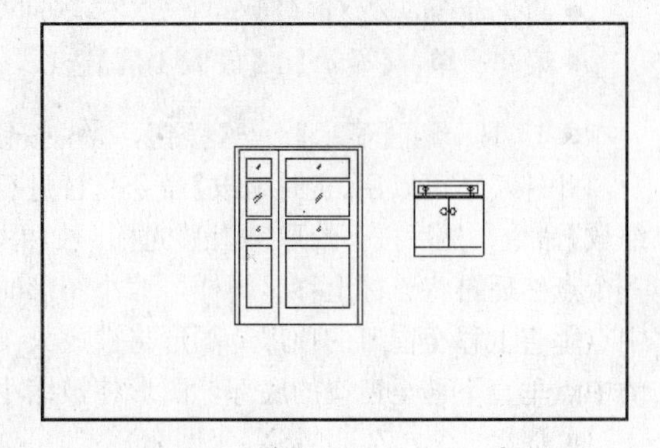

图 5-3-2　缩放“全图”显示图形

2.【窗口】选项

“【窗口】(W)”选项是【视图缩放】命令中最常用的选项。通过确定一个矩形窗口的两个

对角来指定所需缩放的区域。指定窗口的中心点将成为新的显示屏幕的中心点。窗口中的区域将被放大或缩小，以尽可能填满整个区域。对角点可以由鼠标指定，也可以输入坐标确定。在 TCAD 中，对应此选项还提供了一个单独的【窗口放大】命令，调用方法如下：

- 命　　令：ZOOMWIN ↙（回车）
- 简化命令：ZW ↙（回车）
- 快 捷 键：键盘上的【Ctrl】键＋【W】键
- 菜　　单：【显示】|【窗口放大】选项
- 工 具 条：【显示】| 按钮

【窗口放大】是在当前图形中选择一个矩形区域，将该区域的所有图形放大到整个屏幕。在确定窗口缩放区域的时候，如图 5-3-3 的左图所示，用鼠标从 A 到 B 拖出一个矩形，放大后的结果如图 5-3-3 的右图所示。

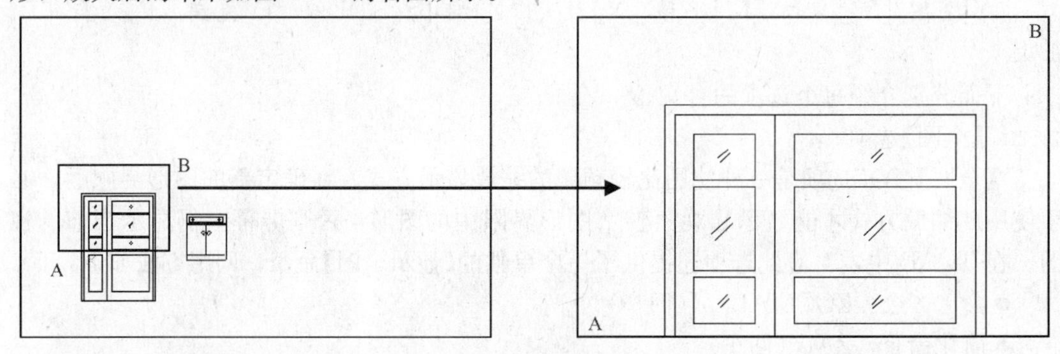

图 5-3-3　“窗口放大”显示图形

3.【放大】、【缩小】以及【实时缩放】选项

【视图缩放】命令有两个选项可以用来进行缩放控制，分别是“【放大】(X)”、“【缩小】(Z)”。在 TCAD 中，对应这两个选项还提供了两个单独的命令，分别是【放大 1 倍】与【缩小一半】，可以将屏幕上的显示内容放大一倍或缩小为一半。它们的调用方法如下：

- 命　　令：ZOOM2X↙（回车），ZOOMX2 ↙（回车）
- 简化命令：Z2X↙（回车），ZX2 ↙（回车）
- 菜　　单：【显示】|【放大 1 倍】选项，【缩小一半】选项
- 工 具 条：【显示】| 按钮， 按钮

此外，还可以用【实时缩放】命令交替进行放大和缩小。若要放大图形，先调用【实时缩放】命令，然后按下拾取键上移光标。如果希望进一步放大图形，先将光标下移，确定一个点然后再将光标上移。同样，缩小图形时，按下拾取键下移光标。如果光标从屏幕的中点垂直上移至窗口的顶部，图形将被放大 1 倍(即放大为 2 倍)。同样，如果光标从屏幕的中点垂直下移至窗口的底部，图形将被缩小为一半。调用【实时缩放】命令的方法如下：

- 命　　令：ZOOMSX↙（回车）
- 简化命令：ZDX↙（回车）
- 菜　　单：【显示】|【实时缩放】选项
- 工 具 条：【显示】| 按钮

执行此命令后，命令提示区出现如下提示：

命令：ZOOMSX

按住鼠标左键拖拽视图([Ctrl+D]改变刷新方式，[Esc]返回)

在使用【实时缩放】命令时，系统会显示一个“↕”符号。选项“Ctrl+D”可以交替打开或关闭“完整重画”屏幕的模式。要从【实时缩放】命令中退出，可按【Esc】键或按鼠标右键。

需要注意的是，由于受显示速度的限制，对于速度较慢的计算机或图形文件较大时，实时缩放的效果会受到影响，此时可用“Ctrl+D”选项改变屏幕重画方式以求拖动过程平滑。由于程序采用了分区显示技术，在显示某一局部的图形时，实时缩放的效果会更好，因此建议用户在进行局部显示时再使用这项功能。

4.【充满显示】选项

“【充满】(E)”选项正如其名称所示，可以使图形缩放至整个显示范围。图形的范围由图形所在的区域构成，剩余的空白区域将被忽略。在 TCAD 中，对应此选项还提供了一个单独的【充满显示】命令，调用方法如下：

- 命　　令：ZOOMEXT↙(回车)
- 简化命令：ZE↙(回车)
- 菜　　单：【显示】|【充满显示】选项
- 工 具 条：【显示】| 按钮

应用这个选项后，图形中所有的对象都尽可能地被放大。如图 5-3-4 所示的门和柜子，左图为初始状态，右图为执行【充满显示】命令后的状态。与【显示全图】命令结果不同的是，【充满显示】命令会尽可能地把图形对象放大，而【显示全图】命令会在缩放时会把图形周围的空白区域留下。

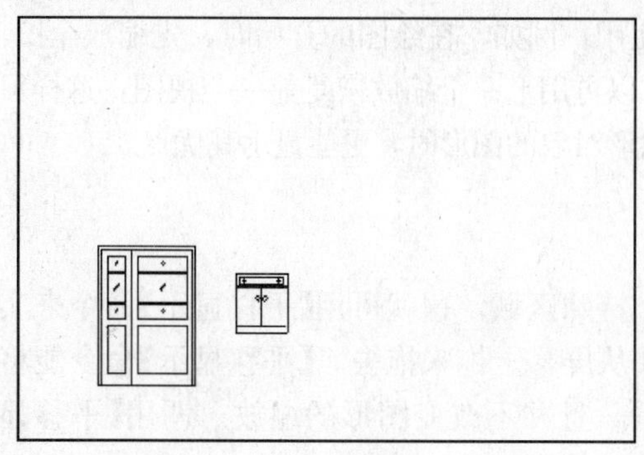
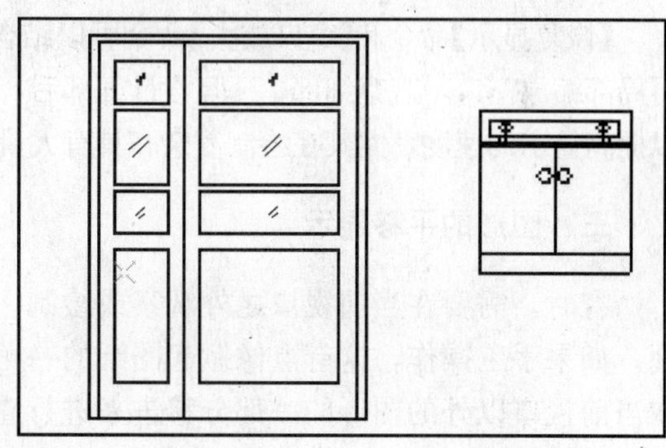

图 5-3-4　“充满显示”显示图形

5.【比例】选项

“【比例】(S)”选项可以按比例因子放大或缩小图形的尺寸。比例因子为 1 时，显示区域与建立的边界定义的区域大小一样。如果前一个视图未处于区域的中点，或所画图形已超出了边界时，这个选项可能不能够显示整个图形。可以使图形缩放至整个显示范围。图形的范围由图形所在的区域构成，剩余的空白区域将被忽略。在 TCAD 中，对应此选项还提供了一个单独的【比例缩放】命令，调用方法如下：

- 命　　令：ZOOMX↙(回车)

- 简化命令：ZX↙（回车）
- 菜　　单：【显示】|【比例缩放】选项
- 工 具 条：【显示】| 按钮

执行此命令后，命令提示区出现如下提示：

命令：ZOOMX

输入显示缩放倍率：

要相对于全视图进行缩放，可输入某一数值。例如，如果希望显示的图形放大 4 倍可以输入 4；如果希望相对于全视图缩小，可输入小于 1 的数，如果比例因子为 0.5，则显示图形为全视图的一半。

6.【上次】选项

在绘制一幅复杂的图形时，有时需要放大图形的一部分以进行细节的编辑。当编辑完成后，也许希望回到前一个视图中。这可由【视图缩放】命令的"【上次】(P)"选项功能来实现。在 TCAD 中，对应此选项还提供了一个单独的【恢复显示】命令，调用方法如下：

- 命　　令：ZOOMPRV↙（回车）
- 简化命令：ZP↙（回车）
- 快 捷 键：键盘上的【Ctrl】键＋【F5】键
- 菜　　单：【显示】|【恢复显示】选项
- 工 具 条：【显示】| 按钮

如果没有这个功能，返回到前一个缩放视图的过程很困难。当前视口由【视图缩放】命令的各种选项或【平移显示】命令等引起的任何改变，系统都将作保存，以便执行【恢复显示】命令来恢复上次图形的显示位置。

【恢复显示】命令和【窗口放大】命令可以结合使用。例如，在绘图的开始时，先缩放全图，再局部缩放窗口，观察细部，一旦设计细部后，可以再用上一个缩放恢复前一个视图，这样可以提高显示的速度，尤其在绘制复杂和具有大量图形对象的图形时，更能显示其优点。

三、图形的平移显示

有时，需要在当前视口之外观察或绘制一个特殊区域，这就可用【平移显示】命令来实现。如果手工操作，这有点像掀起图纸的一角并从屏幕上拖来拖去。【平移显示】命令能将在当前视口以外的图形的一部分移进来进行查看，且并不改变图形的缩放。调用【平移显示】命令的方法如下：

- 命　　令：ZOOMPAN↙（回车）
- 简化命令：PAN↙（回车）
- 菜　　单：【显示】|【平移显示】选项
- 工 具 条：【显示】| 按钮

执行此命令后，命令提示区出现如下提示：

命令：ZOOMPAN

输入基准点（用鼠标左键在屏幕上拾取一点，或用键盘输入基点坐标）

输入平移点（用鼠标左键在屏幕上拾取第二点，或用键盘输入平移点坐标）

输入基准点（单击鼠标右键退出命令）

执行该命令后，用鼠标在屏幕上点取两点，图形的显示状态由第一点向第二点平移。该命令在不改变图形的缩放显示比例的情况下，改变当前图形的观察部位，使用户能看到以前屏幕以外的图形细节。它的作用如同通过一个显示窗口审视一幅图纸，可以将图纸上、下、左、右移动，而观察窗口的位置不变。

此外，在TCAD中，还可以使用【实时平移】命令交互地平移显示图形，调用方法如下：

- 命　　令：ZOOMSM↙（回车）
- 简化命令：ZD↙（回车）
- 菜　　单：【显示】|【实时平移】选项
- 工 具 条：【显示】|按钮

执行此命令后，命令提示区出现如下提示：

命令：ZOOMSX

按住鼠标左键拖拽视图（[Ctrl+D]改变刷新方式，[Esc]返回）

在使用【实时平移】命令时，系统会显示一个"✥"符号，表示正处于该命令模式下。按住鼠标左键拖动，窗口内的图形就可按光标移动的方向移动。释放鼠标，可返回到平移等待状态。选项"Ctrl+D"可以交替打开或关闭"完整重画"屏幕的模式。要从【实时平移】命令中退出，可按【Esc】键或按鼠标右键。

需要注意的是，在【实时平移】过程中使用鼠标中键进行图形缩放的功能仍然有效，用户可以组合使用。

四、鸟瞰视图

作为一个导航工具，TCAD提供一种选项允许与工作的图形屏幕窗口同时打开其他图形显示窗口，称之为"鸟瞰视图"窗口。它提供了一种可视化平移和缩放视图的方法。可以显示整个图形视图以便快速移动到目的区域。执行【局部放大】命令时，这个窗口将被显示在屏幕的右下角，可用于观察整个图形，并且可以选择图形中的某些部分进行快速的缩放与平移。调用【局部放大】命令的方法如下：

- 命　　令：ZOOMPIP↙（回车）
- 简化命令：ZIP↙（回车）
- 菜　　单：【显示】|【局部放大】选项
- 工 具 条：【显示】|按钮

执行此命令后，命令提示区出现如下提示：

命令：ZOOMPIP

在小窗口点取放大位置（[Esc]返回，[F7]/[F8]改变范围）

此时，系统的图形屏幕窗口重新设定，以显示那些在"鸟瞰视图"窗口中选中进行缩放或平移的图形部分。用鼠标在屏幕上点取两点，图形的显示状态由第一点向第二点平移，从而改变当前图形的观察部位，使用户能看到以前屏幕以外的图形细节。同时，可以设置其中的矩形框来改变图形观察范围。例如，要扩大观察图形的范围，也就是缩小图形的显示，可按键盘上的【F7】键，相应地，"鸟瞰视图"窗口中的矩形框也会变大；要缩小观察图形的范围，从而放大图形，可按键盘上的【F8】键。

使用鸟瞰视图观察图形的方法与使用【平移显示】命令的方法相似，但使用鸟瞰视图观察图形是在一个独立的窗口中进行的，例如在图 5-3-5 所示的局部放大窗口用鼠标拖拽进行平移显示操作，其结果会反映在绘图区的主视图中。

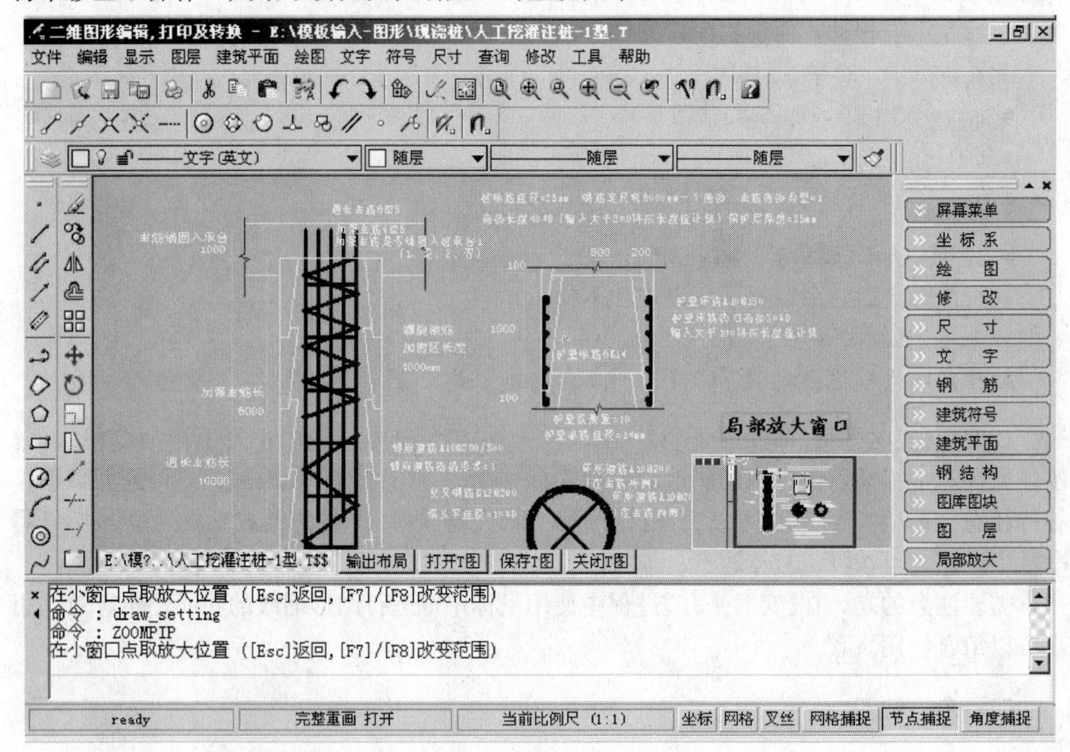

图 5-3-5　执行“局部放大”命令结果图

五、控制填充及线宽显示

在 TCAD 中，图形的复杂程度会直接影响系统刷新屏幕或处理命令的速度。为了提高程序的性能，可以关闭填充显示或线宽显示。

1. 控制填充显示

使用【填充开关】命令可以打开或关闭多段线线宽及实体填充图案的显示。当关闭图案填充显示时，可以提高 TCAD 的显示处理速度。当实体填充模式关闭时，填充的内容将不被打印。但是，改变填充模式的设置并不影响显示具有线宽的对象。当修改了实体填充模式后，使用【显示】|【重画】命令可以查看效果且新对象将自动反映新的设置。图 5-3-6 为打开与关闭“填充开关”的对比图。调用【填充开关】命令的方法如下：

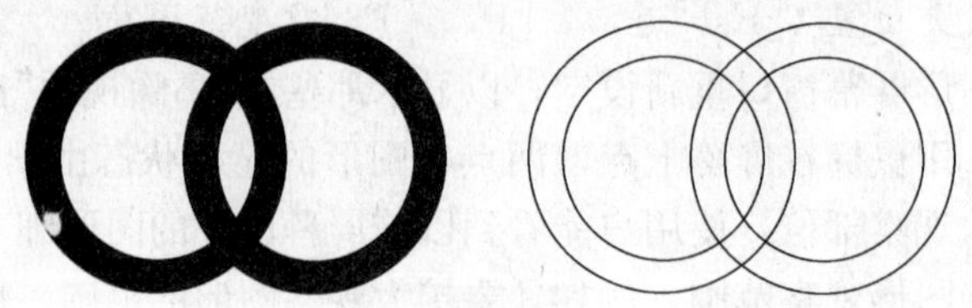

图 5-3-6　打开与关闭“填充开关”结果图

- 命　　令：FILLDSP↙（回车）
- 简化命令：FD↙（回车）
- 菜　　单：【显示】|【填充开关】选项
- 工 具 条：【显示】| 按钮

2. 控制线宽显示

在实际图形绘制工作时，为了提高 TCAD 的显示处理速度，可以关闭多段线（PolyLine）的线宽显示。使用【显示】|【PLINE 轮廓线宽】命令，可以在非填充模式下，决定多段线的边框线宽度显示与否。线宽以实际尺寸打印，但在模型选项卡中与像素成比例显示，任何线宽的宽度如果超过了一个像素就有可能降低 TCAD 的显示处理速度。如果要使 TCAD 的显示性能最优，则在图形中工作时应该把线宽显示关闭。使用【显示】|【重画】命令可以查看效果且新对象将自动反映新的设置。调用【PLINE 轮廓线宽】命令的方法如下：

- 命　　令：PLINEWIDE↙（回车）
- 简化命令：PLW↙（回车）
- 菜　　单：【显示】|【PLINE 轮廓线宽】选项
- 工 具 条：无，可由用户自行定制至【显示】工具条内

第六章　文字与尺寸标注

在工程图中除了要将实际物体绘制成几何图形外，还需要加上必要的注释，所以文字是工程图纸中不可缺少的组成部分。使用 TCAD 可以标注单行及多行字符、中文、英文，并且支持 AutoCAD 的形字体(SHX)文件和 Windows 自带的 TrueType 字体。同时，TCAD 还拥有 PKPM 特色的文字查询、拖动、替换、避让、对齐、合并功能，以及对文本文件直接插入的文件行、文件块命令。此外，用户还可将常用的词语、句子编辑进 TCAD 的常用词库，方便图形注释。

尺寸标注是一张完整的工程图纸的重要组成部分。标注给出了所建立图形的尺寸，使用户能方便地将图形应用于实际的生产项目中。TCAD 中的尺寸标注具有很大的灵活性，可标注的内容有点点距离、点线距离、线线间距、角度、直径、面积等。此外，TCAD 中尺寸标注有多种样式，标注的文字内容、箭头大小、尺寸线长短、尺寸界线的位置都可由用户自由修改，标注数值的精度也可由用户自行设定。标注对象也可被合并和分解，生成新的标注对象。

本章的主要内容有：

◆ 字体的设置与修改的方法
◆ 单行文字与多行文字的创建方法
◆ 特殊字符的定义与使用方法
◆ 文件块和词库的使用方法
◆ 如何修改编辑文字内容、位置与对齐方式
◆ 尺寸标注的组成与样式的修改方法
◆ 如何使用标注命令对各图形对象进行标注
◆ 如何设置标注精度
◆ 尺寸对象的合并与分解方法

第一节　文字的创建

在手工制图中，文字注释是用打字机、钢笔或铅笔手工完成的，这是一件费时且繁琐的工作。使用 TCAD 辅助绘图使这件事变得非常简单。TCAD 为用户提供了丰富的文字标注和编辑功能，用户可以按文字、字符、文件行、文件块等方式输入文字，设置各种中、英文字体，可以建立和使用常用文字词库，对已标出的文字还可以任意修改和替换。有关文字的命令内容除了可使用【文字】下拉菜单(图 6-1-1)中的各项命令外，还可以使用【文字】工具条以及屏幕右侧菜单【文字】内的各项命令。

一、字体的设置与修改

1. TCAD 中的字体类型

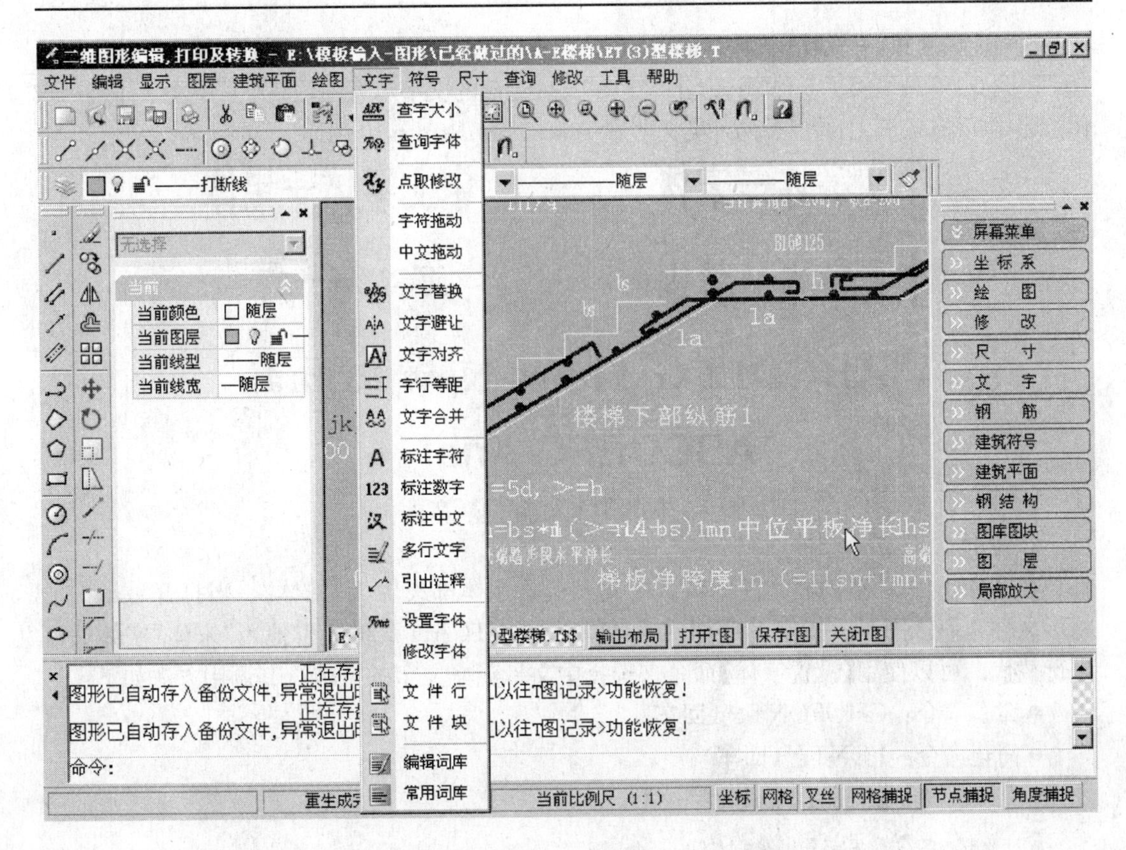

图 6-1-1 [文字]菜单

与一般的 Windows 应用软件不同，在 TCAD 中可以使用两种类型的文字，分别是 TCAD 专用的形字体(SHX)和 Windows 自带的 TrueType 字体。

(1) 形字体(SHX)

形字体(SHX)文件，是一种用矢量描述的形文件。它的特点是字形简单，占用计算机资源低，形字体文件的后缀是“shx”。形字体的特点是字形简单，占用计算机资源低，TCAD 提供了符合国标要求的中西文工程形字体，其中有西文字体文件是“Txt. shx”，中文字体文件是“Hztxt. shx”，它们位于 TCAD 安装路径中的根目录下。此外，对于英文版的用户，TCAD 还提供了国际上通用的西文字体文件“Romans. shx”，位于英文版 TCAD 的安装路径的根目录下。使用这三种形字体文件创建的文字示意如图 6-1-2 所示。

(2) TrueType 字体

在 Windows 操作环境下，几乎所有的 Windows 应用程序都可以直接使用由 Windows 操作系统提供的 TrueType 字体，包括宋体、黑体、楷体、仿宋体等，TCAD 也不例外。TrueType 字体的特点是字形美观，但是占用计算机资源较多，对于计算机的硬件配置比较低的用户不适用，并且 TrueType 字体不完全符合国标对工程图用字的要求，除非是工程图中设计部门的标识等必须使

中文字体-Hztxt. shx

ABCDEFG-txt. shx

ABCDEFG-Romans. shx

图 6-1-2 三种“形字体”文字示例

用某些特定的字体，一般情况下不推荐大家使用 TrueType 字体。TrueType 字体文件的后缀是“ttf”。图 6-1-3 是使用了 6 种“TrueType 字体”文件创建的文字示意图，其中，中文字体是：宋体、黑体、楷体、隶书，以及两种英文字体 Times New Roman 和 Arial。

中文字体—宋体　　中文字体—黑体

中文字体—楷体　　中文字体—隶书

ABCDEFG-Times New Roman

ABCDEFG-Arial

图 6-1-3　六种“TrueType 字体”文字示例

2. 字体的设置

在 TCAD 中，新创建文件的默认中文及英文字体都设置为“宋体”。当打开一个旧的图形文件，而该图形中指定的字体在系统中没有，TCAD 系统缺省地用“宋体”字体文件进行替代。可以使用【设置字体】命令来选择中文、英文文字的字体，其调用方法如下：

- 命　　令：CHOFONT↙(回车)
- 简化命令：FONT↙(回车)
- 菜　　单：【文字】|【设置字体】选项
- 工 具 条：【文字】| Font 按钮

使用此命令后，屏幕中出现“设置字体”对话框(如图 6-1-4 所示)，用户首先选择中文或英文选项卡，再从字体列表中选择字体号，随后可在下方“选择字体文件类别”项中确定字体类别，用户可选择形字体文件(*.shx)或 Windows 的 TrueType 字体，选到的字体会在字体预览框中被预显出来。然后再点取【设当前中文字体】或【设当前英文字体】按钮，点【确定】键退出对话框，则后续输入的中文或英文即按设好的当前字体书写。例如，如图 6-1-5 所示，将第 0 号字体设置为“宋体”字体，再按下【设当前中文字体】，则后续中文文字输入时都显示为“宋体”字体。

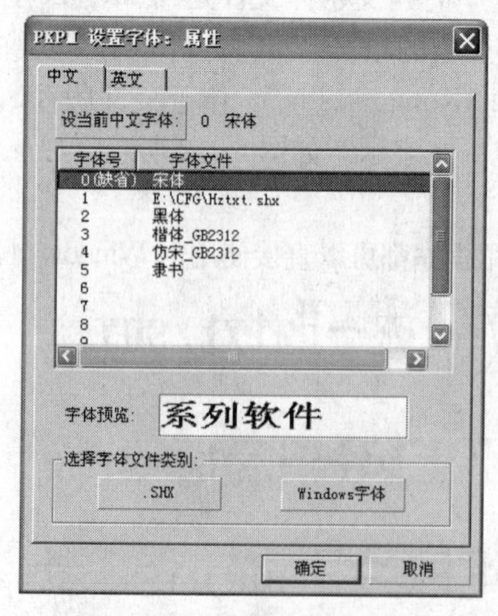

图 6-1-4　“设置字体”对话框

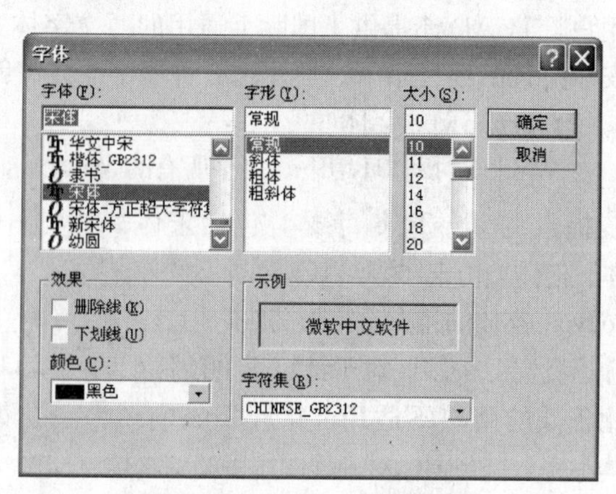

图 6-1-5　选择“宋体”示意图

需要注意的是，当默认字体被选中时，不能更改成为“形字体(shx)”。当字体号为0号的缺省字体“宋体”高亮显示时，点击【.shx】按钮将弹出警告对话框（如图6-1-6所示），说明在此状态下无法使用形字体(shx)文件。

图6-1-6　“字体警告”对话框

3. 字体的修改

可以按两种方式修改字体，一种是将图形上的所有使用同种字体类型的文字进行整体修改，另一种是将所选择上的文字对象的字体进行修改，下面分别进行介绍：

(1) 整体修改字体

如果整个图形文件中使用了一种字体，可以进行整体修改，而不用一一进行修改。可以使用TCAD中的【修改字体】命令来实现此功能，调用方法如下：

- 命　　令：CHGFONT↙(回车)
- 简化命令：CF↙(回车)
- 菜　　单：【文字】|【修改字体】选项
- 工 具 条：无，可由用户自行定义

执行此命令后，系统会弹出与【设置字体】命令一致的“设置字体”对话框(图6-1-4)，在该对话框中选择要修改的字体号，然后可以设置新的字体类型，点击【确定】按钮后完成对整个图形文件中使用这种类型文字的字体修改。

如果使用了两种以上的字体，则每次使用这种“整体修改字体”的方式时，只能针对应用了同种字体号的文字，修改完成之后，如还需要继续修改其他字体，可以选择另外一种字体号进行修改。

(2) 修改选定文字的字体

有时，只需要修改一部分文字的字体，并且，这些文字采用了不同的字体，需要合成为同一类型的字体文字，这时，还可以使用【修改字体】命令来满足这种需求。首先，执行【修改字体】命令，系统会弹出“设置字体”对话框(图6-1-4)，并且命令提示区会给出如下提示：

命令：CHGFONT

请在字体列表中选择一种字体，并按[确定]。

选择想要使用的字体类型，然后点击【确定】按钮，此时，命令提示区会给出如下提示：

请选择要修改的文字：

请选择图素〈ALL-全选，F-栏选〉(在屏幕上选择要修改字体类型的文字，单击鼠标左键完成修改，按【Esc】键或鼠标右键退出命令)

图6-1-7为将文字的字体类型由“隶书”改为“形字体(Hztxt.shx)”的示例。也可以在属性表中进行类似【修改字体】命令的字体修改，具体操作过程如图6-1-8所示。首先选择要修改字体类型的文字，然后在属性表中点击文字字体或字符字体对应的下拉列表，从中选择要使用的文字类型，单击鼠标左键完成修改。

中文字体　中文字体

图6-1-7　修改字体示例

二、创建文字

TCAD提供了5种书写文字的命令，分别

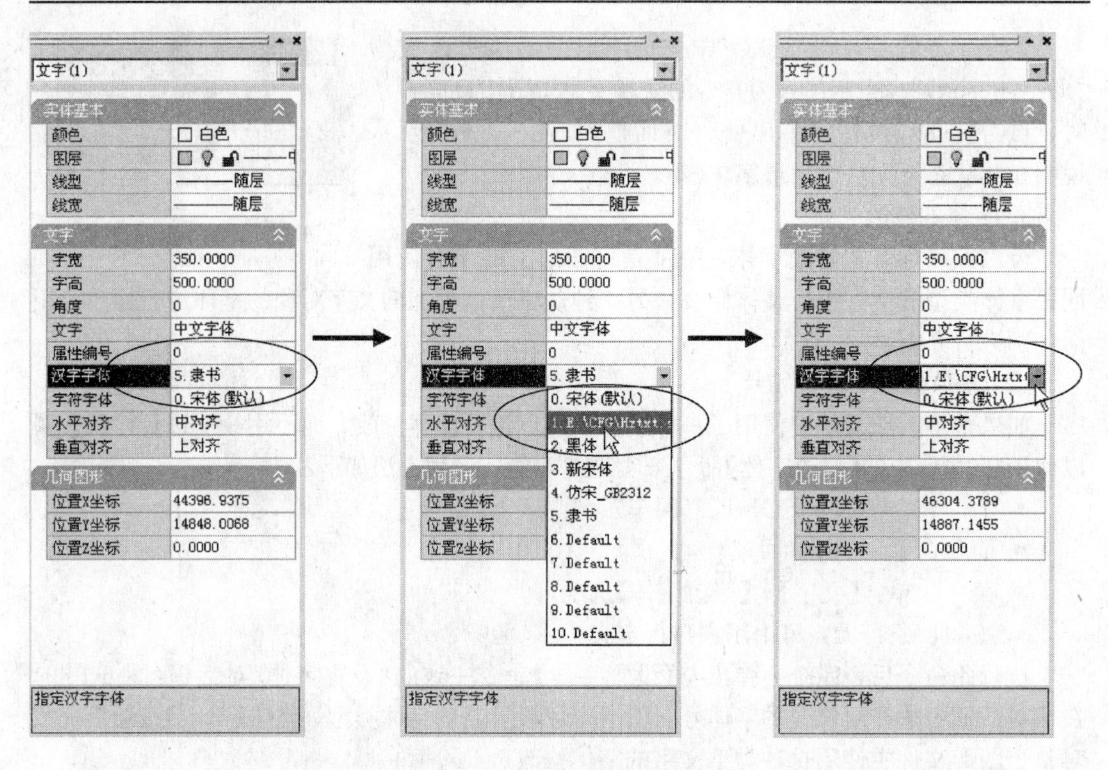

图 6-1-8　采用属性表修改字体示例

是【标注字符】、【标注数字】、【标注中文】、【多行文字】和【引出注释】，其中，前 3 个命令输入单行文字，第 4 个输入多行文字。对简短的输入项可以使用单行文字，对带有内部格式的较长的输入项则使用多行文字比较合适。最后一个命令还可以标明所作注释的位置。下面对这些创建文字的命令分别加以介绍：

1. 创建字符与数字

可以使用【标注字符】、【标注数字】两个命令来创建字符与数字，它们最终都会成为 TCAD 中的"字符"实体。调用【标注字符】命令的方法如下：

- 命　　令：TEXT↙(回车)
- 简化命令：T↙(回车)
- 菜　　单：【文字】|【标注字符】选项
- 工 具 条：【文字】| A按钮

使用此命令将打开"标注字符"对话框(如图 6-1-9 所示)，在对话框中输入字符内容、

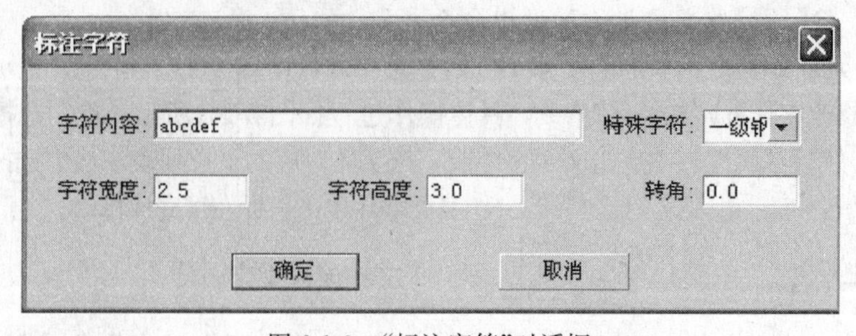

图 6-1-9　"标注字符"对话框

大小和角度，点【确定】按钮后用光标指定文字说明在图面上的位置，按鼠标右键回到"标注字符"对话框，单击【取消】按钮结束命令。

调用【标注数字】命令的方法如下：

- 命　　令：NUMBER↙(回车)
- 简化命令：NUM↙(回车)
- 菜　　单：【文字】|【标注数字】选项
- 工 具 条：【文字】| 123按钮

使用此命令将打开"标注数字"对话框(如图 6-1-10 所示)，在对话框中输入数字数值、大小和角度，点【确定】按钮后用光标指定文字说明在图面上的位置，按鼠标右键回到"标注数字"对话框，单击【取消】按钮结束命令。

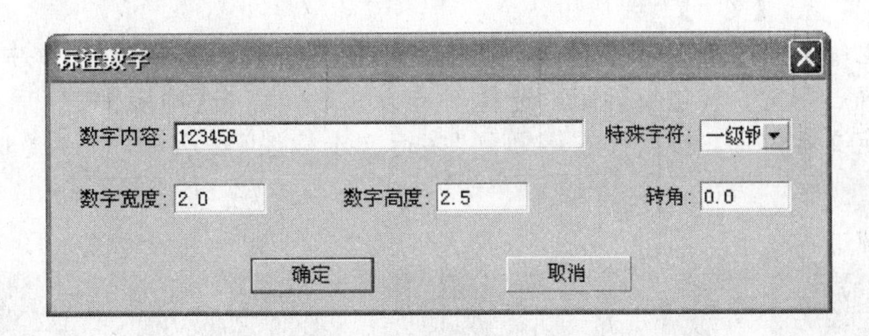

图 6-1-10　"标注数字"对话框

2. 创建中文文字

可以使用【标注中文】命令来创建中文文字，在 TCAD 中它是"文字"实体。调用【标注中文】命令的方法如下：

- 命　　令：INPUT↙(回车)
- 简化命令：CHN↙(回车)
- 菜　　单：【文字】|【标注中文】选项
- 工 具 条：【文字】| 汉按钮

使用此命令将打开"标注中文"对话框(如图 6-1-11 所示)，在对话框中输入中文内容、字符宽度、字符高度和转角，点【确定】按钮后用光标指定文字说明在图面上的位置，按鼠标右键回到"标注中文"对话框，单击【取消】按钮结束命令。

示例：如图 6-1-12 所示，采用【标注中文】命令及【标注数字】命令写图纸名称、专业、

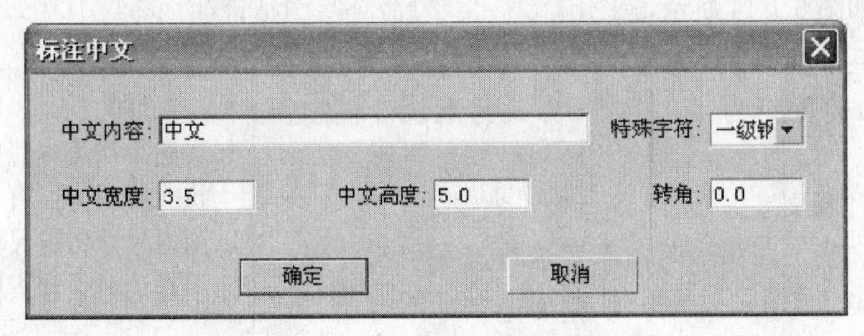

图 6-1-11　"标注中文"对话框

图纸名称 第1,2层结构平面图			
专　业	结构	设计阶段	施工图
图　号	21	出图日期	2007.08

图 6-1-12　书写中文及数字示例

图号、日期等信息。其中，中文及数字的字体都采用了默认的“宋体”字体。

3. 创建多行文字

“多行文字”又称为段落文字，是一种更易于管理的文字对象，可以由两行以上的文字组成，而且各行文字都是作为一个整体处理。调用【多行文字】命令的方法如下：

- 命　　令：MTEXT↙(回车)
- 简化命令：MT↙(回车)
- 菜　　单：【文字】|【多行文字】选项
- 工 具 条：【文字】| ≡⁄按钮

使用此命令将打开“多行文本标注”对话框(见图 6-1-13)，在对话框中输入文字内容、字高、字宽、转角、行距，选择对齐方式后，点击【确定】按钮后用光标在图面上指定文本位置，按鼠标右键回到“多行文本标注”对话框，单击【取消】按钮结束命令。

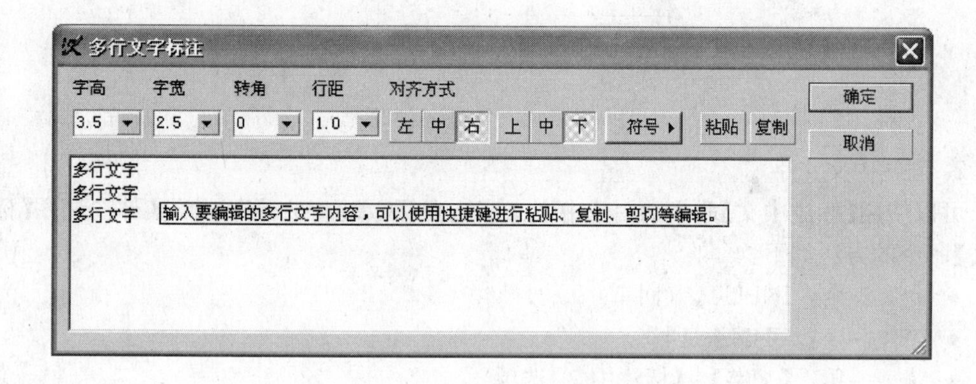

图 6-1-13　“多行文本标注”对话框

提示：有时候，需要复制在图形文件中已经存在的文字，或者需要拷贝其他字处理程序中的文字，如 Word 程序、WPS 程序等，可以在图形文件或其他程序中复制文字内容，在 TCAD 中进行多行文字标注时，点击【粘贴】按钮，就可以完成文字的复制，提高文字输入的效率。

示例：如图 6-1-14 所示，采用【多行文字】命令写图纸说明内容。其中，中文及数字的字体都采用了默认的“宋体”字体。字高设置为 350，字宽为 300，行间距为 120。对齐方式为默认设置“右下”。

图 纸 说 明
1. 本图须加盖本院出图章及执业签章方可有效！
2. 图内尺寸勿用尺量，如有不详请与设计人联系！

图 6-1-14　书写多行文字示例

4. 创建注释文字

在绘制一些工程图形时，需要进行文字引出注释，如绘制结构施工图中板、梁、柱截面图钢筋的标注等，在 TCAD 中可以使用【引出注释】命令来实现此功能，调用方法如下：

- 命　　令：INDEXNOTE↙（回车）
- 简化命令：INN↙（回车）
- 菜　　单：【文字】|【引出注释】选项
- 工 具 条：【文字】| 按钮

执行此命令后，命令提示区出现如下提示：

命令 ：INDEXNOTE

用光标指定标注点位置（[M]可选多个标注点/[Esc]结束）

执行命令后，首先指定要标注的点的位置，它可以是一点也可以是多点，然后指定转折点位置。如果选择的是多点，此时会提供两个选择：一为引出线方式，键入"A"为集中于一点，键入"P"为按平行线方式绘制；另一选择是引出线的纵横标注方式，通过键入"D"进行切换。接下来需要确定终点位置，此时仍可通过键入"D"进行纵横两方向的切换。最后在弹出的对话框中输入注释内容。

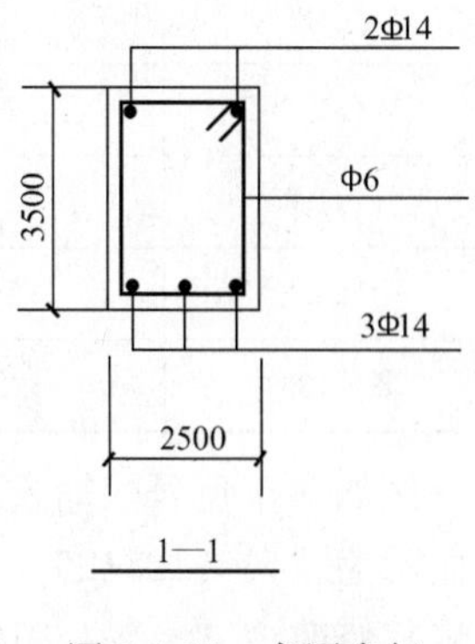

图 6-1-15　书写多行文字示例

示例：如图 6-1-15 所示，采用【引出注释】命令书写梁截面中钢筋配筋的说明。具体操作过程如下：

命令：INDEXNOTE

用光标指定标注点位置（[M]可选多个标注点/[Esc]结束）（输入"M"按【回车】键，表示要标注多个点）

用光标指定标注点位置（[M]可选多个标注点/[Esc]结束）（用鼠标左键点取梁截面中左上角的钢筋）

用光标指定标注点位置（[M]可选多个标注点/[Esc]结束）（用鼠标左键点取梁截面中中上角的钢筋，按鼠标右键完成标注点的选择）

请指定转折点位置（[A]集中于一点方式/[D]改变横纵方式/[Esc]退出）（用鼠标左键指定标注直线拐角位置，按直角转折）

请指定引出线终点位置（[Esc]退出）（指定引出线的终点位置）

请指定文字的位置（[Esc]退出）（此时会弹出"标注中文"对话框，在对话框内输入文字内容，点击【确定】按钮，指定文字位置，完成"引出注释"操作）

三、使用特殊字符

几乎在所有的制图应用中，都需要在一般文本与尺寸文本中绘制特殊字符（符号）。例如，有时需要绘制角度符号与直径符号，或者需要给一些数字标上正负号等等。借助有关控制符（控制码）序列就可以实现这些功能。

对于每一个符号，控制符序列都是以连续的两个百分号"%%"打头的。跟在两个百分号后的控制符数字描述所需符号，输入方式为"%%X"，其中，X 可为"128～138"范围内的任一数字，共计 11 个，用来表示正负号、各级钢筋符号、二次方、三次方、角度等特殊符号。TCAD 中全部特殊符号的控制序列见表 6-1-1。

TCAD 中的特殊字符一览　　　　表 6-1-1

控制序列	特殊字符	控制序列	特殊字符
%%128	正负公差符号（±）	%%134	RRB400 钢筋符号
%%129	直径符号（ϕ）	%%135	冷拉钢筋符号
%%130	HPB235 钢筋符号	%%136	平方符号（^{2}）
%%131	HRB335 钢筋符号	%%137	三次方符号（^{3}）
%%132	HRB400 钢筋符号	%%138	角度符号（°）
%%133	冷轧带肋钢筋符号		

例如，正负号的输入方式为："%%128"，对应图 6-1-16 中左上角的图形。在属性表内显示为"%%12812"，其中"%%128"表示正负号，"12"表示数字 12。如在属性表内将其修改成"%%12912"，则图形会变成右侧的表示"一级钢筋直径为 12"的特殊符号"ϕ12"。

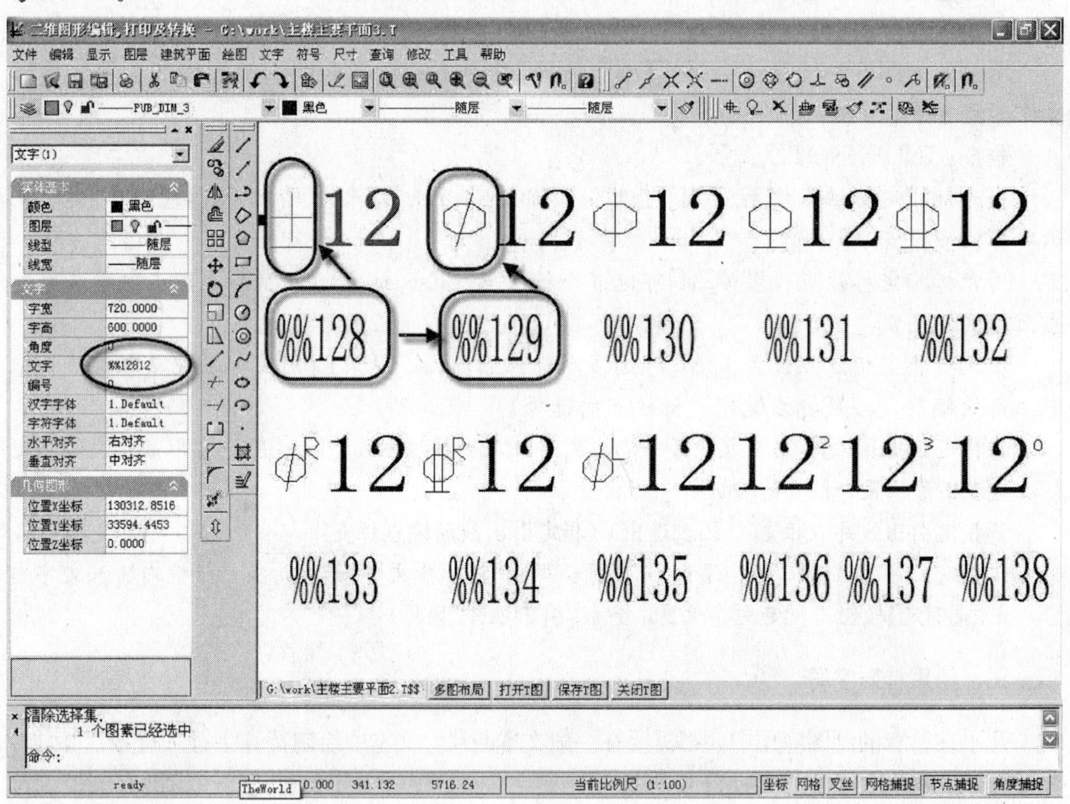

图 6-1-16　在属性表修改特殊字符

在执行【标注字符】、【标注数字】、【标注中文】等命令的过程中，这些控制符序列只有在命令执行完毕后才会转换为相应的符号。例如，绘制角度符号时输入"%%138"。当输入这些符号时，在输入文字的对话框内将显示"%%138"，到命令执行完毕后代码"%%138"被角度符号（°）代替。

此外，还可以在【标注字符】、【标注数字】、【标注中文】等命令的“文字输入”对话框中选择类型来进行“特殊字符”的输入。对于各级钢筋符号，也可以选择菜单【符号】｜【钢筋】内的【标注一级钢】、【标注二级钢】、【标注三级钢】命令来绘制钢筋符号。

四、使用文件块和词库

在 TCAD 中，可以从外部文本文件中选择部分或全部内容插入到当前图形中的任意位置。并且，用户还可以自定义一些常用词汇，或直接编辑常用词库的内容，方便绘图时进行注释，下面介绍实现这些功能的相关命令。

1. 插入文本内容

可以使用【文件行】命令向图形文件中插入文本文件的一行或多行，调用方法如下：

- 命　　令：FILELINE↙（回车）
- 简化命令：FL↙（回车）
- 菜　　单：【文字】｜【文件行】选项
- 工 具 条：【文字】｜ 按钮

执行该命令后，系统将弹出“打开文本文件”对话框（如图 6-1-17 所示）。在对话框的上方选择文本文件，对话框的左下方为原文件预览窗口，从此窗口内选择文本行，选中后被选择的文本行进入右下方的文本编辑窗口。用户可在此窗口内对插入的字符进行编

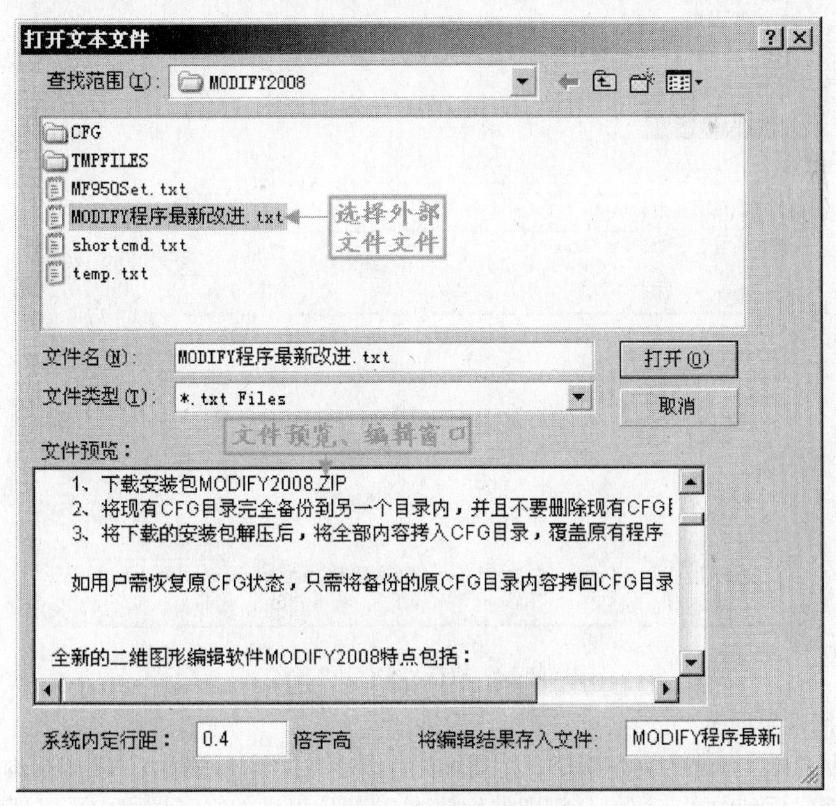

图 6-1-17　执行“文件行”命令

辑，需要注意的是：只有在左下方的原文件预览窗口中选择的文本行才会插入到右下方的文本编辑窗口，且左侧原文件预览窗口中的内容可重复选择。完成后，按【打开】按钮，回到 TCAD 程序界面，根据程序提示在相应位置单击鼠标左键，确定待插入的文本的位置，完成文本插入操作。

还可以使用【文件块】向图形文件中插入整个文本文件内容，调用方法如下：

- 命　　令：FILEBLOCK↙（回车）
- 简化命令：FB↙（回车）
- 菜　　单：【文字】｜【文件行】选项
- 工 具 条：【文字】｜ 按钮

执行该命令后，系统将弹出“打开文本文件”对话框（如图 6-1-18 所示）。在对话框的上方选择文本文件，选择后，对话框内下方文件预览、编辑窗口出现文本文件中的内容，用户可在此窗口对字符进行编辑。编辑完成后，按【打开】按钮，回到 TCAD 程序界面，根据程序提示在相应位置单击鼠标左键，确定待插入的文本的位置，完成文本插入操作。需要注意的是，在编辑窗口内修改过的文本内容，将被自动保存在一个临时文本文件内，其名称可由用户定义。

图 6-1-18　执行“文件块”命令

2. 使用常用词库

在绘制建筑工程各专业图形时，需要标注许多专业词汇、注释、说明等文本内容，可以把这些经常用到的文字词句分门别类地放入 TCAD 提供的文字词库中，以便随时调出标注在图形上。调用【常用词库】命令的方法如下：

- 命　　令：COMMONLIB↙（回车）
- 简化命令：CLB↙（回车）
- 菜　　单：【文字】｜【常用词库】选项
- 工 具 条：【文字】｜ 按钮

执行该命令后，系统将弹出“请选择所需的词组”对话框（如图6-1-19所示）。其中对话框左侧窗口为栏目名称，右侧窗口为常用的词句，用户可从中选取其中一行，点击【确定】按钮，根据系统提示在绘图区确定文本内容插入的位置，从而将选中的内容标注在图面上。

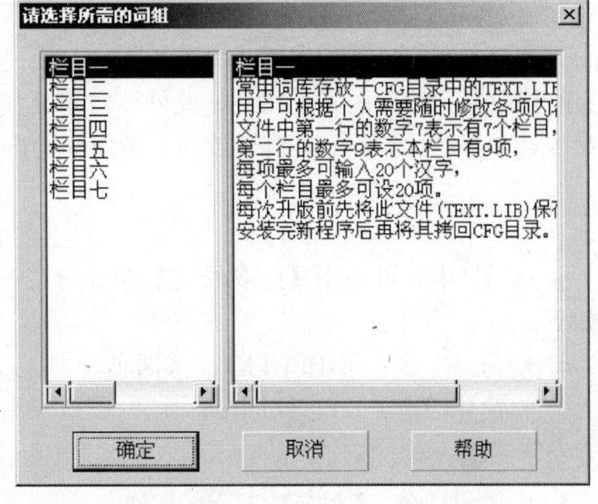

图 6-1-19　执行“常用词库”命令

用户还可以使用【编辑词库】命令对常用词库进行任意修改编辑，调用方法如下：

- 命　　令：EDITTLIB↙（回车）
- 简化命令：EDT↙（回车）
- 菜　　单：【文字】｜【编辑词库】选项
- 工 具 条：【文字】｜ 按钮

执行该命令后，TCAD将打开操作系统处自带的文本编辑软件，一般为“记事本”程序（Notepad. exe），打开词库后（如图 6-1-20 所示），用户可对词库进行修改编辑。

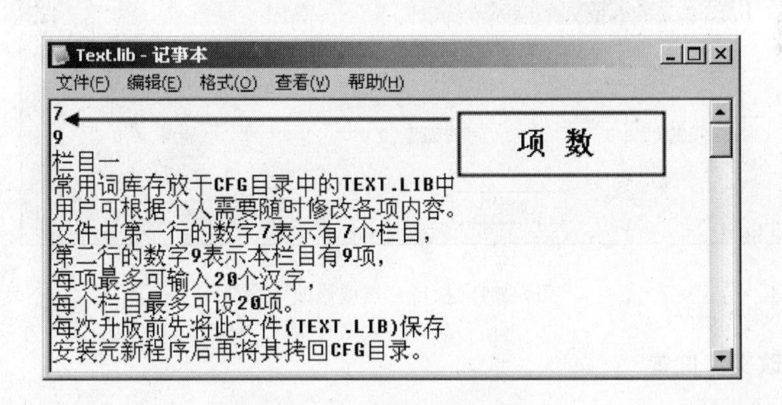

图 6-1-20　编辑、修改词库

常用词库的存放位置为 TCAD 的安装根目录的 Text. lib 文件中。其中，文件中第一行的数字表示总共有几个栏目，比如“7”表示词库内总共有 7 个栏目，第二行的数字表示每个栏目有几项内容，比如“9”表示本栏目有 9 项内容。每项最多可输入 20 个汉字，每个栏目最多可设 20 项。每次进行 TCAD 版本升级前先将此文件（Text. lib）保存到其他位置，安装完新程序后再将其拷贝回 TCAD 目录。

第二节　文字的修改编辑

文字输入的内容和样式不可能一次就达到用户要求，也需要进行反复调整和修改。此时就需要在原有文字基础上对文字对象进行编辑处理。TCAD 提供了 3 种对文字进行编辑修改的方法，一种是使用【文字】菜单下相关编辑命令，另外一种就是使用“属性表”直接修改文字对象的各个属性，此外，对于任何文本对象，也可同时使用 TCAD 的编辑命令，如移动、删除、复制、旋转、镜像等操作。

一、修改文字内容

TCAD 中，可使用【点取修改】命令对某一字符或中文字符串直接修改，调用方法如下：

- 命　　令：SNPEDITT↙（回车）
- 简化命令：ET↙（回车）
- 菜　　单：【文字】｜【点取修改】选项
- 工 具 条：【文字】｜ 按钮

执行此命令后，命令提示区出现如下提示：

命令：SNPEDITT

请用光标点取图素（[Tab]窗口方式/[Esc]返回）

用鼠标左键选择文字对象后，系统将弹出“修改字符”对话框（如图 6-2-1 所示），显示文字的原有内容、宽度、高度和角度，用户可任意修改各项，完成后按【确定】按钮完成文字内容的修改。对图中文字直接双击鼠标左键也可进行如上修改。

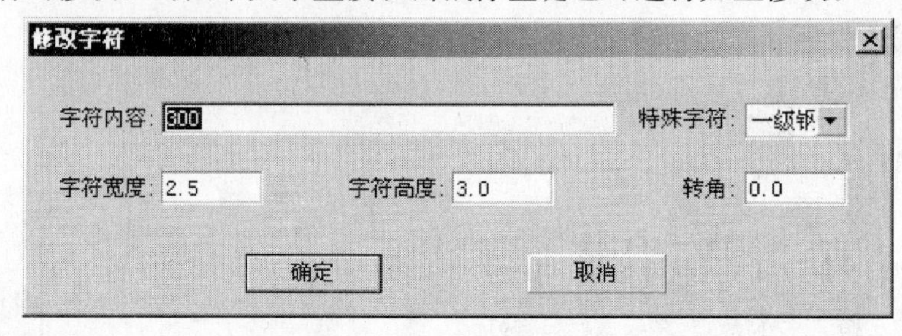

图 6-2-1　执行“点取修改”命令

二、修改文字位置

在 TCAD 中，可以用多种方法修改文字位置，常用的方法是调用【字符拖动】命令与【中文拖动】命令，调用方法如下：

- 命　　令：DRAGENG↙（回车）与 DRAGCHN↙（回车）
- 简化命令：DRE↙（回车）与 DRC↙（回车）
- 菜　　单：【文字】｜【字符拖动】选项与【中文拖动】选项
- 工 具 条：无，可由用户自行定义

执行此命令后，命令提示区出现如下提示：

命令：DRAGENG 或 DRAGCHN

请用光标点取图素（[Tab]窗口方式/[Esc]返回）

将文字动态移动位置，可分为两种拖动方式：（1）一次点取拖动：用光标或窗口点取文字后立即拖动操作，拖动到新的位置确认即可；（2）连续点取拖动：先点取文字后，如需要同时点取其他文字，则按【Tab】键进入连续点取模式，可继续点取其他文字，选择完成后按【Esc】键。此时程序要求点取“基点”，它是被拖动的所有文字的参照点，然后移动字符到新的位置再点取“目标点”，“目标点”是拖动终点的参照点。点取基点和参照点时程序具有捕捉功能，可以准确定位。还可以采用键盘直接输入坐标的方式。

【字符拖动】命令与【中文拖动】命令的区别在于：【字符拖动】命令只用于所有字符实体对象，而【中文拖动】命令只对文字对象及多行文字对象有效。

此外，也可以使用 TCAD 中的【移动】命令来进行类似操作，详细步骤请参考第三章“编辑二维图形对象”。

三、文字替换与合并

1. 文字替换

使用 TCAD 中特有的【文字替换】命令，用户可以方便地将图形中的一种字符串改为另一字符串。调用【文字替换】命令的方法如下：

- 命　　令：REPLACET↙（回车）
- 简化命令：RT↙（回车）
- 菜　　单：【文字】|【文字替换】选项
- 工 具 条：【文字】| 按钮

使用此命令后，屏幕中出现“文字替换”对话框（如图 6-2-2 所示），要求用户输入原字符和替换为的新字符，对一些特殊字符可以从右侧的“特殊字符”选项中选取，对话框下方的选项可由用户确定文字替换的方式。

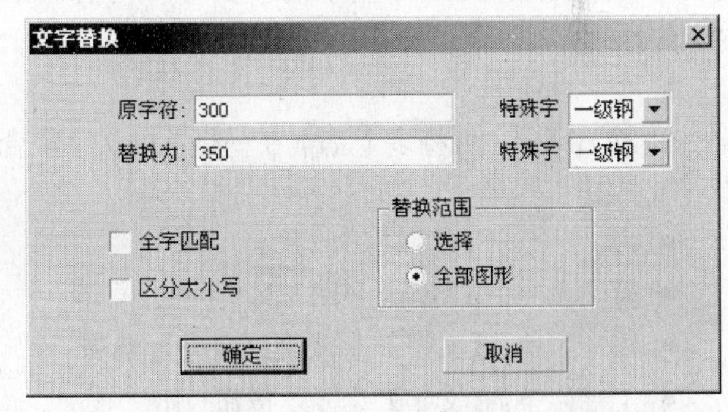

图 6-2-2　“文字替换”对话框

需要注意的是，替换文字时，如果“全字匹配”选项被勾选上，则只有和查找内容完全一致的文字内容才会被替换。如果“区分大小写”选项被勾选上，则只有和查找内容字母大小写一致的文字内容才会被替换。此外，有时候整个图形文件内文字内容较大，进行全部查找时速度较慢，可以只选择屏幕上的一部分文字对象后，在“选择范围”组内勾选上“选择”选项，则只对选择集内的文字内容进行查找替换，从而提高文字替换速度。

示例：使用【文字替换】命令，将图 6-2-3 中的文字“第 1，2 层”改为“第 3，4 层”，图号“21”改为图号“22”，出图日期“2007.08”改为“2007.09”，具体操作过程如下：

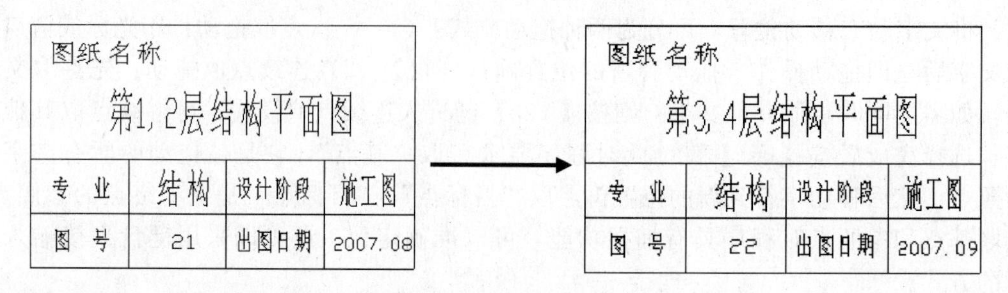

图 6-2-3 执行“文字替换”命令示例

图 6-2-4 执行“文字替换”命令示例

首先执行【文字替换】命令，在“文字替换”对话框中，“原字符”文本框内输入“1，2”，“替换为”文本框内输入“3，4”（如图 6-2-4 所示），然后按下【确定】按钮，则屏幕上的图纸名称内容将被改为“第 3，4 层结构平面图”。继续执行【文字替换】命令，在“原字符”文本框内输入“21”，“替换为”文本框内输入“22”，将“全字匹配”选项勾选上，或预先把图纸标签内容选择上，并勾选上“选择”选项，确保只替换图纸标签中的“图号”内容。采用同样的方法完成对“出图日期”内容的修改。

2. 文字合并

在 TCAD 中，可将多个基本在一行上的文字串合并成一个文字串，调用【文字合并】方法如下：

- 命　　令：TEXTMERGE↙（回车）
- 简化命令：TMG↙（回车）
- 菜　　单：【文字】|【文字合并】选项
- 工 具 条：【文字】| 按钮

执行此命令后，命令提示区出现如下提示：

命令：TEXTMERGE

请选择文字合并的文字头：（用鼠标左键在屏幕上选择要合并文字的开始部分）

请指定参与合并的文字：（用鼠标左键在屏幕上选择要合并文字的结尾部分，需要注意的是，此时，拖动鼠标将出现一个水平选择框，其高度略大于已经选择的文字头的高度，只有和文字头基本处于同一水平线上的文字内容才能被选择上）

请选择文字合并的文字头：（单击鼠标右键退出命令）

四、修改文字对齐方式

在 TCAD 中，系统为文字提供了多种对齐方式。“对齐方式”是指文本内容在屏幕上的显示编排方式。TCAD 提供了不同的选项对齐文本，主要的文本对齐方式是“左对齐”、“右对齐”、“上对齐”、“下对齐”和“中对齐”。可以用组合方式来对齐文本，例如，选择“左对齐”和“上对齐”方式来组成“左上对齐”方式。通过选择所需对齐选项，可以用 9 种不同对齐方式（如图 6-2-5 所示）。

如果知道需要采用何种对齐方式，可以选择【显示】｜【属性工具框】菜单选项，用来打开属性表，然后用鼠标左键点击任意文字内容，则属性表内会显示当前文字的对齐方式。如果要修改文字内容的对齐方式，如图 6-2-6 所示，可直接在属性表内的水平对齐或者垂直对齐所对应的下拉条中，选择需要的对齐方式，单击鼠标左键完成对齐方式的修改。

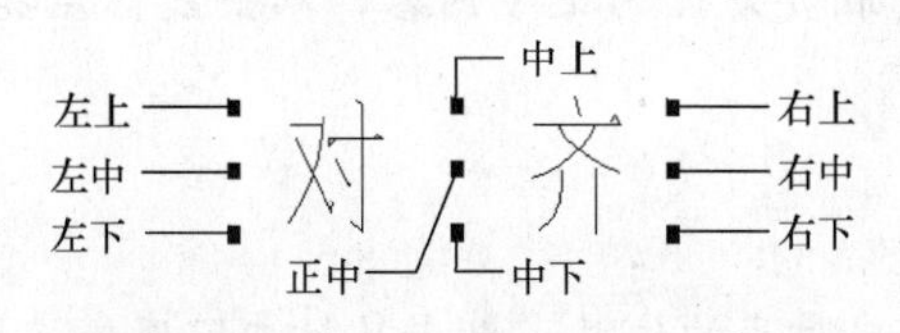

图 6-2-5　文字对齐方式一览

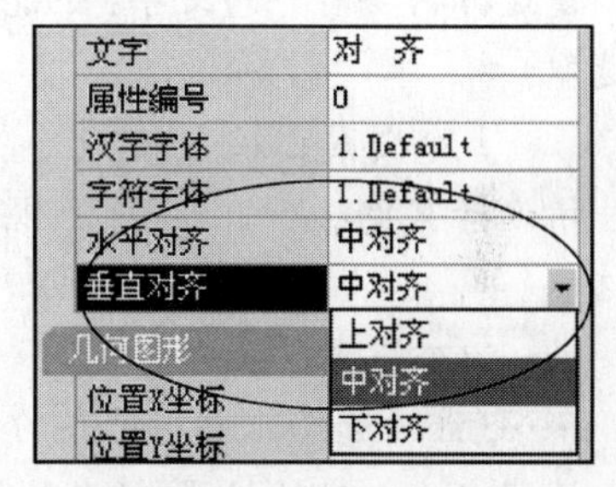

图 6-2-6　修改对齐方式

对于多个文字实体，有时候在图形中它们的位置有所重叠或间距不一致，可以使用 TCAD 的调整文字对齐方式的特有命令【文字避让】、【文字对齐】及【字行等距】来解决上述问题。

1. 文字避让

使用【文字避让】命令，可对空间狭小，拥挤在一起的文字尺寸标注进行调整，可将重叠的文字错开，使每个文字内容清晰可见。调用【文字避让】命令的方法如下：

- 命　　令：TEXTAVOID↙（回车）
- 简化命令：TAD↙（回车）
- 菜　　单：【文字】｜【文字避让】选项
- 工 具 条：【文字】｜ A|A 按钮

执行此命令后，命令提示区出现如下提示：

命令：TEXTAVOID

选择需要避让的文字：（用鼠标在屏幕上选取要处理的文字内容，单击鼠标左键完成选取）

1 个图素已经选中

正在处理，请稍等…（系统会自动计算重叠的文字位置，将其中一个或几个上下错开，使每个文字都清晰可见）

选择需要避让的文字：（按鼠标或键完成文字避让操作）

2. 文字对齐

使用【文字对齐】命令可以使多个文字内容按需求对齐，调用方法如下：

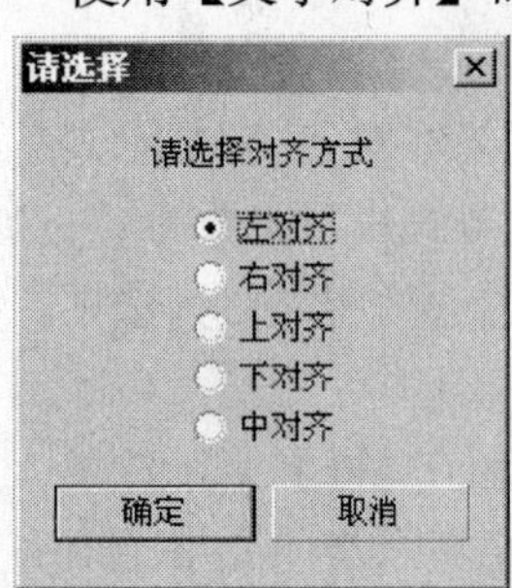

图 6-2-7　选择“对齐方式”

- 命　　令：TEXTALIGN↙（回车）
- 简化命令：TAL↙（回车）
- 菜　　单：【文字】｜【文字对齐】选项
- 工 具 条：【文字】｜ 按钮

执行此命令后，在弹出的对话框（如图 6-2-7 所示）中系统提供了多种对齐方式，可将多个文字串按多种方式对齐，比如选择“左对齐”方式，按下【确定】按钮后，命令提示区给出如下提示：

命令：TEXTALIGN

请选择需要对齐的文字：(用鼠标在屏幕上选取要处理的文字内容，单击鼠标左键完成选取)

1 个图素已经选中

请选择需要对齐的文字：(用鼠标在屏幕上选取要处理的文字内容，单击鼠标左键完成选取)

2 个图素已经选中

……(继续选择其他要对齐的文字对象)

请指定左对齐的位置：(用鼠标在屏幕上选择要对齐的位置，单击鼠标左键完成选取，则所选择的文字内容将沿左对齐方式重新排列位置)

3. 字行等距

使用【字行等距】命令可将多个文字串等间距排列，它的调用方法如下：

- 命　　令：SPACEDOWN↙（回车）
- 简化命令：SPD↙（回车）
- 菜　　单：【文字】｜【字行等距】选项
- 工 具 条：【文字】｜ 按钮

执行此命令后，命令提示区出现如下提示：

命令：SPACEDOWN

请选择需要等间距的文字：(用鼠标在屏幕上选取要处理的文字内容，单击鼠标左键完成选取)

1 个图素已经选中

请选择需要等间距的文字：(用鼠标在屏幕上选取要处理的文字内容，单击鼠标左键完成选取)

2 个图素已经选中

……(继续选择其他要进行等间距处理的文字对象)

请选择需要等间距的文字：(单击鼠标右键完成选取，则系统自动计算出这些文字的最合适间距值，按此间距值排列各个文字内容)

第三节 尺寸标注的组成与编辑

在图形设计绘制中，尺寸标注是绘图设计工作中的一项重要内容，因为绘制图形的根本目的是反映对象的形状，而图形中各个对象的真实大小和相互位置只有经过尺寸标注后才能确定。TCAD 中包含了一套完整的尺寸标注和修改的命令，用户使用它们可以方便地完成图纸中要求的尺寸标注工作。用户在进行尺寸标注之前，必须了解 TCAD 中尺寸标注的组成、样式和设置方法。

一、尺寸标注的组成

在为一个对象标注尺寸时，系统会自动计算对象的长度或指定的某两点间的距离。当一个特定图标注的尺寸生成时，其设置也将被保存和使用。这些设置有：尺寸线与尺寸文字的间距、两个连续尺寸线的间隔、箭头大小及文字大小。箭头、线条（尺寸线，尺寸界线）和其他用于形成尺寸标注的对象的生成，均由系统自动完成以节省时间，这也使图形更加规范。但是，也可以忽略系统计算得到的缺省度量，并改变各种标准值的设置。尺寸标注样式的修改，可由修改各个尺寸控制参数来实现。

TCAD 的尺寸标注功能为尺寸标注提供了极大的灵活性，它可以用不同的方法，为不同的对象标注尺寸。TCAD 中各个尺寸标注命令的样式主要依据建筑和结构领域的相关制图标准。

二、尺寸标注样式的修改

在使用 TCAD 的尺寸标注命令以前，了解并理解尺寸标注术语是很重要的，这些术语对于直线、角度、半径、直径和坐标尺寸标注都是通用的。图 6-3-1 为一些尺寸标注的术语。

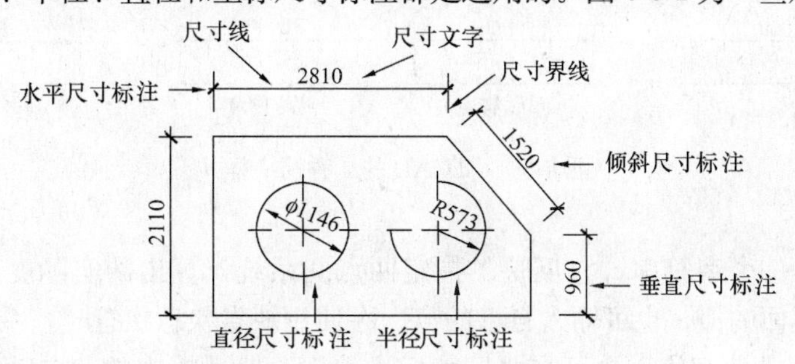

图 6-3-1 TCAD 中尺寸标注的术语

1. 尺寸线

尺寸线指示哪个距离或角度正被度量。默认情况下，该线条两端都有“斜杠形状”的箭头，且尺寸文字沿尺寸线放置。缺省时尺寸文字绘制在尺寸界线之间，如果尺寸文字在尺寸界线间放不下，则会被绘制在尺寸界线的外面。用于角度标注的尺寸线是一根弧线。

通过设置尺寸标注系统参数，可以控制尺寸线的位置和其他特性。可以在“尺寸标注编辑”对话框中修改这些控制参数，双击屏幕上任意的标注对象，系统将自动打开“尺寸标注编辑”对话框，如图 6-3-2 所示。在“标注样式”下拉列表中，可以选择多种样式，决定是否显示尺寸线以及是否断开，用来插入标注文字。还可以在“尺寸线角度”选项中设置尺寸线的角度值。

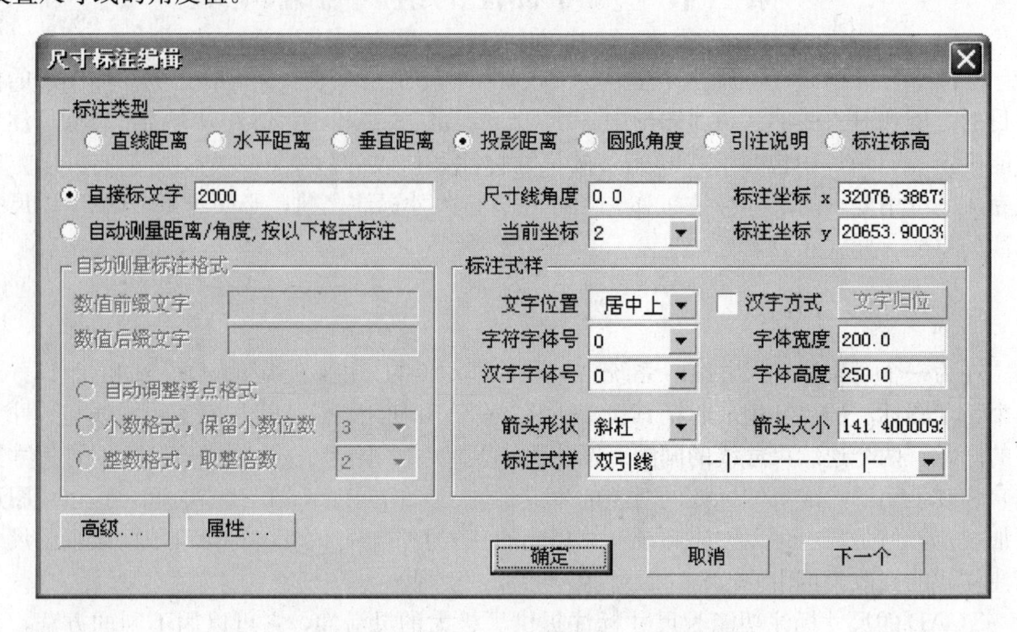

图 6-3-2　“尺寸标注编辑”对话框

2. 箭头

箭头是用于尺寸线端点的图形符号（尺寸线在箭头处与尺寸界线相连）。箭头也称为端点，因为它表示尺寸线的终点。由于每一个设计领域的绘图标准都不一样，TCAD 允许绘制斜杠、单线箭头、实心箭头和实心圆点 4 种箭头样式（如图 6-3-3 所示）。可在“尺寸标注编辑”对话框中的“箭头形状”下拉列表中修改样式。

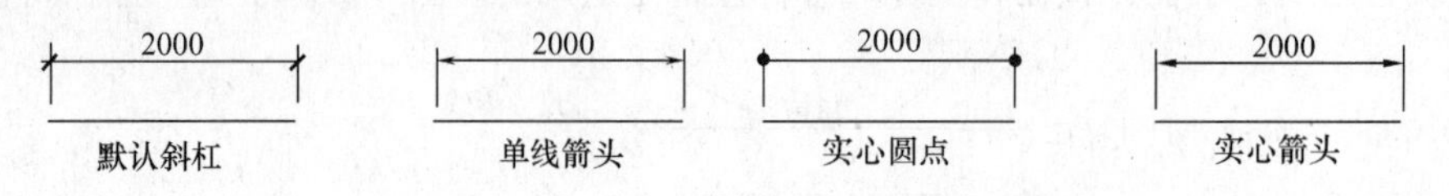

图 6-3-3　TCAD 的 4 种箭头样式

3. 标注文字

标注文字是一个字符串，它反映了指定两点间系统计算出的实际度量值（尺寸值）。可以接受系统返回的值，也可输入自己的值。在使用缺省状态状态时，系统会自动测量所要标注的距离值或角度值。也可在“尺寸标注编辑”对话框中的“自动标注格式”选项中，为尺寸文字加上前缀或后缀。同时，可以对标注数字的整数部分进行取整操作，对小数部分的位置进行格式设置。此外，还可以修改标注文字的字体、字高、字宽、对齐方式等参数。图 6-3-4 为“标注文字”的 8 种对齐方式。

4. 尺寸界线

尺寸界线被绘制在被度量对象与尺寸线之间。这些线也称为证明线。尺寸界线用于线性尺寸和角度尺寸标注，通常尺寸界线都垂直于尺寸线。系统也允许在尺寸标注中取消一条或两条尺寸界线，可以在“尺寸标注编辑”对话框中的“标注样式”下拉条列表中进行设置，如图 6-3-5 所示为尺寸界线有无的各种情况。

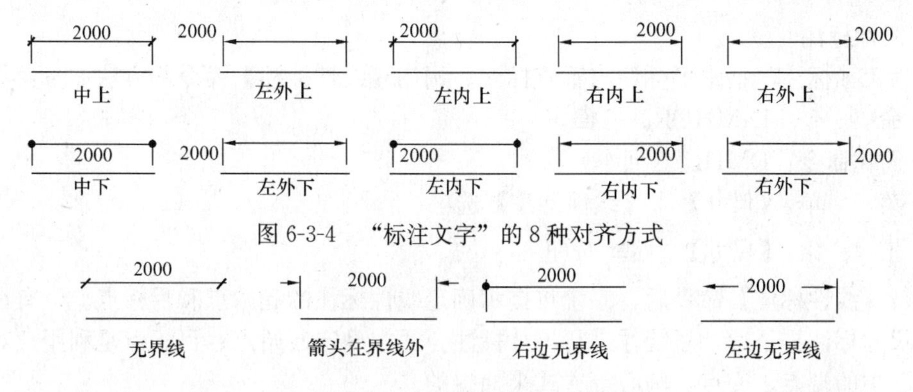

图 6-3-4　“标注文字”的 8 种对齐方式

图 6-3-5　TCAD 的 4 种界线样式

5. 引线

引线指从标注文字指向被标注对象的线条。有时，尺寸标注文字和其他注释不能调整到对象附近的合适位置，这种情况下就可以使用引线，并将文字放在引线的一端。引线也可以用于标注对象的其他一些注释，如部件数量、说明和注意事项等内容。

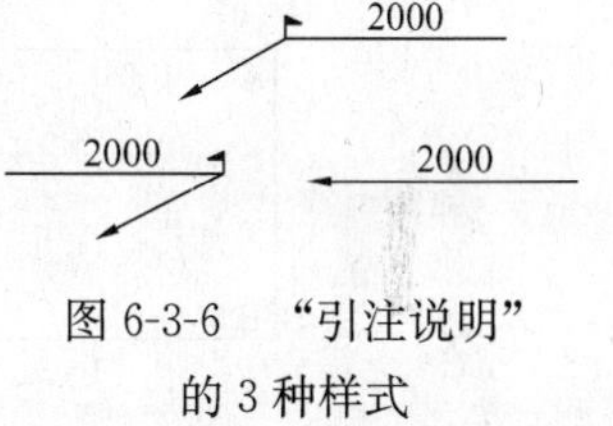

图 6-3-6　“引注说明”的 3 种样式

可以在“尺寸标注编辑”对话框中的“引注说明”选项中修改引线的标注样式。TCAD 中“引注说明”共有 3 种基本样式，主要区别在于引线折角是钝角、锐角还是无折角，如图 6-3-6 所示。

第四节　使用尺寸标注命令

可以从【尺寸】工具条中，通过点击所需尺寸按钮调用尺寸标注命令（见图 6-4-1），或从【尺寸】菜单中调用尺寸标注命令（见图 6-4-2）。如果屏幕界面上没有显示【尺寸】工具条，可通过右击任何工具条，并从快捷菜单中选择【尺寸】选项来得到【尺寸】工具条。也可以在命令提示区调用尺寸标注命令。例如，如果需要绘制线性尺寸，可直接在命令提示区输入“DIMHOR”命令来调用【线性标注】命令。

一、线性尺寸标注

线性尺寸标注应用于那些度量两点之间距离的尺寸标注命令。点可以是空间的任意两个点、弧或线段的端点，或者是可被识别的任意点集。为保持精度，所选点必须是利用对象捕捉选择的，或通过选择对象进行标注。

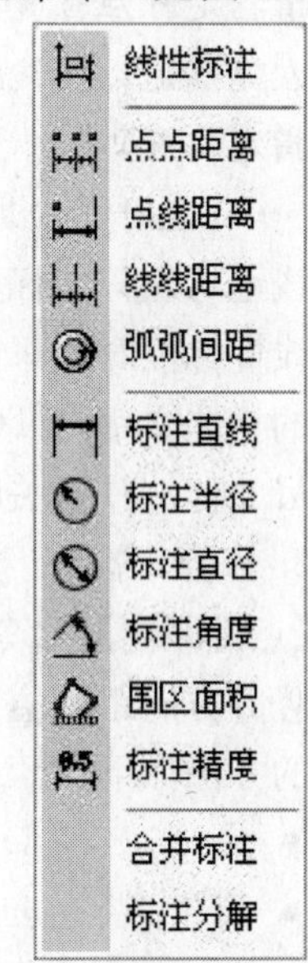

图 6-4-2　“尺寸”菜单

图 6-4-1　“尺寸”工具条

1. 线性标注

线性尺寸标注包括水平标注与垂直标注。调用【线性标注】命令的方法如下：

- 命　　令：DIMHOR↙（回车）
- 简化命令：DMH↙（回车）
- 菜　　单：【尺寸】｜【线性标注】选项
- 工 具 条：【尺寸】｜ 按钮

执行【线性标注】命令后，系统将提示确定线性标注的起始点和目标点。只有在响应了所有尺寸标注提示后，系统才进行尺寸标注。通常确定起始点、目标点是利用“对象捕捉方式”中的端点、交点、圆心等方式来捕捉的。

示例：使用【线性标注】命令，将图 6-4-3 左图中的图形进行线性标注，标注后的结果如右图所示，具体操作过程如下：

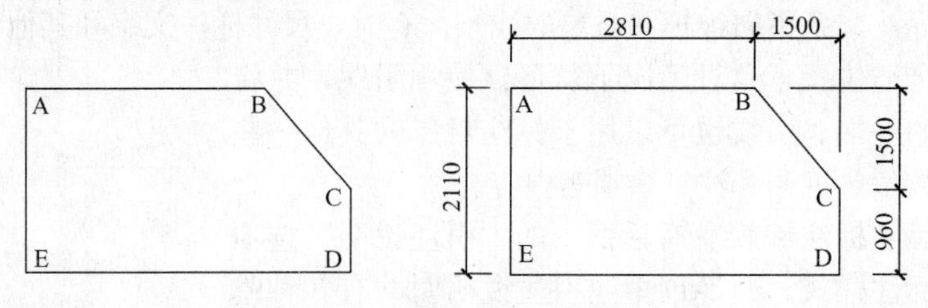

图 6-4-3　执行“线性标注”命令示例

命令：DIMHOR

指定第一条尺寸界线原点或〈选择对象〉(选择图中的 A 点作为第一条尺寸界线的原点)

指定第二条尺寸界线原点：(选择图中的角点 B 点作为第二条尺寸界线的原点)

请指定标注位置：([Esc]-退出)(拖动鼠标，选择定标注文字所要放置的位置，单击鼠标左键确定，系统根据拾取到的两个标注点之间实际的投影距离自动计算出标注值并标注在指定位置)

……(按同样方法继续标注线段 BC、CD、AE 的距离)

线性标注只能标注水平、垂直方向的直线尺寸，可以看到，对图 6-4-3 中的斜线 BC 进行线性标注时，只能拖出水平或垂直方向投影的尺寸线来，而无法标注出斜线的长度。最后的标注文字是 TCAD 根据拾取到两点之间的距离值自动给出的，不用人工键入，这样的尺寸标注具备关联性，而人工键入的尺寸可能会导致关联性的丧失。

2. 点点距离

【点点距离】命令可用光标在屏幕上选取多个点，标注它们的间距值、水平方向距离值、竖直方向距离值，并可以修改尺寸线的角度、标注的文字内容等。调用【点点距离】命令的方法如下：

- 命　　令：DIMPP↙（回车）
- 简化命令：DPP↙（回车）
- 菜　　单：【尺寸】｜【点点距离】选项
- 工 具 条：【尺寸】｜ 按钮

执行【点点距离】命令后，系统将提示连续指定各个要标注的位置点。利用这个命令，可以从前一个尺寸的第二条尺寸界线开始，连续标注线性尺寸，这也可称为尺寸链或增量尺寸标注。单击鼠标左键确认选择的位置点，系统将给出如下提示：

请点取尺寸标注位置

([H]标X向间距/[V]标Y向间距/[D]标起止点间距/[A]输入标注角度/[L]捕捉直线取角度/[Tab]修改光标所在跨的标注数值)

按照各个选项提示，完成所需的标注形式。【点点距离】命令与【线性标注】命令最大的区别是，【点点距离】命令可一次标注多个间距值，第二个标注间距值的尺寸基准线（第一条尺寸界线），是前一个标注间距值的第二条尺寸界线。而【线性标注】命令一次只能标注一个间距值。

示例：使用【点点距离】命令，将图6-4-4左图中的图形进行连续水平标注，标注后的结果如右图所示，具体操作过程如下：

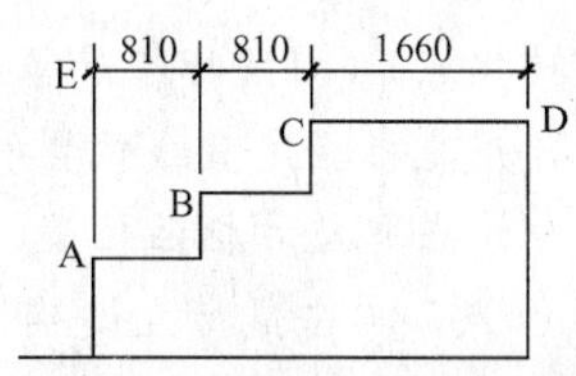

图6-4-4　执行“点点距离”命令示例

命令：DIMPP

用光标指定第一点位置([Esc]退出)（选择图中的A点作为第一个标注位置点）

用光标指定下一点位置（[Esc]结束）（选择图中的B点作为第二个标注位置点）

用光标指定下一点位置（[Esc]结束）（选择图中的C点作为第三个标注位置点）

用光标指定下一点位置（[Esc]结束）（选择图中的D点作为第四个标注位置点）

请点取尺寸标注位置

([H]标X向间距/[V]标Y向间距/[D]标起止点间距/[A]输入标注角度/[L]捕捉直线取角度/[Tab]修改光标所在跨的标注数值)

（直接在图中选择要标注文字的放置位置E点，单击鼠标左键完成操作）

需要注意的是，如果在标注过程中，对标注的文字内容需要进行修改，可以在提示“请点取尺寸标注位置”时，将鼠标移动到要修改的文字位置，按下键盘上的【Tab】键，则命令提示区给出如下提示：

请键入要标的数字：〈810〉(输入“850”后，原由系统自动计算出的标注距离值“810”将被人工修改为“850”)

请点取尺寸标注位置（按[Tab]键可修改光标所在跨的标注数值）(单击鼠标右键退出标注数值的修改，继续确定尺寸标注位置)

3. 点线距离

有时候需要标注点到直线的距离，这就可以用到TCAD中的【点线距离】命令，调用方法如下：

- 命　　令：DIMPL↙（回车）
- 简化命令：DPL↙（回车）
- 菜　　单：【尺寸】｜【点线距离】选项
- 工 具 条：【尺寸】｜ 按钮

执行该命令后，系统将提示先选择要标注的点，然后选择要标注的直线，然后系统自动计算出点到直线的距离并显示在屏幕上，由用户确定标注文字及引线的位置，完成【点线距离】命令。

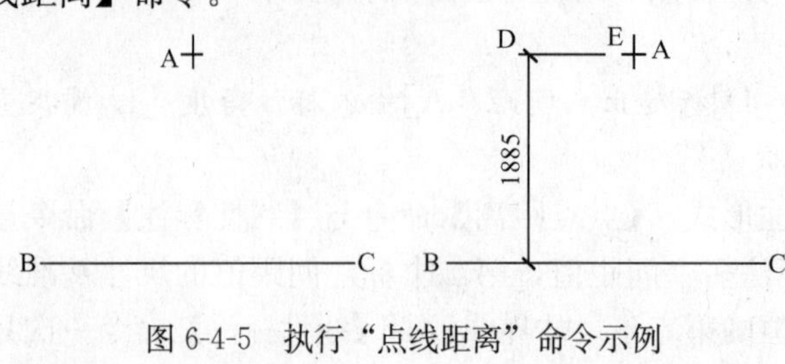

图 6-4-5　执行“点线距离”命令示例

示例：使用【点线距离】命令，标注图 6-4-5 左图中的点 A（用“十”字形状表示）到直线 BC 的距离，标注后的结果如右图所示，具体操作过程如下：

命令：DIMPL

用光标指定点位置（按[Tab]键可捕捉点）（用鼠标在屏幕上选取 A 点，单击鼠标左键确认）

用光标指定直线位置（用鼠标在屏幕上拾取直线 BC，单击鼠标左键确认）

请点取尺寸标注位置（按[Tab]键可修改光标所在跨的标注数值）（用鼠标在屏幕上选取 D 点，单击鼠标左键确认要标注的文字的位置）

请点取引线位置（用鼠标在屏幕上选取 E 点，单击鼠标左键确认尺寸界线的长短）

用光标指定直线位置（单击鼠标右键或按键盘上的【Esc】键退出命令）

4. 线线间距

在 TCAD 中，还可以使用【线线间距】命令来标注多根直线间的距离，该调用方法如下：

- 命　　令：DIMLL↙（回车）
- 简化命令：DLL↙（回车）
- 菜　　单：【尺寸】｜【线线间距】选项
- 工 具 条：【尺寸】｜ 按钮

执行该命令后，系统将提示先选择要标注的平行直线，然后系统自动计算出各平行直线间的距离并显示在屏幕上，由用户确定标注文字及引线的位置，完成【线线间距】命令。

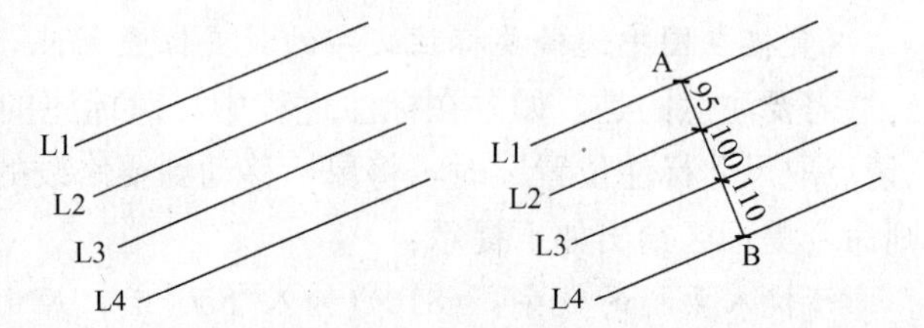

图 6-4-6　执行“线线间距”命令示例

示例：使用【线线间距】命令，标注图 6-4-6 左图中的 4 条直线间的距离，标注后的结果如右图所示，具体操作过程如下：

命令：DIMLL

用光标逐一指定要标注的直线（[Tab]改为直线方式，[Esc]结束）（用鼠标在屏幕上拾取直线 L1，单击鼠标左键确认）

……

用光标逐一指定要标注的直线（[Tab]改为直线方式，[Esc]结束）（用鼠标在屏幕上拾取直线 L4，单击鼠标左键确认）

请点取尺寸标注位置（按[Tab]键可修改光标所在跨的标注数值）（用鼠标在屏幕上选取 A 点，单击鼠标左键确认要标注的文字的位置）

请点取引线位置（拖动鼠标，并单击鼠标左键确认尺寸界线的长短）

用光标逐一指定要标注的直线（[Tab]改为直线方式，[Esc]结束）（单击鼠标右键或按键盘上的【Esc】键退出命令）

需要注意的是，在拾取要标注的直线过程中，系统会自动判断所选择的直线与第一根直线是否平行，只有平行直线才会被加入选择集并高亮显示。此外，在选择直线时，还可以采用“直线方式”来进行栏选，按下键盘上的【Tab】键后，系统将给出如下提示：

请点出截取直线的第一点（[Tab]改为光标方式，[Esc]结束）（用鼠标在屏幕上选取A点，单击鼠标左键确认）

请点出截取直线的第二点（[Tab]改为光标方式，[Esc]结束）（用鼠标在屏幕上选取B点，单击鼠标左键确认后，4根直线将都被加入选择集并高亮显示）

请点出截取直线的第一点（[Tab]改为光标方式，[Esc]结束）（单击鼠标右键完成平行直线的选择，接下来需要确定尺寸标注位置……）

5. 标注直线

有时需要标注有斜度的直线对象，这时尺寸可能不与X轴或Y轴平行，在这种情况下可以使用TCAD中的【标注直线】命令。利用该命令，可以度量直线两端点之间的实际距离。调用【标注直线】命令的方法如下：

- 命　　令：DIMLINE↙（回车）
- 简化命令：DML↙（回车）
- 菜　　单：【尺寸】|【标注直线】选项
- 工 具 条：【尺寸】| 按钮

执行该命令后，系统将提示先选择要标注的直线，然后系统自动计算该直线的长度并显示在屏幕上，由用户确定标注文字及引线的位置，最终完成【标注直线】命令。由该命令产生的标注的内容，将平行于被标注的对象。

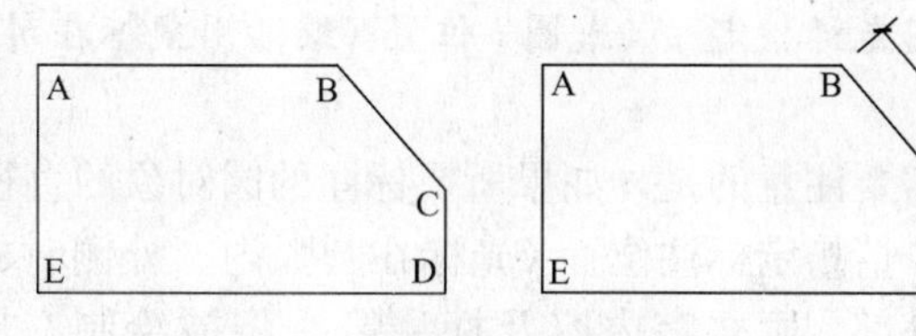

图6-4-7　执行“标注直线”命令示例

示例：使用【标注直线】命令，标注图6-4-7左图中的倾斜的直线BC的长度，标注后的结果如右图所示，具体操作过程如下：

命令：DIMLINE

用光标指定要标注的直线（用鼠标在屏幕上拾取直线BC，单击鼠标左键确认）

请点取尺寸标注位置（按[Tab]键可修改光标所在跨的标注数值）（用鼠标在屏幕上选取合适位置，单击鼠标左键确认要标注的文字的位置）

请点取引线位置（拖动鼠标，并单击鼠标左键确认尺寸界线的长短）

用光标指定要标注的直线（单击鼠标右键或按键盘上的【Esc】键退出命令）

二、圆、圆弧的标注

1. 标注直径

直径尺寸标注用于标注圆形，也可用于标注圆弧。这时，可度量位于圆形或圆弧周边上的两个直径端点之间的距离。系统生成的尺寸标注文字，由Φ符号开始以指示直径尺寸。调用【标注直径】命令的方法如下：

- 命　　令：DIMD↙（回车）
- 简化命令：DMD↙（回车）
- 菜　　单：【尺寸】｜【标注直径】选项
- 工 具 条：【尺寸】｜ 按钮

执行该命令后，系统将提示选择要标注的圆或圆弧对象，然后由用户确定标注文字及尺寸的位置，最终完成【标注直径】命令操作。

示例：使用【标注直径】命令，标注图 6-4-8 左图中的圆和圆弧的直径，标注后的结果如右图所示，具体操作过程如下：

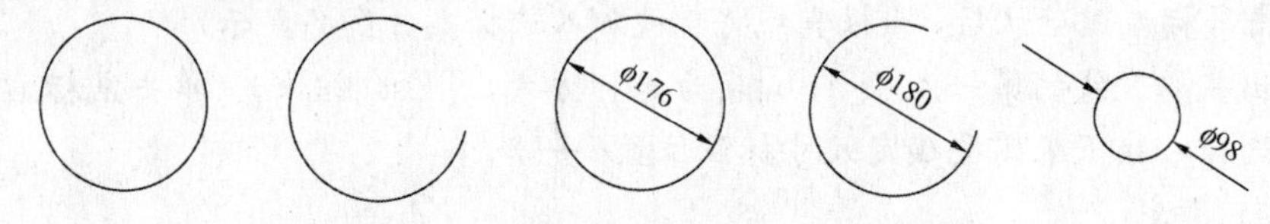

图 6-4-8　执行“标注直径”命令示例

命令：DIMD

用光标指定 弧(或圆) 位置

请选择图素〈ALL-全选，F-栏选〉(先用鼠标在屏幕上拾取圆，单击鼠标左键确认)

圆近点选中

请指定标注位置（光标在圆弧内、外侧时标注方式可改变）(用鼠标在屏幕上选取合适位置，单击鼠标左键确认要标注的文字的位置，完成圆的直径标注)

用光标指定 弧(或圆) 位置（继续用鼠标在屏幕上拾取圆弧，执行相同的标注过程）

……

需要注意的是，如果所要标注的圆对象的直径值太小，圆内放不下标注文字，可以在提示“请指定标注位置（光标在圆弧内、外侧时标注方式可改变）”时，将鼠标放在圆对象的外部，则文字内容及标注箭头将被绘制在圆形外侧，如图 6-4-8 的最后 1 个小圆所示。

2. 标注半径

半径尺寸标注用于标注圆形或圆弧，它与直径尺寸标注相似，唯一不同是半径线（直径的一半）代替了直径线，半径线的度量是从圆心到圆周上任意一点的距离。由系统生成的尺寸标注文字以 R 引导，以表示半径尺寸。调用【标注半径】命令的方法如下：

- 命　　令：DIMR↙（回车）
- 简化命令：DR↙（回车）
- 菜　　单：【尺寸】｜【标注半径】选项
- 工 具 条：【尺寸】｜ 按钮

执行该命令，并选择要标注半径的圆弧或圆。当指定了尺寸线的位置后，系统将按实际测量值标注出圆或圆弧的半径。与【标注直径】命令一样，【标注半径】命令也可以将标注文字与箭头放在圆的外侧。

示例：使用【标注半径】命令，标注图 6-4-9 左图中的圆和圆弧的半径，标注后的结果如右图所示，具体操作过程如下：

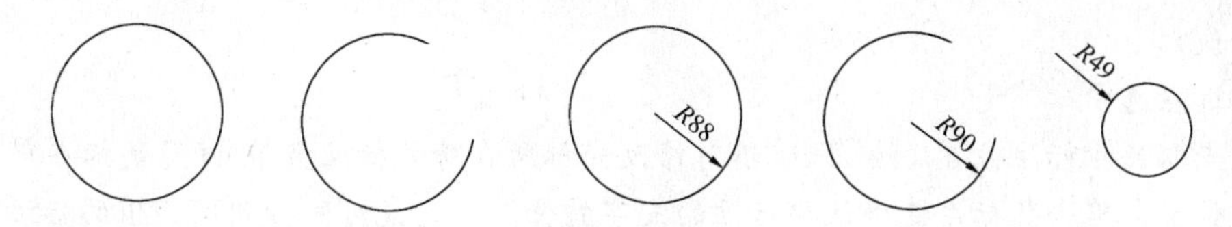

图 6-4-9　执行"标注半径"命令示例

命令：DIMR

用光标指定 弧(或圆) 位置

请选择图素〈ALL-全选，F-栏选〉(先用鼠标在屏幕上拾取圆，单击鼠标左键确认)

圆近点选中

请指定标注位置（光标在圆弧内、外侧时标注方式可改变）(用鼠标在屏幕上选取合适位置，单击鼠标左键确认要标注的文字的位置，完成圆的半径标注)

用光标指定 弧(或圆) 位置（继续用鼠标在屏幕上拾取圆弧，执行相同的标注过程）

……

3. 标注弧弧间距

有时候需要标注同心圆或同心圆弧之间的间距，这就可以使用 TCAD 中的【弧弧间距】来完成此项功能，它的调用方法如下：

- 命　　令：DIMCC↙（回车）
- 简化命令：DCC↙（回车）
- 菜　　单：【尺寸】｜【弧弧间距】选项
- 工 具 条：【尺寸】｜ 按钮

执行该命令，并逐一选择要标注间距值的同心圆或同心圆弧，系统将自动计算间距值并显示在屏幕上，然后由用户确定标注文字及尺寸的位置，最终完成【弧弧间距】命令操作。

示例：使用【弧弧间距】命令，标注图 6-4-10 左图中同心圆或同心圆弧之间的间距，标注后的结果如右图所示，具体操作过程如下：

图 6-4-10　执行"弧弧间距"命令示例

命令：DIMCC

用光标依次指定 弧(或圆) 位置

请选择图素〈ALL-全选，F-栏选〉(先用鼠标在屏幕上拾取同心圆内侧的圆，单击鼠标左键确认)

圆近点选中

用光标依次指定 弧(或圆) 位置

请选择图素〈ALL-全选，F-栏选〉(再用鼠标在屏幕上拾取同心圆外侧的圆，单击鼠标

左键确认）

圆近点选中

请点取尺寸标注位置（按[Tab]键可修改光标所在跨的标注数值）（用鼠标在屏幕上选取合适位置，单击鼠标左键确认要标注的文字的位置，完成对同心圆间距值的标注）

用光标依次指定 弧(或圆) 位置

请选择图素〈ALL-全选，F-栏选〉(采用同样步骤完成对同心圆弧间距值的标注)

……

三、角度的标注

当需要标注直线夹角、圆弧的角度时，可以使用 TCAD 中的【标注角度】命令。该命令产生一个尺寸弧线（两个端点均有箭头的弧形尺寸线）来表示两条非平行线之间的角度。这个命令也可用于标注顶点与两个其他点构成的角度尺寸，标注一段圆或圆弧的角度。对于每一个夹角，都存在一个锐角和一个钝角（内角和外角)。调用【标注角度】命令的方法如下：

- 命　　令：DIMANGLE↙（回车）
- 简化命令：DMA↙（回车）
- 菜　　单：【尺寸】｜【标注角度】选项
- 工 具 条：【尺寸】｜ 按钮

执行该命令后，逐一选择夹角所在的两边，系统将自动计算出夹角的角度值并显示在屏幕上，然后由用户确定标注弧线及文字的位置，最终完成【标注角度】命令操作。

示例：使用【标注角度】命令，标注图 6-4-11 中各个夹角的角度值，具体操作过程如下：

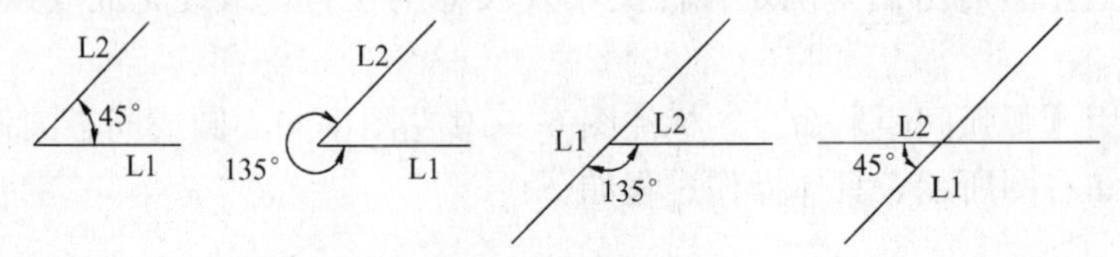

图 6-4-11　执行“标注角度”命令示例

命令：DIMANGLE

用光标指定角起始边位置

请选择图素〈ALL-全选，F-栏选〉(用鼠标在屏幕上拾取直线 L1，单击鼠标左键确认)

直线端点选中

用光标指定角终止边位置

请选择图素〈ALL-全选，F-栏选〉(用鼠标在屏幕上拾取直线 L2，单击鼠标左键确认)

直线端点选中

（用鼠标在屏幕上选取合适位置，单击鼠标左键确认要标注的文字及弧线的位置，完成对第 1 个夹角的角度标注）

……(采用同样步骤完成对其他夹角的角度标注)

需要注意的是，由于 TCAD 中是按逆时针方向对角度进行标注的，所以在选择夹角的起始边和终止边时，选择的先后顺序会影响标注的角度值。在图 6-4-11 中，如果在标注第 2 个角度时，当系统提示选择起始边时选择直线 L2，提示选择终止边时选择 L1，则最终标注的角度值为“315°”。

四、设置标注精度

每个用户对标注精度的格式要求各不相同，如果想修改标注精度，可以使用 TCAD 中的【标注精度】命令，它的调用方法如下：

- 命　　令：DIMROUND↙（回车）
- 简化命令：DRD↙（回车）
- 菜　　单：【尺寸】｜【标注精度】选项
- 工 具 条：【尺寸】｜ 按钮

执行该命令后，系统将弹出“选择尺寸精度”对话框（图 6-4-12）。在该对话框中的下拉列表中选择需要的精度格式，单击鼠标左键确认，然后点击【确定】按钮完成标注精度的设置。在该对话框中，标注精度一共可以设置 9 种格式，TCAD 中标注精度默认值是 5。如果实际尺寸为 1204，标注精度为 1 时，标注尺寸为 1204；标注精度为 5 时，标注尺寸为 1205；标注精度为 10 时，标注尺寸为 1200；标注精度为 0.01 时，标注尺寸为 1204.00。如果需要更多的精度格式，可以在“尺寸标注编辑”对话框中进行设置，最多可以保留小数点后 8 位有效数字。有关“尺寸标注编辑”对话框的调用方法请参考本章第三节“尺寸标注的组成与编辑”。

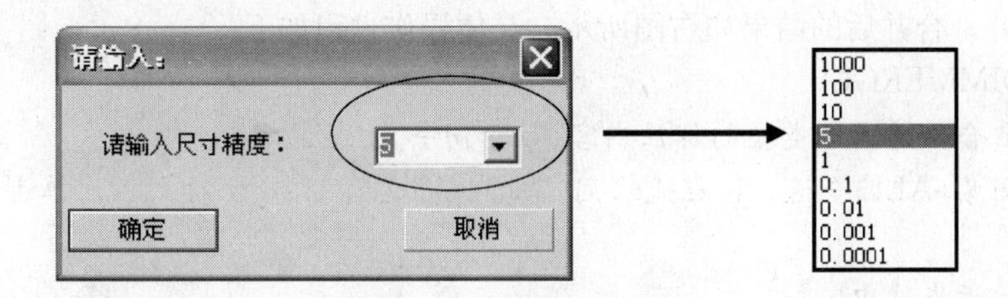

图 6-4-12　设置标注精度

示例：使用【标注精度】命令，设置两种不同的标注精度，分别为“5”和“0.01”标注图 6-4-13 左图中图形的尺寸，两种标注精度结果如右图所示。

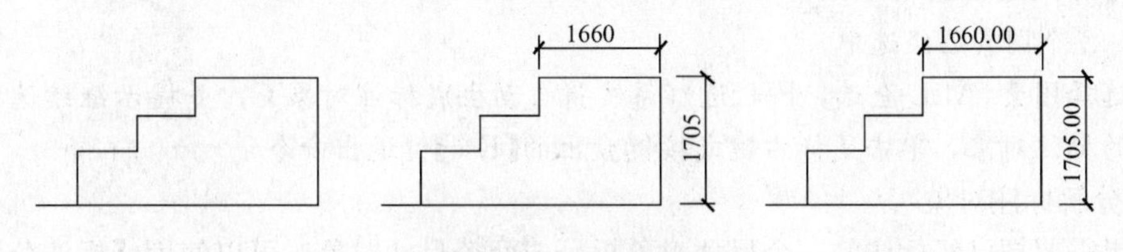

图 6-4-13　两种标注精度对比图

五、尺寸的合并与分解

在 TCAD 中，尺寸标注产生的尺寸线、箭头、界线、文字内容等组成了新的标注实体对象，它是一个统一的整体。当用鼠标选择标注对象时，它的各元素都会被高亮显示。并且，当打开"选择集夹点编辑"选项时（参考第五章第一节的"对象捕捉"设置方法），可以直接拖动夹点进行编辑，标注的尺寸文字内容也会随夹点位置的改变而自动更新。

TCAD 有两个特有的编辑修改标注实体的命令，分别是【合并标注】命令和【标注分解】命令。使用这两个命令，可以更加方便、高效地修改标注内容，下面分别加以介绍：

1. 合并标注对象

如果需要把已经标注的一个或几个线性尺寸合并成一个尺寸，可以使用【合并标注】命令，它的调用方法如下：

- 命　　令：DIMMERGE↙（回车）
- 简化命令：DMM↙（回车）
- 菜　　单：【尺寸】｜【合并标注】选项
- 工 具 条：无，可由用户自行定义进【尺寸】工具条

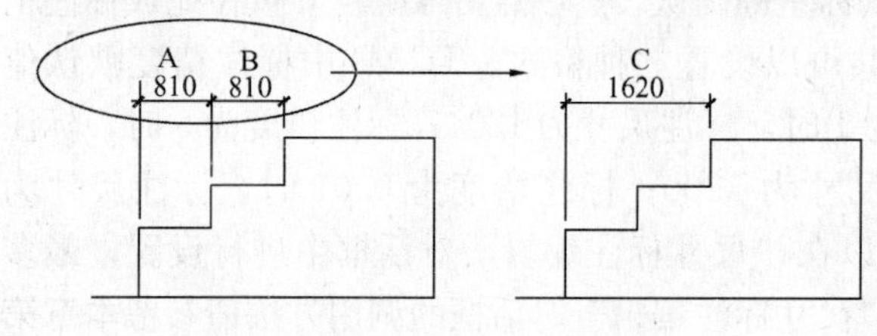

图 6-4-14　合并两个标注对象

执行该命令后，系统提示逐一选择要合并的尺寸对象，单击鼠标左键确认后，系统将自动生成新的标注对象，它的两个尺寸边界分别为原来要合并对象的外侧边界。

示例： 使用【合并标注】命令，将图 6-4-14 左图中的标注对象 A 与标注对象 B 合并，合并后的结果如右图所示，具体操作过程如下：

命令：DIMMERGE

请选择要合并的同一类型的标注内容(位于同一直线上)

请选择图素〈ALL-全选，F-栏选〉(用鼠标在屏幕上拾取标注对象 A，单击鼠标左键确认)

尺寸标注近点选中

　　1 个图素已经选中

请选择图素〈ALL-全选，F-栏选〉(用鼠标在屏幕上拾取标注对象 B，单击鼠标左键确认)

尺寸标注近点选中

　　2 个图素已经选中

请选择图素〈ALL-全选，F-栏选〉(系统将自动生成标注对象 C，并提示继续选择其他要合并的标注对象，单击鼠标右键或按键盘上的【Esc】键退出命令)

2. 分解标注对象

如果需要把已经标注的一个尺寸对象拆分成两个尺寸对象，可以使用【标注分解】命令，它的调用方法如下：

- 命　　令：DIMSPLIT↙（回车）
- 简化命令：DS↙（回车）
- 菜　　单：【尺寸】｜【标注分解】选项

● 工 具 条：无，可由用户自行定义进【尺寸】工具条

执行该命令后，系统提示选择一个要分解的尺寸对象，单击鼠标左键确认后，系统将提示输入拆分点距离原标注边界点的距离，或直接进行二等分，拆分成两个独立的标注对象。

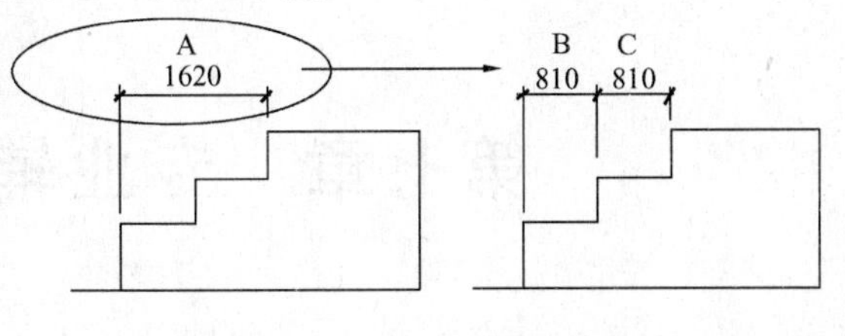

图 6-4-15　分解尺寸标注对象

示例：使用【标注分解】命令，将图 6-4-15 左图中的标注对象 A 分解成两个独立的标注对象 B 和 C，分解后的结果如右图所示，具体操作过程如下：

命令：DIMSPLIT

请选择一个要分解的标注内容：

请选择图素〈ALL-全选，F-栏选〉(用鼠标在屏幕上拾取标注对象 A，单击鼠标左键确认)

　　1 个图素已经选中

原标注 1 点至标注 2 点距离为 1620(系统提示原标注距离值)

请输入拆分点距标注 1 点距离(正值)/距标注 2 点距离(负值)/二等分(输入 0)/([Esc]返回)：(系统加亮显示原标注 1 点，输入“0”并按【回车】键，直接二等分原标注对象，生成标注对象 B 和 C，完成【标注分解】命令)

第七章　专业辅助绘图功能

作为建筑行业的专业绘图软件，TCAD 为用户提供了大量建筑和结构专业的辅助绘图功能。可绘制建筑施工图中常用的符号，如标高、轴线、指北针、箭头、图名比例、详图索引、剖切索引、详图符号、对称符号、剖面符号、断面符号、折断线等符号。

TCAD 还提供了钢结构专业的绘图模块，不仅包括尺寸等常用标注，而且能够辅助绘制连接焊缝、零件编号、钢板规格、螺栓孔、螺栓群等钢结构常用符号，以及各级钢筋符号及钢结构的符号。

此外，TCAD 作为建筑行业的专业绘图软件，考虑到建筑平面施工图是最常见和绘图量最大的部分，专门针对绘制建筑平面施工图编制了“建筑平面”模块。它的功能包括定义绘制轴线、绘制墙、布置门窗、阳台、柱、楼体和室内设备等，并提供了符合国家标准的建筑图库及常用设备图库。可以非常智能、方便地绘制简单建筑平面施工图，特别适用于快速绘制住宅单元平面。

本章的主要内容有：

◆常用建筑符号的自动绘制方法

◆常用钢筋符号的自动绘制及标注方法

◆钢结构符号的自动绘制及标注方法

◆如何高效地绘制建筑平面施工图

第一节　绘制建筑专业符号

作为建筑行业的专业绘图软件，TCAD 还为用户提供了大量建筑和结构专业符号的辅助绘图功能。如图 7-1-1 所示，使用【符号】菜单中的各个命令，可绘制建筑施工图中常用的符号，如标高、轴线、指北针、箭头、图名比例、详图索引、剖切索引、详图符号、写详图名、对称符号、剖面符号、断面符号、折断线等。

一、设置大地坐标及标高

1. 设置基准点

基准点在建筑平面中是指大地的基点坐标，有了基准点坐标才有大地的坐标。在 TCAD 中使用命令【设基准点】来指定大地的基点坐标。调用该命令的方法如下：

- 命　　令：BASEPT↙（回车）
- 简化命令：BAS↙（回车）
- 菜　　单：【建筑符号】｜【设基准点】选项
- 工 具 条：无

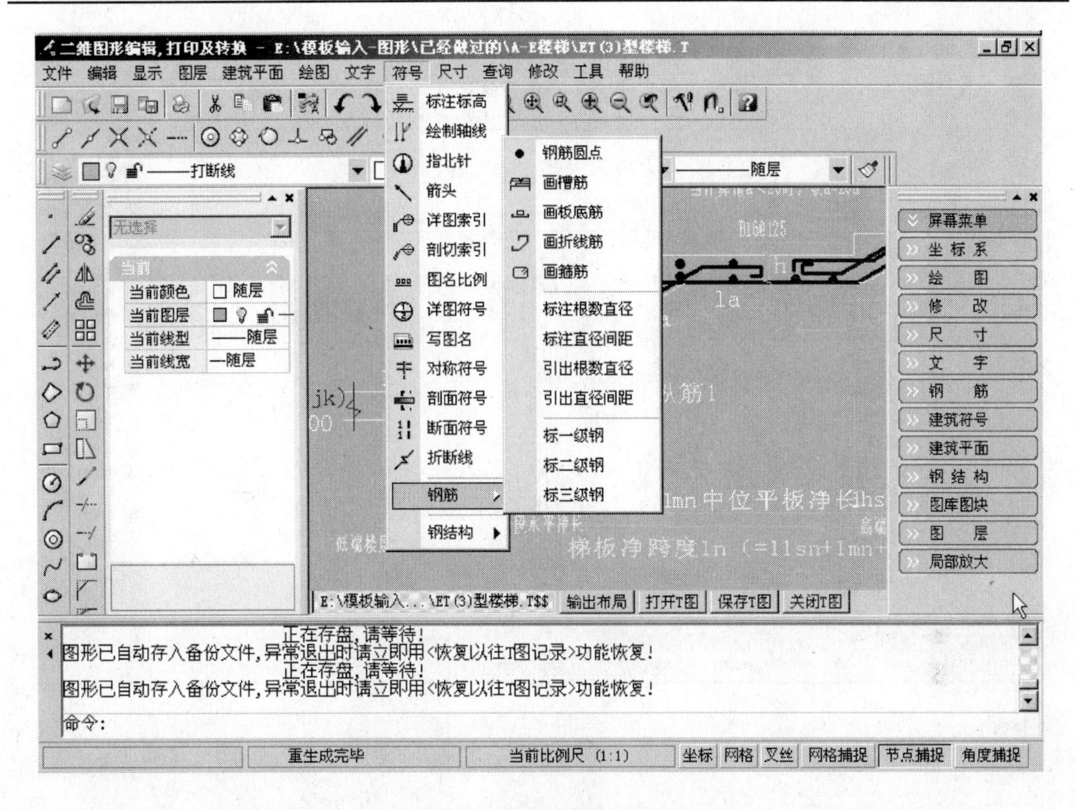

图 7-1-1　【符号】菜单

- 功　　能：指定大地基点坐标

操作说明：使用此命令后，系统给出如下提示：

命令：BASEPT

用光标指定基准坐标点位置（[Esc]返回）

在屏幕上选取要设置为大地基准点的坐标点（如图 7-1-3 中的 A 点），则会显示“输入大地基点坐标值”对话框（如图 7-1-2 所示），可将基点坐标设置为（0，0）或其他值，按“确定”按钮后设置完毕。设置结果如图 7-1-3 所示。

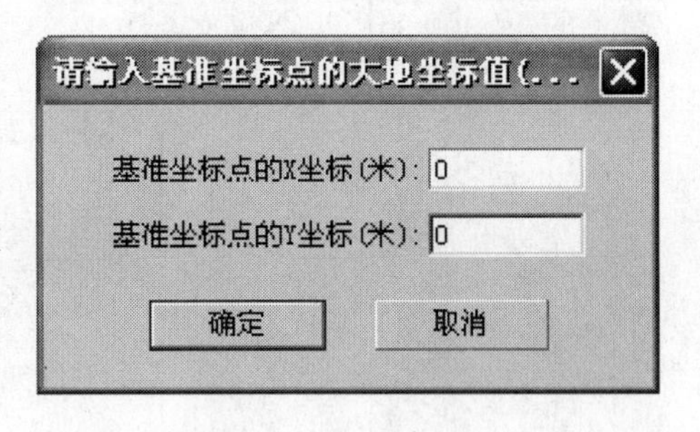

图 7-1-2　“输入大地基点坐标值”对话框

2. 设置大地坐标

【大地坐标】命令用于标注大地的坐标，它的调用的方法如下：

- 命　　令：GCOORD↙（回车）
- 简化命令：GC↙（回车）
- 菜　　单：【建筑符号】｜【大地坐标】选项
- 工 具 条：无
- 功　　能：标注大地坐标

操作说明：使用此命令后，在屏幕上选取要标注的大地坐标点（如图 7-1-4 中的 B 点），再用鼠标在屏幕上选择标注文字的位置，标注结果如图 7-1-4 所示。

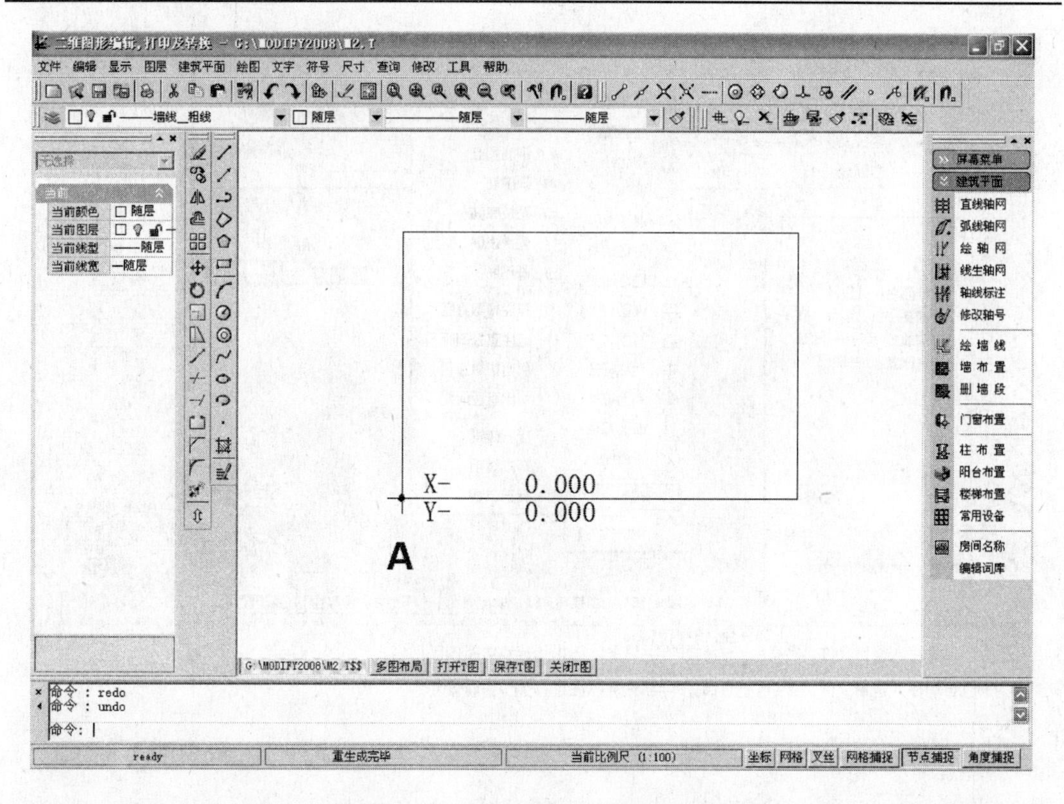

图 7-1-3　“大地基点”设置结果图

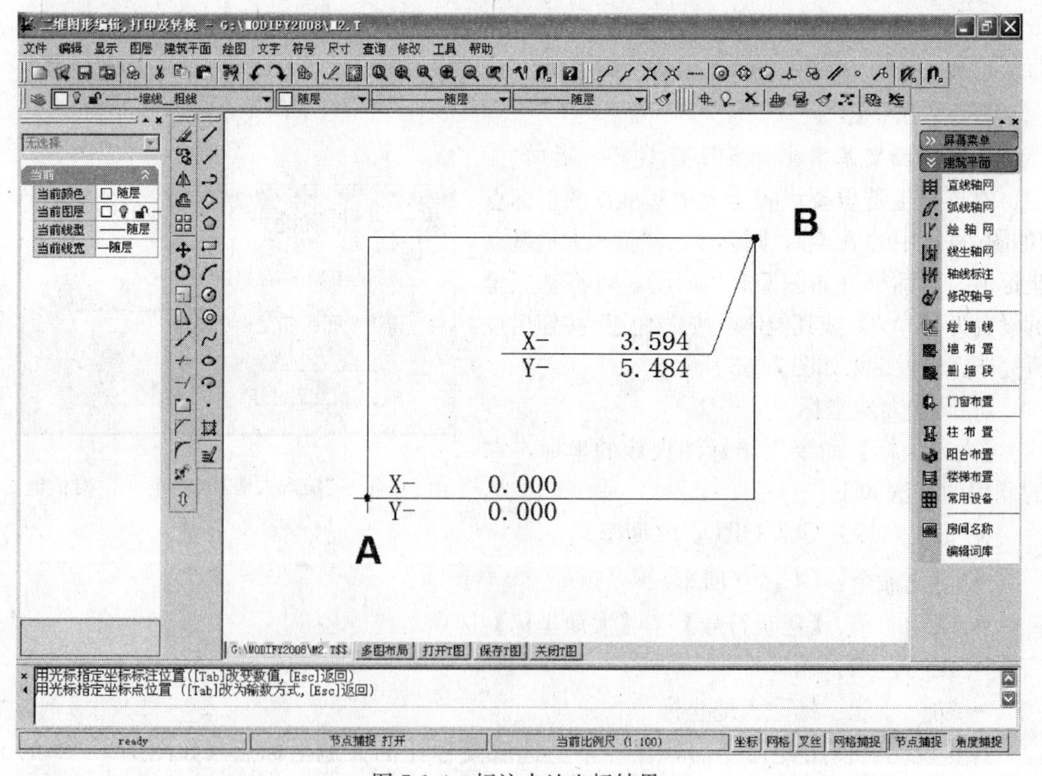

图 7-1-4　标注大地坐标结果

下面描述一下该命令的操作过程：

命令：GCOORD

用光标指定坐标点位置([Tab]改为输数方式，[Esc]返回)

这时命令行提示用户，指定一个点作为大地坐标的标注点，鼠标动的时候，用户将动态地看到即将标注的图形符号，如图 7-1-5 所示。

点击鼠标左键指定点以后，将拉出一条短线作为标注的引伸线，最后标注的结果如图 7-1-6 所示。

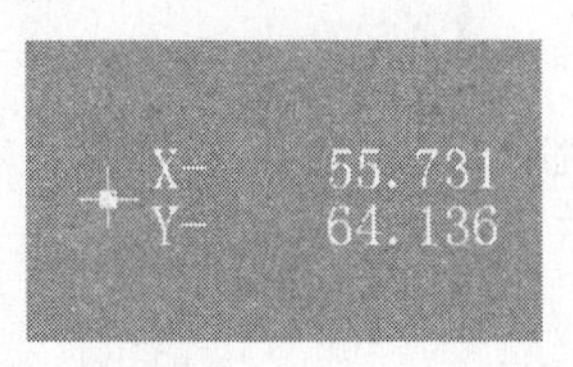

图 7-1-5　标注大地坐标过程

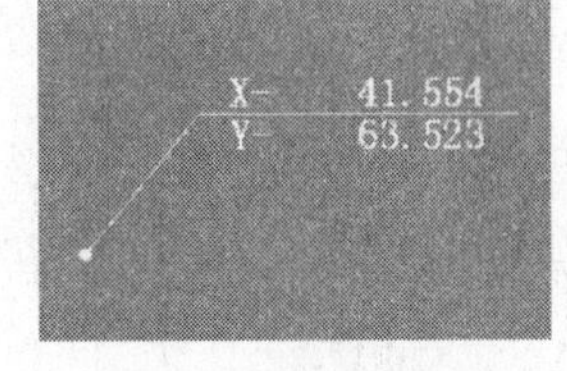

图 7-1-6　标注大地坐标示例

如果用户按【Tab】键，将弹出如图 7-1-7 的对话框，提示用户输入需要标注的点的坐标。

指定后，将得到和上面一样的结果。

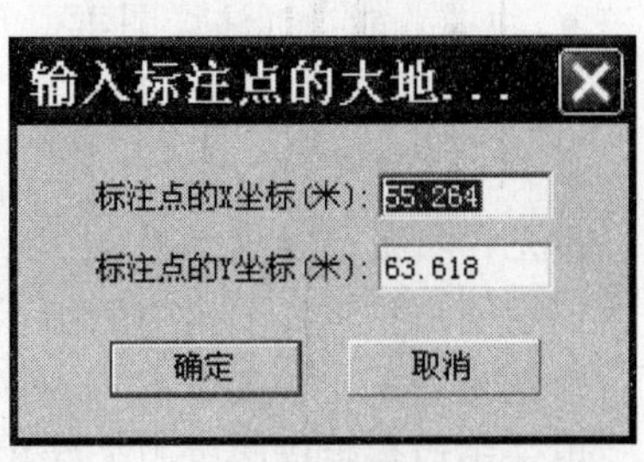

图 7-1-7　输入标注点的大地坐标

3. 标注标高

为了表达立面图等各位置的高度，在建筑施工图中，经常要标注标高，在 TCAD 中提供了这样的功能。调用【标注标高】命令的方法如下：

- 命　　令：DIMELEV↙（回车）
- 简化命令：DIME↙（回车）
- 菜　　单：【建筑符号】｜【标注标高】选项
- 工 具 条：【符号】｜【标注标高】按钮
- 功　　能：标注标高

操作说明：使用此命令后，首先弹出如图 7-1-8 所示的对话框，提示输入要标注的标高值。

输入需要标注的标高值后，点击确定就进入了在适当的位置标注的动态标注状态，这时命令行提示：

命令：DIMELEV

请指示标高的标注位置?([A]—改变标注方向/[D]捕捉直线角度/[Esc]退出)

这时用户只要指定一个点，就可以标注上标高了，如图 7-1-9 所示。

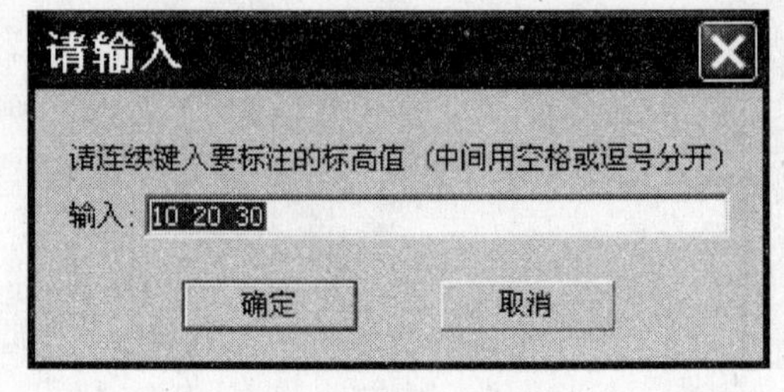

图 7-1-8　标注标高

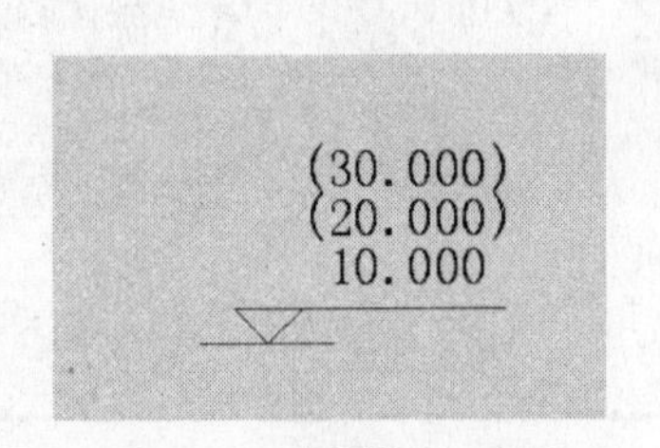

图 7-1-9　标注标高结果

在标注的过程中，用户也可以按【A】键改变标注的方向。每次按【A】键，标注的方向将在四个方向切换。

在标注的过程中，用户也可以按【D】键捕捉一条直线段的角度，按【D】后命令行提示：

请用光标点取图素（[Tab]窗口方式/[Esc]返回）

这时用户选择一条直线段，就会将标高的标注方向改为与这条直线平行。

二、绘制图纸索引符号

1. 详图索引

在建筑平面施工图中，详图索引是用来指示需要绘制成详图的某个局部，在 TCAD 中提供了这样的功能。调用【详图索引】命令的方法如下：

- 命　　令：DETAILIND↙（回车）
- 简化命令：DEI↙（回车）
- 菜　　单：【建筑符号】｜【详图索引】选项
- 工 具 条：【符号】｜【详图索引】按钮
- 功　　能：标注详图索引

操作说明：使用此命令后，程序将给出如下提示：

命令：DETAILIND

用光标指定起始点位置（[Esc]返回）

提示用户指定详图索引的指示部位，用一个点来表达。指定后，命令行提示：

用光标指定转折点位置

提示用户指定详图索引的转折点位置，用一个点来表达。指定后，命令行提示：

用光标指定索引符号位置

提示用户指定详图索引的索引符号位置，用一个点来表达。指定后，将弹出【索引参数】对话框（如图 7-1-10 所示），在对话框中可设置索引编号、详图所在的图纸、图集编号等内容。

在该对话框中，设置详图索引符号的其他内容，设置好后，点击确定，绘制的详图索引就完成了，如图 7-1-11 所示。

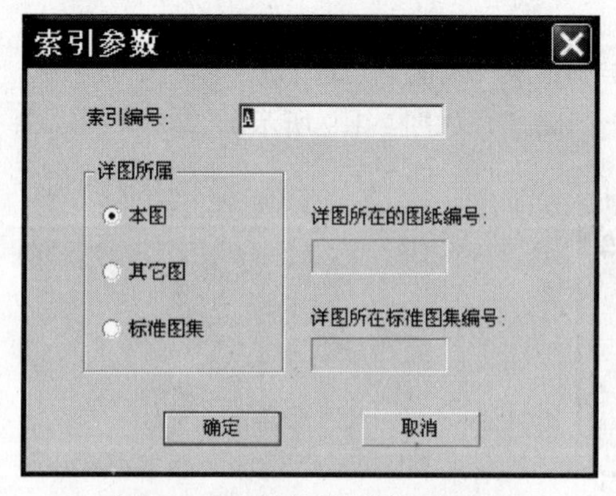

图 7-1-10　【索引参数】对话框

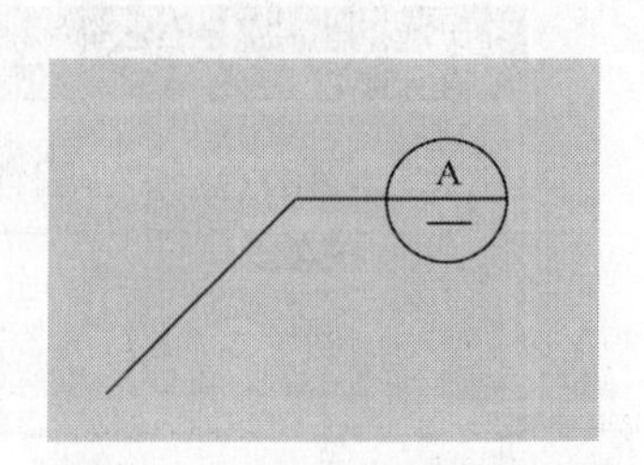

图 7-1-11　标注详图索引结果

2. 剖切索引

在建筑平面施工图中，剖切索引是用来指示需要绘制成剖面图的位置，在 TCAD 中提供了这样的功能。调用【剖切索引】命令的方法如下：

- 命　　令：CUT _ IND↙（回车）
- 简化命令：CTI↙（回车）
- 菜　　单：【建筑符号】｜【剖切索引】选项
- 工 具 条：【符号】｜【剖切索引】按钮
- 功　　能：标注剖切索引符号

操作说明：同【详图索引】命令

3. 详图符号

在建筑平面施工图中，详图符号是用来指示详图索引局部所对应的详图，在 TCAD 中提供了这样的功能。调用【详图符号】命令的方法如下：

- 命　　令：DETAMARK↙（回车）
- 简化命令：DEM↙（回车）
- 菜　　单：【建筑符号】｜【详图符号】选项
- 工 具 条：【符号】｜【详图符号】按钮
- 功　　能：标注详图符号的索引

下面描述一下该命令的操作过程：

命令：DETAMARK

执行命令后，首先弹出如图 7-1-12 所示对话框

点击确定后，命令行提示用户确定详图符号的插入位置，命令行提示：

用光标指定详图符号位置

指定一个点后，详图符号被插入到图中，如图 7-1-13 所示。

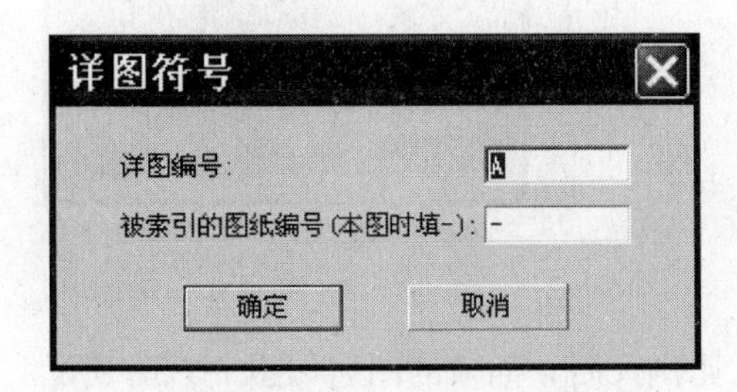

图 7-1-12　【详图符号】对话框

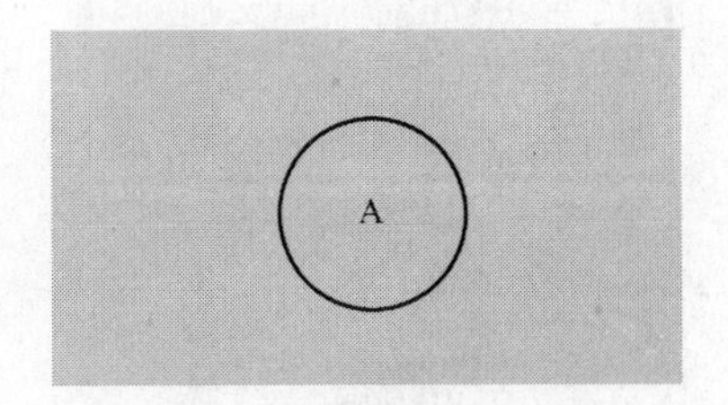

图 7-1-13　标注详图符号结果

4. 写图名

在建筑平面施工图中，写图名是用来表达图纸的名称，它是更一般性的图名表达，图名比例一般是用来标注平面施工图，二者不同。在 TCAD 中提供了这样的功能。调用【写图名】命令的方法如下：

- 命　　令：DRAWMARK↙（回车）
- 简化命令：DMK↙（回车）
- 菜　　单：【建筑符号】｜【写图名】选项

- 工 具 条：【符号】｜【写图名】按钮

下面描述一下该命令的操作过程：

命令：DRAWMARK

执行命令后，将弹出“写图名”对话框（图 7-1-14）。

点击确定后，命令行提示用户确定详图符号的插入位置，命令行提示：

请指定标注位置（[A]-改文字宽高，[B]-比例尺开关，[Esc]-结束）

指定一个点后，图名被插入到图中，如图 7-1-15 所示。

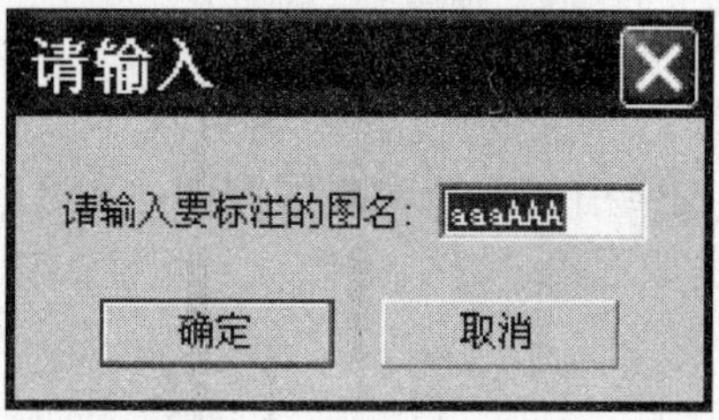

图 7-1-14　“写图名”对话框

图 7-1-15　写图名结果

在插入图名的过程中，用户随时可以按【A】键，修改文字的宽度和高度。按【A】键后，将弹出如图 7-1-16 所示的对话框。设定好文字的宽和高以后，又进入到插入图名的过程。

在插入图名的过程中，用户随时可以按【B】键，修改图名内容是否要比例尺的内容，如果没有比例尺内容，按【B】键后，将弹出图 7-1-17 中的对话框。

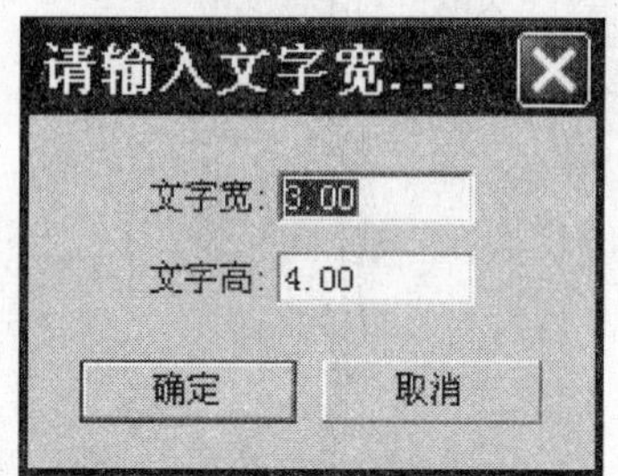

图 7-1-16　输入文字宽、高

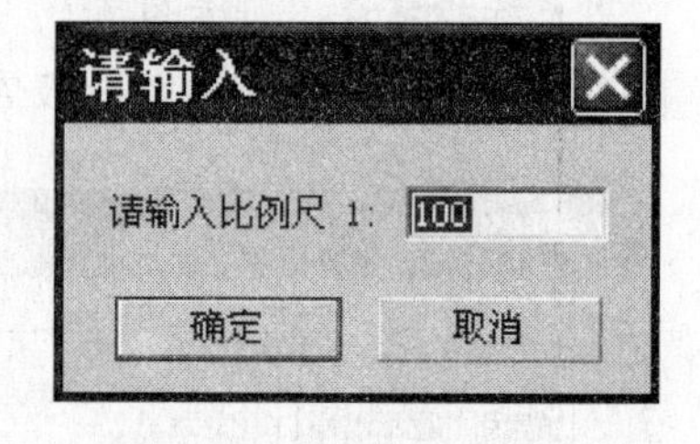

图 7-1-17　输入比例尺

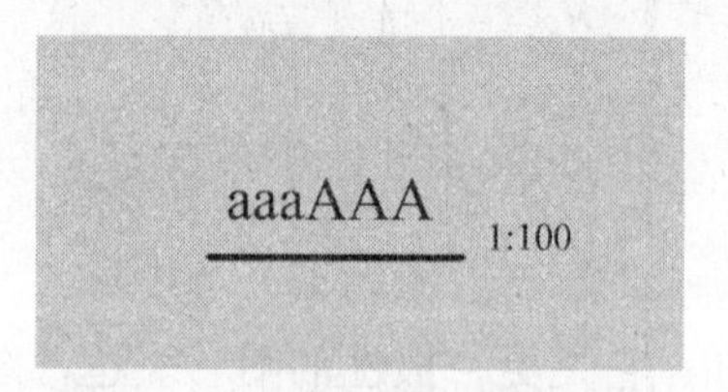

图 7-1-18　写图名及比例尺结果

用户输入比例尺后，插入的图名如图 7-1-18 所示。

如果已经有比例尺了，按【B】键将去掉图名中的比例尺。

5. 图名比例

在建筑平面施工图中，图名比例是用来表达当前图形的名称和比例，在 TCAD 中提供了这样的功能。调用【图名比例】命令的方法如下：

- 命　　令：NAMESCALE↙（回车）
- 简化命令：NS↙（回车）

- 菜　　单：【建筑符号】｜【图名比例】选项
- 工 具 条：【符号】｜【图名比例】按钮
- 功　　能：对平面布置图等进行图名标注

下面描述一下该命令的操作过程：

命令：NAMESCALE

执行命令后，将弹出图 7-1-19 中的对话框，主要是设置图纸的一些信息，包括楼层和比例尺等。

设置好后，点击确定，就进入动态布置图名比例的过程。这时命令行提示：

请指示"＊＊层平面图"在图面上的书写位置

用户指定一个点，作为图名的标注点，最后标注的结果如图 7-1-20 所示。

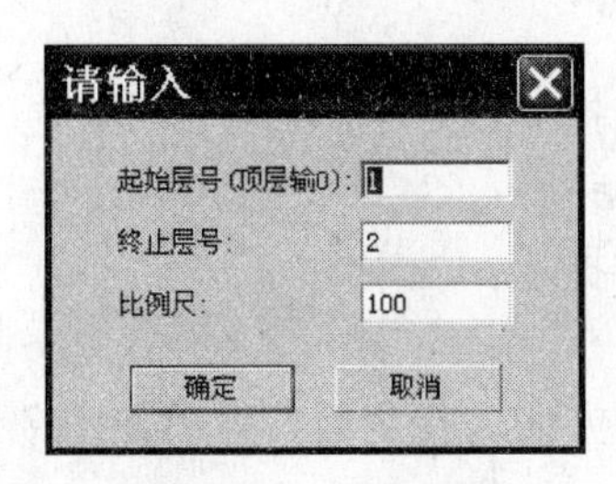

图 7-1-19　"标注图名、比例尺"对话框

图 7-1-20　标注图名、比例尺结果

三、绘制对称、断面符号

1. 对称符号

在建筑平面施工图中，对称符号是用来表达图形的两部分是对称的，也是常用的一个符号，在 TCAD 中提供了这样的功能。调用【对称符号】命令的方法如下：

- 命　　令：SYMMETRY↙（回车）
- 简化命令：SYM↙（回车）
- 菜　　单：【建筑符号】｜【对称符号】选项
- 工 具 条：【符号】｜【对称符号】按钮
- 功　　能：绘制对称符号

下面描述一下该命令的操作过程：

命令：SYMMETRY

执行命令后，命令行提示：

用光标指定第一点位置（按[Ctrl]＋[F4]开关十字光标）

这时用户指定对称符号的第一点，操作方式同绘直线。指定第一点后，命令行提示：

用光标指定第二点位置（按[F4]键可控制角度）

这时用户指定对称符号的第二点，指定后对称符号就绘制完成，如图 7-1-21 所示。

图 7-1-21　绘制对称符号结果

2. 剖面符号

在建筑平面施工图中，剖面符号是用来指示需

要绘制成剖面图的剖切位置，在 TCAD 中提供了这样的功能。调用【剖面符号】命令的方法如下：

- 命　　令：SECTION↙（回车）
- 简化命令：SEC↙（回车）
- 菜　　单：【建筑符号】｜【剖面符号】选项
- 工 具 条：【符号】｜【剖面符号】按钮
- 功　　能：标注剖面符号

下面描述一下该命令的操作过程：

命令：SECTION

执行命令后，命令行提示：

用光标指定起始点位置（[Esc]返回）

这时用户需要指定剖面符号的起始点，指定后，命令行提示：

用光标指定下一点位置（按[F4]键可控制角度，[Esc]结束）

这时用户需要指定剖面符号的下一点，指定后，命令行提示：

请在剖断线一侧点出视向位置

这时用户需要指定剖面符号剖断一侧的点，来指定剖切方向，指定后，弹出如图 7-1-22 中所示的对话框。

这时用户需要指定剖断符号的文字标识。指定后，按确定就完成剖断符号的绘制，如图 7-1-23 所示。

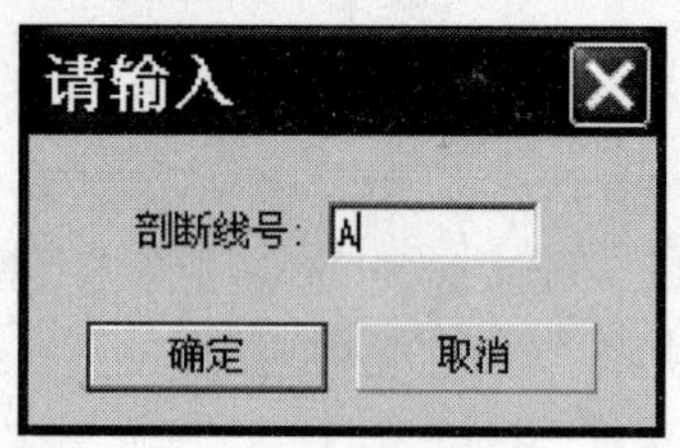

图 7-1-22　“标注剖面符号”对话框

图 7-1-23　标注剖面符号结果

3. 断面符号

在建筑平面施工图中，断面符号是用来指示需要绘制成剖面图的位置，在 TCAD 中提供了这样的功能。调用【断面符号】命令的方法如下：

- 命　　令：CUT_AWAY↙（回车）
- 简化命令：CTA↙（回车）
- 菜　　单：【建筑符号】｜【断面符号】选项
- 工 具 条：【符号】｜【断面符号】按钮
- 功　　能：标注断面符号

图 7-1-24　标注断面符号结果

操作的过程与【剖面符号】命令完全一样。最后得到的图形如图 7-1-24 所示。

4. 折断线符号

在建筑平面施工图中，折断线也是经常需要绘制的符号，在 TCAD 中提供了这样的功能。调用【折断线】命令的方法如下：

- 命　　令：CUT _ OFF↙（回车）
- 简化命令：CTO↙（回车）
- 菜　　单：【建筑符号】｜【折断线】选项
- 工 具 条：【符号】｜【折断线】按钮
- 功　　能：标注折断线符号

下面描述一下该命令的操作过程：

命令：CUT _ OFF

执行命令后，命令行提示：

用光标指定第一点位置

这时提示用户，指定折断线的起点，用户指定后，命令行提示为：

用光标指定第二点位置（[A]-放大比例/[D]-缩小比例/[F4]-控制角度）

这时用户需要指定折断线的终点，在指定终止点的过程中，折断线是动态绘制的，用户在绘制过程中随时可以按【A】键放大折断符号的比例或按【D】键缩小比例，最后得到的图形如图 7-1-25 所示。

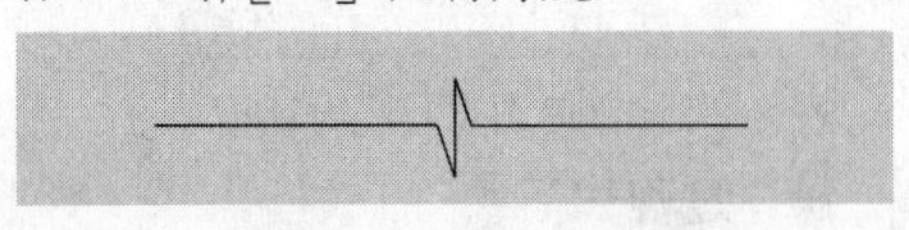

图 7-1-25　标注折断线符号结果

第二节　钢筋的绘制和标注

结构施工图中钢筋的绘制和标注内容很多，TCAD 仅提供了如图 7-2-1 所示菜单中的内容。

下面分别介绍绘制钢筋和标注钢筋命令。

一、钢筋圆点的绘制

钢　筋
钢筋圆点
画槽筋
画板底筋
画折线筋
画箍筋
标根数直径
标直径间距
引根数直径
引直径间距
标一級钢
标二級钢
标三級钢
标四級钢

图 7-2-1　钢筋菜单内容

"钢筋圆点"是结构中最常用、最简单的一类图形对象，只要指定一点即可绘制一个钢筋圆点。在 TCAD 中，可以用二维坐标(x，y)或三维坐标(x，y，z)来指定位置，也可以混合使用二维坐标和三维坐标。如果输入二维坐标，TCAD 将会用当前的高度作为 Z 轴坐标值，默认值为 0。可以用鼠标直接指定一点或在命令行输入二维、三维坐标来确定位置。调用【钢筋圆点】命令的方法如下：

- 命　　令：BARCORE↙（回车）
- 简化命令：BAC↙（回车）
- 菜　　单：【钢筋】｜【钢筋圆点】选项
- 工 具 条：【符号】｜【钢筋】 ● 按钮

执行此命令后，程序出现对话框（如图 7-2-2 所示），要求用户在对话框内输入圆点的直径，输入完成后，单击【确定】按钮，退出对话框，命令提示区出现如下提示：

请指定绘制位置：([A]距离显示开关，[D]改变圆点直径，[Esc]退出)

在命令执行过程中，默认情况下可直接执行；执行方括号中的其他选项，必须先在命令行中输入相应的字母，回车后才转入相应命令的执行。

对于提示中的“距离显示开关”选项，在命令行中输入字母“A”回车后，输入第二个圆点时，将随鼠标移动出现圆点之间的距离。而提示中的“改变圆点直径”选项，输入字母“A”回车后系统将弹出图 7-2-2 中的对话框，用于修改圆点直径。

示例：绘制如图 7-2-3 所示的图形，由此说明钢筋圆点命令的使用方法及坐标的各种输入方式。

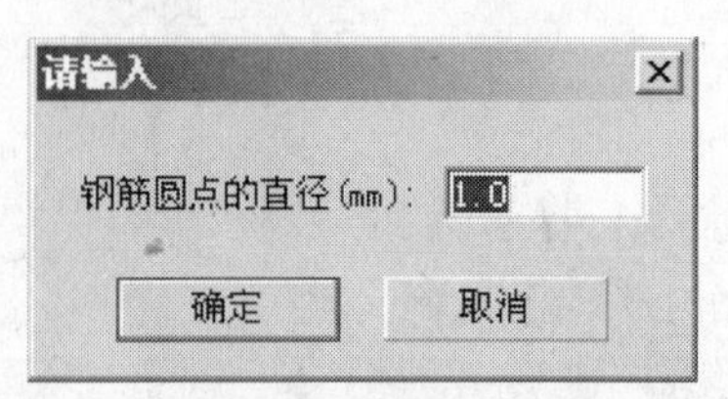

图 7-2-2　钢筋圆点直径对话框

图 7-2-3　用“钢筋圆点”命令绘图示例

操作过程如下：

命令：BARCORE

请指定绘制位置：([A]距离显示开关，[D]改变圆点直径，[Esc]退出)

20，20(输入绝对直角坐标)

二、画槽筋

“画槽筋”即支座负筋，是结构楼板施工图中最常用、最简单的一类图形对象，只要指定一点即可绘制一个支座负筋。调用【画槽筋】命令的方法如下：

- 命　　令：SUPPTtBAR↙(回车)
- 简化命令：SUP↙(回车)
- 菜　　单：【钢筋】|【画槽筋】选项
- 工 具 条：【符号】|【钢筋】按钮

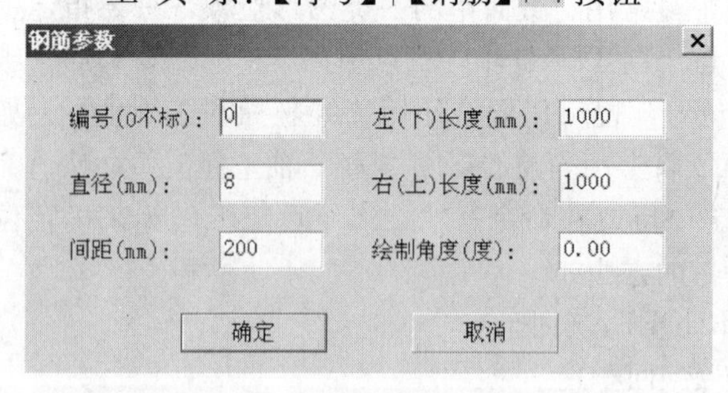

图 7-2-4　输入钢筋参数对话框

执行此命令后，程序出现对话框(如图 7-2-4 所示)，要求用户在对话框内输入钢筋参数，输入完成后，单击【确定】按钮，退出对话框，在绘图区确定槽筋的位置，完成后按鼠标右键，程序再次弹出对话框，在对话框内单击【取消】按钮，完成命令。对话框中“左(下)长度”指的是支座左侧(或下侧)长度。

命令提示区出现如下提示：

请指定绘制位置：([A]改变尺寸位置)

在命令执行过程中，默认情况下可直接执行；执行方括号中的其他选项，必须先在命令行中输入相应的字母，回车后才转入相应命令的执行。

对于提示中的“改变尺寸位置”选项，在命令行中输入字母“A”回车后，输入槽筋时，其尺寸位置将改变。如图 7-2-5 所示。

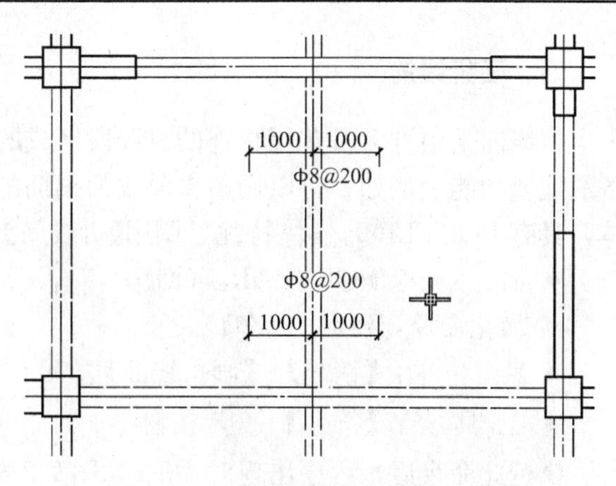

图 7-2-5　用“画槽筋”命令绘图示例

示例：绘制如图 7-2-5 所示的图形，由此说明【画槽筋】命令的使用方法。

命令：BARCORE

屏幕上弹出 图 7-2-4 所示的对话框，在该对话框中输入钢筋参数，单击【确定】按钮，退出对话框，系统将给出如下提示：

请指定绘制位置：([A]改变尺寸位置)(在要绘制的梁上用鼠标点击，完成绘制)

三、画板底筋

“画板底筋”也是结构楼板施工图中最常用、最简单的一类图形对象，只要指定了起点和终点即可绘制一个板底筋。调用【画板底筋】命令的方法如下：

- 命　　令：BOTTOMBAR↙(回车)
- 简化命令：BT↙(回车)
- 菜　　单：【钢筋】|【画板底筋】选项
- 工 具 条：【符号】|【钢筋】 按钮

执行此命令后，程序出现“板底筋参数”对话框(如图 7-2-6 所示)，要求用户在对话框内输入钢筋参数，输入完成后，单击【确定】按钮，退出对话框后，在绘图区确定画板底筋的位置，完成后按鼠标右键，程序再次弹出对话框，在对话框内单击【取消】按钮，完成命令。

示例：绘制如图 7-2-7 所示的图形，由此说明【画板底筋】命令的使用方法。

命令：BOTTOMBAR

屏幕上弹出 图 7-2-6 所示的对话框，在该对话框中输入钢筋参数，单击【确定】按钮，退出对话框，系统将给出如下提示：

请用光标点出钢筋两端点位置(在要绘制的位置用鼠标点击起点和终点，完成绘制)(图 7-2-7)

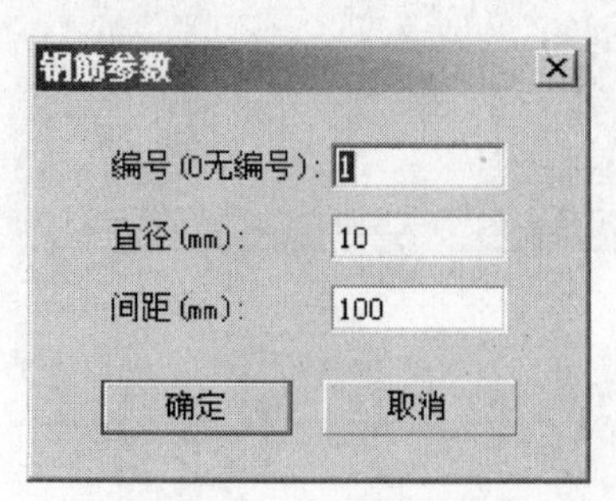

图 7-2-6　“输入板底筋参数”对话框

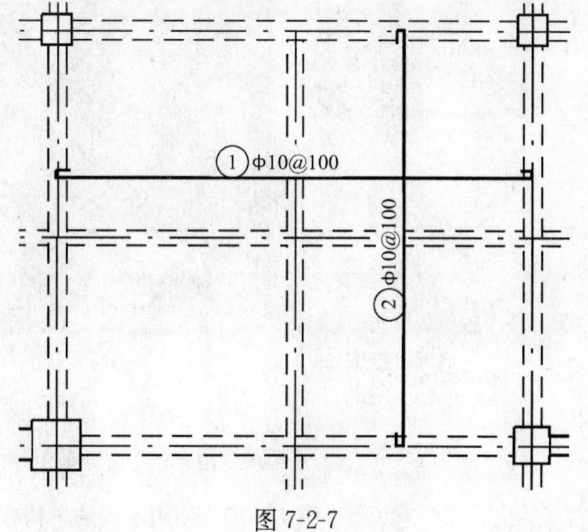

图 7-2-7

四、画折线筋

折线筋是由许多段首尾相连的直线段组成的一个独立对象，它提供单个直线筋所不具备的编辑功能。例如，可以调整多段线的钢筋的弯钩类型。折线筋是一个 POLYLINE 实体，具有 POLYLINE 实体特性。调用【折线筋】命令的方法如下：

- 命　　令：POLYBAR↙（回车）
- 简化命令：PB↙（回车）
- 菜　　单：【钢筋】|【画折线筋】选项
- 工 具 条：【符号】| 按钮

执行此命令后，程序出现对话框（如图 7-2-8 所示）选择是否绘制弯钩及弯钩类型。在对话框内选择绘制方式后，命令提示区出现如下提示：

请用光标点出折线钢筋各个折点位置（[Esc] 退出）：

用光标点出各个折点，即可绘制出折线钢筋。若选用“画板底筋弯钩”，绘制完成后按鼠标右键，程序将弹出弯钩方向对话框（如图 7-2-9 所示），选择弯钩方向；使用不同的弯钩将出现不同的结果（如图 7-2-10 所示）。

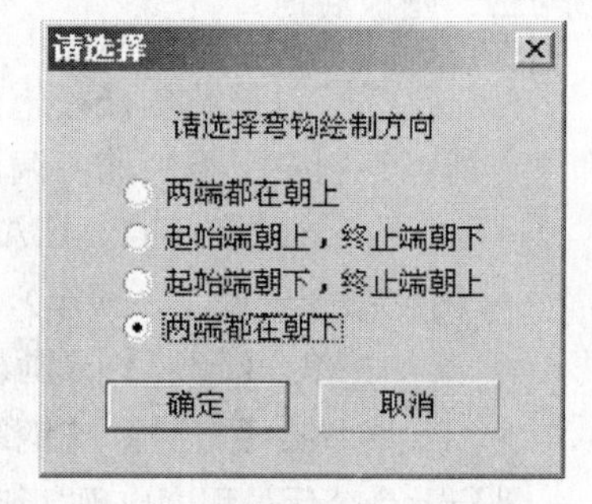

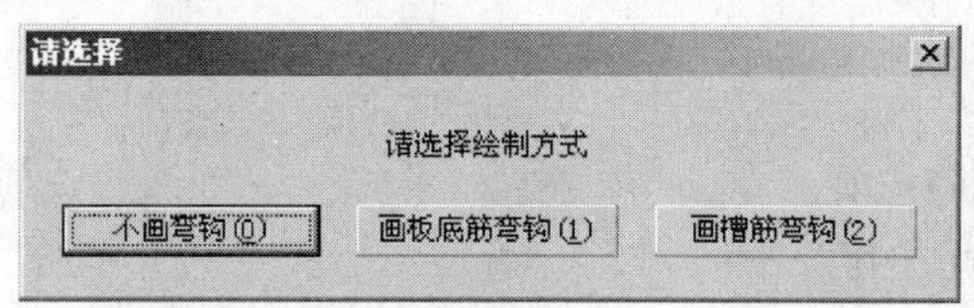

图 7-2-8　选择绘制折线钢筋方式

图 7-2-9　弯钩方向对话框

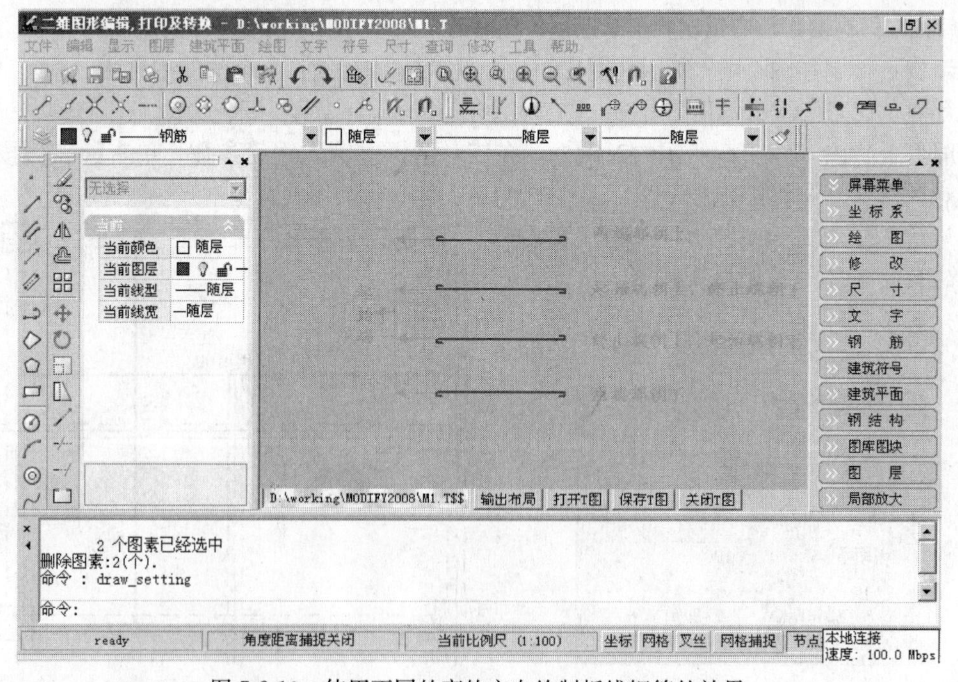

图 7-2-10　使用不同的弯钩方向绘制折线钢筋的效果

五、画箍筋

“画箍筋”是结构梁柱施工图中最常用、最简单的一类图形对象，只要指定了矩形截面两个角点即可绘制一个箍筋。调用【画箍筋】命令的方法如下：

- 命　　令：STIRRUP↙(回车)
- 简化命令：STI↙(回车)
- 菜　　单：【钢筋】|【画箍筋】选项
- 工 具 条：【符号】|【钢筋】按钮

执行此命令后，程序出现对话框(如图 7-2-11 所示)，要求用户在对话框内输入钢筋参数，输入完成后，单击【确定】按钮，退出对话框。

命令提示区出现如下提示：

请用光标点出矩形截面的一个角点：(用光标点出一个角点)

请用光标点出矩形截面的另一角点：(用光标点出另一角点)

按提示绘制完成一个箍筋，结果如图 7-2-12 所示。

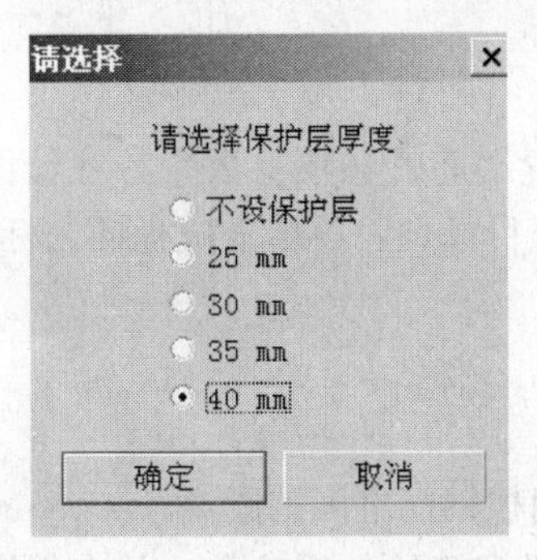

图 7-2-11　画箍筋参数对话框

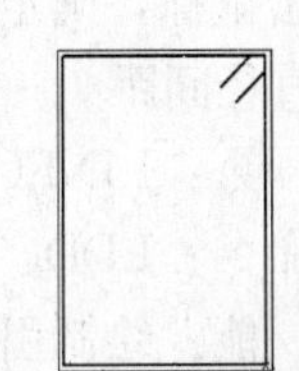

图 7-2-12　画箍筋结果图

六、钢筋标注

“钢筋标注”是结构施工图中最常用操作，分为“标注根数直径”、“标注直径间距”和钢筋符号，每种标注还分原位标注和引出标注。“标注根数直径”命令会弹出图 7-2-13 界面选择钢筋参数；“标注直径间距”命令会弹出图 7-2-14 界面选择钢筋参数。下面分别介绍各个命令：

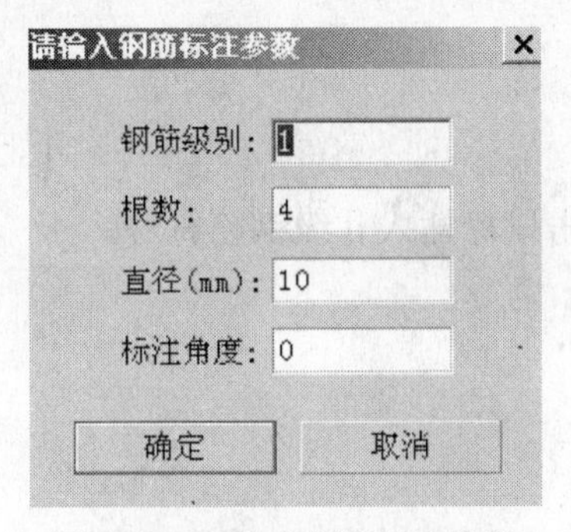

图 7-2-13　输入钢筋标注参数

请输入钢筋标注参数
钢筋级别：1
直径(mm)：10
间距(mm)：100
编号(0无编号)：0
确定
取消

图 7-2-14　输入标注直径间距参数

1. 标注根数直径

- 命　　令：BARNUMDIA↙(回车)
- 简化命令：BAN↙(回车)
- 功　　能：标注钢筋根数及钢筋直径
- 操作说明：启动命令，在弹出的对话框内设置各项参数，并在绘图区适当位置单击鼠标插入标注。

2. 标注直径间距

- 命　　令：BARDIADSP↙(回车)
- 简化命令：BAD↙(回车)
- 功　　能：标注钢筋直径及每两根钢筋之间的距离
- 操作说明：启动命令，在弹出的对话框内设置钢筋的各项参数，并在绘图区适当位置单击鼠标插入标注。

3. 引出根数直径

- 命　　令：LINEOUTND↙(回车)
- 简化命令：LND↙(回车)
- 功　　能：绘制引线并标注钢筋根数及直径
- 操作说明：启动命令，在弹的对话框内设置钢筋的各项参数，并在绘图区适当位置单击鼠标，确定引线的起点，移动光标至目标点，再单击鼠标插入标注。

4. 引出直径间距

- 命　　令：LINEOUTDD↙(回车)
- 简化命令：LDD↙(回车)
- 功　　能：绘制引线并标注钢筋直径及每两根钢筋之间的距离
- 操作说明：启动命令，在弹的对话框内设置钢筋的各项参数，并在绘图区适当位置单击鼠标，确定引线的起点，移动光标至目标点，单击鼠标插入标注。

5. 标Ⅰ级钢符号

- 命　　令：DIM1GRADE↙(回车)
- 简化命令：DG1↙(回车)
- 功　　能：标注Ⅰ级钢筋(HPB235)符号
- 操作说明：启动命令后在绘图区适当位置单击鼠标插入Ⅰ级钢筋符号。

6. 标Ⅱ级钢符号

- 命　　令：DIM2GRADE↙(回车)
- 简化命令：DG2↙(回车)
- 功　　能：标注Ⅱ级钢筋(HRB335)符号
- 操作说明：启动命令后在绘图区适当位置单击鼠标插入Ⅱ级钢筋符号。

7. 标Ⅲ级钢符号

- 命　　令：DIM3GRADE↙(回车)
- 简化命令：DG3↙(回车)
- 功　　能：标注Ⅲ级钢筋(HRB400)符号
- 操作说明：启动命令后在绘图区适当位置单击鼠标插入Ⅲ级钢筋符号。

第三节　钢结构绘图符号

在钢结构施工图中，除了尺寸等常用标注外，连接焊缝、零件编号、钢板规格、螺栓孔、螺栓群等也在施工图中占了很大的部分(图 7-3-1)。由于这些专业符号使用频繁，种类很多，因此绘图工作量非常大。

TCAD 的绘图符号中，提供了钢结构专业的绘图模块，可以通过对话框的方式，方便地绘制这些钢结构常用符号。有关钢结构符号的命令内容除了可使用【符号】下拉菜单钢结构(图 7-3-2)中的各项命令外，还可以使用屏幕右侧菜单【钢结构】内的各项命令。

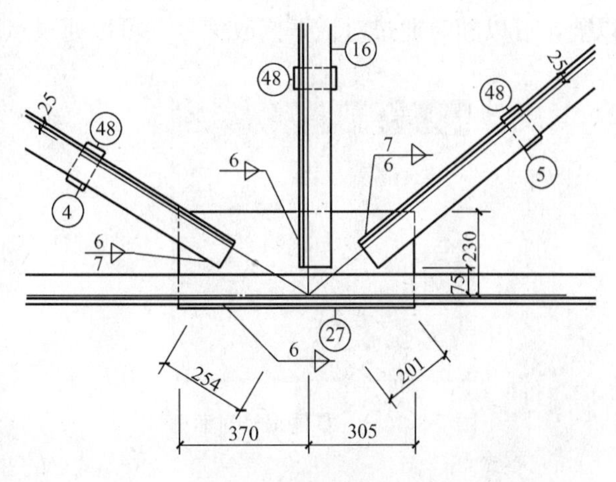

图 7-3-1　钢结构施工图局部

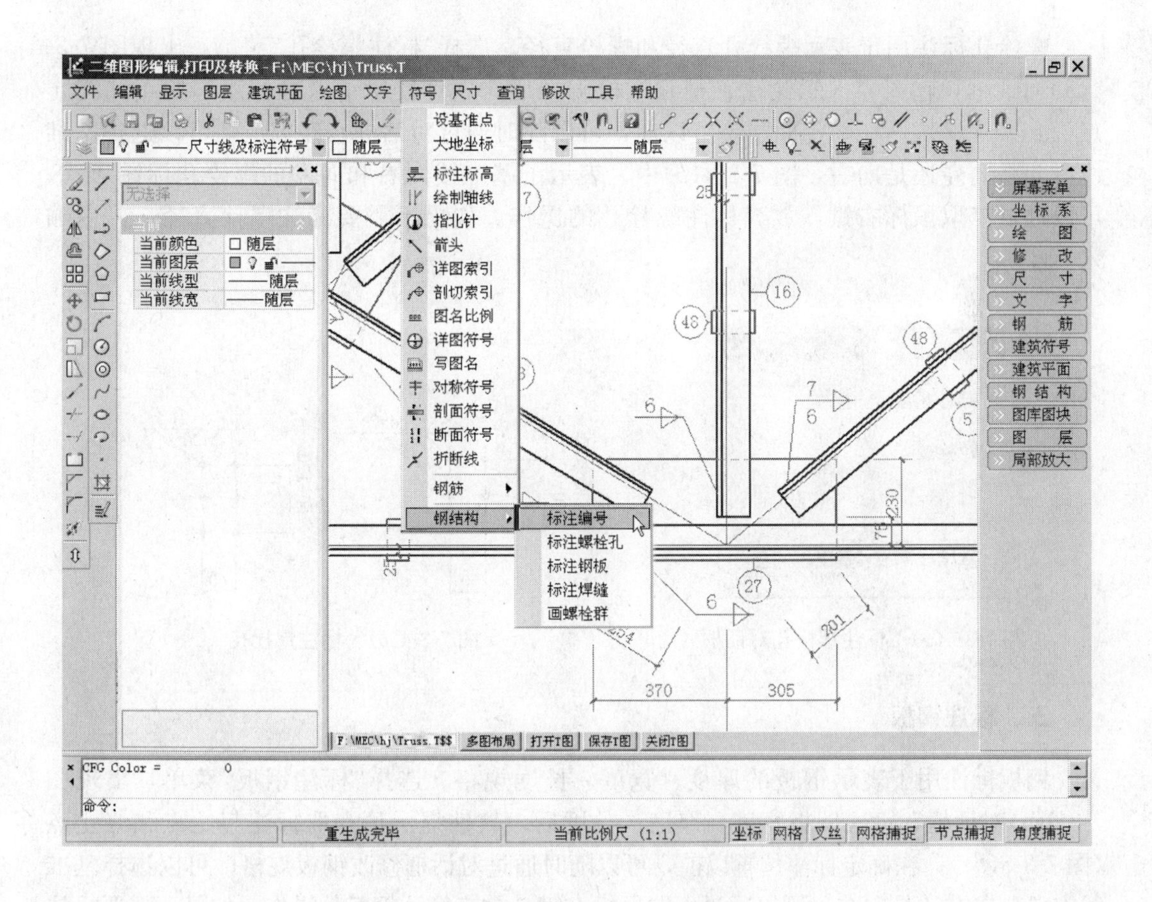

图 7-3-2　【符号】|【钢结构】菜单

一、标注编号

编号用于表示施工图中的零件序号。选择“标注编号”菜单，出现图 7-3-3(*a*)对话框，输入零件编号后，软件提示请点取标注起始点和符号位置(图 7-3-3(*b*))，在确定符号位置以前，可以随时通过对话框修改编号。可以通过点取鼠标右键，放弃标注编号的操作。

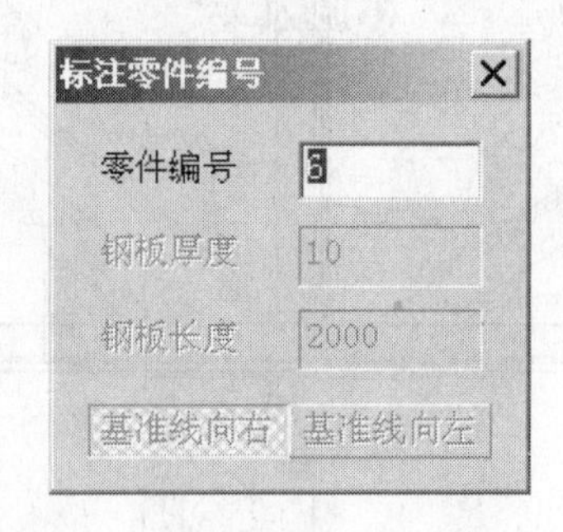

图 7-3-3(*a*)　零件编号对话框

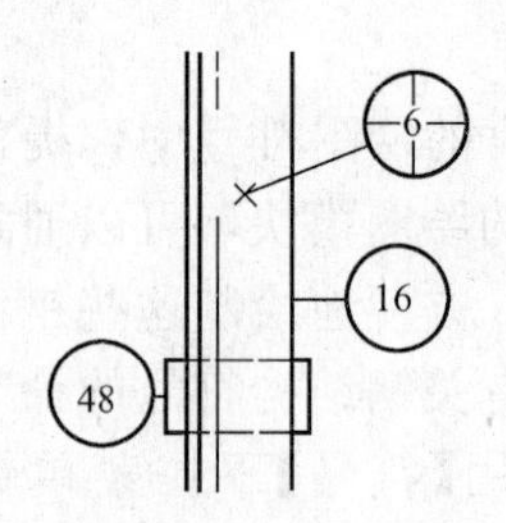

图 7-3-3(*b*)　标注编号

二、标注螺栓孔

螺栓孔标注用于表示螺栓孔直径和螺栓直径。选择“标注螺栓孔”菜单，出现图 7-3-4(*a*)对话框，输入零件螺栓孔直径和螺栓直径后，软件提示请点取标注起始点和终止点(图 7-3-4(*b*))，在确定标注位置以前，可以随时通过对话框修改数值，可以选择基准线方向是向左还是向右，图 7-3-4(*b*)中，表示了基准线向右和向左的螺栓孔标注形式。可以通过点取鼠标右键，放弃标注螺栓孔的操作。如果不需要标注螺栓直径，可以输入 0。

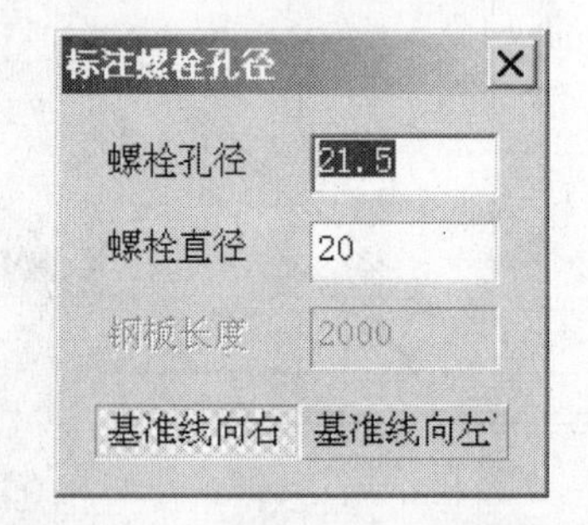

图 7-3-4(*a*)　标注螺栓孔对话框

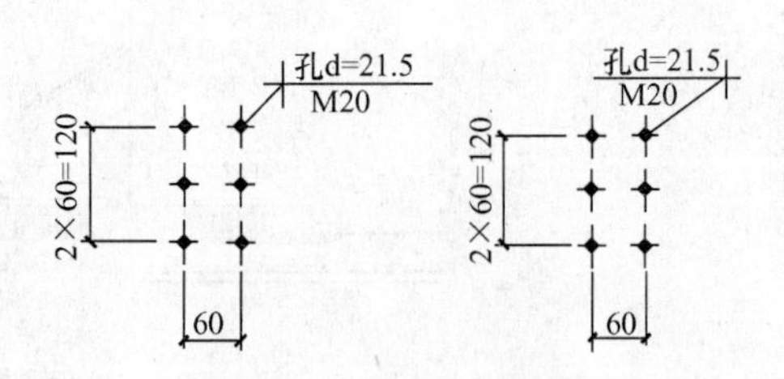

图 7-3-4(*b*)　标注螺栓孔

三、标注钢板

钢板标注用于表示钢板的厚度、宽度、长度规格。选择“标注钢板”菜单，出现图 7-3-5(*a*)对话框，输入钢板宽度、厚度、长度后，软件提示请点取标注起始点和终止点(图 7-3-5(*b*))，在确定标注位置以前，可以随时通过对话框修改钢板规格，可以选择基准线方向是向左还是向右。可以通过点取鼠标右键，放弃标注钢板的操作。如果不需要标注宽度以及长度，可以输入 0。

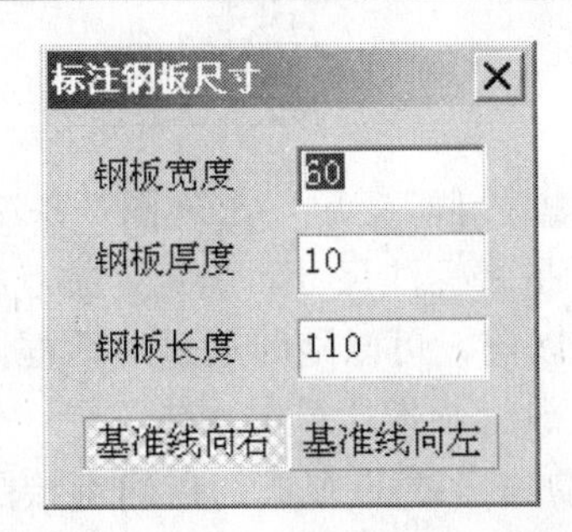

图 7-3-5(*a*) 标注钢板对话框

图 7-3-5(*b*) 标注钢板

四、标注焊缝

焊缝是钢结构施工图中出现最多的符号。选择“标注焊缝”菜单，出现图 7-3-6(*a*)对话框。可以进行焊缝符号预览，焊缝符号由四部分组成。

1. 焊缝基本符号

选择基本焊缝形式，有角焊缝、槽形焊缝、V 形焊缝、围焊缝等多种形式供选择(图 7-3-6(*b*))。

2. 焊缝补充符号

选择周围焊缝，或者相同符号(图 7-3-6(*c*))。

3. 焊缝数据

当选择不同焊缝基本符号时，要求输入的焊缝数据是不同的，对话框上的提示会相应变化，输入焊缝数据后，可以通过图形预览查看。

4. 现场焊缝符号

选择是否现场焊缝。

选择输入上述四部分信息后，软件提示请点取标注起始点和终止点(图 7-3-6(*d*))，在确定标注位置以前，可以随时通过对话框改变焊缝基本形式，补充符号，修改数值，可以选择基准线方向是向左还是向右。可以通过点取鼠标右键，放弃标注焊缝的操作。

图 7-3-6(*a*) 标注焊缝对话

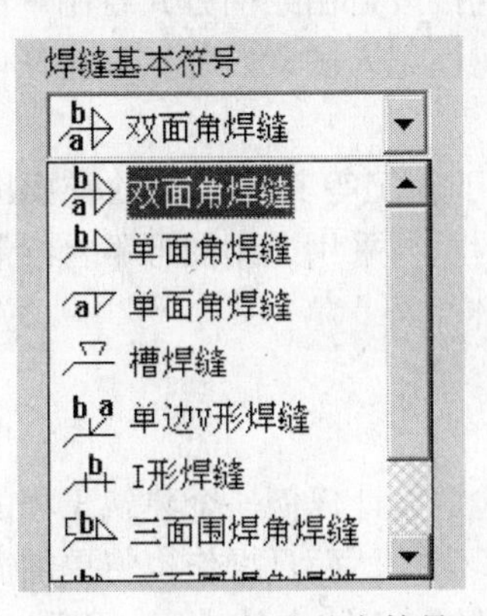

图 7-3-6(*b*) 焊缝基本符号

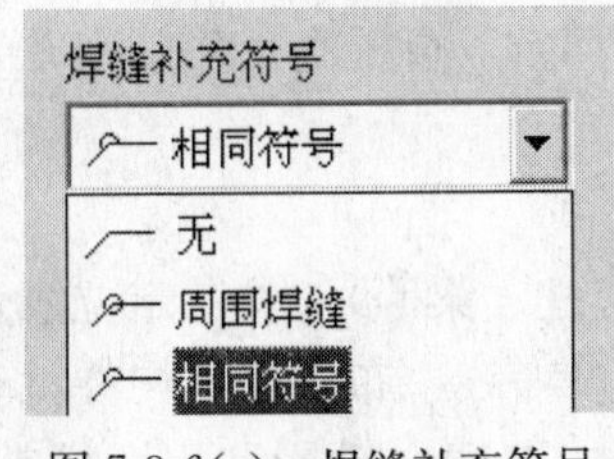

图 7-3-6(*c*) 焊缝补充符号

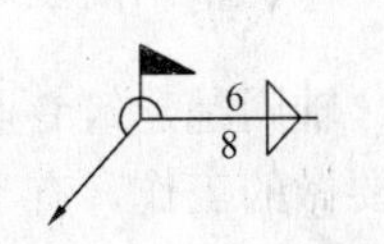

图 7-3-6(*d*) 焊缝符号

五、画螺栓群

画螺栓群用于绘制螺栓符号，标注尺寸。选择“画螺栓群”菜单，出现图 7-3-7*a* 对话框，选择螺栓类型，输入排数、列数间距、绘图比例、是否标注尺寸，确定定位点后，软件提示请点取绘图位置(图 7-3-7(*b*))，在确定绘图位置以前，可以随时通过对话框修改排数、列数、间距、绘图比例。可以通过点取鼠标右键，放弃画螺栓群的操作。

如果要准确确定螺栓群位置，可以先通过绘制辅助参考线的方式，在确定绘图位置时，捕捉参考线的端点或者交点。

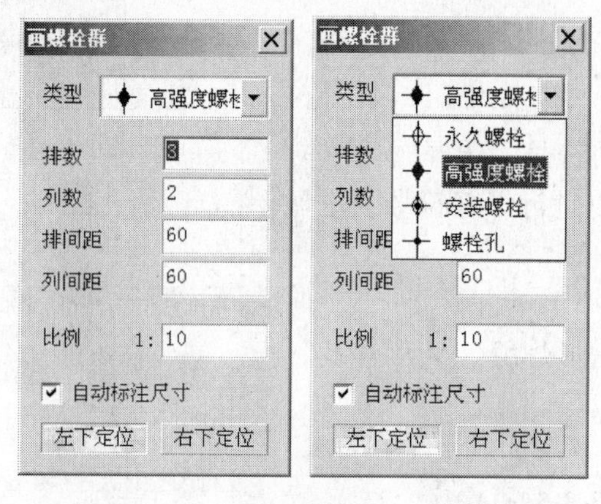

图 7-3-7(*a*)　画螺栓群对话框

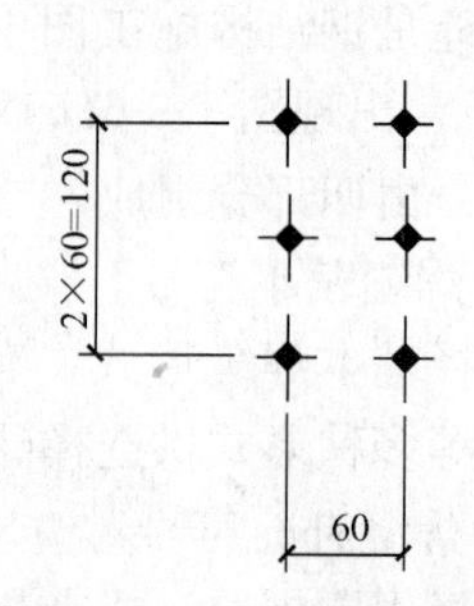

图 7-3-7(*b*)　画螺栓群

第四节　绘制建筑平面施工图

作为建筑行业的专业绘图软件，考虑到建筑平面施工图是最常见和绘图量最大的部分，TCAD 中专门针对绘制建筑平面施工图编制了“建筑平面”模块，如图 7-4-1 所示。功能包括定义绘制轴线、绘制墙、布置门窗、阳台、柱、楼体和室内设备等。可以非常智能、方便地绘制简单建筑平面施工图，特别适用于快速绘制住宅单元平面。

此功能模块不需要借助任何专业软件，仅仅依靠 TCAD 纯图素操作就可以完成大量的施工图绘制。不同于一般的建筑设计软件(如 APM、天正等)的是，此项功能不用先建立三维建筑模型，生成建筑整体数据后再画平面图，而是直接按自由绘图方式绘制平面施工图，因此效率更高。软件针对纯图形操作，除了把构件属性记入图素以外，不需任何外部数据信息关联，编辑修改采用图形平台通用方式。

本菜单除了用于设计阶段的平面图绘制之外，还可用于施工等其他阶段的平面图绘制，如用于建筑，装卸，设备安装等施工阶段的平面图绘制。与采用通用图形平台绘制平面图相比，本菜单更加智能、高效，可提高工作效率几十倍。

一、轴网的生成

轴网是建筑专业对象(墙、柱、梁等)的参考定位线。这是设计任何一个建筑工程的最先要做的工作，有了轴网作为参考线，布置建筑构件就有了依托，而且操作也将更加简单清晰。轴网生成通常由对话框快速建立轴网和用图素补充轴网相结合的方式，TCAD 主

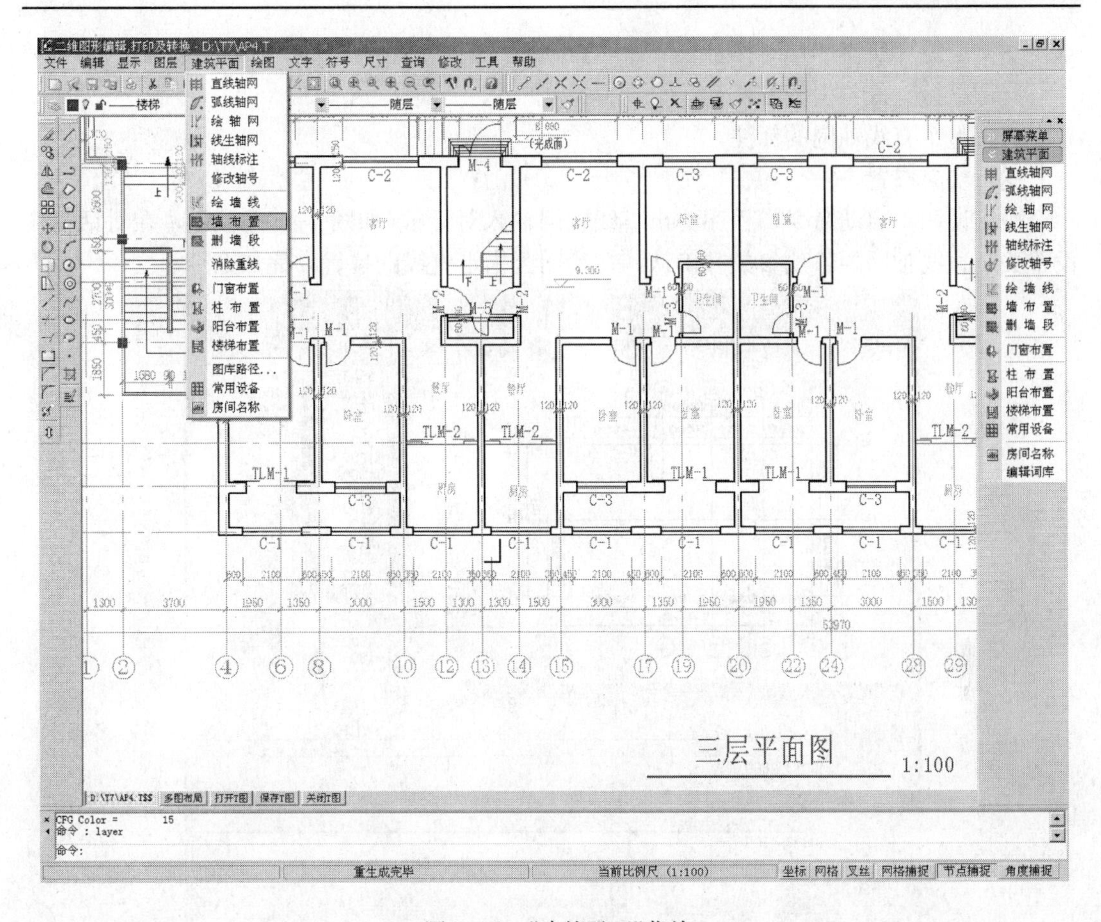

图 7-4-1 “建筑平面”菜单

要是通过下面四个命令实现的各种轴网的输入。

【直线轴网：LINEAXIS】,【弧线轴网：ARCAXIS】,【绘轴网：AXISDRAW】,【线生轴网：LTOAXIS】

1. 直线轴网的创建

直线轴网是建筑平面中最常用的轴网形式，它是各种建筑构件定位的基准线，由一系列水平或垂直的平行线组成，这些线的间距通常在轴网中，被称为开间或进深。

可以用下列方法创建直线轴网。

- 命　　令：LINEAXIS↙(回车)
- 简化命令：LA↙(回车)
- 菜　　单：【建筑平面】|【直线轴网】选项
- 工 具 条：【建筑平面】工具条中【直线轴网】按钮 。

功　　能 ：用户通过在对话框内输入参数的方式设计正交的直线轴网。

功能特点：直线轴网是最普遍的一种轴线形式，TCAD 中通过总结建筑设计中直线轴网的常见情况，结合各种建筑设计软件的优点，专门设计了直线轴网设计对话框，它的特点有以下几点：

支持上下开间，左右进深；

支持所见即所得的实时设计；

支持直接键入数据的方式；

支持整个直线轴网的标注；

支持实时布置。

操作说明：启动命令，程序弹出直线轴网输入对话框(如图 7-4-2 所示)，在对话框内设置关于直线轴网的各项参数并确认，在绘图区指定直线的位置，完成命令。

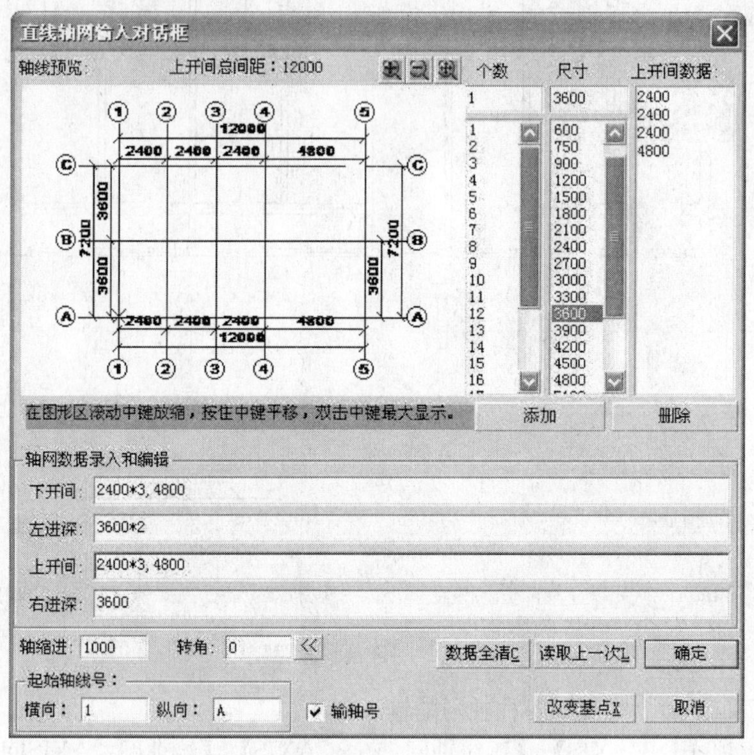

图 7-4-2　“直线轴网输入”对话框

(1) 预览窗口

预览窗口可动态显示用户输入的轴网，并可标注尺寸。

滚动鼠标滚轮可以对预览窗口中的轴网进行实时显示放缩，按下鼠标中键还可以平移预览图形，双击鼠标中键可以将预览窗口中的轴网充满显示。

在预览窗口的上方有三个小按钮：

第一个按钮 ：放大预览图形。

第二个按钮 ：缩小预览图形。

第三个按钮 ：充满显示预览图形。

(2) 预览窗口右边的列表框“个数”、“尺寸”和“开间(进深)数据”

左边的列表框“个数”：设定将要添加的具有相同跨度的平行轴线的跨数。

中间的列表框“尺寸”：设定将要添加的具有相同跨度的平行轴线的跨度。表内列出了轴网的常用数据，用户可从中选取，或没有所需数据时也可直接输入。

右边的列表框“开间(进深)数据”：记录已完成的某一方向轴线的全部跨度数据。

用户设置好个数和尺寸后，点击列表框下面的“添加”钮即可将一组平行轴线的数据计入数据列表框中。在该列表框中点击鼠标右键可弹出右键菜单（如图 7-4-3 所示），菜单中的【删除】命令可删除所选数据，【全清】命令可清除当前列表中的所有数据。

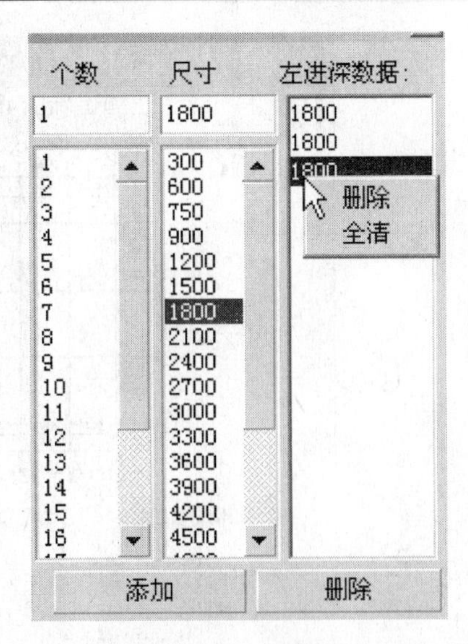

图 7-4-3　右键菜单

用户还可以在“尺寸”列表框中选择某个数据并按住鼠标左键拖曳至数据列表框中，在数据列表框内上下拖曳数据可移动数据位置，在拖曳中如果按住 Ctrl 键可以实现数据的复制，拖曳至列表框外则可删除该数据，点击某个数据可以对其修改数值。

（3）预览窗口下边四行的“轴网数据录入和编辑”数据框

如果用户习惯键盘输入的方式，可以在预览窗下的四个编辑框中直接输入数据，从上到下分别为下开间、左进深、上开间和右进深，上下开间相同时可只输入上开间，左右进深相同时可只输入左开间。用户点取某一行时，预览窗口右边的“开间(进深)数据”列表框会自动切换为对应的数据。

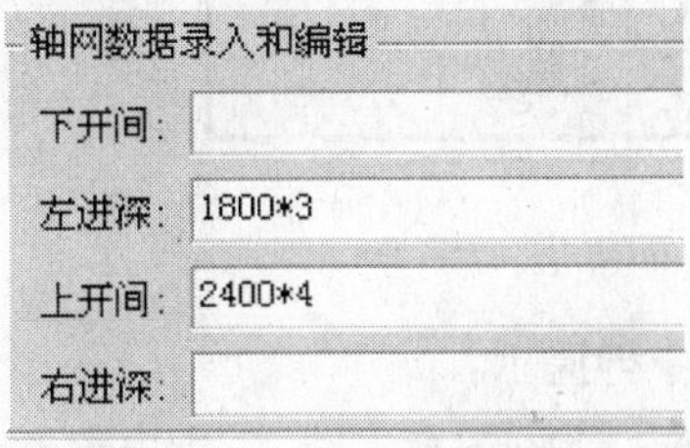

图 7-4-4　轴网数据编辑框

在数据框输入数据的时候，用户可以用空格或“,”键实现数据的分隔。数据支持使用“ * ”乘号重复相同的数据，乘号后输入重复次数（如图 7-4-4 所示），例如“1800 * 3”表示 3 跨 1800 的轴线。

用户可以用【CTRL】+【C】和【CTRL】+【V】的快捷方式将一行数据复制到另一行。

（4）其他参数

轴缩进控制：当上、下开间或左、右进深不同时，其轴线并不画到外圈上，而要缩进一段距离。这段距离可由人工控制，修改。如上开间外的轴线并不画到最下边的水平轴线上，而是往上缩进一段距离，缺省状态下设置为 1000。

转角：是指轴网的旋转角度。

输轴号：控制轴网输入以后，是否自动将轴线进行标注和命名。

数据全清：可以清除所有数据。

读取上一次：可以得到上一次布置的轴网数据。

改变基点：可在轴网四个角端点间切换基点，以改变布置轴网时的基点。

数据全部输入完成后，点击【确定】按钮即可布置设置后的轴网。在布置轴网时，也可通过快捷键【A】改变轴网的旋转角度，通过快捷键【B】改变轴网的插入基点，通过快捷键【R】返回“直线轴网输入对话框”重新设置。

下面具体描述一下，绘制一个直线轴网的过程：

激活直线轴网，提示为：

命令：LINEAXIS

将弹出图 7-4-5 中的对话框，在这个对话框中设计好所有的轴网参数。

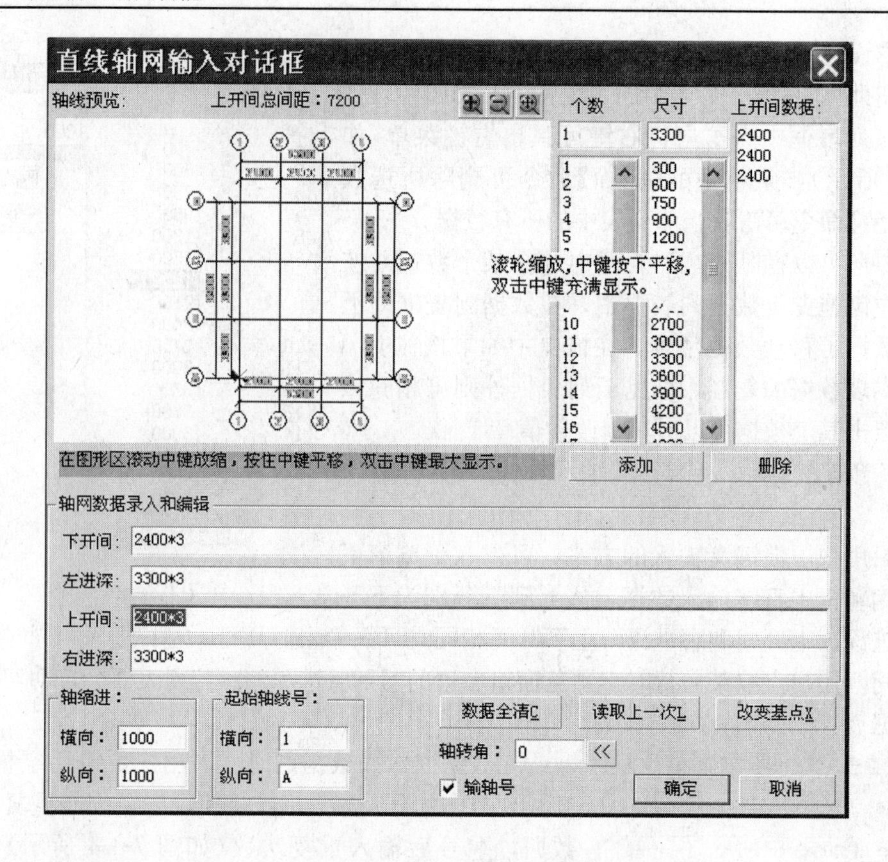

图 7-4-5　输入轴网数据参数

点击【确定】，进入到布置直线轴网的过程，这时候命令行提示：

请插入轴网：([A]-改变插入角度，[B]-改变插入基点，[D]-不标尺寸，[R]-重新设计)

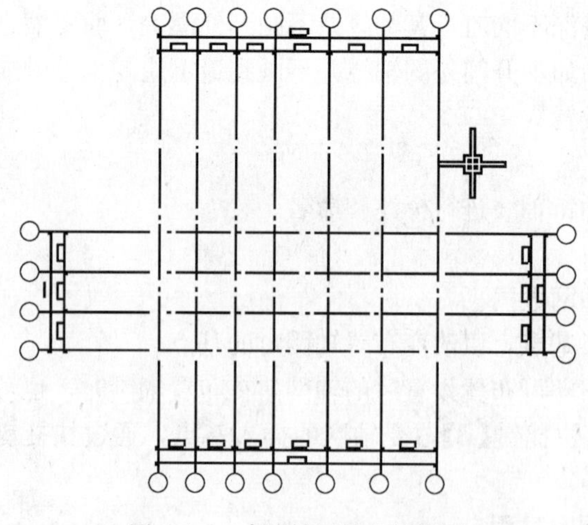

图 7-4-6　直线轴网输入结果图

通常这时候，鼠标拾取一点，就可以完成直线轴网的输入。如图 7-4-6 所示。

也可以按【A】键，改变轴网的角度，这时候命令行提示：

请用两点指定一个角度：<0.0>

这时候可以直接输入角度或拾取一点，如果拾取一点，将产生如下提示：

请用两点指定一个角度：<0.0> 第二点：

最后直线轴网的整体角度将得到修改。

也可以按【B】键，随时改变轴网的布置插入点，用户将从动态绘制中，看到插入点的修改情况。

也可以按【D】键，决定是否标注轴网的尺寸，用户将从动态绘制中，看到是否标注尺寸的状态切换。

用户还可以按【R】键，重新回到轴网设计对话框，重新设计。

2. 弧线轴网的创建

弧线轴网也是建筑平面中经常用到的轴网形式，它是各种建筑构件定位的基准线，由一系列同心圆弧线组成。

可以用下列方法创建弧线轴网。

- 命　　令：ARCAXIS↙(回车)
- 简化命令：AX↙(回车)
- 菜　　单：【建筑平面】|【弧线轴网】选项
- 工 具 条：【建筑平面】工具条中【弧线轴网】按钮

功　　能：用户通过在对话框内输入参数的方式设计正交的同心圆弧和放射线轴网。

操作说明：启动命令，程序弹出弧线轴网输入对话框(如图 7-4-7 所示)，在对话框内设置关于弧线轴网的各项参数并确认，在绘图区指定轴网的位置，完成命令。

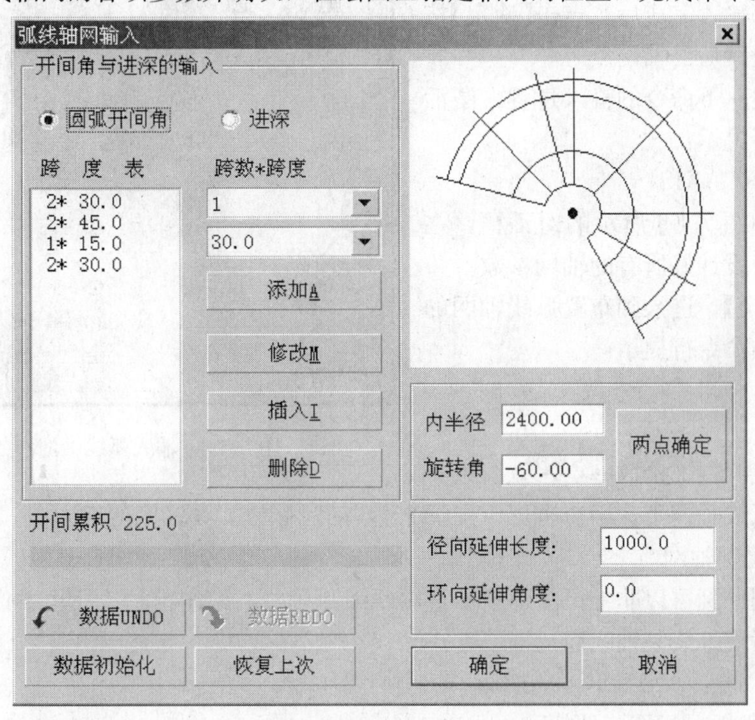

图 7-4-7 “弧线轴网输入”对话框

根据需要在该对话框中分别设置“圆弧开间角”和“进深”项目下的“跨数 * 跨度”、“内半径”和“旋转角”参数。

内半径：环向最内侧轴线半径，作为起始轴线。

旋转角：径向第一条轴线起始角度，轴线按逆时针方向排列。

也可单击右侧【两点确定】按钮输入插入点，缺省方式是以圆心为基准点，按【Tab】键可转换为以第一开间与第一进深的交点为基准点的布置方式。

在操作中如果设置有问题，随时可以点击【数据 UNDO】进行数据回退处理。

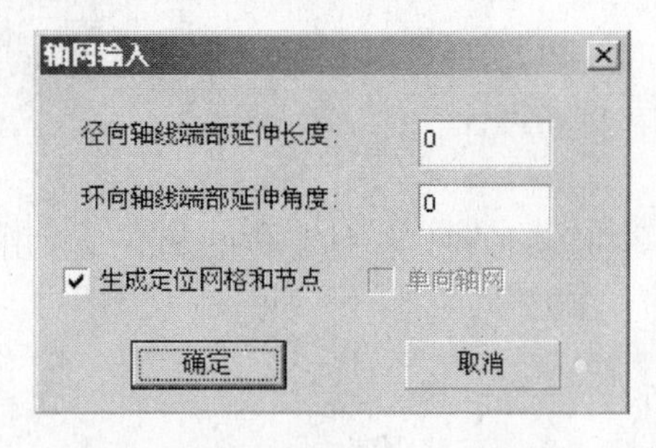

图 7-4-8　轴网输入对话框

完成后按【确定】按钮，弹出如图 7-4-8 所示的“轴网输入”对话框。

径向轴线端部延伸长度：为避免径向轴线端节点置于内外侧环向轴线上，可将径向轴线两端延长。

环向端部轴线延伸角度：为避免环向网格端节点置于起止径向轴线上，可将环向轴线延长一个角度。

生成定位网格和节点：由于环向轴线是无始无终的闭合圆，因此程序将环向自动生成网格线来代表环向轴线，而径向轴线的网点可根据需要生成。

单向轴网：如果环向或径向只定义了一个跨度，该选项将激活，选择“是”则只产生单向轴网，否则产生双向轴网。

数据全部输入完成后，点击【确定】按钮即可布置设置后的轴网。

下面描述一下命令的输入过程，激活命令，命令行提示：

命令：ARCAXIS

将弹出如图 7-4-9 所示的对话框，在这个对话框中设计好所有的轴网参数。

点击【确定】，进入到布置弧线轴网的过程，这时候命令行提示：

请插入弧轴网：([B]-改变插入基点，[Esc]-退出)

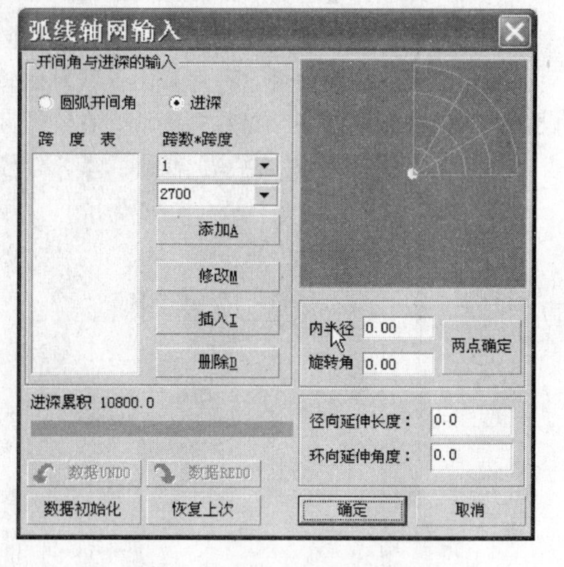

图 7-4-9　输入弧线轴网参数

这时候鼠标左键拾取一点，就可以布置设计好的弧线轴网了，用户也可以按【B】键，随时修改弧线轴网的插入点。

3. 直接绘制轴网

直接绘制轴网可以非常灵活地增加直轴线或弧轴线，绘制出的线段也可以作为建筑构件布置的参考线。绘制轴线通过以下方式完成。

- 命　　令：AXISDRAW↙(回车)
- 简化命令：AXD↙(回车)
- 菜　　单：【建筑平面】|【绘轴网】选项
- 工 具 条：【建筑平面】工具条中【绘轴网】按钮

功　　能 ：用绘制直线方式直接在绘图区绘制轴网。

操作说明：启动命令，根据程序提示在绘图区按绘制直线线段的方式绘制轴网。

绘制的直线段等对象，自动放到轴线所在的图层。

操作过程如下：

PKPM 方式如下：

命令：AXISDRAW

输入第一点（[Esc]放弃）

这时输入一个点，作为轴线的起点。然后命令行提示：

输入下一点（[Esc]放弃）

不断地输入一系列点后，得到一组直轴线或弧轴线。

AutoCAD 方式如下：

命令：AXISDRAW

请指定起点：

这时输入一个点，作为轴线的起点。然后命令行提示：

下一点（[U]-放弃）：

不断地输入一系列点后，得到一组直轴线或弧轴线。

如果绘制了两截线段后，提示变为：

下一点（[C]-闭合/[U]-放弃）：

AutoCAD 方式绘制折线支持按【U】键 UNDO 回退和按【C】键闭合。

4. 线生轴网

将选择的线段改成轴线，将一些直线段或弧线段改成轴线的操作，实际上轴线只是在轴线图层的一系列直线或弧线段而已，该命令只是修改了所选择图素的图层。

- 命　　令：LTOAXIS↙（回车）
- 简化命令：LTA↙（回车）
- 菜　　单：【建筑平面】|【线生轴网】选项
- 工 具 条：【建筑平面】工具条中：【线生轴网】按钮

功　　能：将线段图素改变为轴网图素。

操作说明：启动命令，根据程序提示选择被改变为轴网的线段，按鼠标右键确认，完成命令。

下面描述一下该命令的操作过程：

命令：LTOAXIS

请选择需要改成轴线的图素：（[Esc]-退出）

这时鼠标选择需要改成轴线的图素，等选择完所有图素后，按鼠标右键完成命令，选择的图素就被改成轴线了，如图 7-4-10 所示。

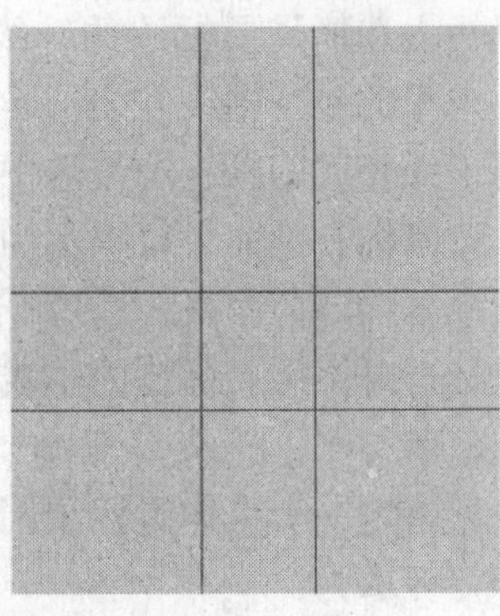

图 7-4-10　将直线变成轴线前后对比图

二、轴网的标注

给绘制好的轴线标注尺寸和轴号。TCAD 中通过以下两个命令就能标注大多数的轴线。

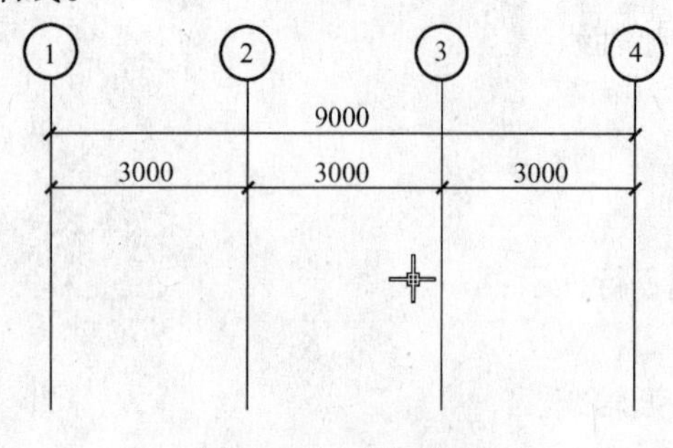

图 7-4-11　轴网标注

1. 轴网的标注

在建筑平面施工图中，轴网的标注是必不可少的一部分，轴网的标注是指对轴线间距和总距离的标注，也包括每根轴线的轴号等标注，如图 7-4-11 所示。

在 TCAD 中轴网的标注可以在直线轴网中自动产生，也可以后期对一系列平行的轴线或同心圆弧轴线进行标注，标注轴号按照一定的顺序，轴线的标注样式符合当前的国家标准。

可以用下列方法进行轴网的标注。

- 命　　令：DIMAXIS↙（回车）
- 简化命令：DMX↙（回车）
- 菜　　单：【建筑平面】|【轴线标注】选项
- 工 具 条：【建筑平面】工具条中【轴线标注】按钮

功　　能：将同一方向的轴线按顺序进行标注，同时标注尺寸和轴号。

操作说明：启动命令，根据程序提示选择同一方向的轴线，选择完成后按鼠标右键确认，程序提示“选择不参与标注的轴线”，如有需要，点选不参与标注的轴线，否则按鼠标右键确认，程序提示“请指定起始字符：([Esc]-退出)<A>”，根据程序提示，在命令行输入轴线的起始字符，按【回车】键确认，根据程序提示确定轴线标注的起始，程序再提示“请指定标注终点：([C]-不标总尺寸，[V]-不标轴号，[B]-顺序反向，[Esc]-退出)”，根据程序提示，在绘图区确定标注终点，完成命令。

下面具体描述一下，绘制一个直线轴网的过程：

激活轴线标注，提示为：

命令：DIMAXIS

请选择需要标注的轴线：([F]-线选，[Esc]-退出)

这时用鼠标去选择需要标注的轴线，一定要选择平行或同心的一组轴线才能进行标注，如果需要选择的平行轴线较多，也可以按【F】键进行线选，按【F】键后指定两点进行线选，凡是与该线相交的轴线均被选中。

选好后，按鼠标右键命令行提示为：

请选择不参与标注的轴线：([Esc]-结束选择)

这时用鼠标选择不需要标注的轴线，如果结束按鼠标右键或回车，命令提示为：

请选择标注的起点：([Esc]-退出)

这时用鼠标指定一个点作为标注轴线尺寸的起点，指定起点后，进入动态标注轴线状态，这时命令行提示为：

请指定标注终点：([C]-不标总尺寸，[V]-不标轴号，[B]-顺序反向，[Esc]-退出)

这时用户只要指定终点就完成了轴线的标注，在动态标注过程中，用户可以按【C】键决定是否标注总尺寸，按【V】键决定是否标注轴号，按【B】键改变标注的方向。用户可以根据动态绘制的轴线标注作出正确的决定。

2. 轴网标注的修改

在TCAD中，提供了修改轴号的手段，如果对尺寸进行修改，只需要调用TCAD的尺寸相关的通用编辑手段就可以了。

对轴号的修改可以通过下面的方式进行：

- 命　　令：MODIFYAXISSYM↙（回车）
- 简化命令：MX↙（回车）
- 菜　　单：【建筑平面】|【修改轴号】选项
- 工 具 条：【建筑平面】工具条中【修改轴号】按钮

功　　能：修改已经生成的轴网标注中的轴号。

操作说明：启动命令，命令提示区提示“请选择需要修改的轴号：([Esc]-退出)”，选择要修改的轴号，输入新轴号值，完成操作。

下面具体描述一下，绘制一个直线轴网的过程：

激活轴线标注，提示为：

命令：MODIFYAXISSYM

请选择需要修改的轴号：([Esc]-退出)

这时用鼠标去选择轴号，选择轴号将弹出图7-4-12中的对话框。

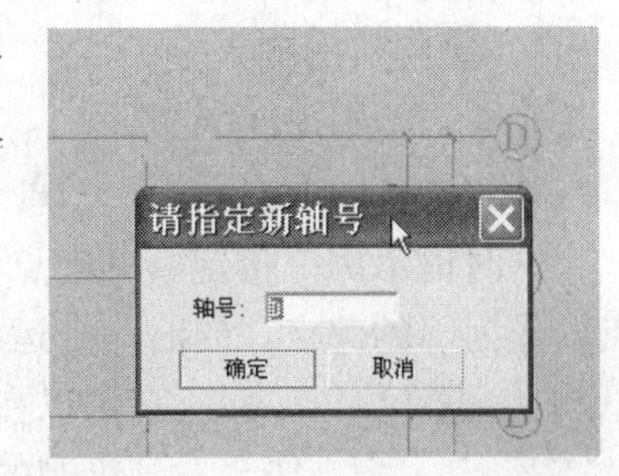

图7-4-12　输入新轴号

用户只需要在对话框中输入需要修改后的轴号就可以了。

三、建筑专业常见构件的生成和编辑

在绘制好轴线后，接下来就是绘制各种建筑专业构件了，TCAD提供的所有建筑构件的生成都是所见即所得的实时设计和布置，而且在设计过程中融入了很多智能计算，如墙线相交处的裁剪处理，柱子、门窗自动打断墙线，阳台自动偏出墙外等，尽力减少用户的纯手工绘图和编辑工作，最大可能地实现快捷方便，满足各种需要。

专业构件在布置的时候，布置参数的设定是放在一个无模式对话框中，数据的设定将立即反映到动态的布置中，随时帮助用户作出正确的判断和分析。

下面详细介绍各专业构件的生成和编辑。

1. 墙的绘制

墙在建筑平面中是最重要的建筑构件，它通常是由两条在墙图层的平行线构成，平行线间的距离代表墙厚，墙的种类是承重墙或非承重墙，还可以绘出墙相对于轴线的偏心，墙线绘制完会自动裁剪。

很多其他的建筑构件都以墙作为依托，例如：门窗、阳台、屋檐等。墙线绘制在建筑平面中的所有工作中占有很大比例，所以能够快速方便的绘制墙，在建筑软件中占有很重要的地位。TCAD提供了多种方式创建墙，墙线相交处的裁剪处理是全自动进行，创建墙的方式总的来说有两种：布置墙（在网格上布置），绘制墙（直接两点方式绘制)。

(1) 墙线的绘制

绘制墙是任意用手工定位的方式绘制双线墙，采取像 AutoCAD 绘折线的方式绘制双线墙，它并不依赖轴线，但可以捕捉轴线的特征点(端点、垂点、最近点)来定位，最终绘制的墙线是在墙线层的基本直线段或弧线段图素，不存储任何专业数据，适应性很广。这样的双线墙将来能方便地进行门窗布置等后续操作。

在 TCAD 中，可以用下列方法创建双线墙。

- 命　　令：WALLDRAW↙(回车)
- 简化命令：WA↙(回车)
- 菜　　单：【建筑平面】|【绘 墙 线】选项
- 工 具 条：【建筑平面】工具条中【绘 墙 线】按钮

执行此命令后，命令提示区出现如下提示：

1) 墙起点的输入

命令：WALLDRAW

请指定墙的起点：([Esc]或右键-退出)

这时提示用户指定墙的起点，用鼠标左键或直接输入坐标等通用的取点方式指定一个点，作为墙的起点。同时命令运行后，将弹起图 7-4-13 中的对话框。

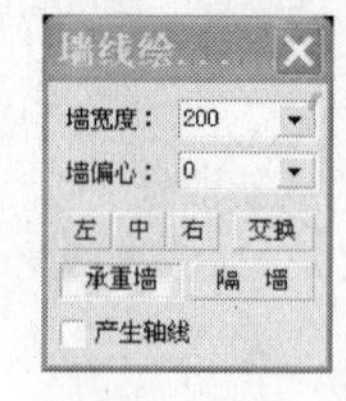

图 7-4-13　输入墙参数

用户可以在无模式对话框中指定墙的其他参数，在动态绘制的墙中，您会看到绘制的改变，很容易明白各参数的含义。

2) 下一点的输入和偏轴方向的修改

在指定一个点以后，命令行提示将变为：

当前墙的宽度：200.0，

下一点 ([V]-墙偏反向/[A]-弧段/[D]-弧线方向/[P]-弧线第二点/[U]-退回)：

这时，命令行将提示用户输入下一点，用户通过不断地输入下一点，就可以得到一系列首尾相连的墙段。

除了指定下一点以外，用户还可以随时按【V】键改变墙的偏轴方向。

3) 弧线墙段的输入方法

如果按【A】键，将开始绘制弧线墙段，这样进入的弧线段将是与上一段光滑连接的方式，不同于用其他方式进入的绘弧线段(如【D】,【P】)，这时命令行提示变为：

弧线终点 ([L]-直线/[D]-弧线方向/[P]-弧线第二点/[M]-圆心/[U]-退回)：

提示用户输入弧线段的终点，同样是指定一个点。

这时用户也可以通过按【L】键，回到绘直线段的方式。

如果用户按【D】键，命令行将提示：

弧线方向 ([P]-弧线第二点/[L]-直线/[U]-退回)：

将提示用户用鼠标指定一个点的方式，指定一个方向来决定弧线段的起始方向，指定后，将开始进入绘制弧线段的方式。这时命令行的提示同按【A】键，操作也同上。

如果用户按【P】键，弧线段的创建将以三点方式绘制，命令行提示为：

弧线第二点 ([U]-退回)：

用户指定一个点以后，提示为：

弧线第三点（[L]-直线/[U]-退回）：

这时用户输入弧线的第三点，同时也可以按【L】键回到绘直线段方式。

如果用户按【M】键，弧线段的创建将以起点，圆心，终点方式进入，命令提示变为：

弧线圆心（[L]-直线/[U]-退回）：

这时提示用户指定圆心，同样是通用的指定点方式。

指定圆心后，将提示用户：

弧线终止角（[B]-顺时针/[L]-直线/[U]-退回）：

这时用户指定终止角或者按【B】键随时改变圆弧的旋转方向：顺时针或逆时针。

4)墙线绘制中，一些通用选项的用法

当绘制的直线段或弧线段有错误的时候，用户可以随时按【U】键回退一段。

在绘制完两段后，用户可以看到提示行增加了一个【C】的选项。

当前墙的宽度：200.0，

下一点（[V]-墙偏反向/[A]-弧段/[D]-弧线方向/[P]-弧线第二点/[C]-封闭/[U]-退回）：

这时用户按【C】键，将绘制一个封闭的首尾相接的墙段，同时结束整个墙段的绘制过程。

墙线在绘制结束后，会自动进行一些墙线的裁剪。如果裁剪不是很合适，用户可以采用【删墙段】命令进行处理。

如图 7-4-14 所示，在绘制墙的时候，墙段支持承重与非承重的区别，承重墙按粗线画，非承重墙按细线画。在墙端承重墙之间自动裁剪，非承重墙会被承重墙打断。程序未能自动裁剪的墙线，用户可使用图素修剪、延伸、打断等通用编辑命令直接修改。也可以使用【删墙段】进行处理。

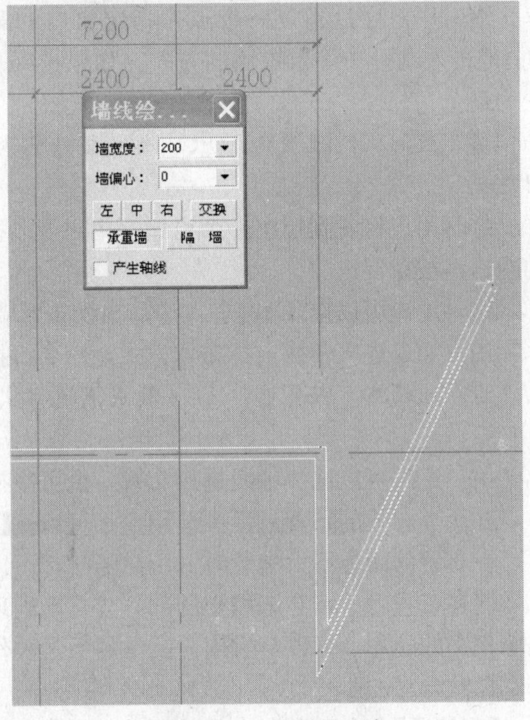

图 7-4-14　绘制承重墙

(2) 墙的布置

墙布置命令提供在已经绘制的轴线上布置墙线的功能，可以自动识别出轴线相交后的网格段，在网格段上直接布置承重或非承重墙，如图 7-4-15 所示。

在 TCAD 中，可以用下列方法布置双线墙。

- 命　　令：WALLINPUT↙(回车)
- 简化命令：WI↙(回车)
- 菜　　单：【建筑平面】|【墙布置】选项
- 工 具 条：【建筑平面】工具条中【墙 布 置】按钮

功　　能：在已有的轴线上布置墙体。

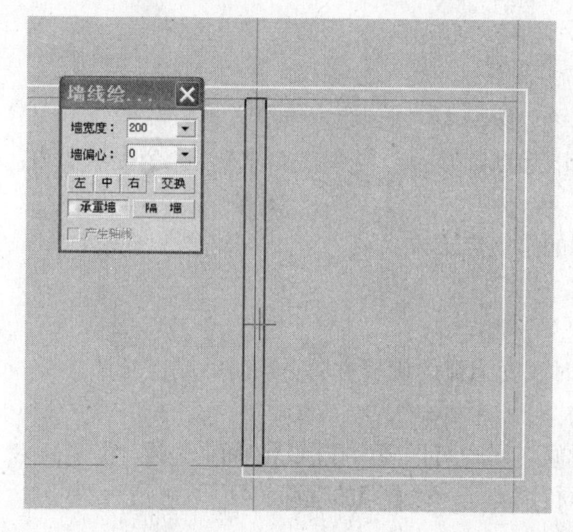

图 7-4-15　墙的布置结果图

操作说明：根据程序提示，移动光标至轴线上按下鼠标左键(此命令可连续选择轴线)，完成命令。在布置墙的时候，墙段支持承重与非承重的区别，可以看到墙端与墙端之间相接的部分都作了自动处理。

执行此命令后，命令提示区出现如下提示：

请点选网格，布置墙：([C]-改成窗选方式，[U]-UNDO，[V]-墙偏反向，[Esc]-退出)

这时用户用鼠标选择一个网格(网格是指轴线与轴线相交后的中间段)，点中选择的网格后，墙线就会被布置到网格上。

在布置墙的时候，同样会弹起无模式对话框，如图 7-4-16 所示。

用户可以在无模式对话框中指定墙的其他参数，在动态绘制的墙中，会看到绘制的改变，很容易明白各参数的含义。

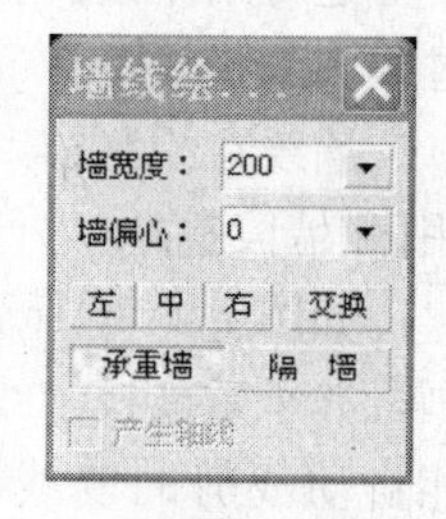

图 7-4-16　墙的布置结果图

用户在布置墙的时候，随时可以通过按【C】键来改变布置方式。按【C】键如果进入窗选方式，命令行提示为：

请指定窗口的第一点：([C]-改成轴选方式，[Esc]-退出)

这时用户通过指定一个点来指定窗口的第一个角点，也可以按【C】键进入选择轴线布置墙的方式。如果选择了第一角点，提示行将变为：

请窗选网格，布置墙：([C]-改成轴选方式，[U]-UNDO，[V]-墙偏反向，[Esc]-退出)

这时用户将看到拉出一个窗口，用户可以指定窗口的另一角点，在窗口中所有被选择的网格将被布置墙。

这时用户可以按【C】键进入选择轴线布置墙的方式。

用户如果进入轴线选择布置方式，命令行提示变为：

请点选轴线，布置墙：([C]-改成点选方式，[U]-UNDO，[V]-墙偏反向，[Esc]-退出)

用户这时可以选择轴线进行布置，也可以按【C】键进入最初的选择网格的方式。

在所有方式的布置过程中，用户都可以按【V】键来改变墙的偏心方向。

在布置的墙体不太满意时，用户随时都可以按【U】键来回退，撤销刚布置的墙。

墙在布置后，墙与墙相交的部分会自动处理满足施工图的要求。包括：承重墙与非承重墙相交的处理，可以节省用户大量的手工操作。

(3)墙段的删除

【删墙段】命令可以用来直接删除墙线段，包括被分割的墙线段部分，如图 7-4-17 所

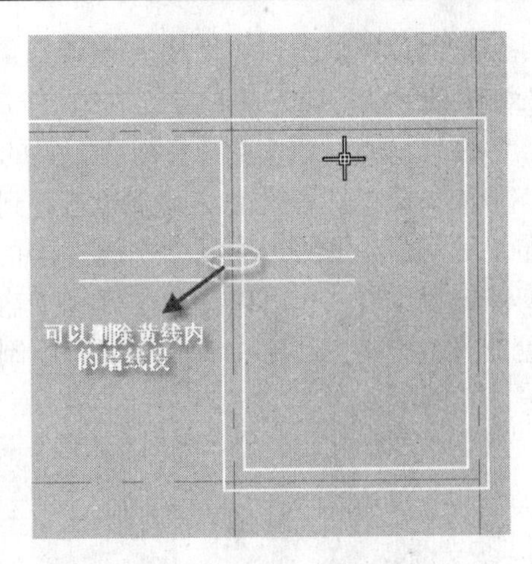

图 7-4-17　删除墙段示意图

示。既可以用来删除整个墙段，也可以用于删除需要裁剪的墙段，它删除连续的直线墙段。

命令的激活方式如下：

- 命　　令：DELETEWALL↙（回车）
- 简化命令：无↙（回车）
- 菜　　单：【建筑平面】|【删 墙 段】选项
- 工 具 条：【建筑平面】工具条中【删 墙 段】按钮

功　　能：删除已经存在的墙段。

操作说明：启动命令，选择已存在的墙线段，按鼠标右键完成命令。它通常用于布置或绘制墙线时，裁剪处理不满足用户需求时，可以删除墙线相交后之间的墙线段。也可以用于删除整个墙线。

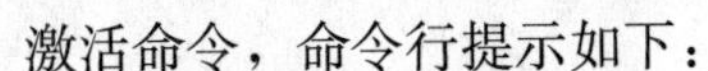

激活命令，命令行提示如下：

命令：DELETEWALL

请选择需要删除的墙段：([U]-UNDO，[Esc]-退出)

这时候，用户依次使用鼠标左键，拾取需要删除的墙段，删除完成点鼠标右键或回车结束命令。

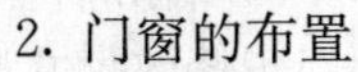

2. 门窗的布置

门窗在建筑平面施工图上，也是很重要的建筑构件，门窗通常是以墙作为依托。程序在墙上画出门窗的大小，名称并标注尺寸。门窗类型有：普通窗，普通门，子母门，凸窗，门洞，窗洞。用户只需输入门窗平面尺寸，不用输入门窗高度，门窗布置到墙上时，其上的墙线可自动在门窗处打断，大大减少用户的后期修改。

在 TCAD 中门窗的绘制是通过命令【门窗布置】来实现的。可以用下列方法布置门窗。

- 命　　令：WNDRDRAW↙（回车）
- 简化命令：WD↙（回车）
- 菜　　单：【建筑平面】|【门窗布置】选项
- 工 具 条：【建筑平面】工具条中【门窗布置】按钮

功　　能：在墙体上布置门窗。

操作说明：启动命令，会显示“门窗参数布置对话框”对话框，设置好要布置的门窗参数，然后移动光标至墙体上，按下鼠标左键，完成命令。

提　　示：用户可在启动命令后按下【B】键，手动调整门窗图块的基点。

布置后将自动进行的门窗打断墙线处理，布置门窗将完全是所见即所得的动态预览方式，非常方便快速地完成门窗的布置。

下面描述一下布置门窗的基本过程。

命令：WNDRDRAW

请在墙上指定子母门的位置：([U]-UNDO，[D]-改方向，[B]-用户基点，[Esc]-退出)

这时鼠标就可以在墙线上布置您需要布置的门窗了，同时弹出无模式对话框，如图7-4-18所示。

在无模式对话框上选择需要布置的门窗类型和门窗的参数指定需要布置的门窗。

如果鼠标在墙线上，就会动态看到即将布置的门窗，既可以用鼠标左键直接指定门窗的布置位置，也可以在命令行直接输入布置的离墙距离。门窗在墙上的动态绘制如图7-4-19所示。

图7-4-18　"门窗参数布置"对话框

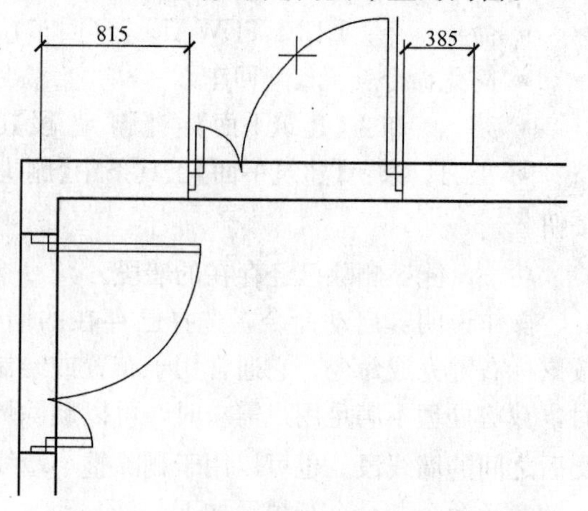

图7-4-19　布置门窗结果图

在布置过程中，门窗的缺省转轴方向是通常的大多数情况，如果需要修改，用户只需按【D】键就可以动态地修改。

在布置过程中，会动态地显示目前门窗位置的尺寸，通常情况下尺寸的起始点，是从墙段的起始轴线位置开始，如果没有轴线就从墙线的端点开始，如果用户想修改尺寸所依赖的基点可以按【B】键自行指定，按【B】键后，命令行提示变为：

请指定子母门位置的基点：([Esc]-取消)

这时用户可以指定一个点，作为门窗布置位置尺寸的基点。

指定基点后，命令行提示变为：

请在墙上指定子母门的位置：([U]-UNDO，[D]-改方向，[B]-缺省基点，[Esc]-退出)

这时如果再按【B】键，就可以回到起初缺省基点的状态。

在布置建筑构件的过程中，任何时候如果布置的门窗有问题，都可以按【U】键回退。

在TCAD中对墙的识别只需要是在墙图层上的两条平行直线段或弧线段，所有专业功能对图纸的要求基本没有，任何一张建筑平面图如果转化成TCAD识别的T图，只要稍作修改就可以直接布置各种建筑构件，适应性很广，同时操作也是所见即所得，非常智能方便。

门窗在墙上布置后，墙线会自动被裁剪处理，大大减少用户的工作量，大大提高了绘制建筑施工图的效率和质量。

目前可以布置的门窗类型有：普通窗，普通门，子母门，凸窗，门洞，窗洞。

3. 柱的布置

柱在建筑平面施工图上，也是很重要的建筑构件，它表达了需要布置的柱种类和柱位置，柱通常是以轴线作为依托。TCAD提供的柱布置，可以方便地布置矩形、圆形等任意截面的柱，可以指定柱子与轴线交点的偏心和转角，也可以指定柱子在建筑平面图中的表达方式。柱子布置上以后，其上的墙线也会自动被打断。

在 TCAD 中柱的绘制是通过命令【柱布置】来实现的。可以用下列方法布置柱。

- 命　　令：COLMDRAW↙（回车）
- 简化命令：COD↙（回车）
- 菜　　单：【建筑平面】|【柱布置】选项
- 工 具 条：【建筑平面】工具条中【柱布置】按钮

功　　能：在绘图区布置柱子。

操作说明：启动命令，程序打开对话框（如图 7-4-20 所示），根据用户需要在对话框内设置柱子截面形状，在绘图区内插入柱子。

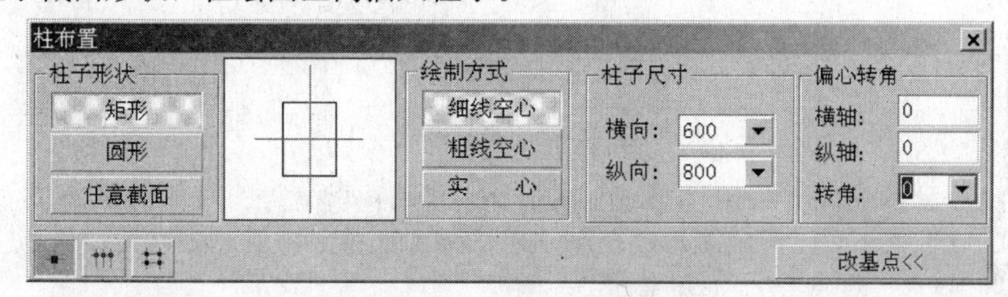

图 7-4-20　“柱布置”对话框

提　　示：在“柱布置”对话框内可设置柱子的形状、绘制方式、柱子的尺寸以及可以选择柱子的布置方式。

柱子的布置方式：点选插入柱子，在绘图区内任意位置单击，插入柱子。沿一根轴线布置柱子：移动光标到任意一条轴线上单击，此根轴线上的所有节点处都将插入柱子。指定的矩形区域内的轴线交点插入柱子：用户在绘图区绘制矩形，在矩形范围内的所有轴线的交点处都将插入柱子（见图 7-4-21）。

注 意：使用沿一根轴线布置柱子或指定的矩形区域内的轴线交点插入柱子的方式时，必须首先绘制轴线，否则此命令不可用。

布置后柱子自动打断墙线，布置柱将完全是所见即所得的动态预览方式，非常方便快速地完成柱的布置。

下面描述一下布置柱的基本过程。

命令：COLMDRAW

请布置柱：（[C]-轴选方式[U]-UNDO，[A]-转 90 度，[Esc]-退出）

这时提示用户在适当的位置布置您选择的柱类型，命令一旦运行马上弹出无模式对话框，在布置柱的过程中，您随时都可以设置柱子的类型和参数，在动态显示中您将即时得到修改后的结果，所以设计过程中任何参数的改动完全是可以预览的，非常方便。

如图 7-4-22 所示，鼠标在指定的位置点击左键布置柱，无模式对话框飘在一侧。

布置过程中，用户可以通过按【C】键修改布置的方式，布置方式有三种：

点选布置方式：这种方式可以在任意位置布置柱，不依赖于轴线。

轴线选择布置方式：这种方式是布置到选择轴线的所有交点处，这些交点是同其他轴线相交后的交点，这种方式依赖于轴线，如果没有轴线，是无法布置柱的。

窗选轴线交点方式：这种方式将选择窗口中所有轴线间的交点上布置柱。

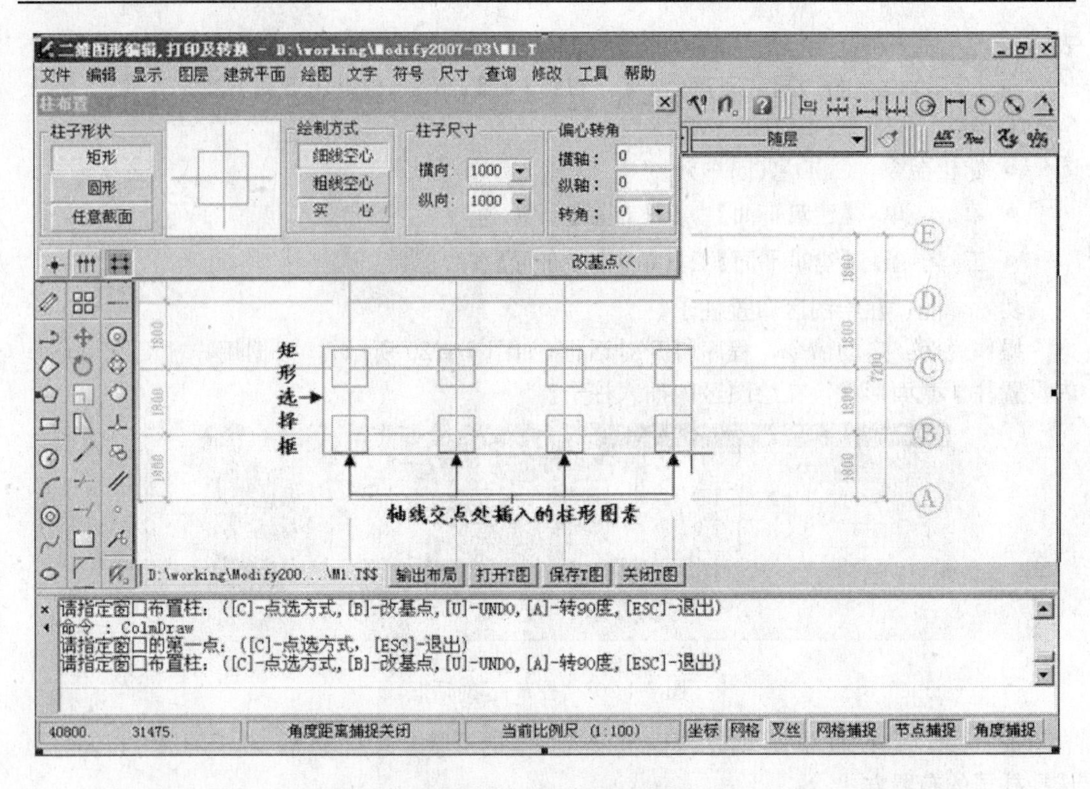

图 7-4-21　插入“柱形”图素

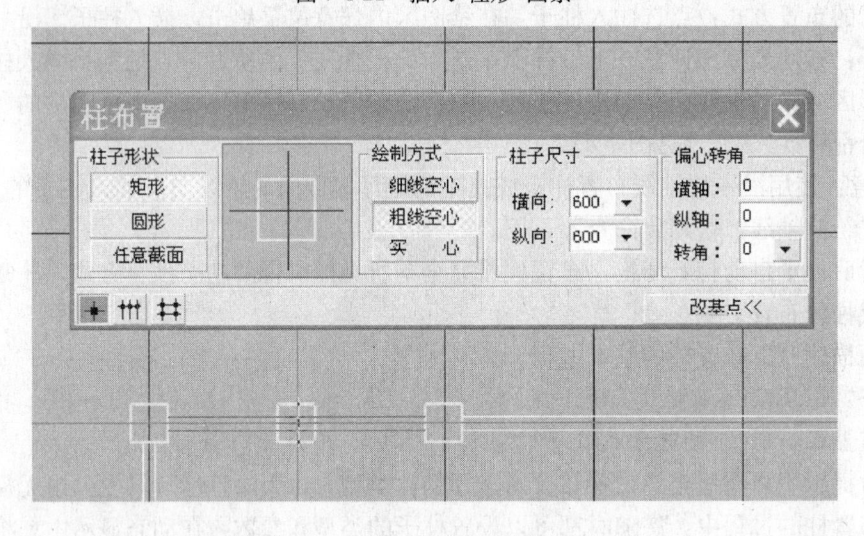

图 7-4-22　布置柱结果图

柱子的形状和尺寸都可以在无模式对话框中随时指定。

柱子的偏心是指与当前鼠标位置或交点位置的横向偏移和纵向偏移。

在布置柱子过程中也可以随时按【A】键使柱子旋转 90°。

通常缺省方式柱子布置的点在柱子的形心，用户也可以通过按无模式对话框上的【改基点】按钮随时修改布置点的位置。

在布置的柱子出现错误时，用户可以按【U】键回退。

当柱子布置到双线墙时，墙线会自动被裁剪，大大减少用户的后续处理。

4. 阳台的布置

阳台在建筑平面施工图上，也是很重要的建筑构件，它表达了需要布置的阳台种类和阳台位置，阳台通常是以墙作为依托。TCAD提供的阳台布置可以布置常用的三种类型：矩形阳台，圆拱阳台，梯形阳台。

在TCAD中阳台的绘制是通过命令【阳台布置】来实现的。

可以用下列方法布置阳台。

- 命　　令：BALCDRAW↙(回车)
- 简化命令：BAL↙(回车)
- 菜　　单：【建筑平面】|【阳台布置】选项
- 工 具 条：【建筑平面】工具条中【阳台布置】按钮

功　　能：在绘图区插入阳台。

操作说明：启动命令，程序弹出阳台布置对话框，在对话框内可设置关于阳台的各项参数，设置完成后可在墙体上插入阳台。布置后阳台将自动偏出墙线外。

提　　示：在对话框内可设置阳台的形状(如图7-4-23所示)，根据用户选择的阳台的不同形状，对话框内的参数也相应地发生变化。

图7-4-23　“阳台布置”对话框

矩形：参数包括阳台宽度、阳台板厚、挑出长度等，如图7-4-24所示。

圆拱：参数包括阳台总宽度、圆拱宽度、栏板厚、矩形挑出长度、圆拱挑出长度等，如图7-4-25及图7-4-26所示。

梯形：参数包括阳台总宽度、梯形宽度、栏板厚、矩形挑出长度、梯形挑出长度等，如图7-4-27及图7-4-28所示。

下面描述一下布置阳台的基本过程。

命令：BALCDRAW

请在墙上指定阳台的位置：([U]-UNDO，[D]-改方向，[B]-用户基点，[Esc]-退出)

这时用户用鼠标在墙线的适当位置布置选好的阳台，阳台的设计在同时弹出的无模式对话框中进行，如图7-4-29所示。所有设计参数的修改将即时绘制在图上，用户的设计是可视和智能的，注意阳台不

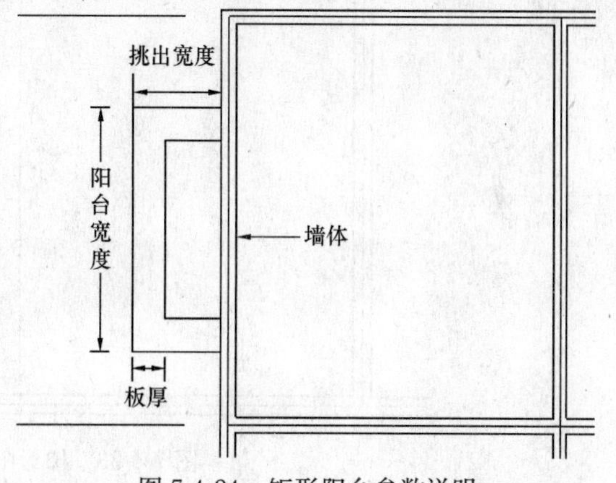

图7-4-24　矩形阳台参数说明

图 7-4-25　“圆拱阳台布置”对话框

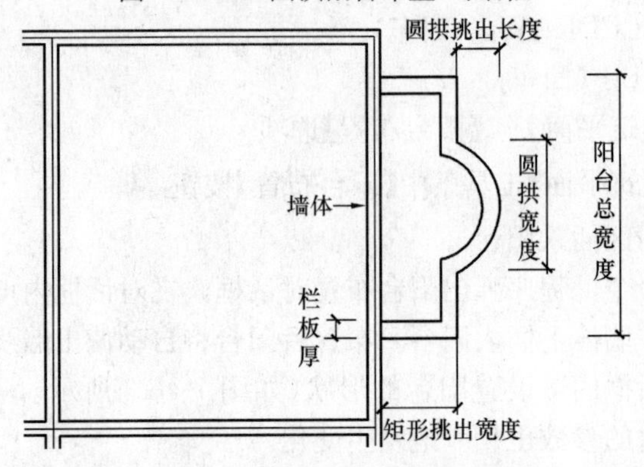

图 7-4-26　圆拱阳台参数说明

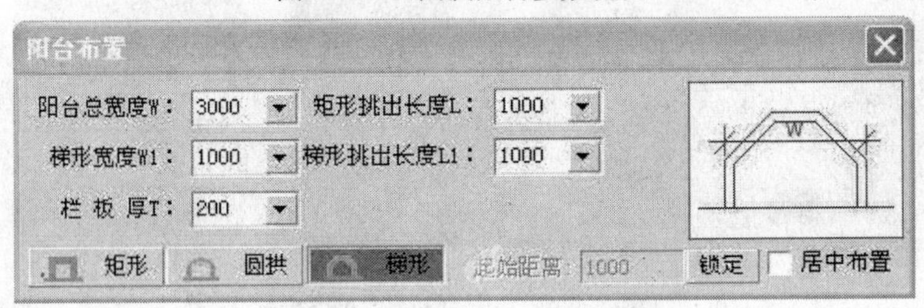

图 7-4-27　“梯形阳台布置”对话框

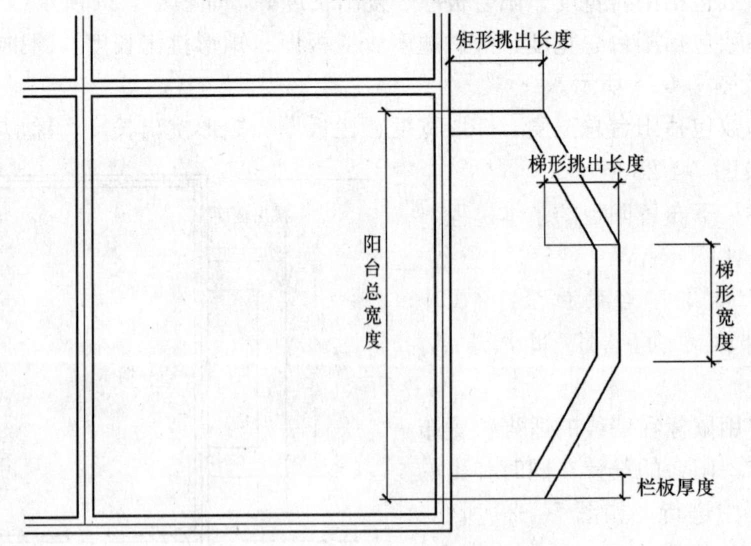

图 7-4-28　梯形阳台参数说明

能脱离墙，没有双线墙是无法布置阳台的。

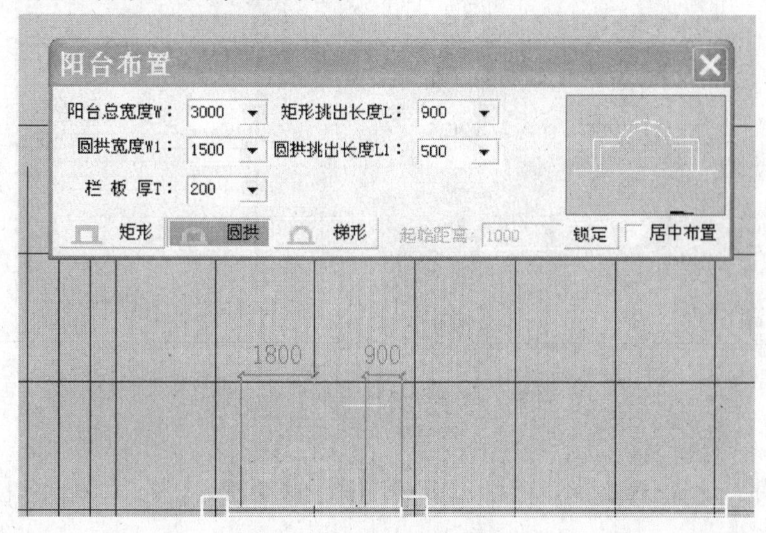

图 7-4-29　输入阳台参数

命令行提示中，按【D】键可以修改预览尺寸的标注位置是左边还是右边，用户连续按【D】键，在动态显示的图上很快会明白它的含义。

命令行提示中，按【B】键可以修改尺寸标注的基点，它的含义可以参考门窗布置中【B】键的解释。

同样在布置阳台出现错误的时候，用户随时可以按【U】键回退。

5. 楼梯的布置

在 TCAD 中，提供了绘制建筑平面施工图最常用的双跑平行楼梯的绘制。

在现代普通建筑中，双跑平行楼梯是最常用的形式，目前 TCAD 只提供了这种楼梯的绘制。该楼梯布置按照楼层来分有三种表达方式：首层的双跑楼梯，中间层的双跑楼梯和顶层的双跑楼梯。用户可以设计楼梯的全部细节，包括：楼梯的梯间宽，梯段宽，每跑的步数，踏步宽度等。

在 TCAD 中楼梯的绘制是通过命令【楼梯布置】来实现的。可以用下列方法布置楼梯。

- 命　　令：STAIRDRAW↙(回车)
- 简化命令：STA↙(回车)
- 菜　　单：【建筑平面】|【楼梯布置】选项
- 工 具 条：【建筑平面】工具条中【楼梯布置】按钮
- 功　　能：绘制双跑平行楼梯

操作说明：启动命令，程序弹出【楼梯布置】对话框(如图 7-4-30 所示)，在此对话框内设置关于楼梯的各项参数，设置完成后点击【确定】按钮，在绘图区适当位置插入楼梯。

下面描述一下楼梯绘制的基本过程。

命令：STAIRDRAW

命令执行后，首先弹出一个详细的双跑楼梯设计对话框，如图 7-4-30 所示。在此对话框内设置关于楼梯的各项参数，设置完成后点击【确定】按钮，开始进入楼梯布置过程，

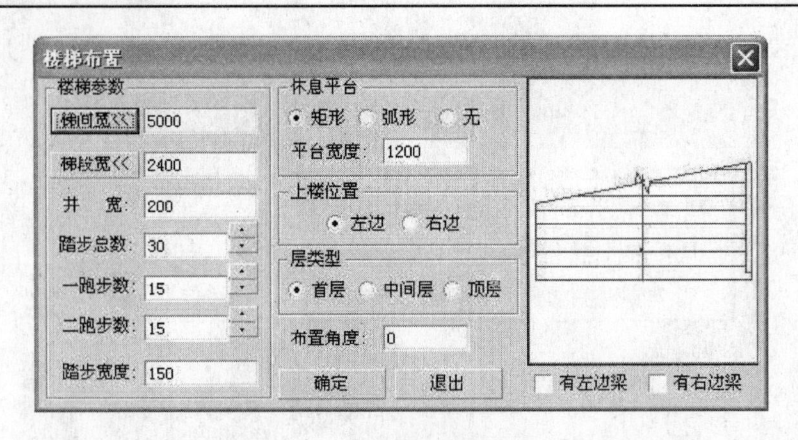

图 7-4-30　“楼梯布置”对话框

命令行显示：

布置楼梯：([B]-*改基点*，[U]-UNDO，[A]-*改角度*，[H]-*左右翻*，[V]-*上下翻*，[Esc]-*退出*)

这时在适当的位置，点鼠标左键就可以布置设计好的双跑楼梯了。

在布置的过程中，用户随时可以按【B】键，改变布置双跑楼梯的插入基点。

如果用户想修改布置楼梯的角度，用户只要按【A】键，就可以进入了，这时命令行显示：

请指定新的角度：<0.0>

这时用户使用鼠标指定一个点来决定双跑楼梯的布置角度，如图 7-4-31 所示。

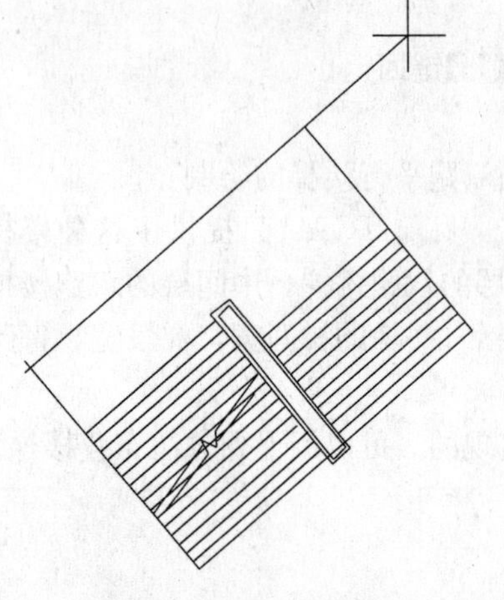

图 7-4-31　布置楼梯结果图

用户还可以按【H】进行左右翻转，按【V】键进行上下翻转。

如果布置的楼梯有问题，用户随时可以按【U】键回退。

6. 常用设备的布置

在 TCAD 的建筑平面菜单条中最后一个建筑构件，是一些常用设备的布置，常用设备实际上是图库中的图块的插入，它包含了很多常用的室内设施，如：卫生洁具，沙发，床，厨具等等。

在 TCAD 中，这些室内设施是用图块来代表的，这和 AutoCAD 等一些常用的绘图软件的表达方式是一样的。在 TCAD 中布置常用设备是通过命令【常用设备】来实现的。可以用下列方法布置常用设备。

- 命　　令：EQUIPDRAW↙（回车）
- 简化命令：EPD↙（回车）
- 菜　　单：【建筑平面】|【常用设备】选项
- 工 具 条：【建筑平面】工具条中【常用设备】按钮
- 功　　能：在建筑平面图中插入图库中提供的常用设备图块

操作说明：在屏幕右侧菜单中点取【常用设备】命令，将弹出对话框(见图 7-4-32)，用户可在左侧窗口选择栏目，再在右侧窗口选择子项。随后屏幕上会弹出图块预览对话框，列出这一页图库中的所有库块(如图 7-4-33 所示)，用户点取其中一个库块后，程序将弹出对话框(如图 7-4-34 所示)，在对话框中输入此库块插入图形后的尺寸及转角，按【确定】按钮后，就可以将它插在图形中的任意位置。同一库块可按不同的比例和转角插入图形。

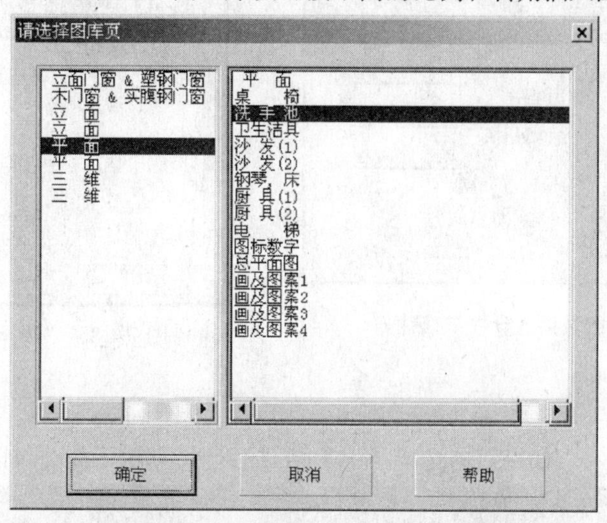

图 7-4-32　“选择插入图块类型”对话框

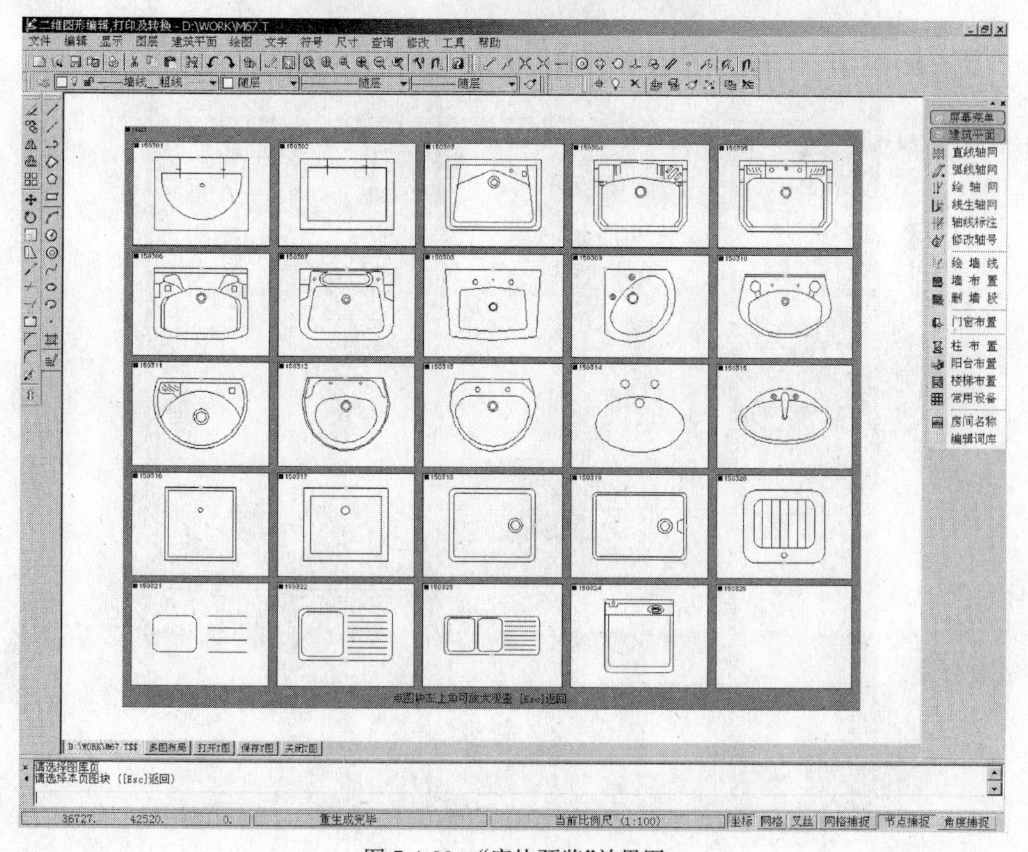

图 7-4-33　“库块预览”效果图

下面描述一下卫生洁具绘制的基本过程。

命令：EQUIPDRAW

命令执行后，首先弹出一个图块选择对话框，如图 7-4-35 所示。

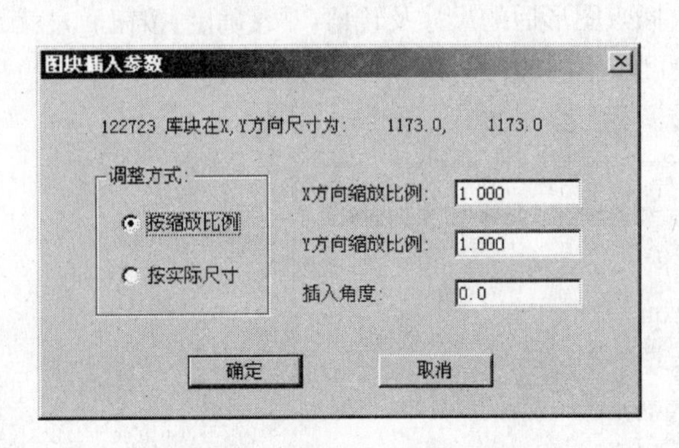

图 7-4-34　“图块插入参数”对话框

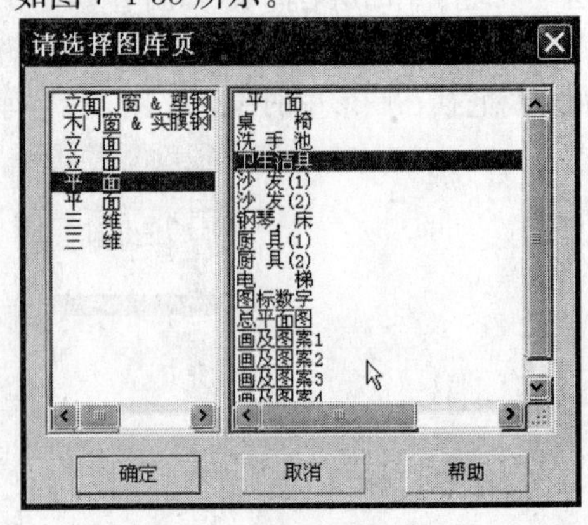

图 7-4-35　“选择图库页”对话框

这时命令行提示：

请选择图库页

如图 7-4-36 所示，如果双击选择了卫生洁具后，将显示下面的对话框。

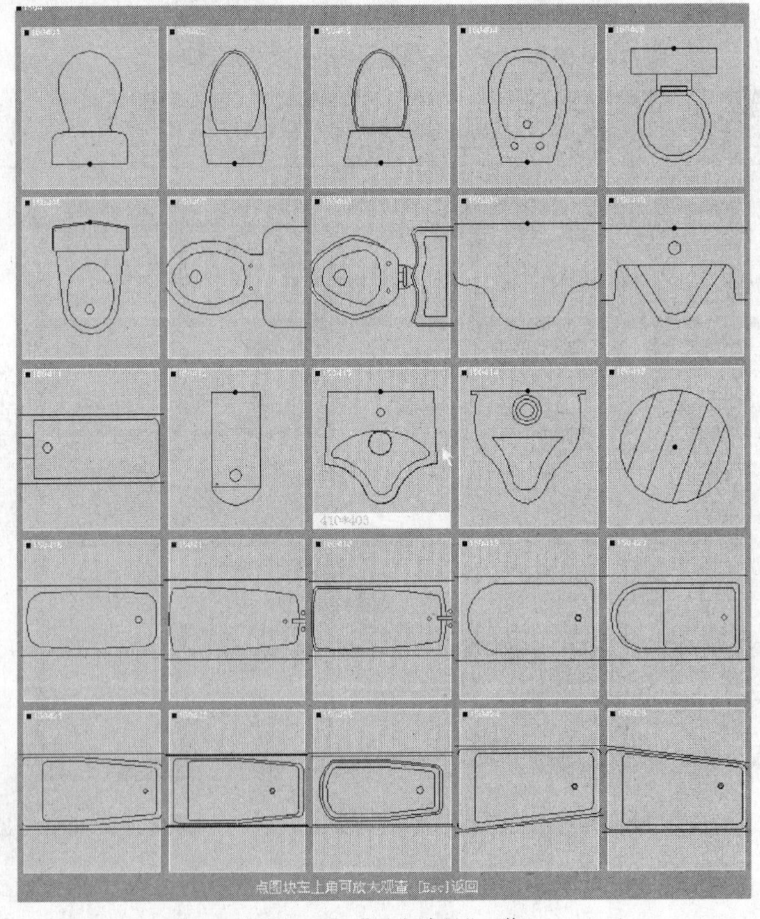

图 7-4-36　“卫生洁具”一览

用户选择需要布置的图块，然后将弹出图块插入参数设置的对话框，如图 7-4-37 所示。

用户设置好缩放比例和插入角度，就可以动态地布置选择好的图块了。

点出图块插入位置

（[C]改变比例/[Q]捕捉直线取角度/[A]转 90°/[H]左右翻转/[V]上下翻转/[Esc]结束）

这时用户指定图块插入的位置，选择好位置后，按鼠标左键就插入了一个图块。

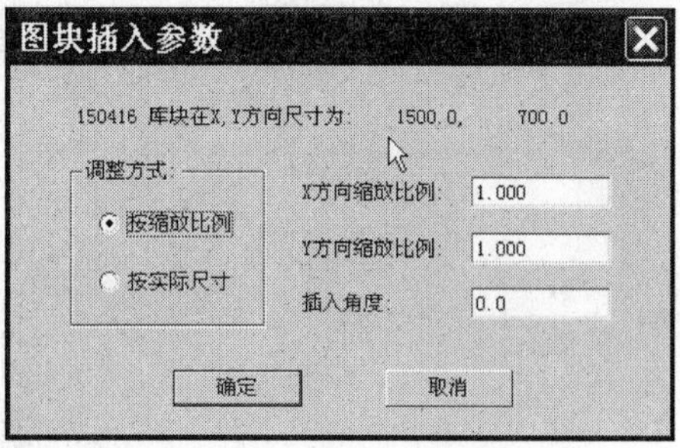

图 7-4-37　设置图块插入参数

在布置过程中，用户可以按【C】键，改变图块的比例，将重新弹起图块插入参数对话框，修改完成按【确定】后，又进入插图块的过程。

在布置过程中，用户可以按【A】键，改变图块的插入角度，每次按【A】键，图块将旋转 90°，命令行提示不变。同样，像楼梯布置一样，也可以按【H】键左右翻转，按【V】键上下翻转。按【Esc】键或鼠标右键，都将退回到图块选择的对话框，这时用户可以选择布置另外的图块。

四、房间名称的标注

TCAD 提供标注房间名称功能，程序内部按不同类别存储了丰富的房间名称，用户可直接挑选使用，也可以将自己常用的房间名称加入库中。

1. 房间名称的标注

房间名称在建筑施工图中，是经常需要标注的文字信息，表达了各房间的使用功能，确定功能区域等。

在 TCAD 中是用下列方法进行房间名称的标注的。

- 命　　令：ROOMNAME↙（回车）
- 简化命令：RN ↙（回车）
- 菜　　单：【建筑平面】|【房间名称】选项
- 工 具 条：【建筑平面】工具条中【房间名称】按钮
- 功　　能：从房间名称库中选取所需房间名称，插入到图中指定位置

操作说明：启动命令，程序弹出选取房间名称对话框（如图 7-4-38 所示），对话框中左侧为建筑类型分类表，右侧为此分类下的房间名称列表，不同类别的建筑下会提供不同内容的房间名称。用户在右侧房间名称列表中选好一个名称后，点击【确定】按钮，在绘图区适当位置插入此房间名称。

提　　示：如果用户要标注软件提供的房间名称库以外的房间名称，可先在对话框中任选一个名词，点【确定】按钮后，在绘图区插入房间名称时按【Tab】键，输入用户自己要输入房间名称即可。

下面描述一下【房间名称】命令的使用过程，激活命令，命令行显示：

命令：ROOMNAME

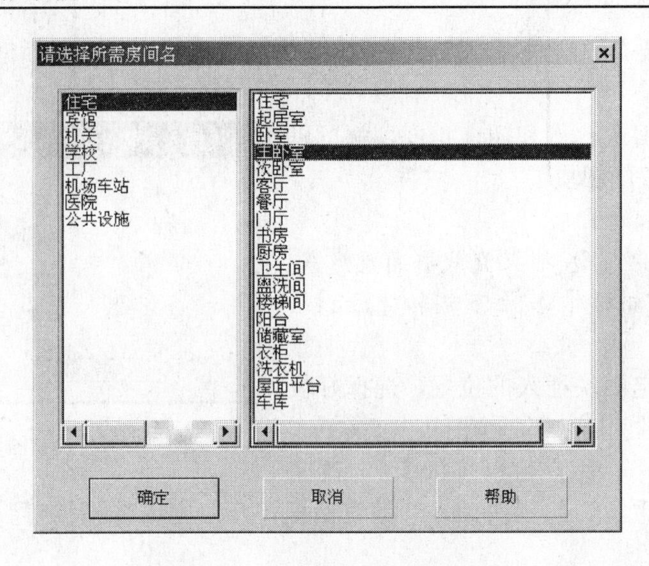

图 7-4-38　选取房间名称对话框

命令执行后，将弹起选择房间名称的对话框，如上图所示，同时命令行显示：

请选择所需房间名（[Esc]返回）

这时选择了需要插入的房间名称后，命令行显示：

请点取房间名标注位置（[Tab]更换菜单中房间名，[Esc]返回）

这时用户就可以像插入图块那样，插入需要标注的房间名称了。

按【Tab】键用户可以修改当前需要标注的文字内容，弹起如图 7-4-39 所示的对话框。

用户输入文字内容后，将新的名称增加到门窗名称库中，将来也可以使用，如图 7-4-40所示。

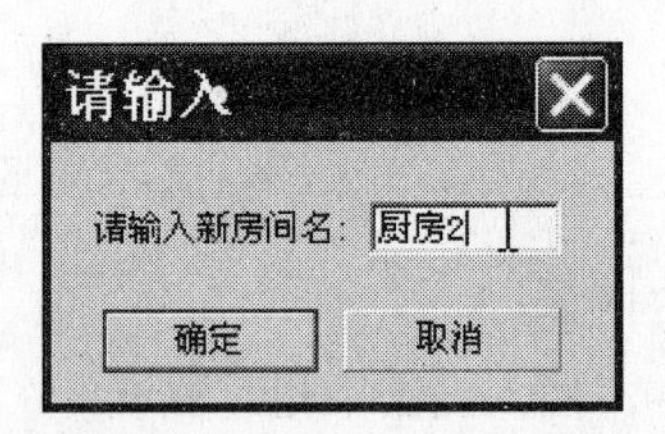

图 7-4-39　输入新房间名称

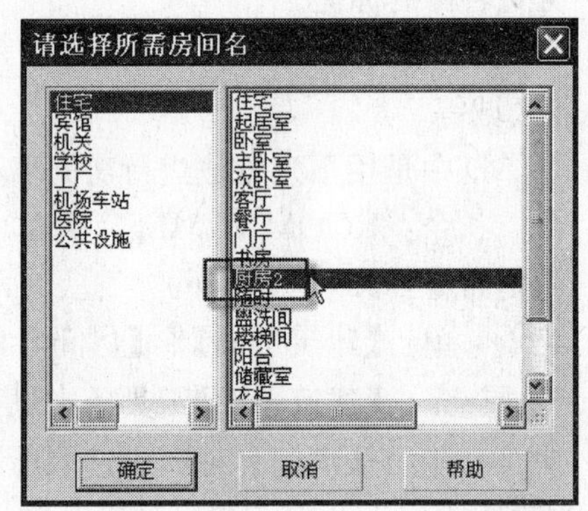

图 7-4-40　添加新房间名称结果图

2. 房间名称词库的编辑

房间名称的词库可以不断地修改补充，在 TCAD 中使用下面的方法进行：

- 命　　令：EDITTLIB↙（回车）
- 简化命令：EDT ↙（回车）
- 菜　　单：【建筑平面】|【编辑词库】选项
- 工 具 条：【建筑平面】工具条中【编辑词库】按钮
- 功　　能：可对房间名称库（roomname）进行修改补充。

操作说明：启动命令，程序使用文本编辑软件(默认为 NOTEPAD. EXE－记事本)打开词库，用户可对词库进行编辑。

下面描述一下【编辑词库】命令的使用过程，激活命令，命令行显示：

命令：EDITTLIB

启动命令后，将弹起一个编辑词库的记事本(图 7-4-41)，用户可以在这里直接添加或修改词库，修改时要注意增减一项时要同时修改前面的项数。

修改完，存盘退出，词库就修改完成了。

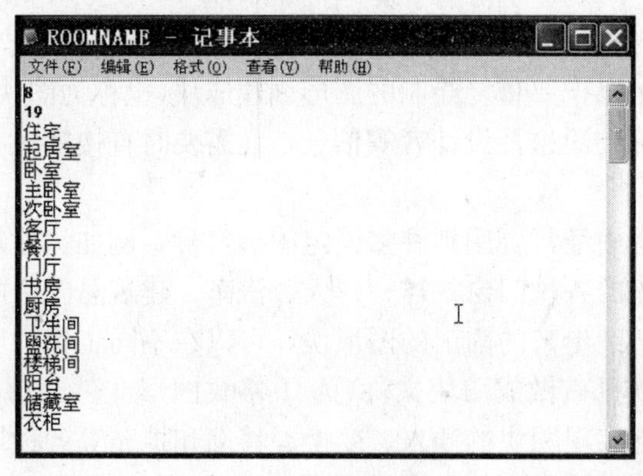

图 7-4-41　修改词库内容

第八章　使用图块及图库

在绘制工程图形时，如果图形中有大量相同或相似的内容，或者所绘制的图形与已有的图形文件相同，则可以把要重复绘制的图形创建成块(也称为图块)，并根据需要为块创建属性，指定块的名称、用途及设计者等信息，在需要时直接插入它们，从而提高绘图效率。

建筑工程设计过程中经常要用到许多固定图形符号，例如，建筑平面施工图中的卫生洁具和家具，立面图中的各种门窗式样、行人、汽车，建筑总图中的各种树木等等，在建筑图集中它们都是被归纳出来的固定的图形块，可以在不同工程的施工图中直接使用。在TCAD中，这些图形块已被做成图块文件(为T格式图形文件)，并以图形库的形式管理起来，用户可以方便地实现图块的插入、变换、移动和扩充等各种操作。当然，用户也可以把自定义的一些图形文件以块的形式插入到图库之中，通过图库管理中心浏览、查找、使用和管理这些块文件。

本章将首先介绍图块的概念及创建、编辑方法，然后介绍图库的安装、使用、编辑与扩充的方法，主要内容有：

- ◆ 图块的概念及优点
- ◆ 图块的定义方法及插入方法
- ◆ 如何将T图文件作为块插入到图形中
- ◆ 如何对图块进行编辑
- ◆ 熟悉图库的类型及安装方法
- ◆ 图库的使用、编辑及扩充方法

第一节　块的创建与使用

一、块的概念

保存图的一部分或全部，以便在同一个图或其他图中需要它们时，可不必重画这些部分，这个功能对用户来说是非常有用的。这些部分或全部的图形或符号(称它们为块)可以按所需方向、比例因子插入到图中任意位置。在TCAD中，块需要进行命名，即定义一个“图块号”(只能用数字定义)，并用其名字插入图形。块内所有对象均视为整体对象。可像对单个对象一样对块使用【移动】、【复制】或【删除】等编辑命令，也就是说，可以简单地通过选择块中的一个点选中整个块。如果某个块定义被删除了，所有在图中对于这个块的引用都将被删除，并且引用被删除后不能还原。

使用块有很多优点：

(1) 图形经常有一些重复的特征。可以建立一个有该特征的块，并将其插入到任何所需地方，从而避免重复绘制同样的特征。这种工作方式有助于减少制图时间，并可提高工作效率。

(2) 使用块的另一个优点，是可以按文件的方式建立与保存块以便以后使用。因此，可以根据不同的需要建立一个定制的对象库。

(3) 当向图形中增加对象时，图形文件的容量会增加。TCAD 会记下图中每一个对象的大小与位置信息，比如点、比例因子、半径等。如果用【插入块】命令建立块，把几个对象合并为一个对象，对块中的所有对象就只有单个比例因子、旋转角度、位置等，因此节省了存储空间。每一个多次重复插入的对象，只需在块的定义中定义一次即可。

(4) 可以改变块的 X、Y 和 Z 的比例及从一个插入到另一个插入的旋转角度。在一个图形中插入一个块的次数没有限制。

二、创建块

建立块的第一步是绘制用来转换成块的对象。可以考虑将任何多次使用的符号、形状或视图转换为块。甚至一个被多次使用的图形也可以作为一个块插入。如果没有可转换为块的对象，那么可以使用有关的 TCAD 命令预先绘制出图形对象，再进行转化。

在 TCAD 中，可以使用屏幕右侧菜单中的【图库图块】菜单中的【定义图块】菜单项来创建图块，调用方法如下：

- 命　　令：DEFBLOCK↙(回车)
- 简化命令：DFB↙(回车)
- 菜　　单：屏幕右侧菜单【图库图块】|【定义图块】选项
- 工 具 条：无，可由用户自行定义

使用该命令后，程序将打开“块定义”对话框(如图 8-1-1 所示)，在对话框中可定义新图块。

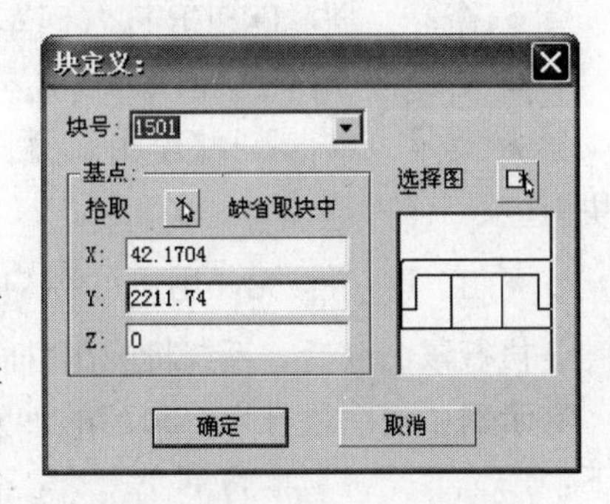

图 8-1-1　“块定义”对话框

示例：将图 8-1-2 中的沙发平面图制作成图块，留作后续绘制房间平面图时使用，具体操作过程如下：

(1) 执行【定义图块】命令，系统弹出“块定义”对话框，在块号下拉表中填入“1501”。如果已经存在块号名称为“1501”的图块，则在完成块定义，按下【确定】按钮时，系统会弹出“图块定义”警告对话框(图 8-1-3)，提示图块是否覆盖原图块定义。

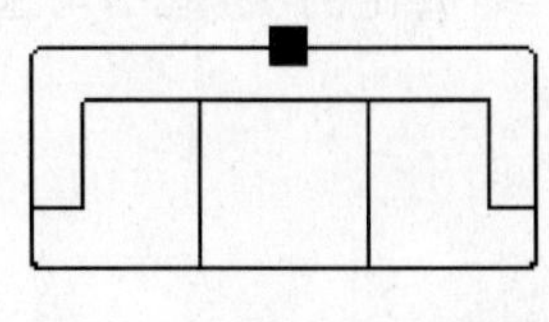

图 8-1-2　定义图块示例

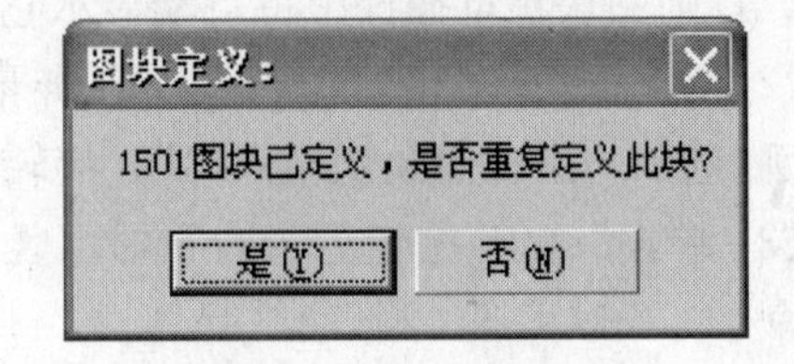

图 8-1-3　定义图块示例

(2) 单击选择图后面的拾取按钮，系统会给出如下提示：

命令：DEFBLOCK

请用光标点取图素（[Tab]窗口方式/[Esc]返回）

15个图素已经选中

在屏幕上用窗口方式选取组成沙发图形的15个图素对象，按下鼠标左键后回到"块定义"对话框，在图块预览控件中会给出被选择的对象的缩略图。如果对选取结果不够满意，可点击图素拾取按钮，重新进行选取。

(3) 确定基点位置：系统默认基点位置为所选取的所有图素对象的中心，用户可自行设定图块基点的位置。在"块定义"对话框，单击基点拾取按钮，命令提示区显示"请选择图块的插入点"，用鼠标拾取基点位置，或用键盘输入基点坐标，按下【回车】键，完成基点设置。

(4) 在"块定义"对话框单击【确定】按钮，完成对图块号为"1501"的沙发图块的定义。

在TCAD中，块的定义实际上存在于一个专门的块库中，这个专门的库并不在图形中直接显示，插入块时仅仅是调用库中的块图形，并将之显示出来，创建完块以后，块的定义已经保存到当前图形文件的块库中了。创建块的原始对象在块被定义后并不转换为块，仍保留原有格式。

三、插入块

可用【插入图块】命令将已定义块插入。利用这个命令，可以决定块所要插入的图层、插入的位置、块的大小和块所要旋转的角度等。如果块所要插入的图层不是当前层，可以使用图层特性管理器对话框中的"当前"按钮，使之设为当前。调用【插入图块】方法如下：

- 命　　令：INSERT↙（回车）或BLOCK↙（回车）
- 简化命令：I↙（回车）或B↙（回车）
- 菜　　单：菜单【绘图】|【插入块】选项，或屏幕右侧菜单【图库图块】|【插入图块】选项
- 工 具 条：无，用户可将 按钮自定义进【绘图】工具条

执行该命令后，系统将弹出"插入图块"对话框，如图8-1-4所示。

示例：将图块号为"1501"的沙发图块插入到一房间平面布置图中，具体操作过程如下：

(1) 执行【插入块】命令，系统将弹出"插入图块"对话框，在图块号下拉条中选择"1501"，则图块预览控件中将自动显示它的缩略图。

(2) 在"插入点"组框中勾选上"在屏幕上指定"选项，在"缩放比例"组框中勾选上"统一比例"选项，X方向比例输入"1"，旋转角度值输入"90"度。

(3) 单击"确定"按钮后，命令提示区给出如下提示：

命令：BLOCK

点出图块插入位置

（[C]改变比例/[Q]捕捉直线取角度/[A]转90度/[H]左右翻转/[V]上下翻转/[Esc]结束）

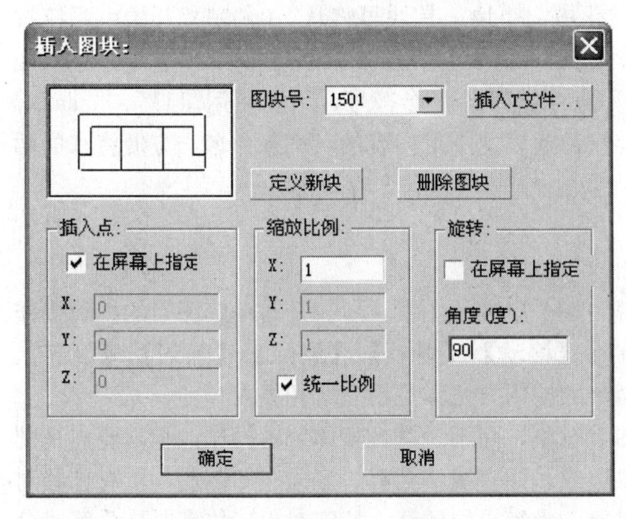

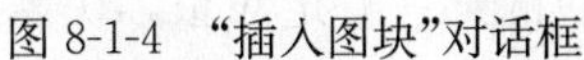
图 8-1-4　“插入图块”对话框

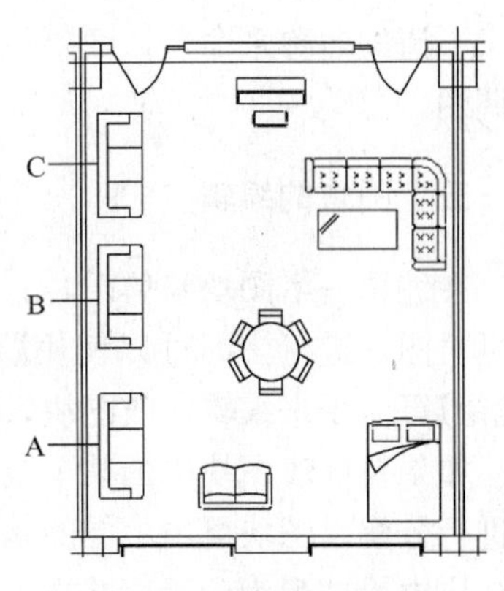

图 8-1-5　插入图块示例

在屏幕上移动鼠标确定插入点位置 A，单击鼠标左键后，一个沙发图块被竖向插入到房间平面图中，采样相同步骤继续插入其他两个图块，结果如图 8-1-5 所示。

一个块在绘制时具有图层的特性。它可以在不同的图层上，由具有不同颜色、不同线型和不同线宽的一些对象所组成，且所有这些信息都保留在该块中。当被插入时，块中的每一个对象都以原有的颜色、线型和线宽绘制在原有的图层上，而不管当前的图层及颜色、线型和线宽情况如何。

四、插入 T 图作为块

在 TCAD 中，也可以将一个已经绘制好的 T 图文件整体作为一个块插入当前图形文件中。可以在“插入图块”对话框单击【插入 T 文件】按钮，或直接使用【插入 T 图】命令来完成此操作，调用方法如下：

- 命　　令：INSFILE↙(回车)
- 简化命令：INS↙(回车)
- 菜　　单：菜单【绘图】|【插入 T 图】选项
- 工 具 条：无，用户可将按钮自定义进【绘图】工具条

执行该命令后，系统将弹出“打开文件”对话框，提示选择要插入当前图形的 T 图文件，然后会弹出“图块插入参数”对话框(图 8-1-6)，让用户确定调整方式、缩放比例、旋转角度等参数。单击【确定】按钮后，命令提示区会提示：

命令：INSFILE

请点出图块插入位置

用鼠标在屏幕上拾取插入点位置，或用键盘输入插入点坐标，按【回车】键完成插入 T 图的操作。

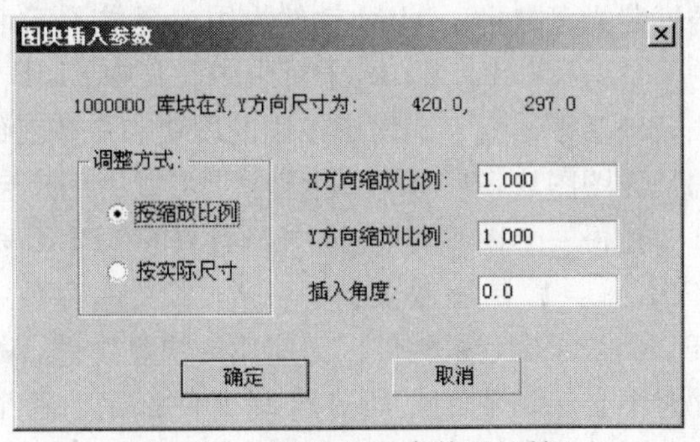

图 8-1-6　“图块插入参数”对话框

插入后的T图文件内容将整体被转化成一个块，其块号将从“1000000”开始由系统按插入前后顺序进行命名。使用【插入T图】命令需要预先绘制好所需要图形符号，存入相应的T格式文件，建议用户先分门别类地存储好各图形符号，不要使用“111”、“aaa”等含义不清的名称来命名，而要使用能够清楚地表达图形内容的名称来命名，方便将来的插入调用。

五、图块的编辑

在编辑一个图块整体时，它会被视为一个单独的图素，所有针对单个图素的编辑操作都可对图块进行，即可以使用【修改】中的【移动】、【复制】、【删除】、【阵列】、【旋转】、【镜像】等命令来编辑修改图块，这些命令的使用方法详见第三章相关内容。

如果要修改图块中的某个或某些图素对象，而不是进行整体编辑操作，则需要先把图块进行分解。图块可由不同的基本对象组成，如直线、圆弧、多段线和圆形。所有这些对象在块中均被列为一组，并视为单个对象。为编辑块的某一特定对象，块需要被分解或分成一个个独立的部分。当一个全视图或图形已被插入，且一个小细节需要更正时，该功能尤其重要。

将图块分解为单一对象的方法是使用【分解】命令，它的使用方法见第三章第七节。【分解】命令将图块分解为它所包含的对象元素，并不考虑比例因子。它也不控制这些对象元素的特性，如图层、线型、线宽和颜色，图形保持不变。这时，被分解的块变成了可以逐个编辑的一组对象。为检查块的分解是否已经完成，选择任意曾是块一部分的对象，则应只有所选对象才被加亮显示。在块被分解后，块的定义仍然在块的定义表中。在分解一个块后，可以对它进行修改，然后再用【定义图块】命令重新定义块。

如果想删除一些无用的块定义，可以在“插入图块”对话框选择要删除的图块号，单击【删除图块】按钮后，该图块定义及图形中所有对该块的引用都将被删除，并且不能进行恢复操作，所以在删除前应仔细确认。

第二节　图库的使用与管理

一、TCAD图库类别与安装

用户要使用TCAD中的图库功能，必须首先安装图库，安装程序放在建筑软件APM的安装光盘之中。APM软件为用户提供了三个图库，它们分别被安装在APM子目录下的BLIB、DLIB、ULIB子目录中。其中BLIB子目录中存放的是APM软件提供的常用图块，包括平、立、剖面中使用的图块和一些三维模型中使用的图块，DLIB子目录中存放的是详图图块，ULIB子目录中是可以由用户自己管理扩充的用户图块。

在每一个图库子目录中，有许多“BLK＊.T”文件和“BLK＊.SCR”文件。其中“BLK＊.T”是库块文件，一个T文件存放一页库块，每页中可存放1～81个库块；“BLK＊.SCR”是软件内部使用的快显文件，是软件使用时自动生成的，用户在备份或移动时不必保留它们。所有这些文件都由一个管理文件(LIBNAM)统一管理起来。LIBNAM文件可以用Windows系统自带的记事本程序(NOTEPAD.EXE)打开查看。

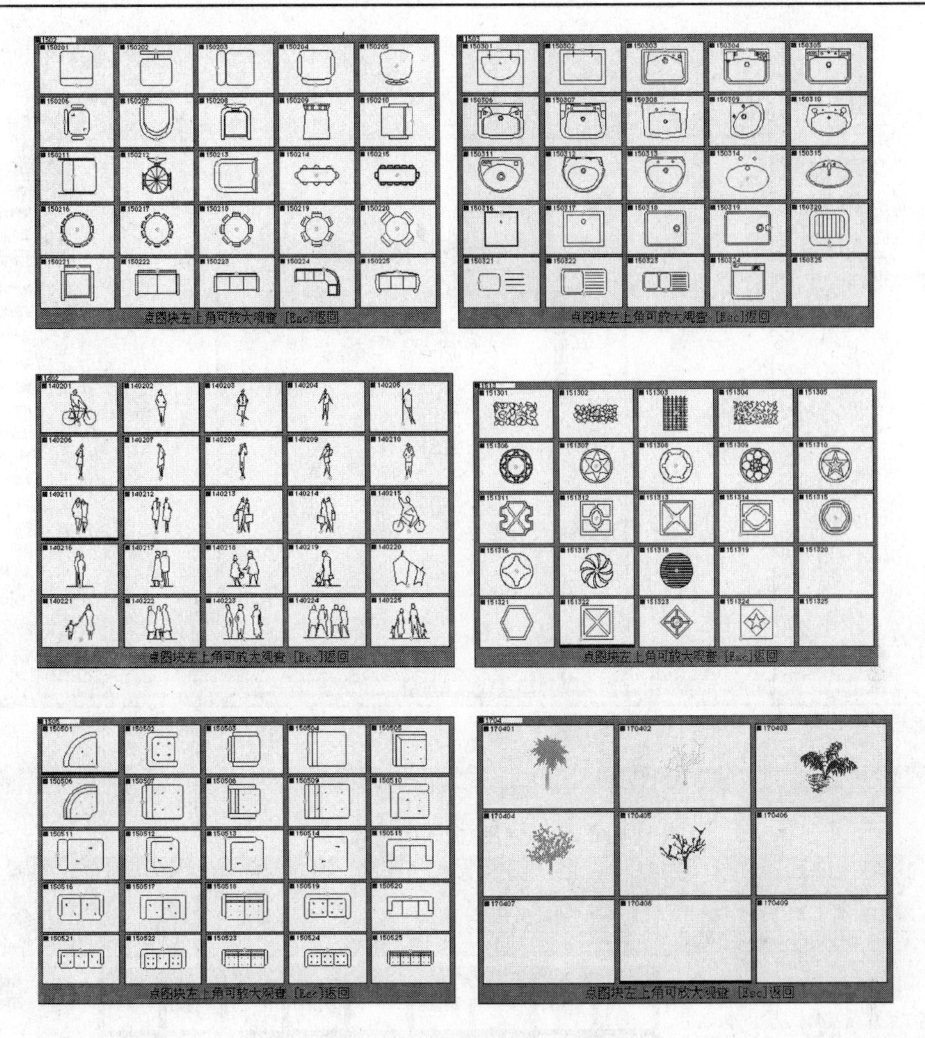

图 8-2-1　建筑图库中的图例

打开文件 LIBNAM，可以看到它是如何管理整个图库的。文件第一行三个数字表示：子目录号(1～10)、栏目数(1～8)、栏目颜色；随后是各栏目的菜单，每个栏目菜单先有五个数字分别表示：此栏目的项数(1～20)、每子项中横纵块排布个数(1～9)、每个块显示时占整个屏幕的大小比例(0～1)、每子项块显示上边留空占整个屏幕的大小比例(0～1)、每子项块显示左边留空占整个屏幕的大小比例(0～1)；以下分别是每个子项的名称，并用单引号括住。

二、图库的使用

在 TCAD 中，可以使用【插入库块】命令来将系统已经定义好的图块直接插入到图形文件中，调用方法如下：

- 命　　令：INSERTBLK↙(回车)
- 简化命令：INB↙(回车)
- 菜　　单：屏幕右侧菜单【图库图块】|【插入库块】选项
- 工 具 条：无，可由用户自行定义

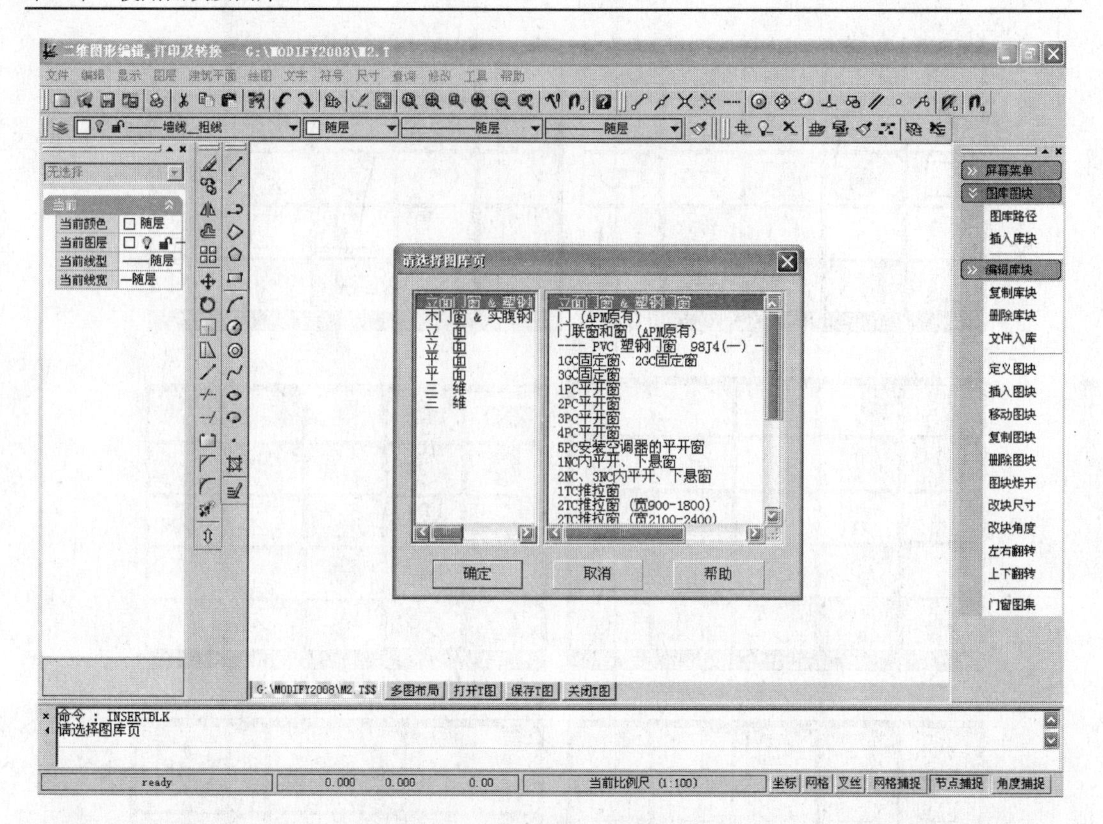

图 8-2-2　使用“插入库块”命令

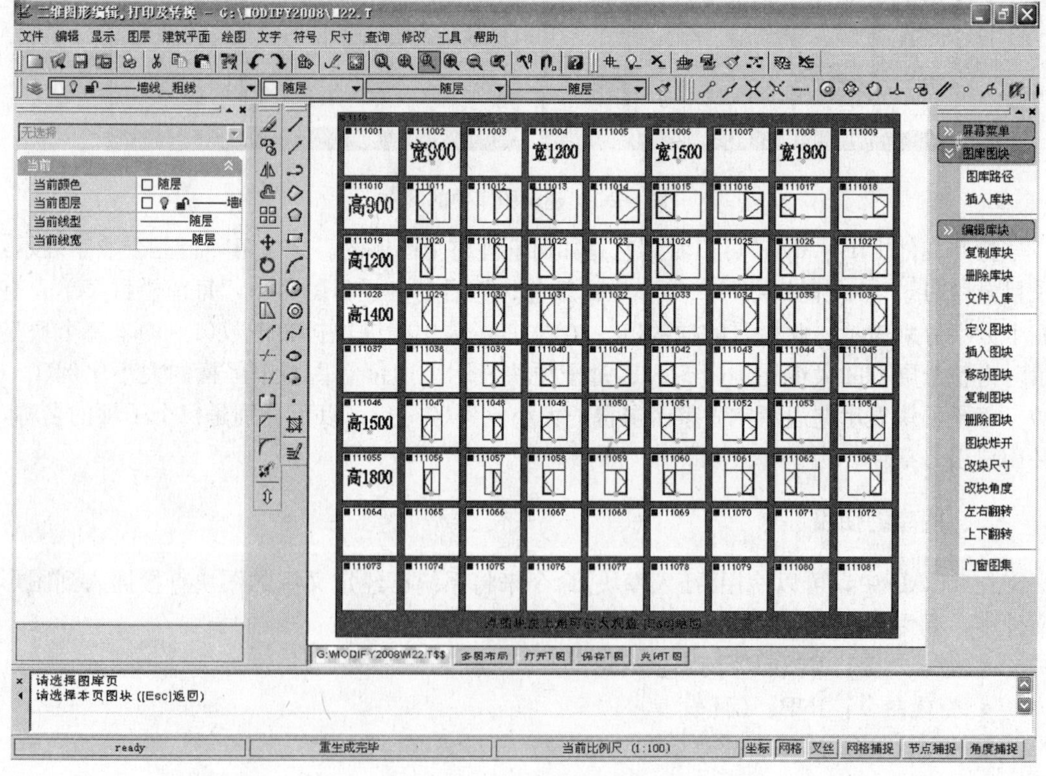

图 8-2-3　“选择图块”页面

执行该命令后，系统会弹出“请选择图库页”对话框(图 8-2-2)，让用户选择图块类别，用鼠标单击某一个子项后，该子项名称会加亮显示。

单击【确定】按钮后，系统会弹出“选择图块页面”(图 8-2-3)，显示每个图块的预览图。如果需要放大显示某个图块，只需点击该图块预览图左上角的小按钮，即可把该图块充满显示整个屏幕，按【Esc】可回到“选择库块页面”。在选择过程中，系统会给出如下提示：

命令 ：INSERTBLK

请选择图库页

请选择本页图块 ([Esc]返回)

确定好需要插入的库块后，用鼠标左键单击该图块的预览图，系统将弹出“图块插入参数”对话框(图 8-2-4)，同时，命令提示区给出如下提示：

点出图块插入位置

([C]改变比例/[Q]捕捉直线取角度/[A]转 90°/[H]左右翻转/[V]上下翻转/[Esc]结束)

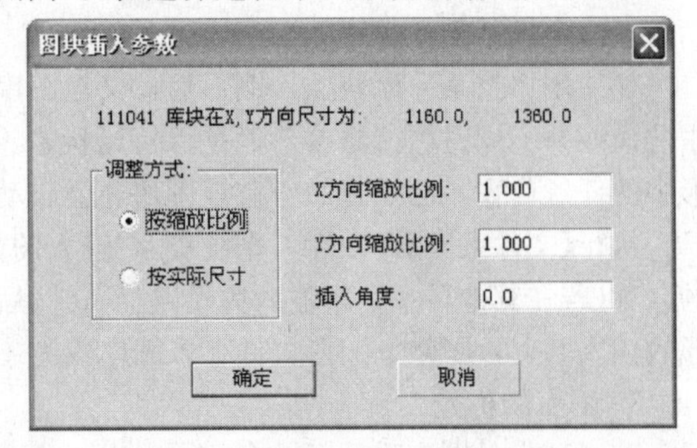

图 8-2-4　“图块插入参数”对话框

在“图块插入参数”对话框输入 X 方向比例值“1.000”，Y 方向比例值“1.000”，插入角度值取默认值“0.0”，调整方式选择“按缩放比例”选项，单击【确定】按钮后，用鼠标在屏幕上选取要插入图块的位置，按鼠标左键完成库块的插入。

在插入过程中，如果对图块的默认位置不满意，需要进行调整，可以按命令提示区的提示，输入相应选项字母，进行左右翻转、上下翻转、旋转 90°、改变插入比例等操作。

需要注意的是，TCAD 中有两种规范的门窗图集供用户选择，在插入门窗图块前，用户需要使用【图库图块】|【门窗图集】命令进行类别选择。执行该命令后，在弹出的对话框(如图 8-2-5 所示)中可以选择使用不同标准下的图集图库。

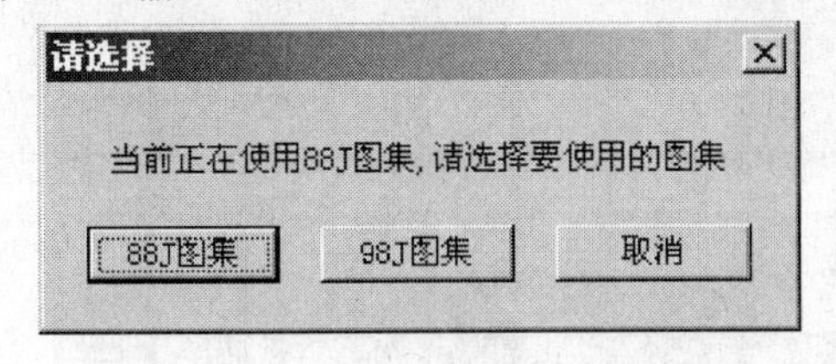

图 8-2-5　“门窗图集选择”对话框

三、图库的编辑与扩充

1. 对已插入图块的编辑

对已经插入图形后的图块，用户仍可用屏幕右侧菜单内的【图库图块】|【编辑库块】子菜单下的各命令进行修改。修改内容包括移动、复制、删除，修改图块的尺寸或转角，把图块进行左右翻转、上下翻转、图块炸开等。

【图块炸开】操作也可以叫【图块分解】，被插入图形中的图块，是以一个整体存在的，在移动、复制和删除时，都是整个图块一起修改。有时用户需要修改图块中的一部分，就要先将图块炸开，将图块离散成独立的图素，再对这些图素进行单独的修改。

应注意的是：图块一经炸开并修改后，就不能再合并起来。此外，在 TCAD 中对按不同 X、Y、Z 比例插入图形的图块，也可以进行炸开操作。

2. 对图库内图块的编辑

对图库中的库块，用户也可以进行编辑修改，在【编辑库块】子菜单中提供了【复制库块】、【删除库块】和【文件入库】三项功能。

【复制库块】是将一个库块复制到图库中的其他位置，在复制过程中用户应输入新块的基点，图形显示在屏幕外时可用热键缩放平移。

进行【删除库块】操作时用户用光标点取哪个库块，此库块便被删除，库块删除后不能用恢复命令撤销删除操作。

如果用户将某一库块插入图形后，又对图库中的此库块进行了编辑修改，已插入图形中的该块并不同时进行修改，而是保持原状态。除非用户将修改后的新块再插入一个到图形中的任意位置，已插入的所有该图块才会自动按修改后状态显示。

执行【文件入库】命令后，系统提示“输入图文件全名”，用户应输入要存入图库的文件的名称(若在其他目录则应输入完整路径)，然后在图库中选择要放置的位置，并点取此图形的插入基点，则整个图形文件存入图库成为一个库块。

3. 图库的扩充

TCAD 中的图库采用开放的形式，用户可以随意增添新的库块，也可以增加图库菜单的页数和每一页中库块的排布个数。

要修改图库菜单页数和库块个数时，需要打开图库子目录中的管理文件 LIBNAM，根据前面的说明修改相应的数值。应注意其中每一栏目中子项数不应大于 20，而每一页中的库块排布个数不应大于 9。还应注意当增大库块的排布个数时，每一个库块显示范围的数值也应相应减小，使整个显示库块的弹出菜单不要大于屏幕区。如图 8-2-6 所示，将每一页中的库块排布个数由“5”修改为“9”后，屏幕上图块的预览个数相应增多，但每个预览图所占面积相应减少。

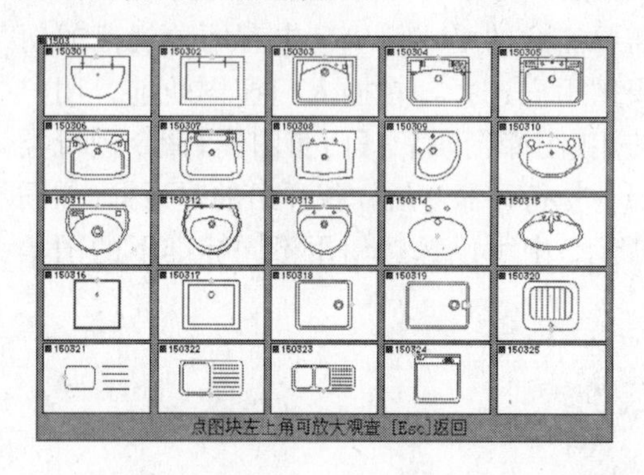

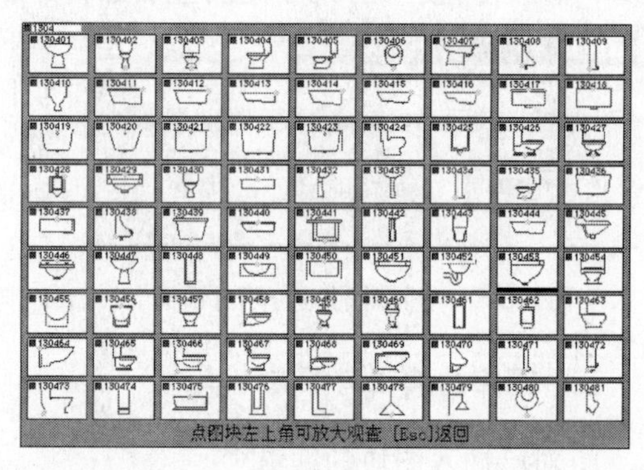

图 8-2-6　修改库块每页显示个数

对已有库块存在的图库页，如果增加了库块的排布个数，则原有库块会自动重新排列，空出的区域可由用户增加新库块。要在图库中增加新库块有以下几种方法：

(1) 直接绘制

按照前面介绍的编辑库块的方法，在图库中选择一个要绘制库块的空项，进入绘制状态，此时程序为用户提供了一个空白区域，用户就像绘制一幅新图一样，定义好图层，绘制线条，标注文字等，绘制完成后点取【结束编辑】按钮，将结果存入图库。

(2) 将一个 T 格式的图形文件存入图库

执行【文件入库】命令，在命令提示行输入图文件全名，然后在图库中选择要放置的位置，并点取此图形的插入基点，将图形文件存入图库成为一个库块。

(3) 将图形文件中的局部存入图库

使用【工具】|【转存图素】命令，输入一个要存入图形的临时文件名称，再用光标从图形中选取要存入图库的图素，被选到的图素被自动存入临时文件中，转存图素结束后再使用方法(2)，将临时文件存入图库。

(4) 将 AutoCAD 中的 DWG 文件存入图库

使用 TCAD 中的【工具】|【DWG 转 T】命令，将 DWG 文件改写成 T 文件，然后再使用上面介绍的方法(2)将 T 格式文件存入图库。

第九章　创 建 三 维 模 型

在工程设计和绘图过程中，三维模型(3-Dimension Model，简称 3D 模型)的应用越来越广泛。三维模型对工程设计有着重要的意义，使用它们可以直观地表达物体的形状、着色、纹理、体积等重要信息，可以在加工、生产、制造产品之前，通过仔细地研究三维模型的特性，发现设计时的纰漏并加以改进，最大限度地降低设计失误带来的损失，提高设计生产效率。

而在传统的二维工程图形设计中，设计人员要根据投影原理，画出三维构件的形状，投影到二维图纸上。但投影图是一种平面图形，是一种间接方式，在工程生产实践中，工程人员使用它进行交流与讨论十分不便。并且，每次修改图形尺寸后都要重新投影生成新的二维图纸，浪费设计人员的时间和精力。

随着计算机硬件和软件技术的飞速发展，完全可以利用三维绘图软件 TCAD 直接绘制出这些三维模型，省去不必要的中间转换过程。在 TCAD 中，可以利用 2 种方式来创建三维图形，即线框模型方式和曲面模型方式。线框模型方式为一种轮廓模型，它由三维的直线和曲线组成，没有面和体的特征。三维曲面模型是由曲面命令创建的没有厚度的表面模型，具有面的特征。本章将主要介绍三维曲面模型的创建方法，主要内容有：

◆ 球面、圆环面的创建方法
◆ 柱面、圆锥面的创建方法
◆ 长方体、棱锥、棱台的创建方法
◆ 方杆、圆杆的创建方法
◆ 旋转面、螺旋面的创建方法
◆ 如何使用系统预定义视图
◆ 如何使用罗盘确定视点位置
◆ 使用菜单命令观察编辑三维对象

第一节　三维曲面模型的创建方法

在本节中，读者将学习如何建立由 TCAD 提供的某些预定义三维模型。然后，利用这些 3D 模型来了解可用于这些模型的各种编辑操作。TCAD 拥有一个庞大的三维模型对象库。为了绘制这些预定义的 3D 对象，只需确定属于所选 3D 对象的各种参数即可。一旦完成了信息输入，对象会自动绘制在屏幕上。以这种方式，只要花一点力气就可以建立许多 3D 对象。这些预定义 3D 模型的创建模式默认为三维曲面模型，当关闭消隐开关后，将按线框模型的显示方式显示模型。如图 9-1-1 所示，为某大型购物中心的三维曲面模型。

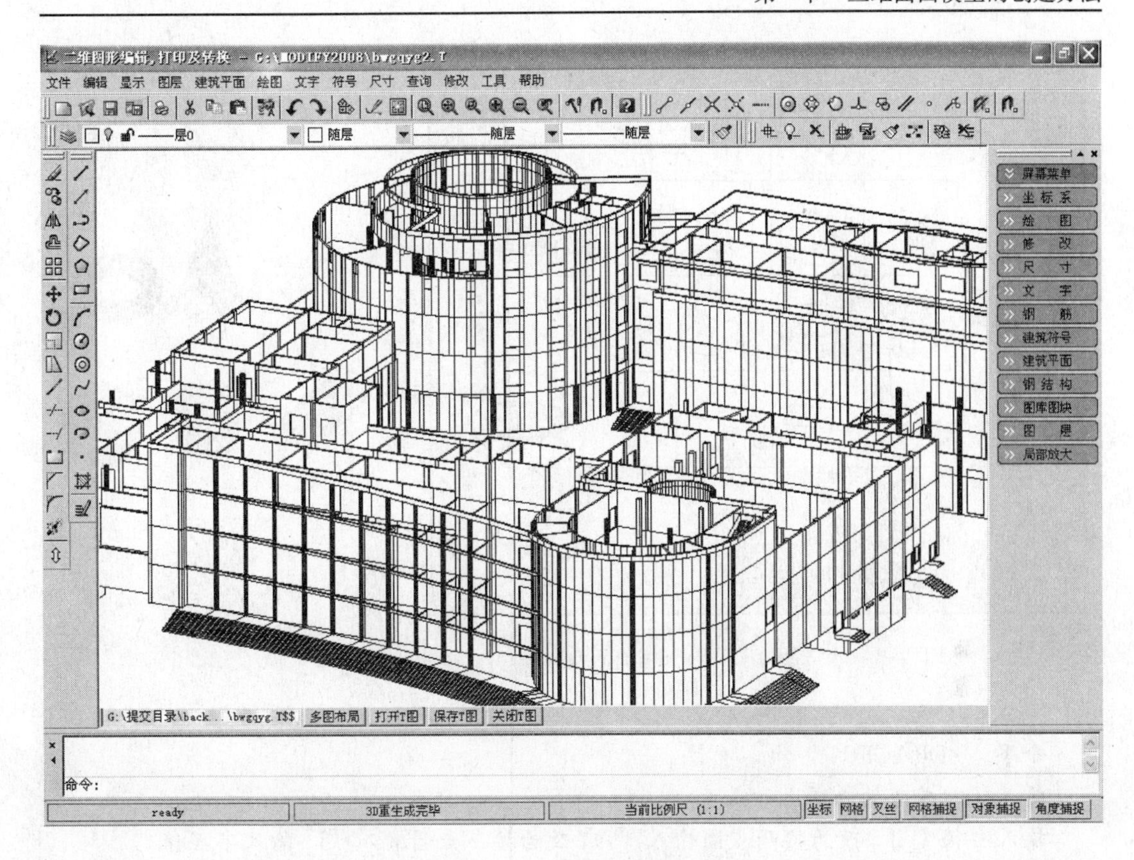

图 9-1-1　三维曲面模型示例

在 TCAD 中，三维曲面模型定义一个 3D 对象的边和表面。在曲面模型中，可以建立的对象有：矩形面、带孔多边形面、长方体面、圆锥面、圆柱面、不规则柱面或锥面、棱锥体面、锥切割台体面、楔体面、上半球面、球面、下半球面、不规则球面、圆环面、等缩进台体面、方杆、圆杆、不规则截面杆、旋转面和螺旋面。所有这些对象都以多边形网格的形式形成。一旦在屏幕中建立了曲面模型，可注意到它们与线框模型相似。只有打开了消隐开关，这些对象才以曲面对象的形式出现。创建三维曲面模型可以使用【创建 3 维曲面】命令，调用方法如下：

- 命　　令：3DFACE↙（回车）
- 简化命令：3D↙（回车）
- 菜　　单：【绘图】|【创建 3 维曲面】选项
- 工 具 条：无，可由用户自行定义进【绘图】工具条

执行该命令后，系统将弹出“三维表面”对话框（图 9-1-2），从中可以通过选择预览图形或从其列表中选择所需绘制的对象。点击【确定】确认要绘制的对象类型，则所选对象将根据输入的每一个信息被绘制在屏幕上。

一、创建球面、圆环面

1. 球面的创建

在“三维表面”对话框中选择【球面】选项，按下【确定】按钮后，命令提示区给出如下提

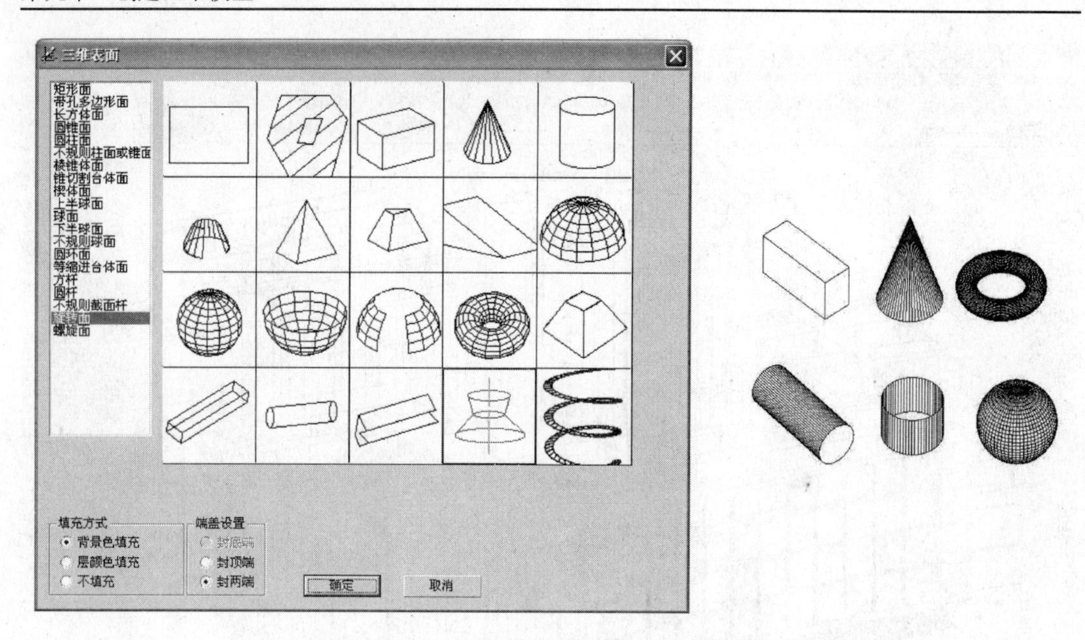

图 9-1-2　“三维表面”对话框及三维实体示例

示：

命令：3DFACE

输入球心或球的赤道上一点

输入半径（[T]-改为按两点圆输入/[A]-改为按三点圆输入/[I]-输入半径值）

用鼠标在屏幕上拾取球心点后，再输入球的半径值，或用鼠标在屏幕上拖拽至合适位置确定半径值，完成球面的创建，如图 9-1-3 所示。

需要注意的是，如果球面显示的网格过于密集或者过于稀疏，可以在“捕捉和显示”对话框中修改“圆弧精度”的数值来更改显示效果，有关“圆弧精度”的设置方法见第五章第二节“查询图形对象的特性”第四项“查询面积”中的相关内容。

2. 上、下半球面的创建

在“三维表面”对话框中选择【上半球面】或【下半球面】选项，按下【确定】按钮后，命令提示区会给出与选择【球面】选项相同的提示，采用相同的步骤会得到图 9-1-4 所示的半球面。

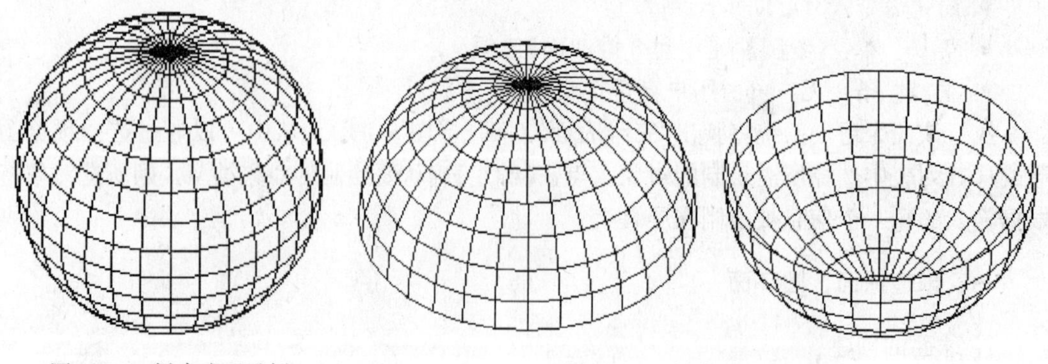

图 9-1-3　创建球面示例　　　　图 9-1-4　创建半球面示例

3. 不规则球面的创建

在“三维表面”对话框中选择【不规则球面】选项，按下【确定】按钮后，系统将弹出“球面参数输入”对话框，如图 9-1-5 所示。在对话框中输入球面垂直起始角度“－60”，垂直终止角度“60”，输入方式选择“球心”，命令提示区给出如下提示：

命令：3DFACE

输入球心

输入球面水平起始角

输入球面半径，水平终止角

用鼠标在屏幕上选择球心位置，然后输入球面水平起始角度、球面半径和水平终止角度，完成不规则球面的创建过程，结果如图 9-1-6 所示。

图 9-1-5　“球面参数输入”对话框

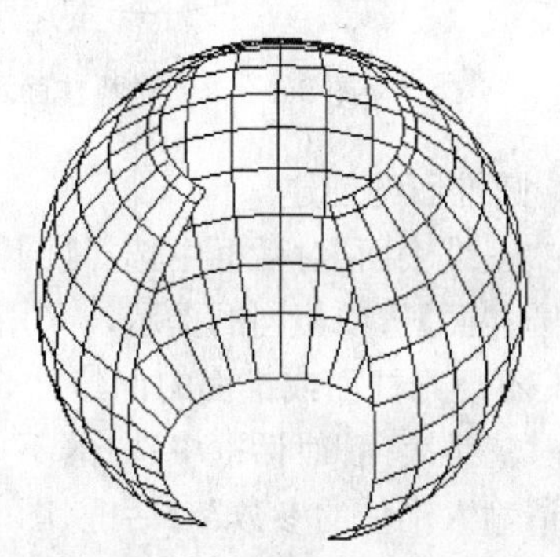

图 9-1-6　创建不规则球面示例

4. 圆环面的创建

在“三维表面”对话框中选择【圆环面】选项，按下【确定】按钮后，命令提示区给出如下提示：

命令：3DFACE

圆环截面的半径：＜500.0＞

输入圆环圆心或圆上一点

输入半径（[T]-改为按两点圆输入/[A]-改为按三点圆输入/[I]-输入半径值）

在命令提示区输入圆环截面的半径值“200”，然后用鼠标在屏幕上拾取圆环的圆心位置及半径值，完成圆环面的创建，如图 9-1-7 所示。

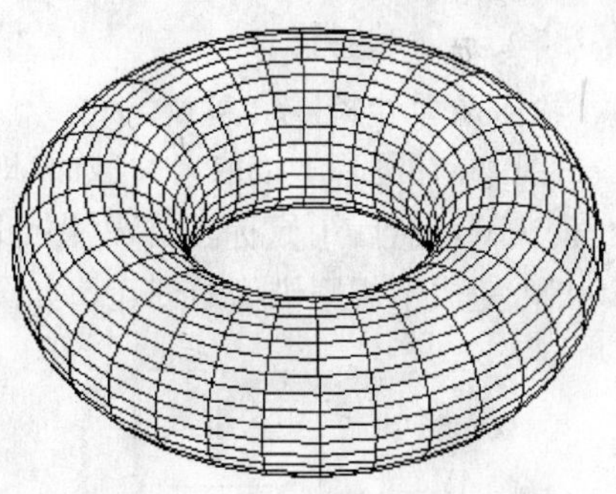

图 9-1-7　创建圆环面示例

二、创建圆柱面、圆锥面

1. 圆柱面的创建

在“三维表面”对话框中选择【圆柱面】选项，按下【确定】按钮后，命令提示区给出如下提示：

命令：3DFACE

圆柱的高度：＜200＞

输入圆锥或圆柱的圆心或圆上一点

输入半径（[T]-改为按两点圆输入/[A]-改为按三点圆输入/[I]-输入半径值）

在命令提示区输入圆柱的高度值“500”，然后用鼠标在屏幕上拾取圆柱截面的圆心位置，在命令提示区输入半径值，完成圆柱面的创建，如图 9-1-8 所示。

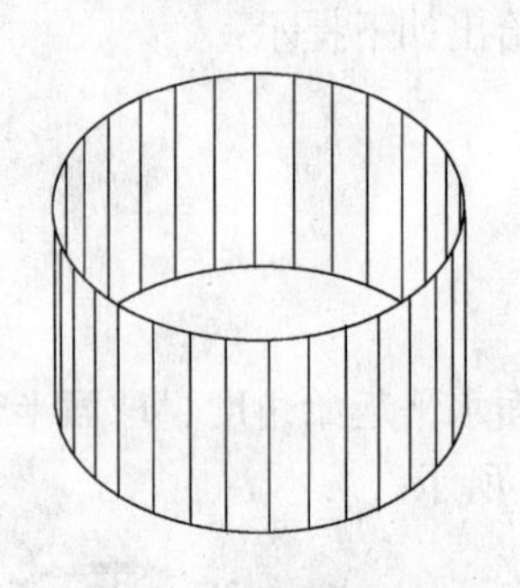

图 9-1-8　创建圆柱面示例

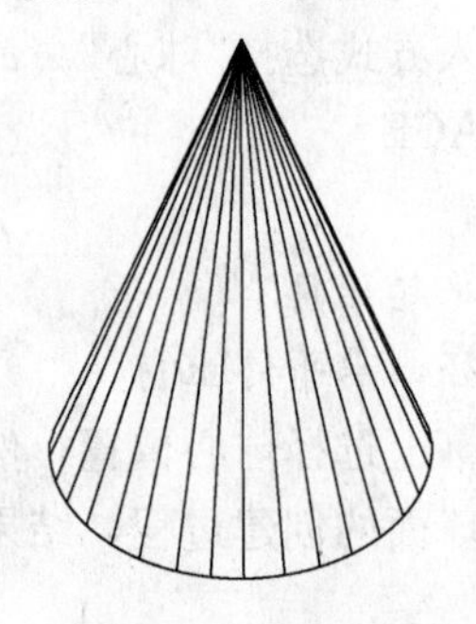

图 9-1-9　创建圆锥面示例

2. 圆锥面的创建

在“三维表面”对话框中选择【圆锥面】选项，按下【确定】按钮后，命令提示区会给出与选择【圆柱面】选项相同的提示，采用相同的步骤会得到图 9-1-9 所示的圆锥面。

3. 不规则柱面或锥面的创建

在“三维表面”对话框中选择【不规则圆柱面或锥面】选项，按下【确定】按钮后，系统会弹出“请输入锥体的参数”对话框(图 9-1-10)。在该对话框中输入弧面的高度值为“500”后，输入方式选择默认的“球心”方式，按下【确定】按钮后，命令提示区将给出如下提示：

命令：3DFACE

输入扇面圆心

输入扇面内径（[Esc]可直接输入数值）

输入扇面起始角

输入扇面外径，结束角

用鼠标在屏幕上拾取扇面截面(即不规则锥面)的圆心位置，在命令提示区输入它的内径值“100”，然后用鼠标在屏幕上拾取扇面的起始角和终止角位置，并输入扇面外径值“200”，完成不规则锥面的创建，如图 9-1-11 所示。

图 9-1-10　输入锥体参数

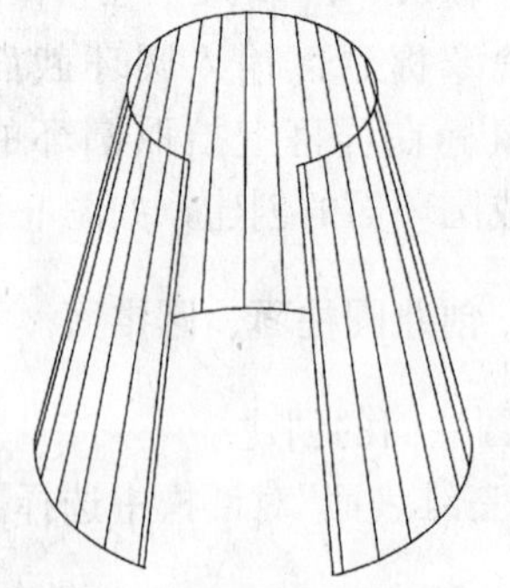

图 9-1-11　创建不规则锥面

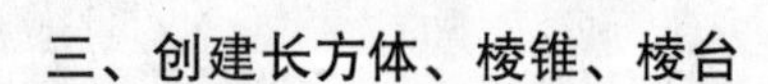

三、创建长方体、棱锥、棱台

1. 长方体的创建

在“三维表面”对话框中选择【长方体面】选项，按下【确定】按钮后，命令提示区给出如下提示：

命令：3DFACE

请选择长方体在平面上的一个角点：

请指定长方体在平面上的另一个角点：

请确定长方体的高度和角度：([Esc]返回)

用鼠标在屏幕上拾取长方体的第一个角点及第二个角点，然后在命令提示区输入长方体的高度值和旋转的角度值，完成长方体的创建，如图 9-1-12 所示。

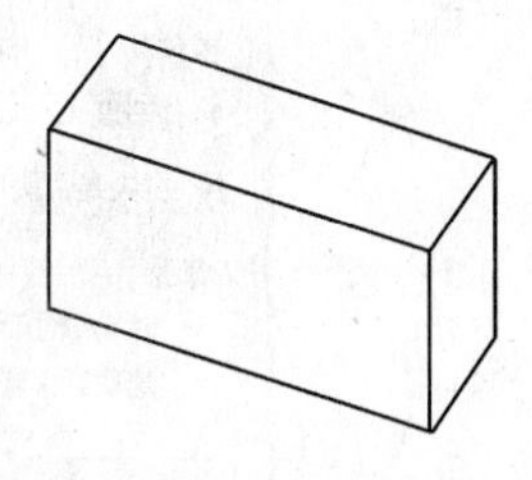

图 9-1-12　创建长方体示例

2. 棱锥的创建

(1) 在“三维表面”对话框中选择【棱锥体面】选项，按下【确定】按钮后，系统会弹出“请确定台体数据”对话框(图 9-1-13)。在该对话框中输入锥的高度值为“500”后，截面的输入方式选择“绘制截面形状”方式，按下【确定】按钮后，命令提示区将给出如下提示：

命令：3DFACE

输入第一点

输入下一点 ([Esc]快捷菜单)

输入下一点 ([Esc]快捷菜单)

……

请插入棱锥：

用鼠标在屏幕上点取锥体底面的第一至第四个角点。然后按【Esc】键，或点鼠标右键选择“输入完成并闭合”选项，完成底面的绘制。接下来系统提示“请插入棱锥：”，用鼠标在屏幕上选取在旋转棱锥的位置，绘制结果如图 9-1-14 所示。

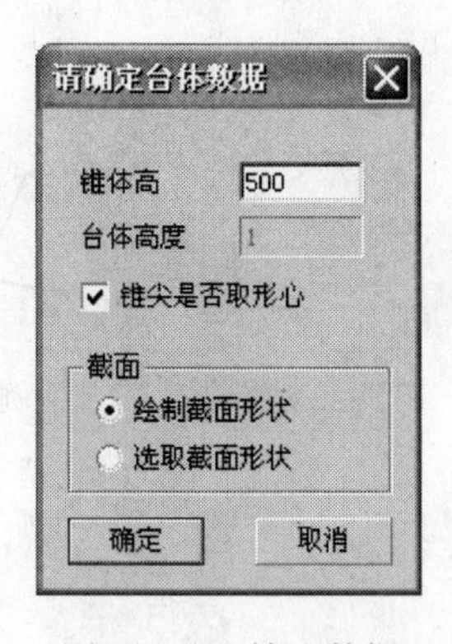

图 9-1-13　输入数据

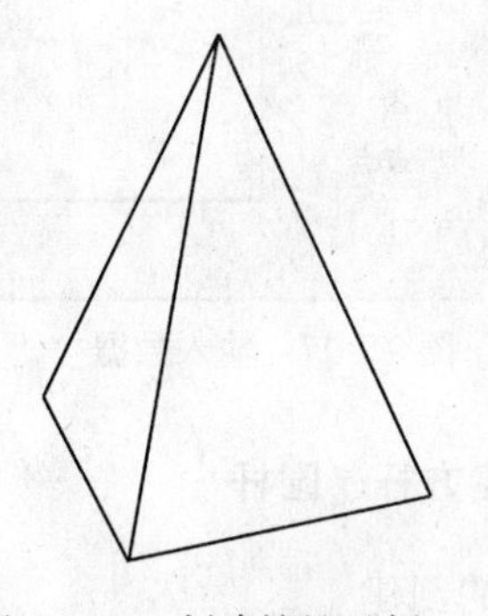

图 9-1-14　创建棱锥示例(一)

(2) 在“三维表面”对话框中选择【棱锥体面】选项，按下【确定】按钮后，系统会弹出“请确定台体数据”对话框(图 9-1-15)。在该对话框中输入锥的高度值为“500”后，台体高度值输入“400”，截面的输入方式选择“绘制截面形状”方式，按下【确定】按钮后，命令提示区会给出与选择【棱锥体面】选项相同的提示，采用相同的步骤会得到图 9-1-16 所示的棱台体。

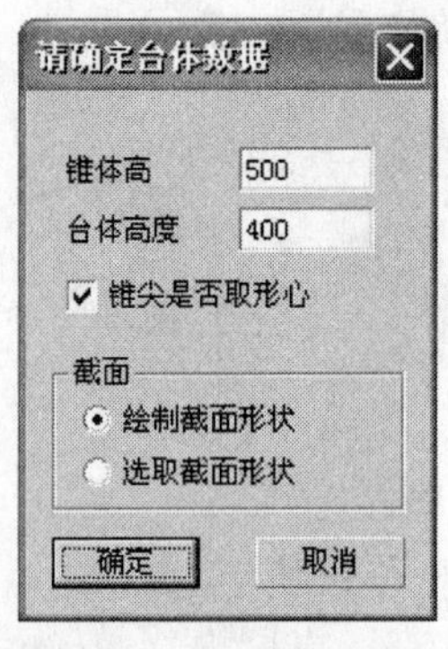

图 9-1-15　输入数据

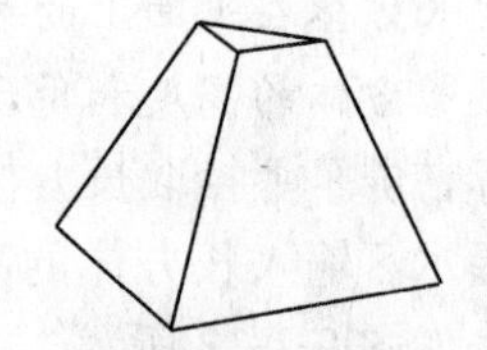

图 9-1-16　创建棱锥示例(二)

3. 棱台的创建

在“三维表面”对话框中选择【棱锥体面】选项，按下【确定】按钮后，系统会弹出“请确定台体数据”对话框(图 9-1-17)。在该对话框中输入锥的高度值为“500”、每边缩进值为“200”后，按下【确定】按钮后，命令提示区将给出如下提示：

命令：3DFACE

输入第一点

输入下一点([Esc]快捷菜单)

输入下一点([Esc]快捷菜单)

……

请确定台体的插入位置([Esc]返回)

用鼠标在屏幕上点取锥体底面的第一至第四个角点。然后按【Esc】键，或点鼠标右键选择“输入完成并闭合”选项，完成底面的绘制。接下来系统提示“请插入棱台：”，用鼠标在屏幕上选取棱台的位置，绘制结果如图 9-1-18 所示。

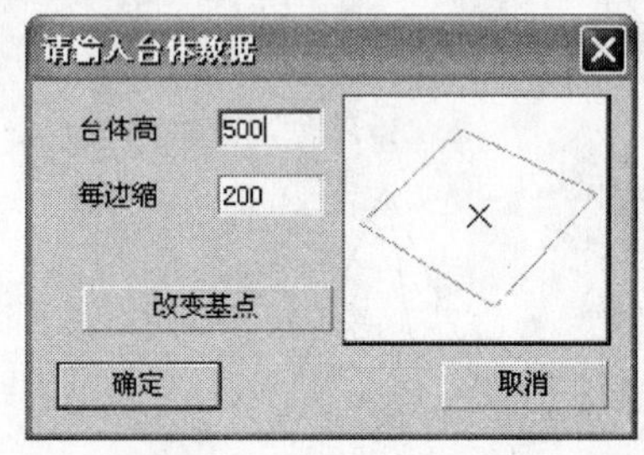

图 9-1-17　输入数据

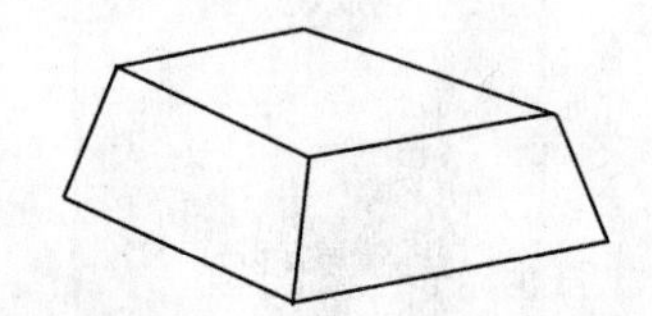

图 9-1-18　创建棱台示例

四、创建方杆、圆杆

1. 方杆的创建

在“三维表面”对话框中选择【方杆】选项，按下【确定】按钮后，系统会弹出“请确定矩形的尺寸”对话框(图 9-1-19)。在该对话框中输入截面的宽度值为“500”，高度值为“500”后，按下【确定】按钮后，命令提示区将给出如下提示：

命令：FACE3D

输入三维棒第一点

输入三维棒第二点

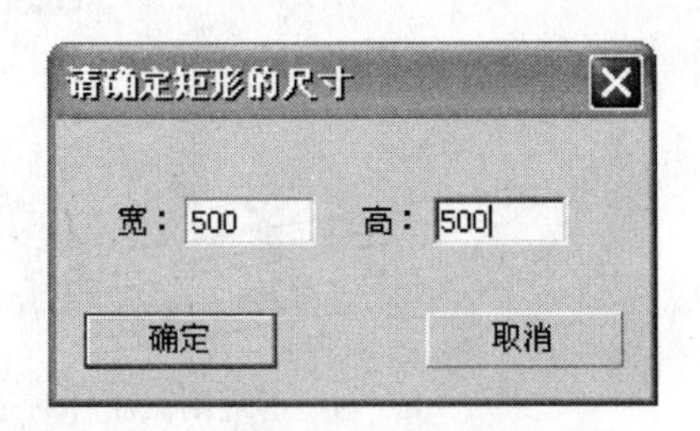

图 9-1-19　输入方杆截面尺寸

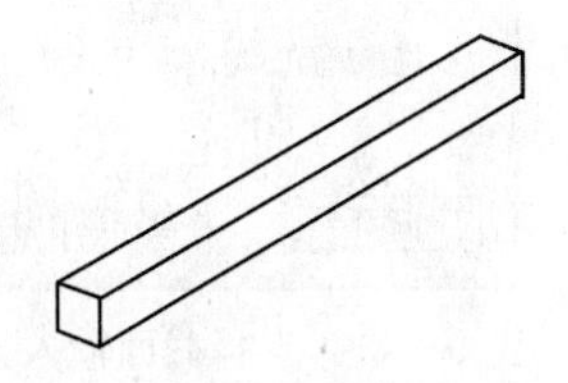

图 9-1-20　创建方杆示例

用鼠标在屏幕上拾取方杆的第一个点及第二个点，完成方杆的创建，如图 9-1-20 所示。

2. 圆杆的创建

在“三维表面”对话框中选择【圆杆】选项，按下【确定】按钮后，系统会弹出“请确定圆截面的直径”对话框(图 9-1-21)。在该对话框中输入圆截面的直径值为“500”，按下【确定】按钮后，命令提示区将给出如下提示：

命令：FACE3D

输入三维棒第一点

输入三维棒第二点

用鼠标在屏幕上拾取圆杆的第一个点及第二个点，完成圆杆的创建，如图 9-1-22 所示。

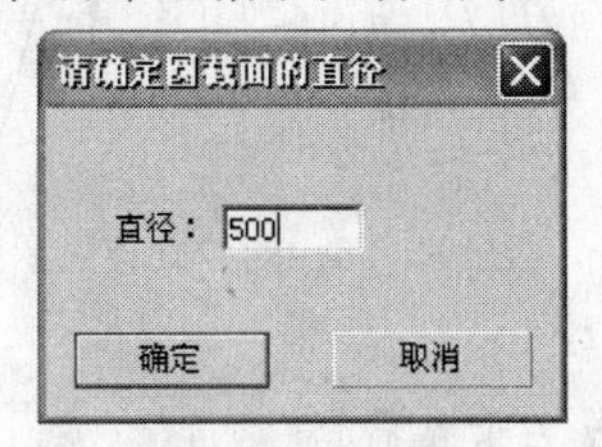

图 9-1-21　输入圆杆截面直径

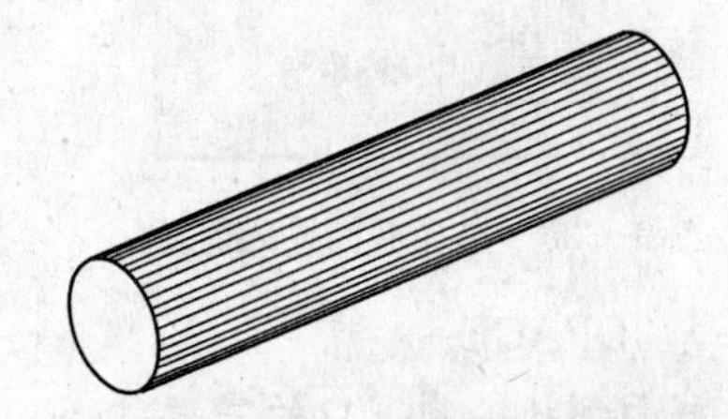

图 9-1-22　创建圆杆示例

3. 不规则截面杆的创建

在“三维表面”对话框中选择【不规则截面杆】选项，按下【确定】按钮后，系统会弹出“请确定以下数值”对话框(图 9-1-23)。在该对话框中选择“绘制截面形状”，设置转动方式为“不转动”，按下【确定】按钮后，命令提示区将给出如下提示：

命令 ：3DFACE

输入截面形状绘制窗口的高度：(5000mm 原点在左下角)

5000

请在窗口中绘制截面形状

输入第一点

输入下一点 ([Esc]快捷菜单)(在弹出的窗口中绘制需要的截面形状，绘制完成后按鼠标右键选择“输入完毕并闭合”选项)

……

输入三维棒第一点

输入三维棒第二点

用鼠标在屏幕上拾取不规则杆的第一个点及第二个点，完成不规则截面杆的创建，如图 9-1-24 所示。

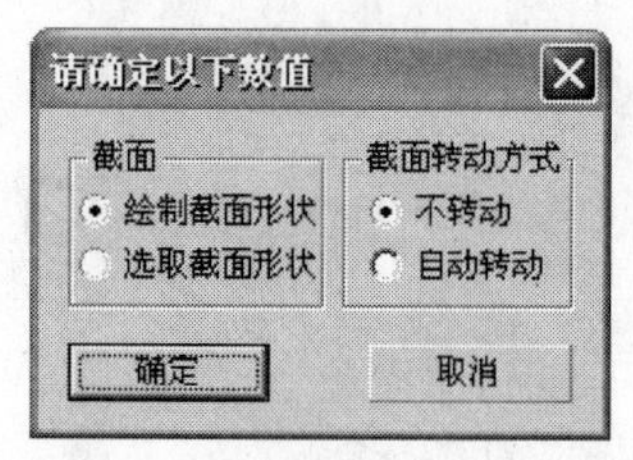

图 9-1-23　选择截面输入方式

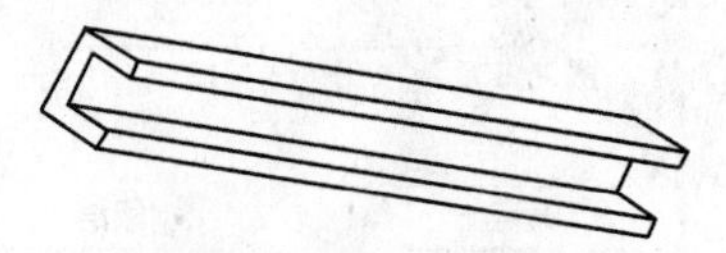

图 9-1-24　创建不规则截面杆

五、创建旋转面、螺旋面

1. 旋转面的创建

在“三维表面”对话框中选择【旋转面】选项，按下【确定】按钮后，系统会弹出“请选择”对话框(图 9-1-25)。选择“自绘制截面”选项，按下【确定】按钮后，命令提示区将给出如下提示：

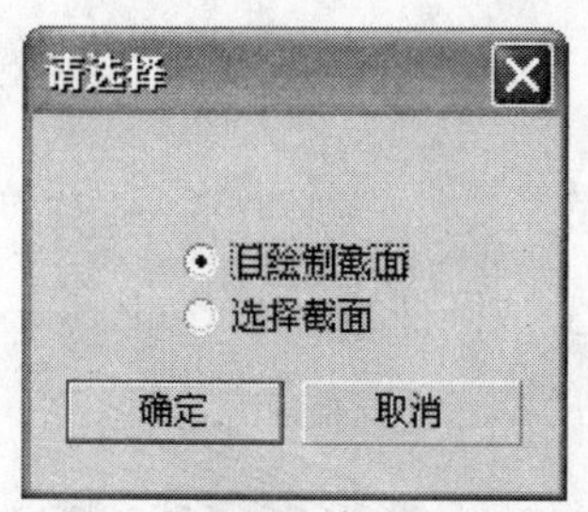

图 9-1-25　选择截面输入方式

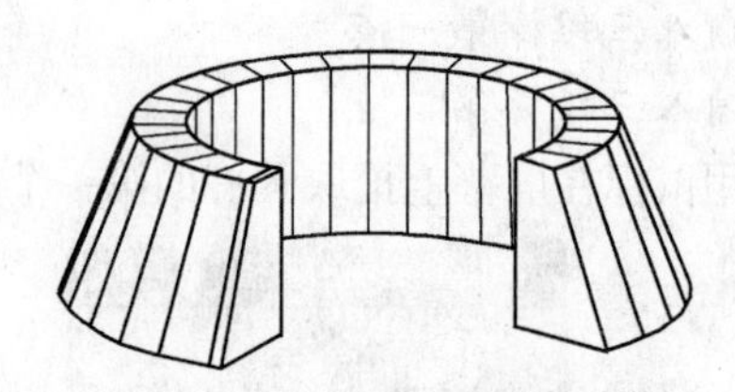

图 9-1-26　创建旋转面示例

命令：3DFACE

输入截面形状绘制窗口的高度：(5000mm 原点在左下角)

请在窗口中绘制截面形状

输入第一点

输入下一点([Esc]快捷菜单)(在弹出的窗口中绘制需要的截面形状，绘制完成后按鼠标右键选择“输入完毕并闭合”选项)

……

输入圆弧圆心

输入圆弧起始角

输入圆弧半径，结束角

用鼠标在屏幕上拾取截面要围绕的中心轴的位置，在命令提示区输入要围绕圆弧的半径值“600”，然后用鼠标在屏幕上拾取圆弧的起始角和终止角位置，完成旋转面的创建，如图 9-1-26 所示。

2. 螺旋面的创建

在“三维表面”对话框中选择【螺旋面】选项，按下【确定】按钮后，系统会弹出“请输入螺旋面的参数”对话框(图 9-1-27)。在对话框中输入内起始高“100”，外终止高“5000”，内终止高“8000”，输入方式选择“球心”方式，按下【确定】按钮后，命令提示区将给出如下提示：

命令：3DFACE

输入扇面圆心

输入扇面内径（[Esc]可直接输入数值）

输入扇面起始角

输入扇面外径，结束角

在命令提示区输入扇面的内径值，然后用鼠标在屏幕上拾取扇面的起始角、外径和终止角位置，完成螺旋面的创建，如图 9-1-28 所示。

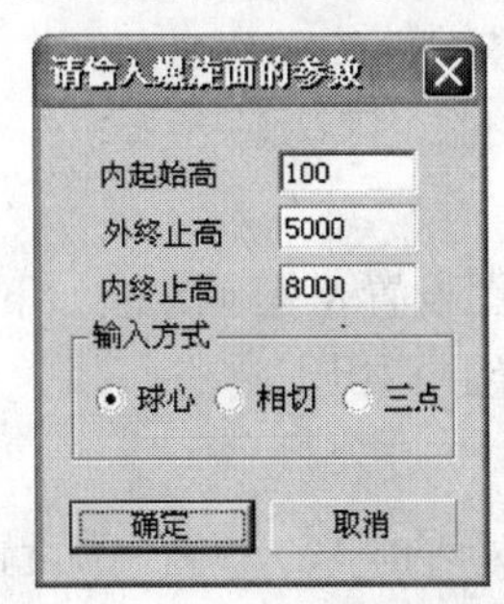

图 9-1-27　输入螺旋面参数

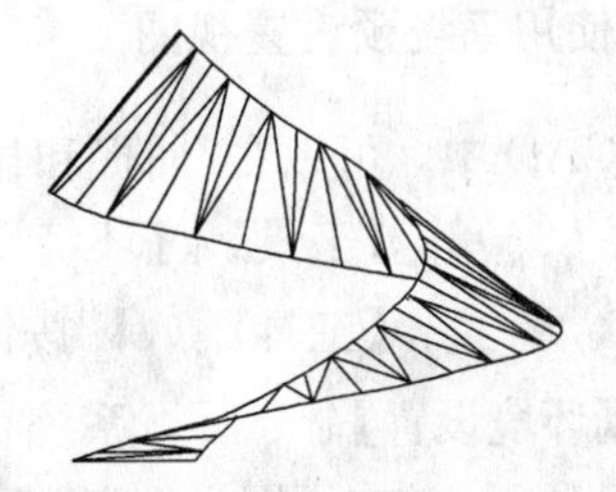

图 9-1-28　创建螺旋面示例

第二节　在三维空间观察对象

本章以前所观察与绘制的图形都是二维的，这些图形是在 X Y 平面中生成的。也可以从 Z 轴观察这些图形，且以这种方式所见的视图称为平面视图。一旦开始处理三维对象，将经常需要从不同角度观察对象。例如，可能需要对象在空间中的 3D 视图、俯视图或主视图。TCAD 中可以使用三维视图工具条观察三维对象，也可使用系统已经设置好的视图来观察对象，还可以使用“罗盘”工具或右键快捷菜单来自定义观察方向。

一、使用三维视图工具条观察对象

在 PKPM 的三维建模模块中，有一个可以调整视点角度的工具条，用来进行视窗变换和调整三维显示模式，如图 9-2-1 所示。

图 9-2-1　“视窗变换和三维显示”工具条

是变换视角图标，用于选取三维模型透视图的观察视角，详细使用方法将在本节第三部分进行介绍。

是平面视图图标，用于切换到平面图状态。在平面图状态，程序对所有构件用二维图素显示，这样可加快图形显示的速度。这时点取三维实时漫游工具条不起作用。

是左侧面视图图标，用于切换到左侧立面图状态。

是前视图图标，用于切换到正立面视图状态。

是透视视图图标，可把输入的模型转化成三维空间模型，并在透视状态下显示，从而给用户更加直观的感觉。

是实时漫游开关图标，打开后把三维空间线框模型变成实体模型显示，从而更加真实直观。这个功能只有在模型的三维透视图状态下才能起作用。

用户在三维建模过程中可以即时看到具有光照效果的立体模型。与线框方式相比，由于能够自动计算前后遮挡关系，并有明暗对比，因此这种三维浏览方式更能清晰地表现出模型的真实效果，使用户有身临其境的感觉。进入此显示后可按鼠标右键使用各种变换功能，再点一次【实时漫游开关 】可退回到线框状态。

在观测三维图形时，有一些快捷操作方式可以用来平移、旋转、缩放三维模型。按住鼠标中键，移动鼠标可以平移整个模型；按住键盘上的【Ctrl】键＋鼠标中键，移动鼠标可以左右、上下旋转模型；直接滚动鼠标中键可以对三维模型进行缩放显示。

二、使用系统预设置视图

在 TCAD 中，可以在“捕捉和显示”对话框中进行视图设置，操作方法如下：

- 菜　　单：【工具】|【环境设置】选项 |【显示设置】选项卡
- 工 具 条：【工具】| 按钮 |【显示设置】选项卡

执行【环境设置】命令后，系统将弹出“捕捉和显示”对话框，选择“显示设置”选项卡，如图 9-2-2 所示，在“视图设置”组框中可以设置选择系统已定义的视图。可以选择“平面视图”、“正立面图”、“右侧立面图”、“左侧立面图”、“后立面图”、“左前俯视图”、“右前俯视图”、“右后俯视图”、“左后俯视图”、“左前仰视图”、“右前仰视图”等，从多个方向来观察三维模型。图 9-2-3 为在几种视图下观察同一模型的效果图。

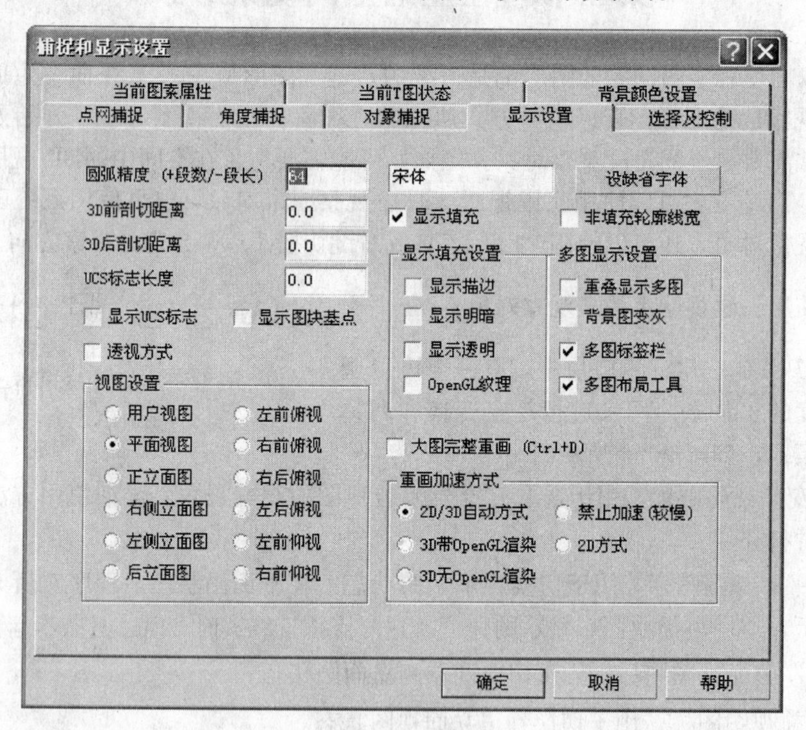

图 9-2-2　选择系统预设置视图

三、使用罗盘确定视点

如果用户对系统预定义的视图位置不够满意，还可以使用 TCAD 中的【观察角度】命

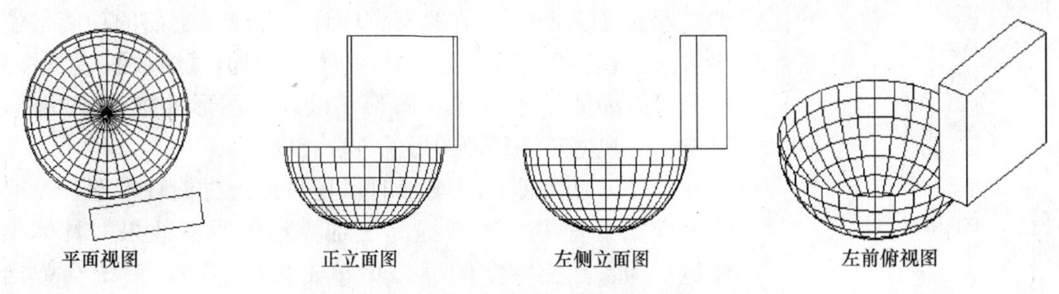

图 9-2-3　几种视图设置效果图

令来自由设置视点位置。该命令调用方法如下：

- 命　　令：ZOOMRO↙(回车)
- 简化命令：ZR↙(回车)
- 菜　　单：屏幕右侧菜单中的【局部放大】|【观察角度】选项
- 工 具 条：无，可由用户自行定义

执行此命令后，命令提示区出现如下提示：

命令：ZOOMRO

按[Tab]键切换显示方式，[Ctrl＋F6]初始化，[Esc]返回

执行该命令后，系统显示一个设置视点位置的视图罗盘，可以在罗盘中通过移动鼠标位置来确定视点，从而得到相应观察角度的视图。在移动鼠标时，会注意到罗盘中的 X、Y 轴和 Z 轴(用一小房子表示)也跟着移动，同时罗盘中心会引出一根到鼠标十字位置点的直线，表示当前视点位置。视图罗盘实际代表一个视点球面。罗盘中间的圆 A 代表球体的北极，将鼠标十字放置在北极上，就可以在屏幕上显示三维模型的正俯视图。最外侧的圆 FGHJ 代表球体的南极，将鼠标十字放置在南极上，就可以在屏幕上显示三维模型的正仰视图。罗盘中内环 LMNP 代表俯视视图，外环 QRST 代表仰视视图。通过选择鼠标十字在视图罗盘上的位置，可以得到空间任何观察角度的视图。罗盘中各个位置对应的视点位置见图 9-2-4。

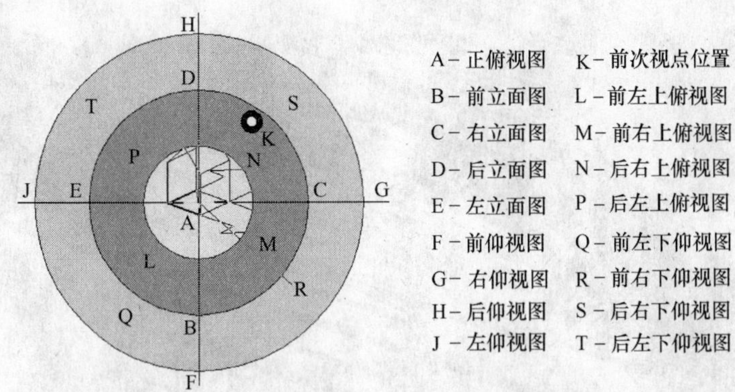

图 9-2-4　视图罗盘中的视点位置详解

四、使菜单命令观察编辑三维对象

在【显示】菜单中，有许多控制图形显示的命令，如：【显示全图】、【窗口放大】、【平

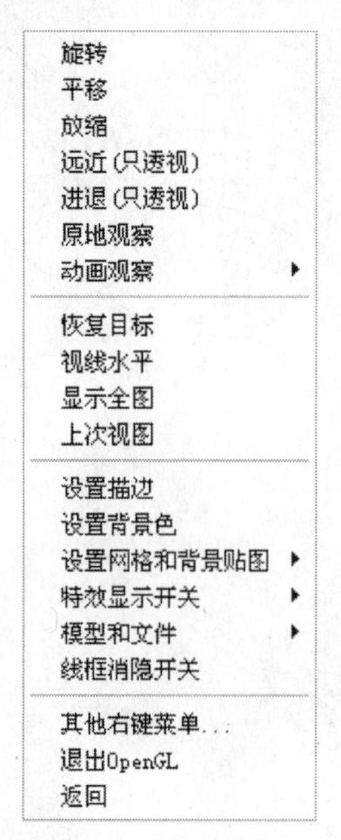

图 9-2-5　三维显示右键菜单

移显示】、【缩放】等，在第五章中详细介绍了它们的功能与使用方法，在三维空间中也同样适用。例如，【缩放】、【平移】命令可以缩放或平移三维图形，以观察图形的整体或局部，其方法与观察二维平面图形的方法相同。

此外，在观测三维图形时，还可以通过旋转模型、改变线框消隐设置等方法来提高三维模型的观察效果。具体操作过程为：在三维空间窗口中单击鼠标右键，系统会弹出用于三维显示设置的右键菜单(图 9-2-5)，其中用于控制显示的有【旋转】、【平移】、【放缩】、【远近】、【进退】、【原地观察】、【恢复目标】、【显示全图】、【上次视图】等命令。在绘制三维曲面及实体时，为了更好地观察效果，可选择【线框消隐开关】命令，暂时隐藏位于实体背后而被遮挡的部分。

在编辑三维对象时，可以使用【修改】中的【移动】、【复制】、【删除】、【阵列】、【旋转】、【镜像】等命令来修改模型，它们的使用方法详见第三章相关内容。

第三节　应　用　实　例

在 PKPM 建筑模型输入过程中，都使用了 TCAD 的三维建模功能，以下是一些三维模型应用实例的效果图。

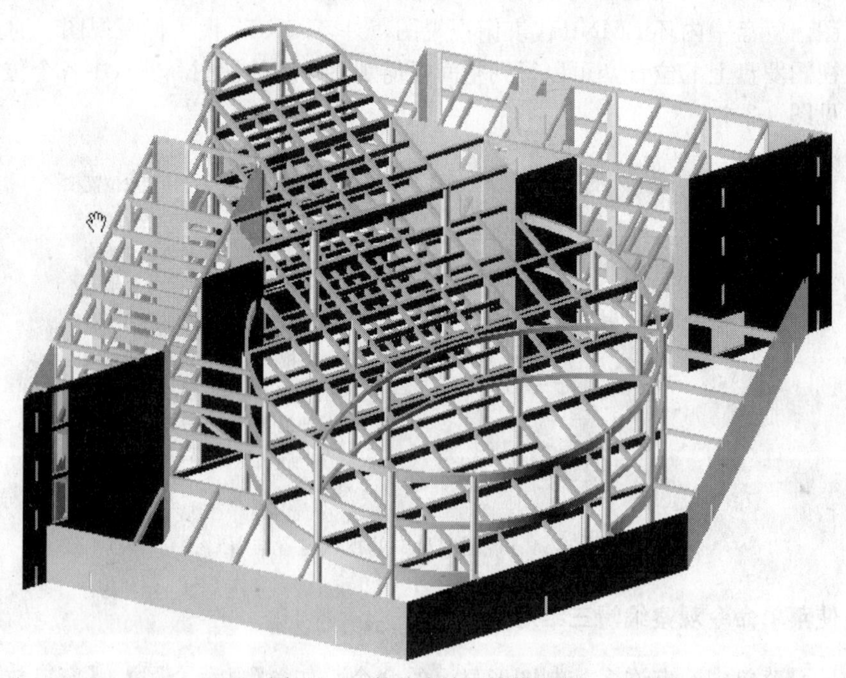

图 9-3-1　某美术馆三维模型图

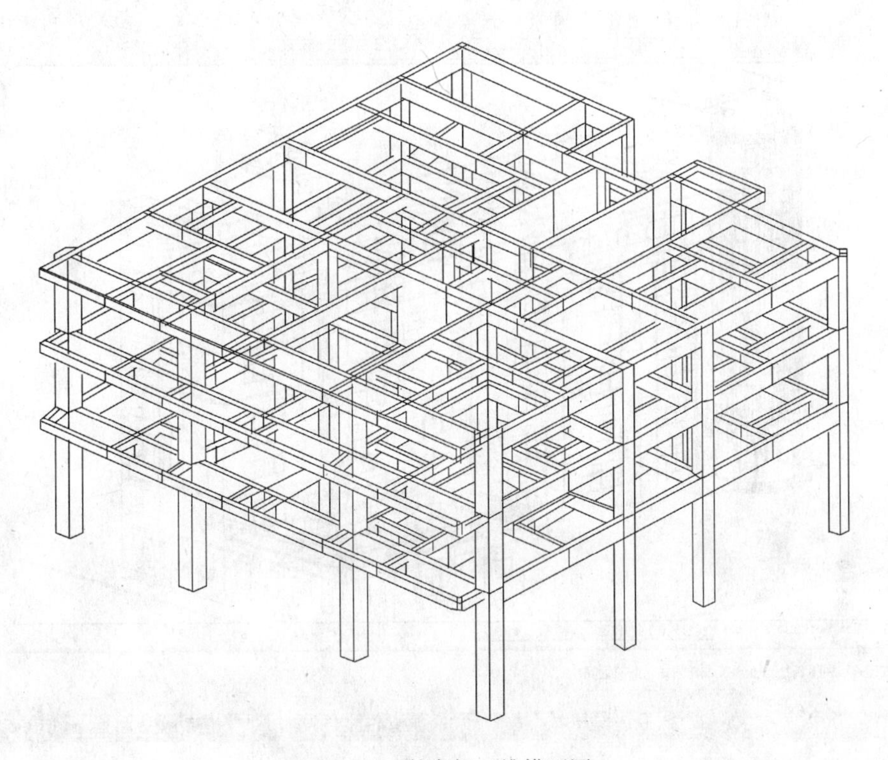

图 9-3-2　某商场三维模型图

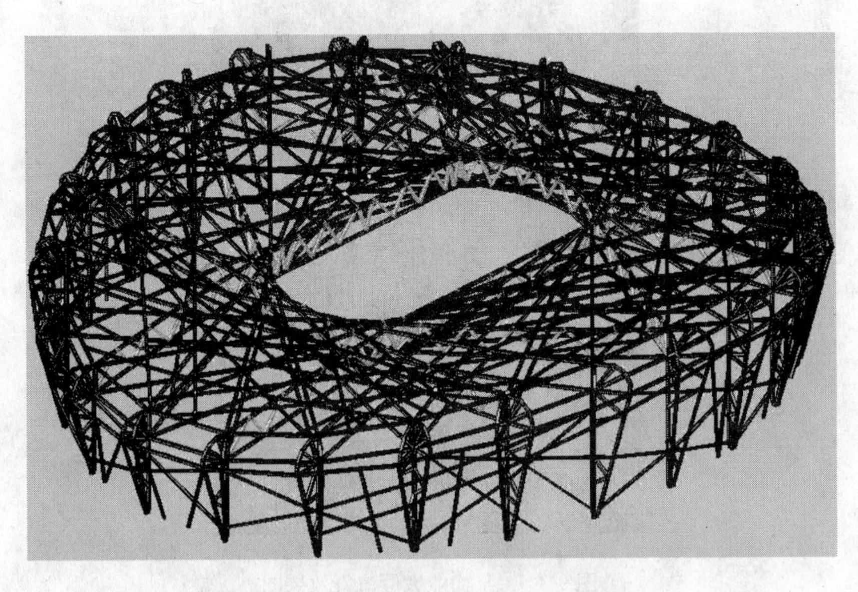

图 9-3-3　国家体育场(鸟巢)三维模型图

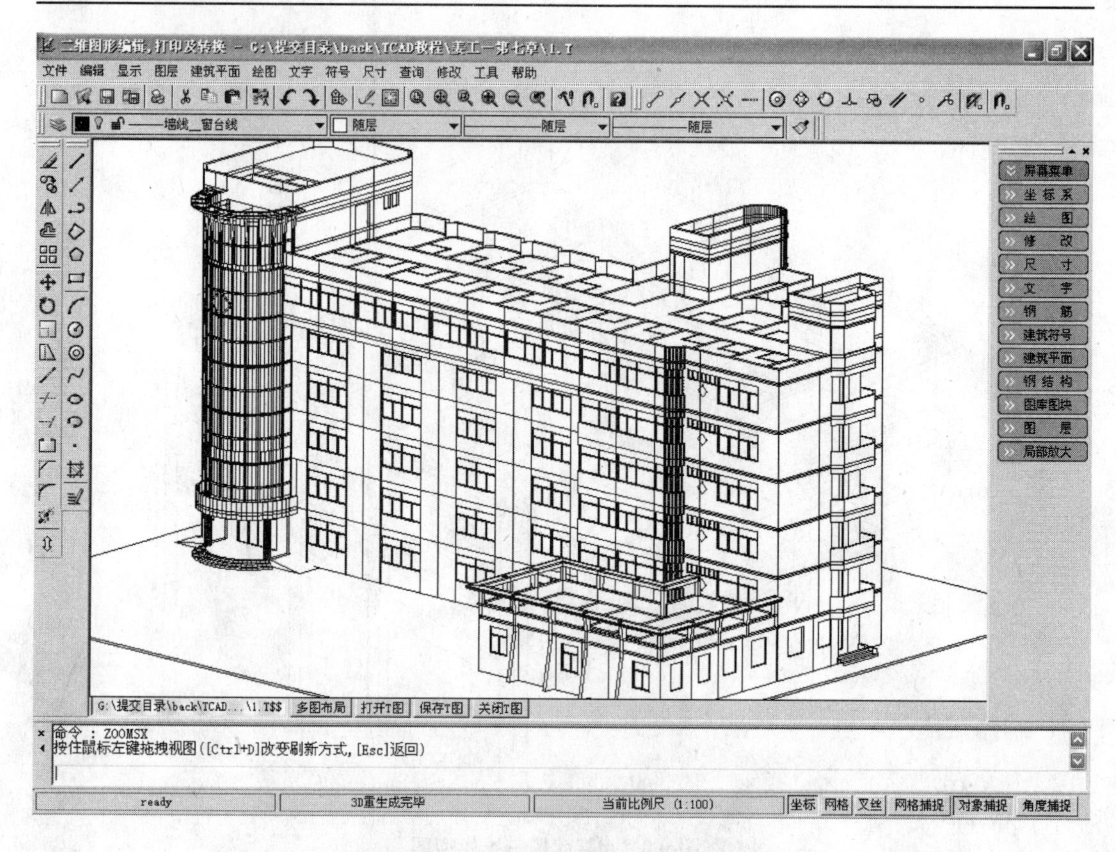

图 9-3-4　某酒店三维模型图

图 9-3-5　某商业大厦渲染效果图

第十章　页面设置与打印输出

绘制完成设计图形之后，通常要打印到图纸上，也可以生成一份电子图纸，以便从互联网上进行访问。打印的图形可以包含图形的单一布局，或者更为复杂的布局排列。根据不同的需要，可以连续打印一张或多张图纸，或设置选项以决定打印的内容和图像在图纸上的布置。设置或保存打印页面的参数之后，就可以用绘图仪或打印机进行最后的图纸打印输出。

本章首先学习如何设置基本打印输出参数，随后学习如何设置、调整图纸的布局。基本打印输出包括选择正确的输出设备(绘图仪)、确定打印区域、选择纸张大小、确定打印起点、方向及比例。如果所显示的设置值满足要求，则可直接输出而无须修改设置。设置完成页面打印参数后，可以通过预览功能调整图纸布局，并可将这些设置保存在当前图中。对于已经保存了页面设置的T图，通过加载不同的页面设置，可以立即调出不同的打印设置和区域，而不需要逐张进行调整。主要内容有：

◆ 打印机的选择与设置方法
◆ 页面设置各参数的含义及设置方法
◆ 页面设置的保存和加载方法
◆ 如何预览和调整图纸布局及正式打印
◆ 有关不能打印输出图纸的解决方法

第一节　打印机设置

当用户要打印或绘图时，可以点取右侧菜单或下拉菜单中的【打印绘图】命令，可以点取工具条中的【打印绘图】图标，也可以直接在命令行输入命令“PLOT”执行【打印绘图】命令，或是直接按热键【Ctrl】+P就可以激活打印窗口。

- 命　　令：PLOT↙(回车)
- 简化命令：PRT ↙(回车)
- 快 捷 键：键盘上的【Ctrl】+【P】键
- 菜　　单：【文件】|【打印绘图】选项
- 工 具 条：【标准】| 按钮

激活的打印窗口可完成以下任务：

(1) 设置或保存打印页面；

(2) 打印单图全部内容；

(3) 打印单图局部内容；

（4）多图布局重叠打印；

（5）自动分别打印多张 T 图。

在进行打印之前，需要先设置打印机硬件，然后进行打印页面设置。首先激活的是打印机设置界面(如图 10-1-1 所示)。该界面一般由打印机硬件制造商通过驱动程序提供，不同打印机的设置内容和界面都不尽相同。用户可以修改其中的各种与打印机有关的参数。必须设置或确认的有图纸大小、打印纸横放竖放、打印份数等参数，其他参数可根据需要进行设置，修改完成后按【确定】按钮进入下一步打印页面设置，按【取消】则退出打印过程。

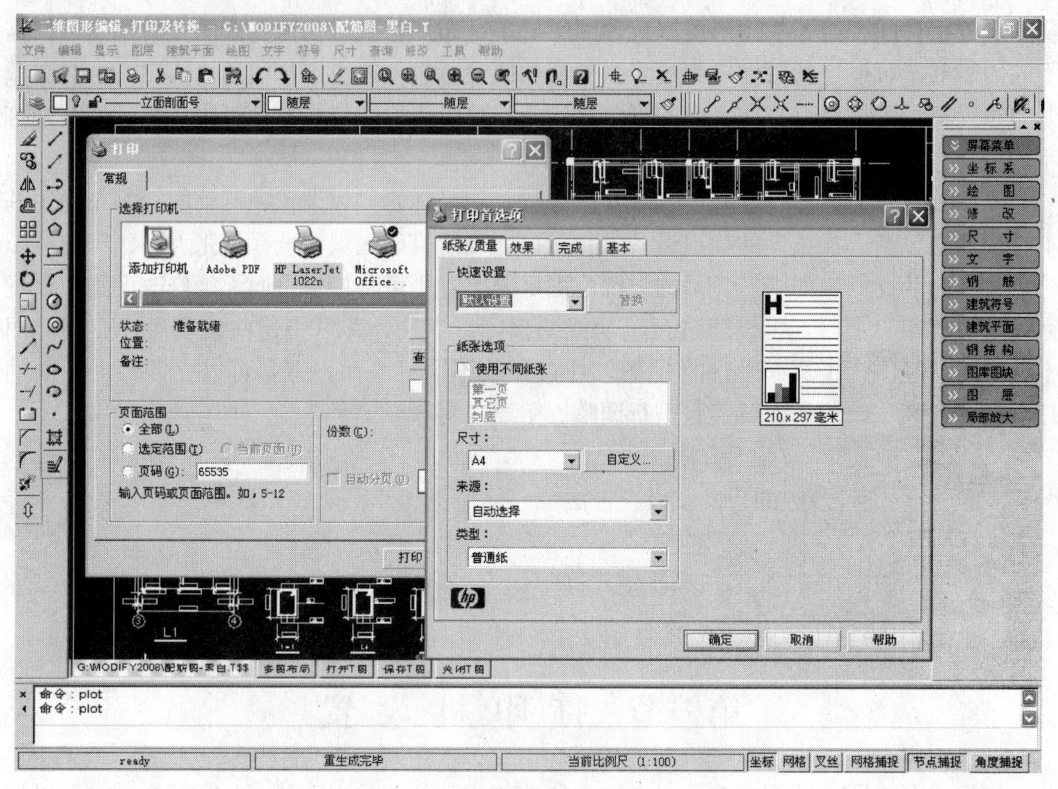

图 10-1-1　打印机设置对话框

第二节　打 印 页 面 设 置

接下来进入 TCAD 的【打印】对话框，进行打印页面设置(如图 10-2-1 所示)。该对话框可以设置各种打印参数，保存、加载打印页面，可直接通过缩略图观察设置结果，可以交付打印输出，按【设打印机】按钮可回到打印机设置界面。按【取消】按钮可以直接退出打印对话框；打印页面设置对话框主要包括以下内容：

一、打印方式

可选择以下四种打印方式之一进行打印：

黑白矢量：无论是黑白还是彩色打印机，图面中的所有线条、文字、填充区域无论原

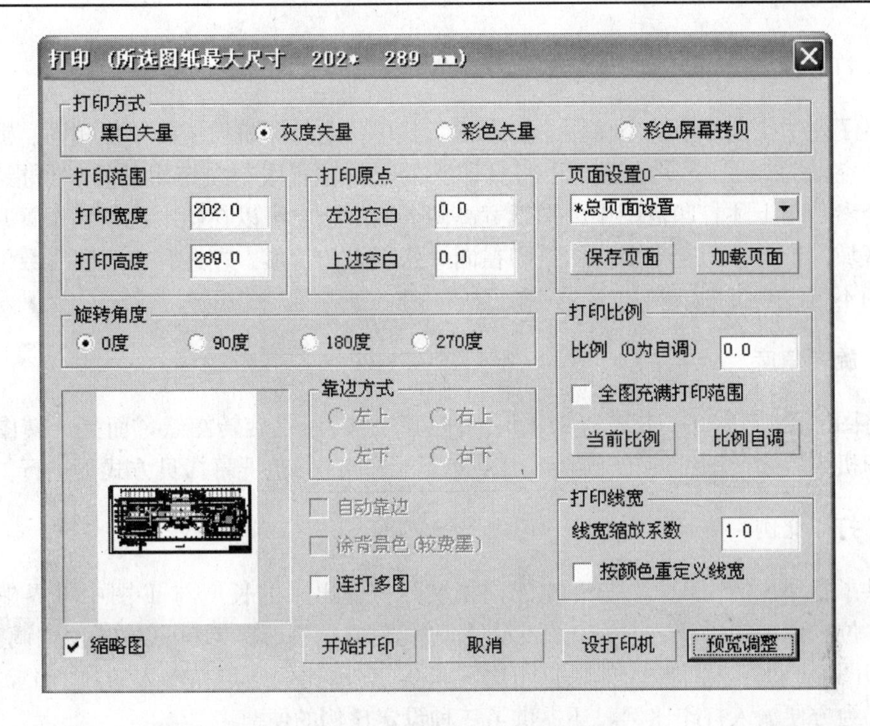

图 10-2-1　“打印页面设置”对话框

来是什么颜色，都一律绘制成黑色，背景留空白。

灰度矢量：图面中的所有线条、文字无论原来是什么颜色，都绘制成黑色，但颜色填充区域的处理有所不同，对于黑白打印机，根据填充区域的不同颜色将转化成不同灰度；对于彩色打印机，填充区域按其实际颜色打印，这样在线条和填充区域重叠的部位就不会发生混淆，仍然能显示出黑色的线条，例如建筑平面图中的柱子断面被涂抹成一定的灰度或颜色，而穿过其中的黑色轴线将仍然清晰可见。该方式的背景色留空白。“灰度矢量”方式是程序的默认打印方式。

彩色矢量：对于彩色打印机，根据图面中各种图素的不同颜色，直接绘制出相应的颜色；对于黑白打印机，不同的颜色被转换成灰度输出。在该方式下“涂背景色”选项被激活，可以选择填充背景色或者背景留空白，选择填充背景色后，如果当前图面背景色不是纯白色，将会大面积涂覆背景颜色，比较费墨。例如程序默认背景色一般是黑色，如果勾选“涂背景色”选项，黑色背景将被输出，同时图中所有白色图素将留白。

彩色屏幕拷贝：将屏幕光栅用点阵方式打印输出。根据图面中各种图素的不同颜色，绘制成不同深浅(黑白打印机)或绘制出相应的颜色(彩色打印机)。其分辨率只与当前屏幕显示相同，适合打印显示中的图像。

二、打印范围

提供了图纸宽高两个输入框，其单位与打印机设置的单位相同。通过此设置可以限制打印头在宽高两个方向的最大移动范围。默认的图纸宽高就是打印机硬件设置后的最大图纸尺寸，图纸宽高数值已被自动锁定到不能超过最大尺寸。

三、打印原点

提供了左边空白和上边空白两个输入框，其单位与打印机设置的单位相同。默认的左边和上边空白为0，通过此设置可以将打印头的起始位置限制在打印纸的一个指定点上，将这两个参数与上述打印范围中的图纸宽高两参数配合，可以在图纸上任意位置开辟一个可打印区域的窗口，适合把多张图打印在同一张纸上的情形。左边和上边空白数值已被自动锁定到不可以超过图纸宽和高。

四、旋转角度

可将图形旋转到90°、180°和270°角。注意该旋转不是旋转图纸，而是旋转图形，不要与打印机设置中的图纸旋转相混淆。图形旋转不能在彩色屏幕拷贝方式下进行。

五、打印比例

提供了打印比例输入框，打印比例是指实际打印出来的长度与T图中世界坐标的一个长度单位之比。如果该数据为0，表示处于“比例自调”状态，既可以在【预览调整】过程中对打印图形进行随意缩放。如果打印比例非0，表示比例锁定在输入的数值上，不能进行缩放。为方便输入打印比例，还提供了三种设定比例的便捷工具：

(1)“全图充满打印范围”选项，当该项勾选后，不需要输入比例，由程序自动计算图形比例和位置，使图形完全充满可打印区域。

(2)【当前比例】按钮，点击此按钮后，由程序计算出当前正在显示的图形比例，并将比例值填在输入框中；例如经过【预览调整】任意调整之后需要确切知道并固定当前的比例数值时，点击此按钮即可。

(3)【比例自调】按钮，点击此按钮后，将数值0填在输入框中，使当前处于“比例自调”状态。

六、靠边方式

当“自动靠边”选项被勾选时，可以令程序自动寻找最边上的图素位置，使之与可打印区域的边缘对齐。靠边方式有左上、左下、右上、右下四种。自动靠边只能在固定比例下进行，不能在允许进行任意缩放的“比例自调”状态下进行。

七、打印线宽

TCAD的线宽分为相对线宽和绝对线宽，绝对线宽直接定义了线条的打印宽度，而相对线宽由配置文件决定最终打印宽度。在安装CFG系统后，CFG目录存在一个“PKPM. INI”配置文件，在该文件中有几个关于线宽的配置：

(1)通过“WidthPerLine＝”关键字，可设置相对线宽的打印输出默认宽度。例如“WidthPerLine＝0.25”，表示相对线宽为1的线条将打印为0.25mm的宽度，相对线宽为2的线条将打印为0.5mm的宽度，以此类推。

(2)也可以使某个相对线宽不服从“WidthPerLine＝”的默认规律，通过“LineWidth01＝”、“LineWidth02＝”等关键字，可以分别直接设定某相对线宽的打印线宽度，最多可设定 99 个。例如“LineWidth02＝0.35”，表示单独设定相对线宽为 2 的线条打印为 0.35mm 的宽度。

(3) 通过“ColorWidth01＝”、“ColorWidt02＝”等关键字，可以分别直接设定某种颜色值的线条打印成指定宽度，称之为“颜色线宽”，最多可以设定 16 种颜色的线条宽度。例如“ColorWidth16＝12，0.18”，表示定义颜色值为 12 的线条打印为 0.18mm 的宽度。

“打印线宽”栏目中的“颜色线宽”选项开关可以控制是否启用 PKPMINI 中设置的颜色线宽值。勾选启用后，符合“颜色线宽”颜色的线条按颜色线宽打印，而如果该线条同时设置了“绝对线宽”或“相对线宽”则无效，即“颜色线宽”优先级较高。

对于以上提及的所有线宽设定都可以在打印时通过“线宽缩放系数”进行最终整体调整；“线宽缩放系数”作用于所有输出的线，具有最高优先级。

八、连打多图

“连打多图”选项开关适合连续打印多张图纸规格和比例完全相同的图，以提高效率。该选项被勾选后，打印时会要求用多选方式提供连续打印的所有 T 文件名，这些文件不应包括正在显示或已经打开的 T 图。交付打印后，程序在打完当前图后将依次自动打开所选 T 图，并按照与当前图相同的位置和比例等设置打印这些图。虽然程序对进行连续打印的 T 图的规格没有专门要求，但是由于打印过程自动进行，不提供后续打印图纸的预览和调整，因此不同规格的图不易打印出预期的比例和位置，建议连续打印的 T 图应该和当前图具有相同的比例、规格和位置。比如一个建筑的具有相同比例的各层平面图等。

第三节　页面设置的保存和加载

新增的“页面设置”栏目，可以将以上设置保存在当前图中，一个 T 图中可以保存 200 个不同的页面设置，每个页面可以自行命名。对于已经保存了页面设置的 T 图，通过加载不同的页面设置，可以立即调出不同的打印设置和区域，而不需要逐张进行调整。

这个功能特别适合在一个 T 图中画了多张不同的图，打印时分别局部输出的需求。例如设计中可把一个工程的所有各层图纸都保存在一个 T 文件中。然后给局部的每层图保存一个页面设置。具体方法如下：

1. 通过【预览调整】按钮进入预览界面，通过鼠标中键轮或热键的平移缩放，使要打印的部分充满打印纸的可打印范围；

2. 按【Esc】返回对话框，点击“页面设置”中的下拉列表，选择一个要保存页面的位置；

3. 可以在列表框上进行编辑，给这个页面起个名字，例如某层平面图，当然也可以使用默认名称；

4. 点击页面设置中的【保存页面】按钮进行保存，如果这个位置已经保存了数据会有“此页面非空页面，是否覆盖?”的提示。

重复 1～4 步骤可完成所有打印页面位置的保存，每个 T 图最多可保存 200 个可命名的页面，保存的数据和名称可以随时修改覆盖，但是不能删除。0 号是总页面设置，不可命名，它不是保存在当前 T 图中，而是保存在 CFG 目录中可供全局使用，因此 0 号总页面设置在此保存后，可以在其他场合加载使用。

在多文档重叠显示时，页面设置是保存在当前图中的，而不能保存在背景衬底图中。

加载一个已存页面的方法是：点击“页面设置”栏目中的下拉列表，选择一个要加载的页面，然后点击页面设置中的【加载页面】按钮即可。要加载的页面不能是未保存过的空页面，否则会出现“此页面是空页面，无可加载”的提示。如何判断是否是空页面，对于已经命名的页面，可以根据名称选择，对未命名页面，空页面编号以符号“—”开始，而非空页面编号以符号“＊”开始。加载后可以立刻在缩略图中看到结果，可以进行打印或调整等操作。

第四节　预 览 和 调 整

预览和调整是打印页面设置的重要步骤，对话框中虽然提供了缩略图可以随时显示出所有参数变化的结果，但是要对图面做移动缩放等交互操作还需要在【预览调整】按钮中进行。

过去版本只能在正式打印之前进行图面平移和缩放，增加了页面设置功能后，打印对话框身兼页面设置保存和打印输出两种职能。因此将打印前进行的预览调整的功能拆分出来，增加了单独的【预览调整】按钮。

按【预览调整】按钮，便进入预览调整界面（如图 10-4-1 所示），其中白色区域表示打印纸，中间的图形表示将要打印出的图形。此时用户可以用带有捕捉的窗口放大方式，精

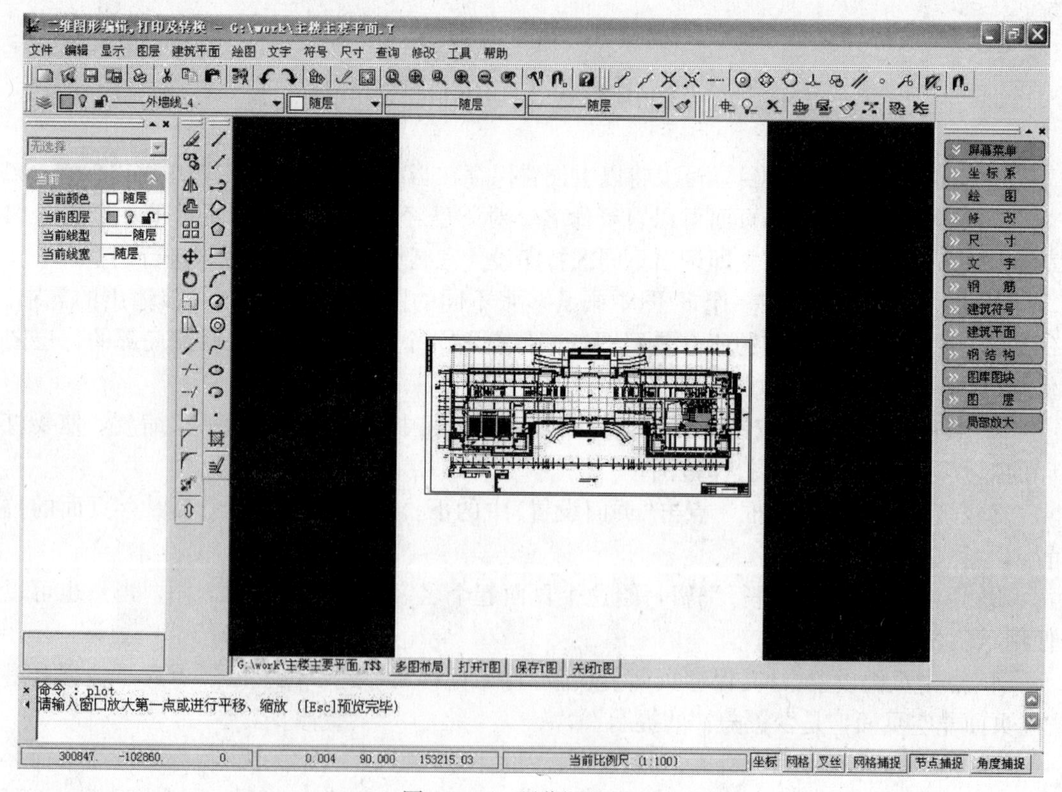

图 10-4-1　预览调整界面

确拾取图中要打印的区域的对角点，或用鼠标滚轮调整图形位置以及缩放比例，以确定打印范围。

除用鼠标调整外，还可用键盘上的各种显示热键调整打印范围(注意：如果是用热键【Ctrl】+【P】启动的打印则不能使用显示热键)。按下【Scroll lock】键使 Scroll 灯亮，然后按上下左右箭头可平移图形，按【F7】键放大，【F8】键缩小，按【F6】键可充满打印区域，按下【Ctrl】+【W】窗口放大，【Ctrl】+【M】平移显示等。

在用鼠标或热键进行缩放比例调整时，必须是在打印比例为 0(即【比例自调】)的前提下才可以实现，否则缩放比例的操作被锁定无效。

预览调整完毕后按【Esc】回到之前的对话框界面，可以将调整结果保存到页面设置，也可以交付打印。

第五节　正　式　打　印

按【开始打印】按钮后，立即向打印机传输数据，开始打印绘图。使用过旧版本的用户应注意这个按钮已经取消了预览调整功能和确认过程。因此如果尚未调整好打印页面时，请勿按此按钮。

如果“连打多图”选项被勾选，按【开始打印】按钮后首先会出现可进行文件多选的“打开”对话框，让用户选择后续自动打印的 T 文件，按【确定】按钮后，立即向打印机传输数据，开始多图连续打印，按【取消】则返回打印对话框。多图连续打印过程是先打印当前图，之后依次自动打开所选 T 图进行打印，打印完 T 图自动关闭，打印期间不需要进行人工干预。

打印完成后图面自动恢复当前图显示。

打印输出与多文档管理的关系是所见即所得的关系，即当打开了多个 T 图文档，如果多文档重叠显示，则打印结果也是多图重叠输出；如果多文档分别显示，则打印也只打印可见的当前图。

第六节　驱　动　程　序

TCAD 直接使用操作系统安装的驱动程序进行打印，随着 Windows 的普及，全世界几乎所有生产打印机和绘图仪厂商都为它提供了驱动程序，WindowsXP 更是自带了各种品牌和型号打印机和绘图仪驱动程序，可以达到即插即用。随着 Internet 的广泛使用，许多种硬件的驱动程序还可以从网上直接下载。

TCAD 程序在打印绘图时直接调用 Windows 环境中的打印窗口对话框，因此用户只要将 Windows 中的打印机选项设置好，PKPM 程序即可进行正常的打印或绘图工作。如果用户已联网，也可以实现网络打印。

T 图打印或绘图时出现乱码、大小不对、角度不对、不能完整打印等问题时，一般都是由于打印驱动程序配置不对造成的，请尝试用下述方法解决：

(1) 重新安装打印驱动程序，在 Windows 控制面板的打印机管理器上添加打印机(或绘图仪)，选择相应公司的所配型号的打印机，并将其设为默认打印机。

(2) 如果打印机型号比较新，Windows 中没有该型号的打印机，应选择由打印机厂商直接提供的驱动程序，并重新安装。

(3) PKPM 软件安装光盘上的 HP _ plot 目录内有 HP 系列各种常见绘图仪的驱动程序，可运行 INSTALL. EXE 程序进行安装。

(4) 如果打印机型号比较老，找不到驱动程序，则可在 Internet 中找打印机厂商的主页下载驱动程序，或进一步与打印机厂商联系。

(5) 更换 Windows 版本，可能从新版本 Windows 上能找到相应的打印驱动程序。

(6) 将图形文件转到 AutoCAD，尝试用 AutoCAD 的驱动程序打印。

第十一章　工具与环境设置

AutoCAD是一个应用十分广泛的图形平台。AutoCAD用DWG格式保存图形文件。TCAD必须保持与AutoCAD图形文件的兼容，为此TCAD的T格式图形文件可以转换成AutoCAD的DWG格式及DXF格式文件。同时，TCAD还可以把AutoCAD的DWG文件、DXF文件转换成TCAD的T文件。因此TCAD与AutoCAD之间可实现文件格式的相互转换。

在TCAD中，还可以将T格式图形文件转换成BMP图形格式、WMF图形格式、PCX图形格式，也可以读取JPEG格式和TIFF格式的图形文件。此外，还可以将各种格式的图形重叠在一起，指定要抠去的某种背景色，得到图形物体的边界，最后合成一张图片，存储到指定的目录。

TCAD作为一个支持对象链接和嵌入(Object Linking and Embedding，简称OLE)技术的Windows应用程序，既可以链接和嵌入其他支持OLE技术的应用程序生成的文档，也可以让其他支持OLE技术的应用程序链接和嵌入自己生成的文档，甚至本程序生成的文档也可以链接和嵌入到本程序中来。

在TCAD中，系统可以每隔一段时间自动将当前图形保存一次，当程序由于异常退出导致没有按正常步骤存盘时，用户可以恢复以往的T图文件记录，并且可以设置自动存盘时间间隔。用户还可以设置修改UCS坐标系状态，设置绘图环境、缺省参数、文件配置等内容。本章的主要内容有：

- ◆ T图文件与DWG、DXF的数据交换的方法
- ◆ T图文件转换成WMF、BMP、PCX格式图形文件的方法
- ◆ 在TCAD中读取JPEG格式和TIFF格式的图形文件的方法
- ◆ 对象链接和嵌入(OLE)的概念与使用方法
- ◆ 坐标系、比例尺的设置与修改方法
- ◆ 设置文件的自动保存间隔与如何恢复T图文件
- ◆ 如何设置绘图环境、缺省参数、文件配置等内容

第一节　与其他程序进行数据交换

不同的公司开发出不同的图形平台应用软件，这些软件的综合应用促进了各种数据交换格式的发展，它使得数据可以从一个数据处理软件中转换到另一个中。下面讨论在TCAD中与AutoCAD的DWG及DWF格式文件进行数据交换的方法。

一、与DWG及DXF格式进行数据交换

AutoCAD用DWG格式保存图形文件，该格式并不能为许多C A D软件接受。要解

决这个问题，就需要将 AutoCAD 建立的 DWG 图形文件转换成其他图形平台使用的图形格式。在 TCAD 中，可以将 TCAD 产生的 T 格式图形文件与 DWG、DXF 文件进行自由转换。

1. 将 T 图转换成 DWG 图

在 TCAD 中，可以使用【T 图转 DWG】命令方便地将所绘制的 T 图转换成 DWG 格式的图形文件。转换后，各图素的大小、位置、角度、图层、颜色等属性保持不变。该命令的调用方法如下：

- 命　　令：TTODWG↙(回车)
- 简化命令：TTW↙(回车)
- 菜　　单：【工具】|【T 图转 DWG】选项
- 工 具 条：【工具】| 按钮

执行该命令后，系统将自动弹出"打开"对话框(图 11-1-1)，显示上次打开图形所在的文件夹，选取文件并确认，程序内部将自动进行转换。选取文件时可以单选也可以多选，多选时可按照 Windows 标准的复选方式(按【Shift】键或【Ctrl】键)，所有文件都选好后点【打开】键确定，程序将自动转换，转换过程中还会有进度条显示。转换后产生的 DWG 格式文件位于原 T 图所在目录。

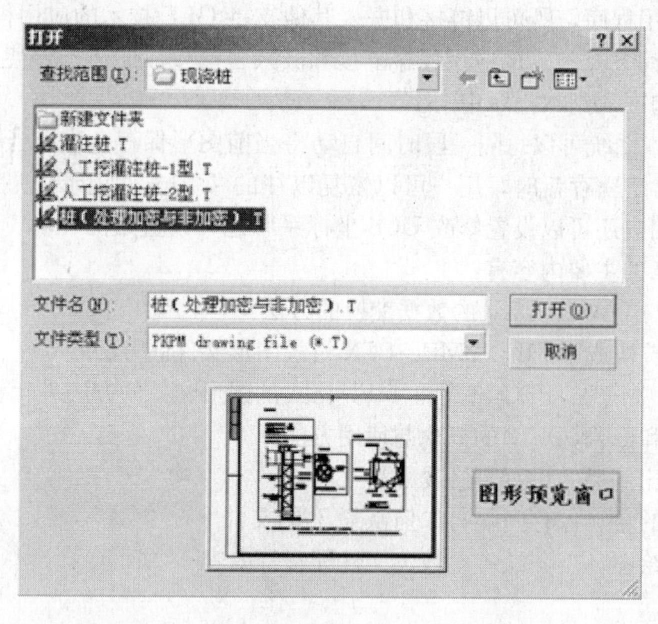

图 11-1-1　选择要转换成 DWG 的 T 图文件

2. 将 DWG 图转换成 T 图

在 TCAD 中，同样也可使用【DWG 转 T 图】命令将 DWG 格式图形文件直接打开，转换成 T 格式文件，它的调用方法如下：

- 命　　令：DWGTOT↙(回车)
- 简化命令：DWT↙(回车)
- 菜　　单：【工具】|【DWG 转 T 图】选项

- 工 具 条：【工具】| 按钮

执行该命令后，系统将自动弹出“打开”对话框(图 11-1-2)，显示上次打开图形所在的文件夹，单击鼠标左键选择要转换的 DWG 格式文件，则在图形预览控件中将显示该文件的缩略图。单击【确定】后，程序内部将自动进行数据转换。最后弹出“设置比例”对话框。在对话框内设置好图形比例，设置完成后，系统自动进行图形缩放操作，将整个图形在屏幕上充满显示，最终完成 DWG 图到 T 图的转换操作。

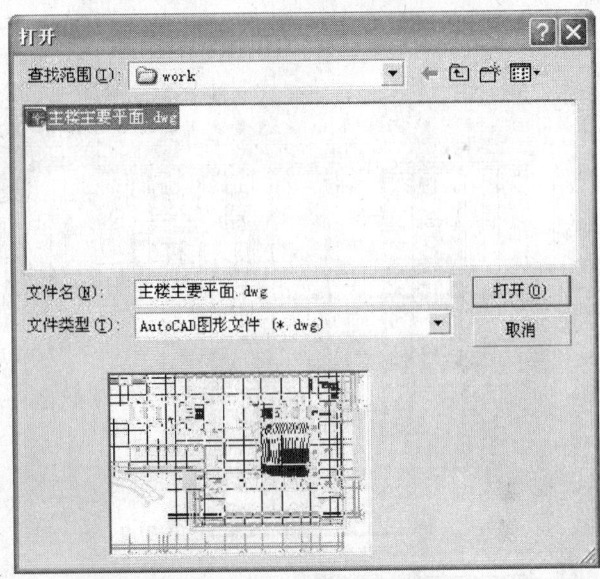

图 11-1-2　选择要转换成 T 图的 DWG 文件

3. 将 DXF 图转换成 T 图

DXF(Autodesk Drawing eXchange Format)文件，是 AutoCAD 中的矢量文件格式，它以 ASCII 码方式存储文件，在表现图形的大小方面十分精确。DXF 文件可以被许多软件调用或输出，例如 SmartCAM 软件包就使用 DXF 文件。一些桌面排版系统软件包如 Pagemaker 和 Ventura Publisher 也使用 DXF 文件。DXF 文件的扩展名为“.dxf”。

在 TCAD 中，使用【DXF 图转 T】命令将 DXF 格式图形文件转换成 T 格式文件，它的调用方法如下：

- 命　　令：DXFTOT↙(回车)
- 简化命令：DXT↙(回车)
- 菜　　单：【工具】|【DXF 图转 T】选项
- 工 具 条：【工具】| 按钮

该命令的操作方法与【DWG 转 T 图】命令基本类似。

二、与多种图形格式交换数据

1. 转换成 Windows 的 WMF 图形格式

WMF(Windows Metafile Format)文件，是 Windows 中常见的一种图元文件格式，是矢量文件格式。它具有文件短小、图案造型化的特点，整个图形常由各个独立的组成部分拼接而成。WMF 文件的扩展名为“.wmf”。

在 TCAD 中，可以使用【存为 WMF 文件】命令将 T 图文件转换成 WMF 格式文件，它的调用方法如下：

- 命　　令：SAVEWMF↙(回车)
- 简化命令：SAW↙(回车)
- 菜　　单：【工具】|【存为 WMF 文件】选项

● 工 具 条：【工具】| 按钮

执行该命令后，系统自动进行格式转换，在原T图目录下生成与原名称相同的WMF格式文件，系统转换完成后弹出“转换完成”对话框（图11-1-3），提示转换完成，并且告知已经生成文件的在硬盘上的存储位置。转换完成的WMF格式文件结果如图11-1-4所示。

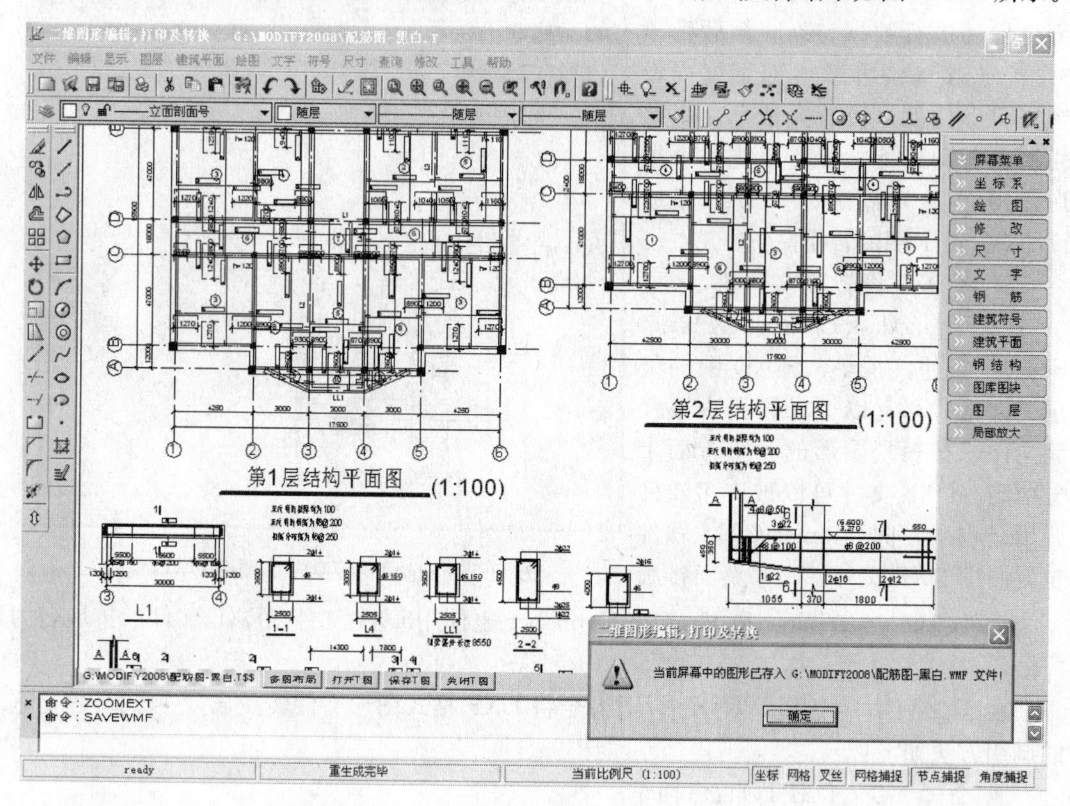

图11-1-3　将T图文件转换成WMF格式文件

需要注意的是，为了确保用户对原有T图所做的编辑修改工作不丢失，使用【存为WMF文件】时TCAD系统将首先对原T图进行自动保存工作，然后再进行图形格式的转换。

2. 转换成BMP图形格式

BMP(Bitmap)文件，是Windows中的标准图像文件格式，已成为PC机Windows系统中事实上的工业标准，有压缩和不压缩两种形式。BMP文件扩展名为“.bmp”。BMP文件以独立于设备的方法描述位图，可以有黑白、16色、256色、真彩色等几种形式，能够被多种Windows应用程序所支持。

在TCAD中，可以使用【处理图片】命令将T图文件转换成BMP格式文件，它的调用方法如下：

● 命　　令：PICTURE↙（回车）

● 简化命令：PIC↙（回车）

● 菜　　单：【工具】|【处理图片】选项

● 工 具 条：【工具】| 按钮

执行该命令后，系统给出如下提示：

图 11-1-4　转换后 WMF 文件结果图

命　　令：PICTURE

图片贴图/保存图片/显示图片？([Enter]/[Tab]/[Esc])(按键盘上的【Tab】键，表示要把当前图形保存为 BMP 文件格式)

输入图片文件名：([Tab]查找/[Esc]返回)

(输入“steel. bmp”)

保存视窗/截取窗口/保存全屏？(Y[Enter]/A[Tab]/N[Esc])(直接按键盘上的【回车】键，表示要把当前视口保存为 BMP 文件格式)

系统转换完成后会在原 T 图目录下生成用户指定名称的 BMP 格式文件，转换完成的 BMP 格式文件结果如图 11-1-5 所示。

3. 转换成 PCX 图形格式

PCX 格式是 ZSOFT 公司在开发图像处理软件 Paintbrush 时开发的一种格式，这是一种经过压缩的格式，占用磁盘空间较少。由于该格式出现的时间较长，并且 PCX 设计者很有眼光地超前引入了彩色图像文件格式，使之成为现在非常流行的图像文件格式。

在 TCAD 中，可以使用【处理图片】命令将 T 图文件转换成 PCX 格式文件，具体转换过程与转换成 BMP 图形格式的过程类似，只是在系统提示输入图片文件名时，指定要输入的文件名称后缀为“. pcx”，即可转换成 PCX 文件，转换完成后的结果如图 11-1-6 所示。

4. 读取其他图形格式

除了 BMP 及 PCX 两种图形格式，TCAD 中还可以读取 JPEG 格式和 TIFF 格式的图形文件。这两种格式的主要特点如下：

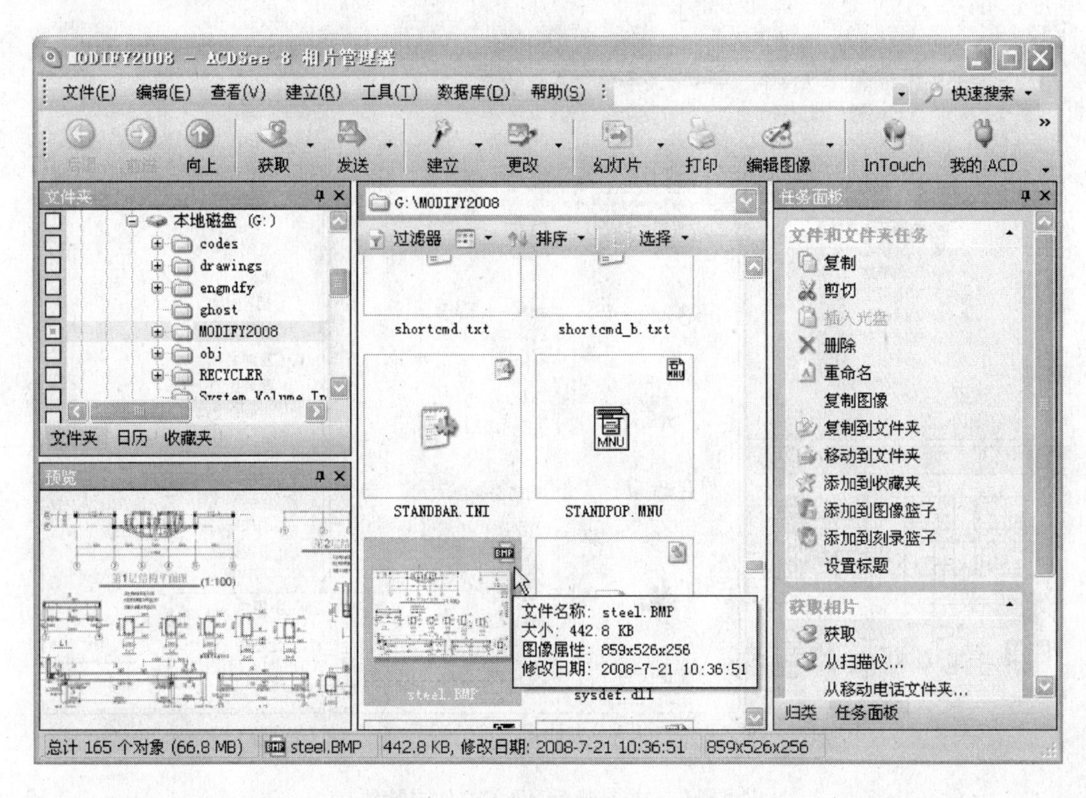

图 11-1-5　转换后 BMP 文件结果图

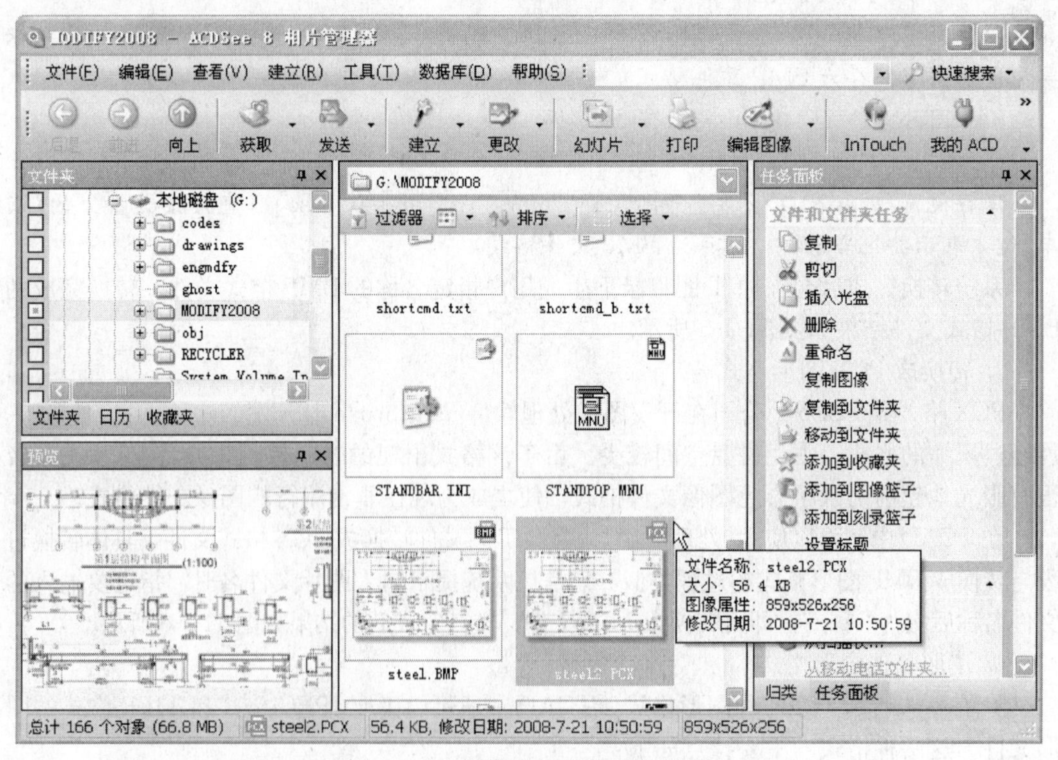

图 11-1-6　转换后 PCX 文件结果图

JPEG文件，是Joint Photographic Experts Group(联合图像专家组)的缩写，是用于连续色调静态图像压缩的一种标准。其主要方法是采用预测编码(DPCM)、离散余弦变换(DCT)以及熵编码，以去除冗余的图像和彩色数据，属于有损压缩方式。JPEG是一种高效率的24位图像文件压缩格式，同样一幅图像，用JPEG格式存储的文件是其他类型文件的1/10～1/20，通常只有几十kB，而颜色深度仍然是24位，其质量损失非常小，基本上无法看出。JPEG文件的应用也十分广泛，目前各类浏览器均支持JPEG这种图像格式，因为JPEG格式的文件尺寸较小，下载速度快。JPEG文件的扩展名为".jpg"或".jpeg"。

TIFF(Tag Image File Format)文件，TIFF由Aldus和微软联合开发，最早是为了存储扫描仪图像而设计的，因而它现在也是微机上使用最广泛的图像文件格式，在Macintosh和PC机上移植TIFF文件也十分便捷。TIFF文件的扩展名为".tif"或".tiff"。该格式支持的颜色深度，最高可达24位，因此存储质量高，细微层次的信息多，有利于原稿的复制。另外，使用过Photoshop的人都知道，在Photoshop中，TIFF文件可以支持24个通道，是除了Photoshop自身格式以外，唯一能存储多于4个通道的文件格式。

在TCAD中，可以使用【处理图片】命令将这两格式的文件插入到T图文件中，执行该命令后，系统给出如下提示：

命令：PICTURE

图片贴图/保存图片/显示图片？([Enter]/[Tab]/[Esc])(直接按键盘上的【回车】键，表示要插入BMP、PCX、JPEG或TIFF格式的图形文件)

输入图片文件名：([Tab]查找/[Esc]返回)(输入需要加载的图形文件名称，包括文件名和文件后缀名。如果图片文件没有在当前的工作目录，则应输入完整的路径和完整的文件名。或者按键盘上的【Tab】键，弹出"打开"对话框，选择所需文件)

视窗显示/截取窗口/全屏显示？(Y[Enter]/A[Tab]/N[Esc])(直接按键盘上的【回车】键，表示要在当前视窗内显示整个图形文件)

原纵横比/调纵横比？(Y[Enter]/N[Esc])(直接按键盘上的【回车】键，表示按原纵横比显示整个图形文件)

此外，还可以使用【处理图片】命令，通过选择"图片贴图"的方式，指定前景图形文件及背景图形文件，将各种格式的图形重叠在一起，同时，可以指定要去除的某种背景色，得到图形物体的边界，最后合成为一张图片，存储到指定的目录。

三、对象链接和嵌入(OLE)

对象链接和嵌入(Object Linking and Embedding，简称OLE)是Windows的一个功能，可用于将不同应用程序的数据合并到一个文档中。例如，可以创建包含TCAD图形的Word文档，或者创建包含全部或部分Microsoft Excel电子表格的TCAD图形。这在经常需要将TCAD图形插入其他应用程序的时候(比如写工程标书)是非常有用的。

1. 对象链接和嵌入的概念

利用Windows，通过相互交换信息可以同时使用不同的基于Windows的应用程序。可以先编辑和修改在原始Windows应用程序中的信息，然后在其他应用程序中更新该信息。这可通过先在不同的应用程序之间建立链接，然后更新这些链接来实现，这些链接可以依次更新或修改在相关应用程序中的信息。这种链接就是微软(Microsoft)公司的

Windows 的对象链接和嵌入(OLE)功能。OLE 技术也可以合并从不同应用程序中得到的分离信息，使之成为一个独立文档。

要使用 OLE 技术，应该有一个源文档，在该文档中实际对象是以一个图形或文档的形式建立的。该文档是建立在一个称为 Server(服务)程序的应用程序中的。源文档被链接于(或嵌入)复合(目标)文档中，复合文档可在不同的称为容器(Container)程序的应用程序中建立。TCAD、Microsoft Word 以及 Windows Excel 等程序均可以作为容器程序。如果要修改用 OLE 技术插入进来的其他应用程序的文档，Windows 会自动调用生成该文件的应用程序来对其进行编辑。

TCAD 作为一个支持 OLE 技术的 Windows 应用程序，既可以链接和嵌入其他支持 OLE 技术的应用程序生成的文档，也可以让其他支持 OLE 技术的应用程序链接和嵌入自己生成的文档，甚至本程序生成的文档也可以链接和嵌入到本程序中来。

2. 在 TCAD 中插入 OLE 对象

在 TCAD 中，可以使用 Windows 剪贴板和【插入 OLE 对象】命令来插入 OLE 对象。

(1) 使用 Windows 剪贴板的方法

从一个 Windows 应用程序向另一个 Windows 应用程序转换图形，可通过从服务程序向剪贴板复制图形或文档来完成。该图形或文档然后就可从剪贴板中粘贴到容器程序中，因此，剪贴板在文档从一个 Windows 应用程序向另一个 Windows 应用程序转换的过程中作为存储文档的媒介。在剪贴板中的图像或文档可一直保存在剪贴板中直到有新的文档复制(此时新文档会替代上一个文档)，或保存到退出 Windows 为止。可以用后缀为“. clp”的文件保存在剪贴板中的信息。

用户可以将选中的对象或当前视图的链接复制到剪贴板，然后再粘贴到目的地。激活【粘贴】命令的方式有：

- 命　　令：PASTEWIN↙(回车)
- 简化命令：PW↙(回车)
- 快 捷 键：同时按住键盘上的【Ctrl】键和【V】键
- 菜　　单：【编辑】|【粘贴】选项
- 工 具 条：【标准】| 按钮

(2)使用【插入 OLE 对象】命令

调用该命令的方法如下：

- 命　　令：OLE↙(回车)
- 简化命令：OL↙(回车)
- 菜　　单：【绘图】|【插入 OLE 对象】选项
- 工 具 条：【绘图】| 按钮

执行该命令后，命令提示区给出如下提示：

命令：OLE

输入矩形第一点([Esc]放弃)

输入矩形下一点([Esc]放弃)

根据系统提示在绘图区点取插入 OLE 对象的范围(只能为矩形)，然后系统弹出“插入对象”对话框（如图 11-1-7 所示），在此对话框内选择插入的 OLE 对象，选择后按【确定】按钮，程序要求用户指定插入的 OLE 对象的路径，完成后按【确定】按钮结束命令。

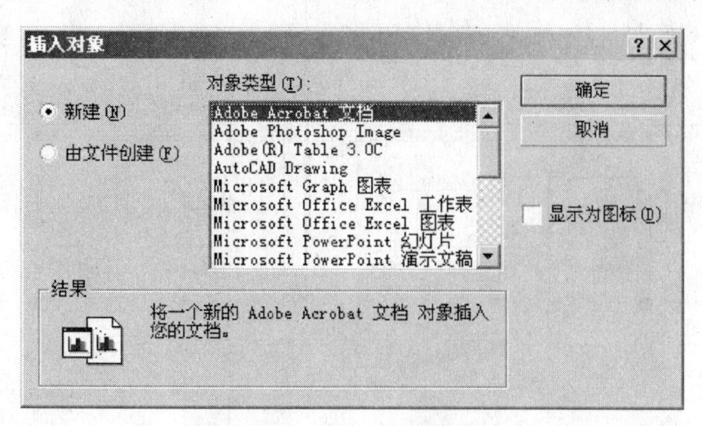

图 11-1-7　“插入对象”对话框

示例：使用 Windows 剪贴板，将图 11-1-8 中 Microsoft Word 程序中的三行注释文字以 OLE 对象方式插入到指定 T 图文件中。具体操作过程如下：

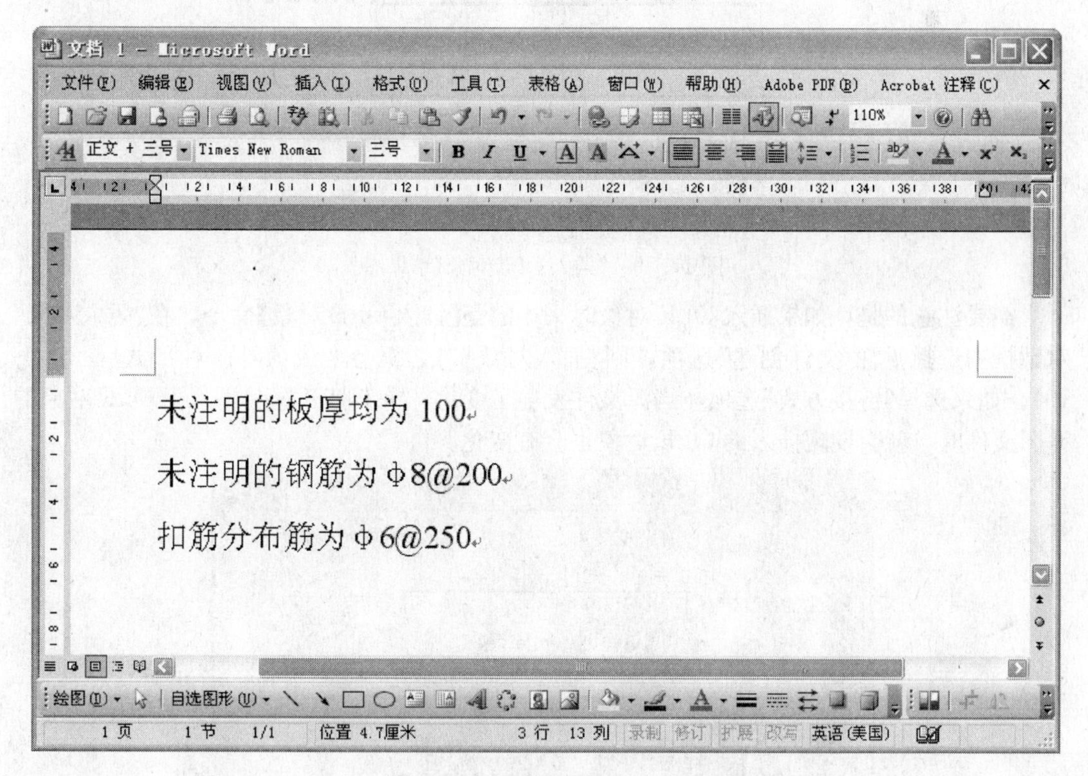

图 11-1-8　在 Word 程序中输入三行注释文字

(1) 在 Microsoft Word 程序中，选择要注释的三行文字，按下键盘上的【Ctrl】+【C】键，或者选择菜单【编辑】|【复制】选项，将这些文字复制进剪贴板。

(2) 在 TCAD 中，打开需要插入注释文字的 T 图文件，按下键盘上的【Ctrl】+【V】键，或者选择菜单【编辑】|【粘贴】选项，将注释文字以 OLE 对象方式插入指定位置。

(3) 拖动这个 OLE 对象，将其移动到合适的位置。拖动 OLE 对象的 4 个角点调整大小，最后完成的效果如图 11-1-9 所示。

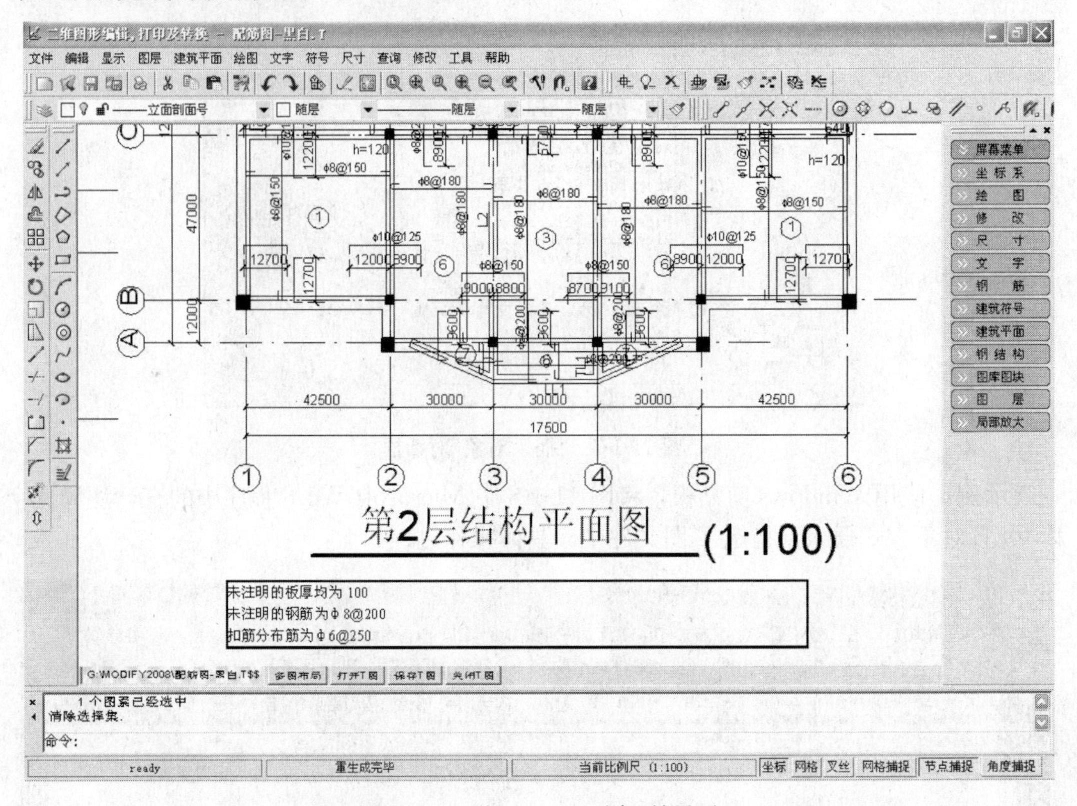

图 11-1-9 “插入 OLE 对象”结果图

需要注意的是，如果插入 OLE 对象时采用的是【插入 OLE 对象】命令，在“插入对象”对话框中选择了“由文件创建”选项，则“插入对象”对话框会变成另外一种形式(图 11-1-10)。如果选择“链接方式”选项，当源文件发生了变化，重新打开这个插入了 OLE 对象的 T 图文件时，就会发现插入的 OLE 对象也会有变化。

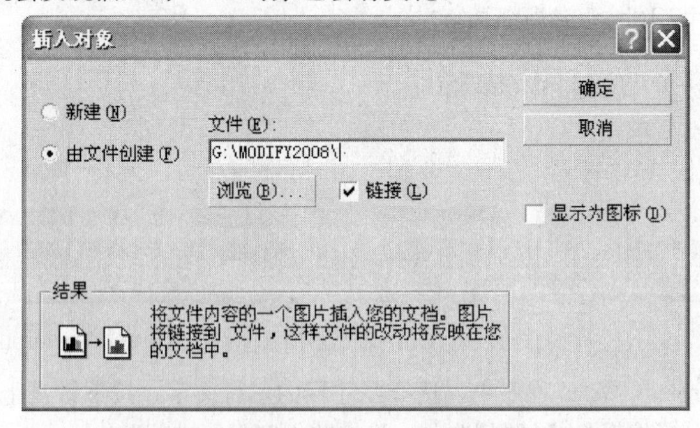

图 11-1-10 “由文件创建”方式插入 OLE 对象

3. 在 Word 中插入 TCAD 对象

向 Word 文档中插入 TCAD 图形对象的操作方法如下：

(1) 新建一个 Word 空白文档，将页面设置中的纸张设置为“横向”，调整页面显示大小，使整个页面充满屏幕，便于观察要插入的图形。

(2) 在 TCAD 中打开要插入的 T 图，选择其中要被插入的图形对象，单击【编辑】菜单中的【复制】选项。

(3) 在 Word 中选择【编辑】菜单中的【选择性粘贴】选项，会弹出“选择性粘贴”对话框(图 11-1-11)，单击【确定】按钮，则 T 图中的图形对象会被插入到当前文档中。可以拖动图形边框更改大小及位置。

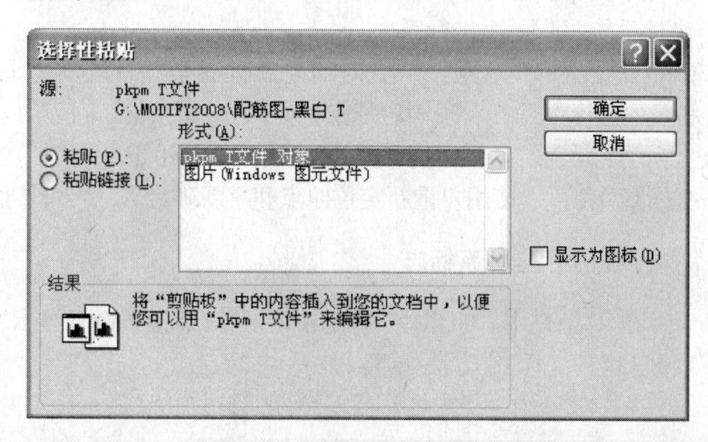

图 11-1-11 “选择性粘贴”对话框

(4) 在文档中的图形上双击鼠标左键，将自动打开 TCAD 程序，可以对该图形内容进行编辑修改，修改完成后，选择【文件】菜单中的【更新文档】选项，则 Word 中的图形内容也会相应进行刷新。插入 TCAD 图形对象的 Word 文档如图 11-1-12 所示。

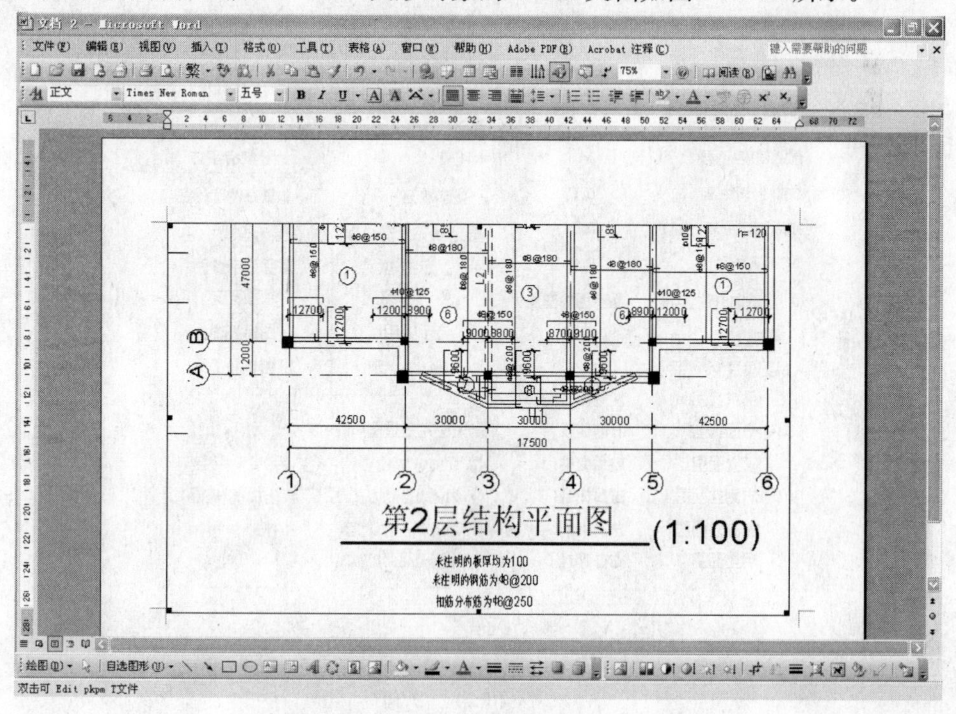

图 11-1-12 在 Word 中插入 TCAD 对象示例

第二节　设置、修改坐标系

用户绘制的二维图形往往都有自己的用户坐标系(UCS)，有时甚至一张图中同时有几个不同的坐标系，每个坐标系都拥有自己的坐标原点、比例尺及转角，用户的许多绘图和编辑操作(如图素平移、文字修改等)都要在当前坐标系内进行。TCAD中提供了多种功能，用于显示坐标系、转换坐标系、设置新的坐标系、调整已有坐标系的原点位置、比例尺，或将几个坐标系统一到一个坐标系中。

当进入TCAD的图形编辑窗口后，缺省时即建立世界坐标系统(WCS)。在WCS中，任何点的X、Y和Z的坐标都是相对于固定原点(0，0，0)测量的。缺省时，该原点位于屏幕的左下角。该坐标系统是固定的且不能移动。WCS大部分用于2D图形中。世界坐标系统和用户坐标系统(UCS)都可以使用户重新定位原点和重新确定X、Y和Z轴的方向。

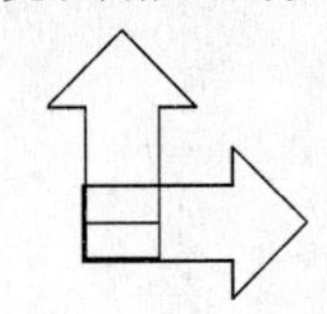

图11-2-1　UCS标志

一、显示坐标系标志

在TCAD中，可以在"捕捉和显示"对话框中设置显示"UCS标志"(图11-2-1)与否，操作方法如下：

- 菜　　单：【工具】|【环境设置】选项|【显示设置】选项卡
- 工 具 条：【工具】| 按钮|【显示设置】选项卡

执行【环境设置】命令后，系统将弹出"捕捉和显示"对话框，选择"显示设置"选项卡(图11-2-2)，勾选上"显示UCS标志"选项后，则屏幕上将出现UCS图标。

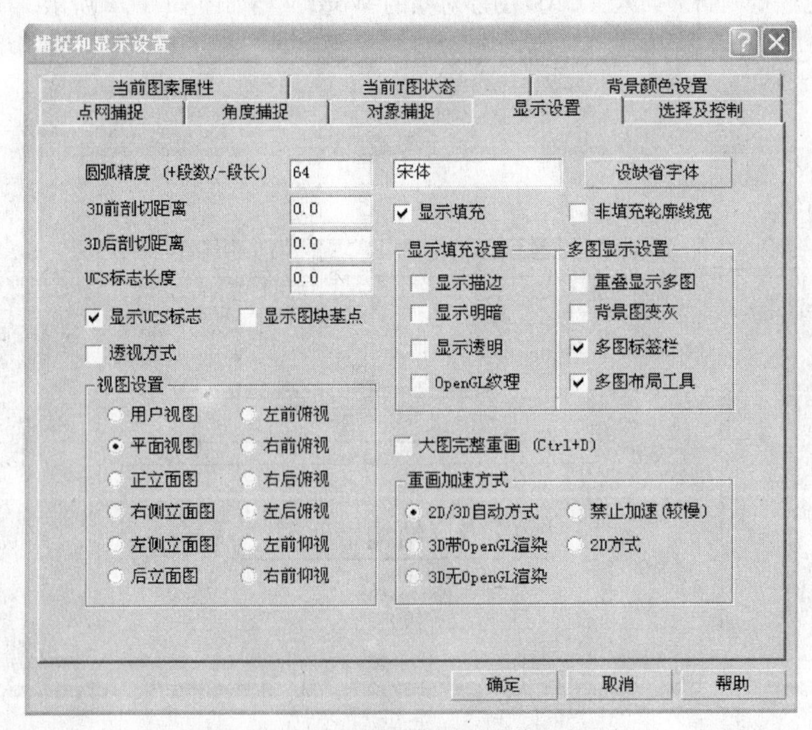

图11-2-2　设置显示"UCS标志"

当前UCS原点的定向是用UCS图标表示的。该图标是UCS轴的方向和其原点位置的图形提示，它也指出了相对于UCS的X-Y平面的观察方向。该符号的缺省位置是在视口左下角。当视口范围包含原点时，该符号会显示在原点位置；当视口范围不包含原点时，它会回到缺省位置为视口的左下角。

二、设置用户坐标系

用户坐标系统(UCS)用于帮助用户建立自己的坐标系统。通过改变坐标系统的位置或方向，改变图形中基准点的位置。正如第一章已经提到的，世界坐标系(WCS)是固定不动的，而UCS则可以被移动或旋转到任何所需位置以适应所绘制对象的形状。在UCS中的变化明显地反映在UCS图标符号的位置与方向上，其原始位置为屏幕的左下角。UCS主要用于在图形中重新定位原点或旋转X、Y轴，用来进行坐标尺寸标注、绘制辅助视图或在同一张图纸中用不同比例绘制图形。

1. 设置局部坐标系

在TCAD中，可以使用【设置局部坐标系】命令设置用户坐标系，该命令的调用方法如下：

- 命　　令：SETUCS↙(回车)
- 简化命令：UCS↙(回车)
- 菜　　单：【工具】|【设置局部坐标系】选项
- 工 具 条：【工具】| 按钮

执行该命令后，系统将弹出"输入比例"对话框(图11-2-3)，用户可自己设置一个新的坐标系。比例尺和原点位置由用户自行定义。设好坐标系后，再画的图素将自动绘制到此坐标系内。

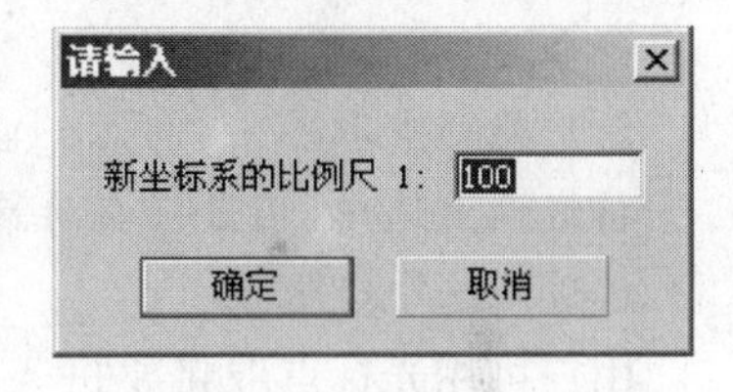

图11-2-3　"输入新坐标系的比例尺"对话框

例如，绘制一个边长为5000×2500的矩形，并利用相对坐标输入方法，使用【设置局部坐标系】命令，快速在矩形中心绘制半径为1000的一个圆，使圆心相对于矩形左下角的坐标为(2500，1250)，具体操作过程如下：

(1) 首先设置用户局部坐标，执行【设置局部坐标系】命令，在"输入比例"对话框中输入"100"，单击【确定】按钮后，系统命令提示区给出如下提示：

命令：SETUCS

请点出新坐标系的原点(0，0)位置

(2) 用鼠标在屏幕上选择要绘制矩形的左下角位置，设为新用户坐标系的原点，单击鼠标左键完成设置。

(3) 执行【绘图】|【矩形】命令，按系统提示绘制矩形：

命令：RECTANGLE

输入矩形第一点([Esc]放弃，[F]-按当前图层填充/[N]-不填充/[B]-按背景色填充)(输入相对坐标"0，0"，指定矩形的第一角点)

输入矩形下一点([Esc]放弃，[F]-按当前图层填充/[N]-不填充/[B]-按背景色填充)(输入相对坐标"5000，2500"并按【回车】键，指定矩形的第二角点)

(4) 执行【绘图】|【圆】命令，按系统提示绘制圆形：

命令：CIRCLE

输入圆心或圆上一点（[F]-按当前图层填充/[N]-不填充/[B]-按背景色填充）(输入绝对坐标"！2500，1250"并按【回车】键，指定圆心位置)

输入半径（[T]-改为按两点圆输入/[A]-改为按三点圆输入/[I]-输入半径值）(输入半径值"1000")

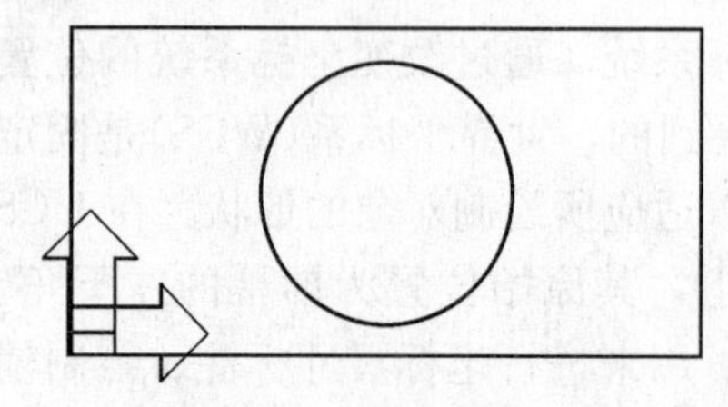

图 11-2-4　设置 UCS 示例

设置后的 UCS 图标位置及绘制后的图形结果见图 11-2-4。

2. 选择局部坐标系

由于许多绘图和编辑操作(如图素平移、文字修改等)都要在当前坐标系内进行，因此在有多个坐标系的图形中，例如由 PKPM 系列中的 PK 模块生成的梁柱图，经常需要在不同坐标系间进行转换，可以使用 TCAD 中的【选择局部坐标系】命令来实现此操作。该命令的调用方法如下：

- 命　　令：SNAPUCS↙(回车)
- 简化命令：SUCS↙(回车)
- 菜　　单：【工具】|【选择局部坐标系】选项
- 工 具 条：【工具】| 按钮

执行该命令后，系统给出如下提示：

命令：SNAPUCS

请用光标点取图素（[Tab]窗口方式/[Esc]返回）

折线近点选中(用鼠标在屏幕上拾取要进入的坐标系中的图素)

已进入选中坐标系

用户可用光标点取将要进入的坐标系内的一个图素，程序会自动进入它所在的坐标系。此外，当打开一张旧图时，如果其中含有两个或两个用户坐标系 UCS，则系统会自动提示编辑时要进行不同坐标系之间的切换，如图 11-2-5 所示。

三、修改用户坐标系

1. 统一局部坐标系

可以使用 TCAD 中的【统一局部坐标系】命令将图形中的所有坐标系炸开，统一到一个图纸坐标系下，把原来的各自定义的比例尺全部改为用户在对话框中自行输入的比例尺寸，如 1∶100、1∶50、1∶20 等等。该命令的调用方法如下：

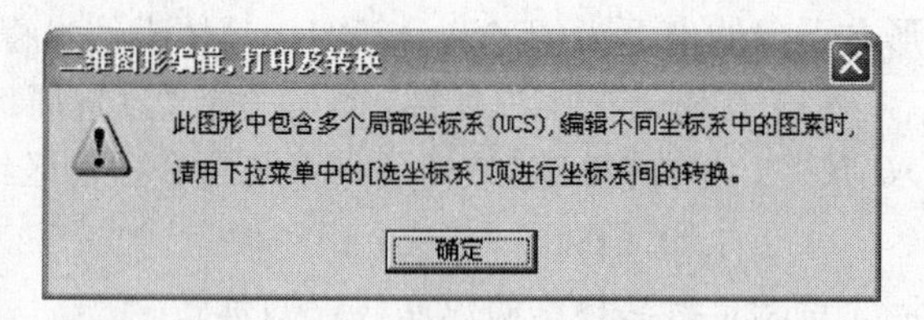

图 11-2-5　提示含有多个局部坐标系 UCS

- 命　　令：UNITEUCS↙(回车)
- 简化命令：UUCS↙(回车)
- 菜　　单：【工具】|【统一局部坐标系】选项
- 工 具 条：【工具】| 按钮

执行该命令后，系统给弹出“输入统一后比例尺”对话框(图 11-2-6)。在对话框中输入需要的比例，单击【确定】按钮后，系统将按此比例，自动把图形上所有的坐标系统一至一个坐标系下。

【统一局部坐标系】命令的优点是：编辑图形时不必再进行坐标系转换。缺点是：在标注尺寸时不能再反映工程尺寸。由于【统一局部坐标系】命令不能撤销，因此用户使用时应三思而行。

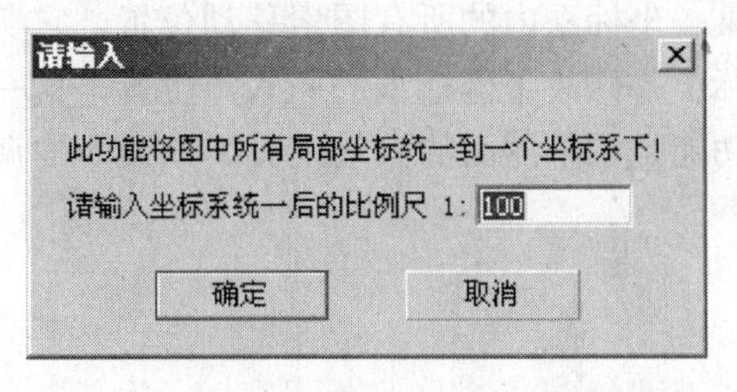

图 11-12-6 “输入统一后比例尺”对话框

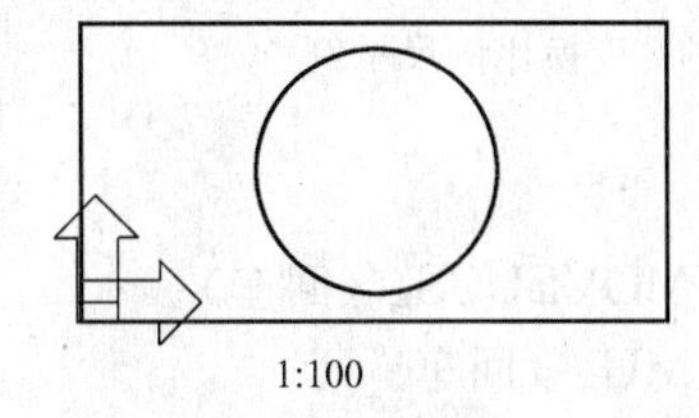

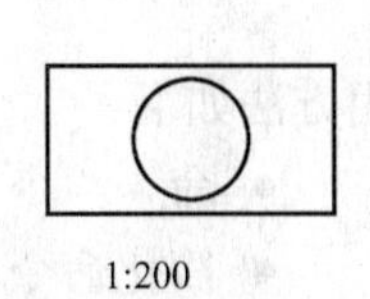

图 11-2-7 统一两个局部坐标系

例如：将图 11-2-7 中两个局部坐标系统一后，如果输入的统一比例尺为 1∶100，则进行尺寸标注时，左图原 1∶100 图形的标注正常，右图原 1∶200 图形的标注将是按照统一后的比例进行标注，即标注的尺寸数值会缩小一半。建议用户先进行两个坐标系下的各自尺寸标注，再进行局部坐标系的统一。

2. 修改比例尺

可以使用 TCAD 中的【修改比例尺】命令将当前图形中某一坐标系的比例尺放大或缩小，同时考虑建筑工程图纸的特点，对图形中的各种文字和数字保持原大小不变。该命令的调用方法如下：

- 命　　令：CHGUCSSC↙(回车)
- 简化命令：CSC↙(回车)
- 菜　　单：【工具】|【修改比例尺】选项
- 工 具 条：【工具】| 按钮

执行该命令后，系统给弹出“输入修改后的比例尺”对话框(图 11-2-8)。在对话框中输入需要的比例，单击【确定】按钮后，系统将提示选择要变换的坐标系中的图素，用鼠标点取图素后，该图素所在的坐标系下的所有图素将按指定的比例进行变换。

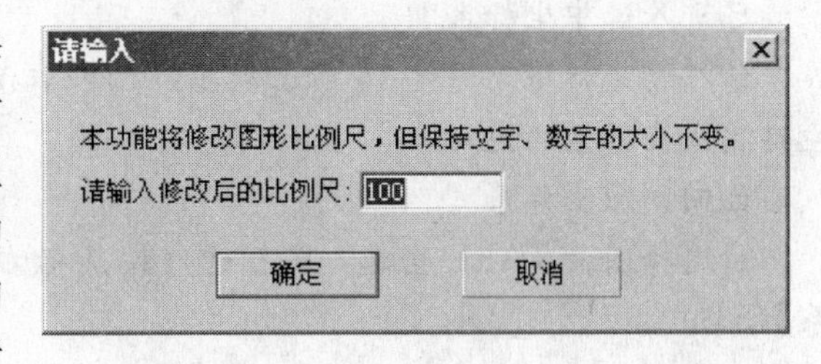

图 11-2-8 “输入修改后的比例尺”对话框

示例：将图 11-2-9 中的比例为 1∶200 的图形变换成比例为 1∶100 的图形，具体操作过程如下：

(1)首先设置新比例尺，执行【修改比例尺】命令，在“输入修改后的比例尺”对话框输入“100”，单击【确定】按钮后，系统命令提示区给出如下提示：

命　　令：CHGUCSSC

请用光标点取图素([Tab]窗口方式/[Esc]返回)

选中当前坐标系

(2)用鼠标在屏幕上选择当前坐标系下(比例为1∶200)的矩形，单击鼠标左键后，系统将把该坐标系下的所有图素都变换为比例1∶100的图形，变换结果如图11-2-9所示。

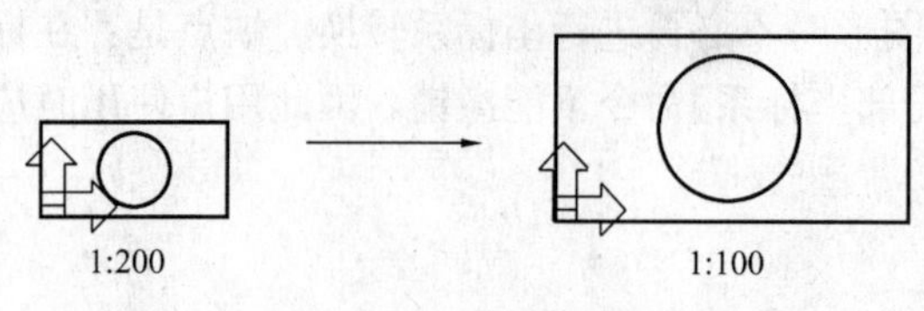

图11-2-9　变换比例尺示例

3. 拖动局部坐标系

可以使用TCAD中的【拖动局部坐标系】命令改变坐标系的位置。此命令可将某一坐标系内的所有图素移动位置，它实际上是修改了坐标系的插入点位置，这一功能是调整图面的有效工具。该命令的调用方法如下：

- 命　　令：MOVEUCS↙(回车)
- 简化命令：MU↙(回车)
- 菜　　单：【工具】|【拖动局部坐标系】选项
- 工 具 条：【工具】| 按钮

执行该命令后，系统将提示选择要变换的坐标系中的图素，用鼠标点取图素后，该图素所在的坐标系将被选中，移动鼠标到合适位置，或者按键盘上的【Tab】键，在命令提示区输入基点在X，Y，Z方向的偏移值，按鼠标左键或【回车】完成局部坐标系的位置移动。

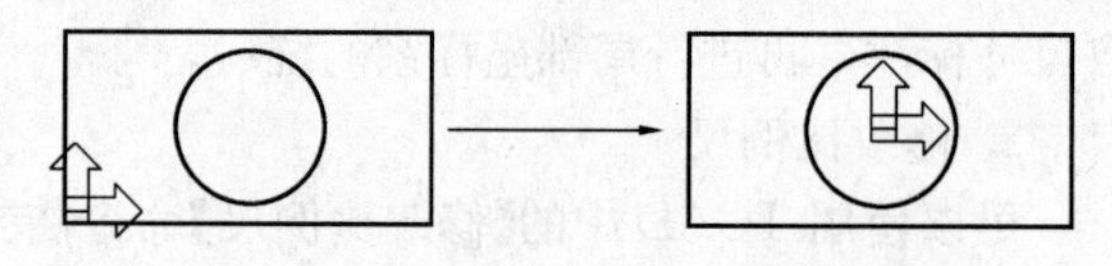

图11-2-10　拖动局部坐标系示例

示例：使用【拖动局部坐标系】命令，将图11-2-10中原坐标系原点移动到圆形中心，具体操作过程如下：

命　　令：MOVEUCS

请选择图素〈ALL-全选，F-栏选〉(用鼠标左键在屏幕上选取要移动坐标系位置的图素)

已进入选中坐标系

请移动光标拖动图素（[Tab]数据/[Esc]取消）(移动鼠标到圆形中心位置，单击鼠标左键完成坐标系的拖动)

已回到原坐标系

请选择图素〈ALL-全选，F-栏选〉(按鼠标右键或键盘上的【Esc】退出【拖动局部坐标系】命令)

第三节　文件自动保存与恢复

在TCAD中，系统可以每隔一段时间自动将当前图形保存一次，当程序由于异常退出导致没有按正常步骤存盘时，再次打开程序时，用户可以恢复以往的T图文件记录。

在TCAD安装的根目录下，有一个子目录名称为“TMPFILES”，每次自动存盘都会在此目录下建立一个备份文件(使用【另存为】、【保存】命令保存T图后，也会建立备份文件)。备份文件的名称为系统自动命令，从“MODIFY01. TMP”开始，每自动保存一次，原所有备份文件名称中的数字就增加1，最大值为99，最新自动保存的一个文件名称会一直为“MODIFY01.TMP”。例如，“TMPFILES”目录已经存在“MODIFY01.TMP”至“MODIFY08.TMP”共8个备份文件，如果备份一次，则它们的名称会自动改为“MODIFY02.TMP”至“MODIFY09.TMP”，而最新的备份文件会替换原“MODIFY01.TMP”文件。

一、设置自动存盘时间

在TCAD中，默认的自动存盘时间为10分钟，如果用户希望缩短每次自动备份的时间间隔，可以使用【设置自动存盘时间】来修改设置，该命令的调用方法如下：

- 命　　令：SETASAVE↙(回车)
- 简化命令：ST↙(回车)
- 菜　　单：【工具】|【设置自动存盘时间】选项
- 工 具 条：无，可由用户自行定义

执行该命令后，系统弹出“设置自动存盘时间”对话框(图11-3-1)，在对话框中输入自动存盘的时间间隔值，单位是分钟，例如数值“5”表示每隔5分钟自动存盘一次。

单击【确定】按钮后，系统将弹出“自动存盘”对话框，如图11-3-2所示。单击【确定】按钮后，系统将自动把当前图形内容备份到“TMPFILES”目录下。

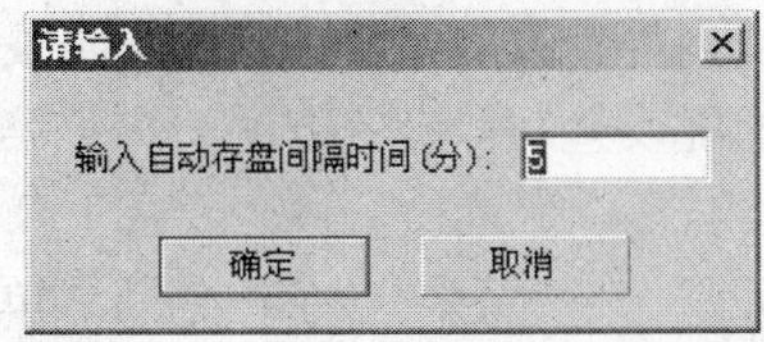

图11-3-1 “设置自动存盘时间”对话框

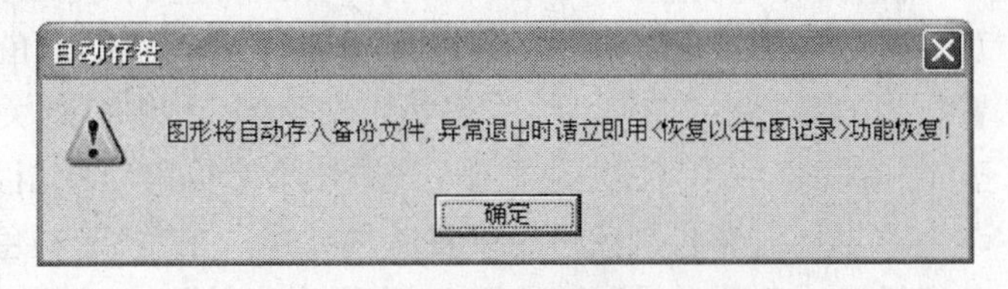

图11-3-2 “自动存盘”对话框

二、恢复以往T图记录

如果用户在使用TCAD绘制图形过程中，发生了断电等异常情况，致使原T图数据损坏或丢失，可以使用【恢复以往T图记录】命令恢复T图记录，它的调用方法如下：

- 命　　令：LOADTMPFL↙(回车)
- 简化命令：LT↙(回车)
- 菜　　单：【工具】|【恢复以往T图记录】选项
- 工 具 条：无，可由用户自行定义

执行该命令后，系统弹出“输入要恢复文件的记录号”对话框(图11-3-3)，在对话框中输入要恢复的T图记录号，例如输入数值“1”表示调取最近一次的自动存盘记录，输入数值“2”表示调取倒数第2次的备份记录。

单击【确定】按钮后，系统将从“TMPFILES”目录下自动调出指定记录号的备份文件，用户可以进行修改编辑以及存盘等操作。

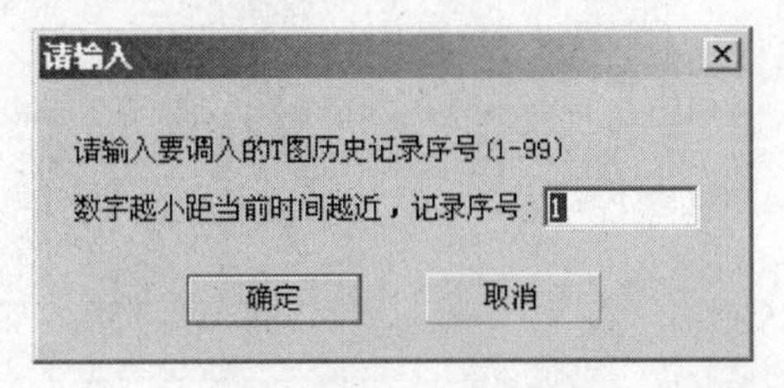

图11-3-3 “输入要恢复文件的记录号”对话框

需要注意的是，用户可以将“TMPFILES”目录下的任意一个备份文件直接拷回到所需目录，把后缀名称由“.TMP”改为“.T”，就可以用TCAD直接打开该文件进行修改。

第四节 环境选项设置

在TCAD中，可以修改许多缺省的环境变量及选项设置，如背景颜色、UCS标志显示与否、圆弧精度、缺省字体等。用户可以使用【环境设置】与【选项设置】命令来进行设置。

一、环境设置

使用【环境设置】命令可以修改显示设置、背景颜色，设置对象捕捉、角度捕捉、点网捕捉的方式，查询当前T图状态、当前图素属性等信息，它的调用方法如下：

- 命　　令：Draw_Setting↙（回车）
- 简化命令：DST↙（回车）
- 快 捷 键：用鼠标右键单击“多文档管理按钮组”
- 菜　　单：【工具】|【环境设置】选项
- 工 具 条：【工具】| 按钮

执行【环境设置】命令后，系统将弹出“捕捉和显示”对话框，在该对话框有8页选项页，其中包括：选择及视图、显示设置、对象捕捉、角度捕捉、点网捕捉、背景颜色设置、当前T图状态、当前图素属性等页面。其中，有关捕捉及追踪的设置方法请参见第五章相关内容，有关视图显示设置方法请参见第九章相关内容。

TCAD对背景颜色可以设置4种方式，在“背景颜色设置”选项页中有“单纯色”、“单色退晕”、“双色退晕”及“选用PCX图为背景”4个选项。如图11-4-1中所示为设置双色退

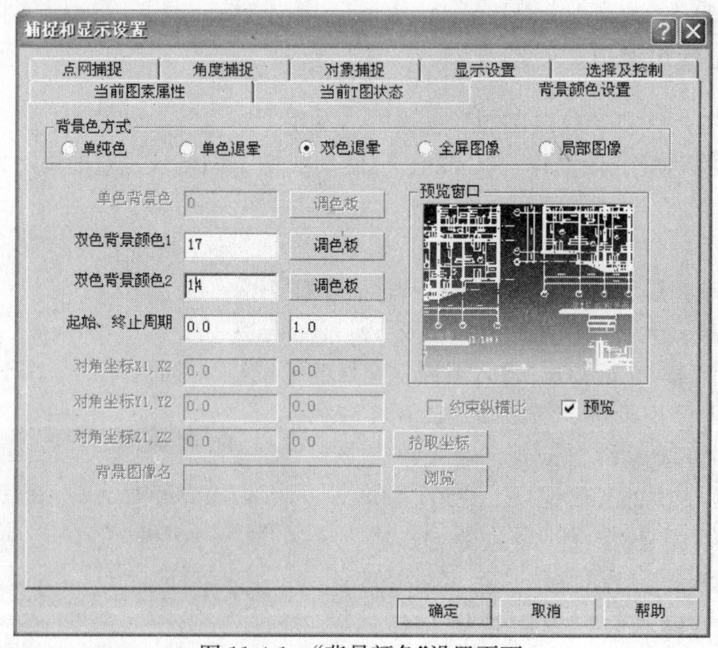

图11-4-1 “背景颜色”设置页面

晕的两种颜色和预览效果，图 11-4-2 为“颜色设置”对话框。

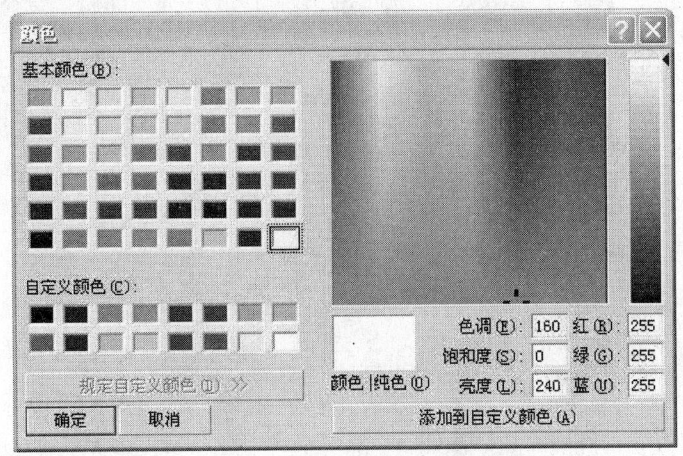

图 11-4-2 “颜色设置”对话框

如图 11-4-3 所示为“选择及控制”选项页，可设置的选项有：选择方式设置、光标叉丝设置、工作基面、状态区坐标显示设置、软键盘设置、F1-F9 键排列方式的设置等。

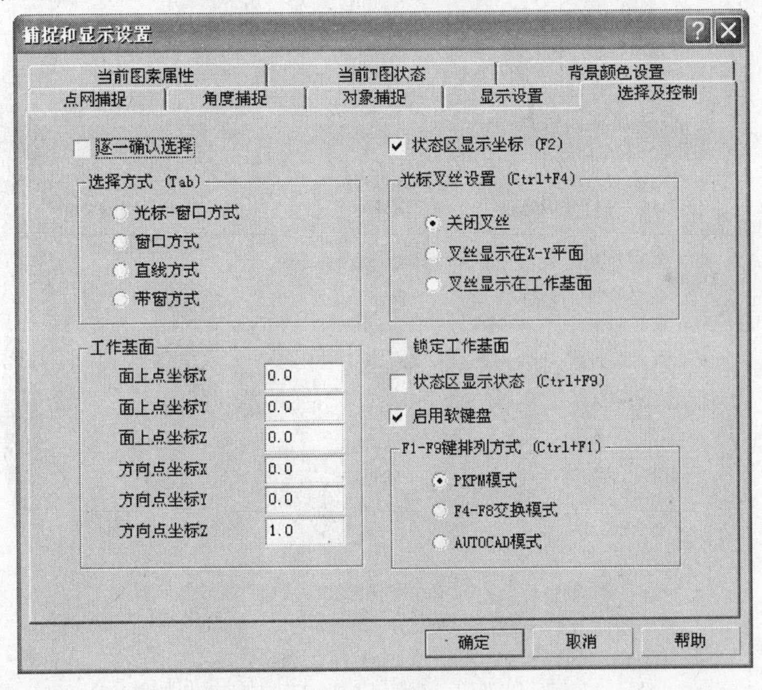

图 11-4-3 “选择及控制”选项页

如图 11-4-4 所示为“显示设置”选项页，可设置的选项有：圆弧精度、3D 前后剖切距离、UCS 标志长度与显示、视图设置、字体设置、显示填充设置、多图显示设置、重画加速方式等。

“捕捉和显示设置”对话框中，“对象捕捉”设置选项见图 11-4-5，“角度捕捉”设置选项见图 11-4-6，“点网捕捉”设置选项见图 11-4-7，具体设置方法见第五章第一节“捕捉与追踪”。

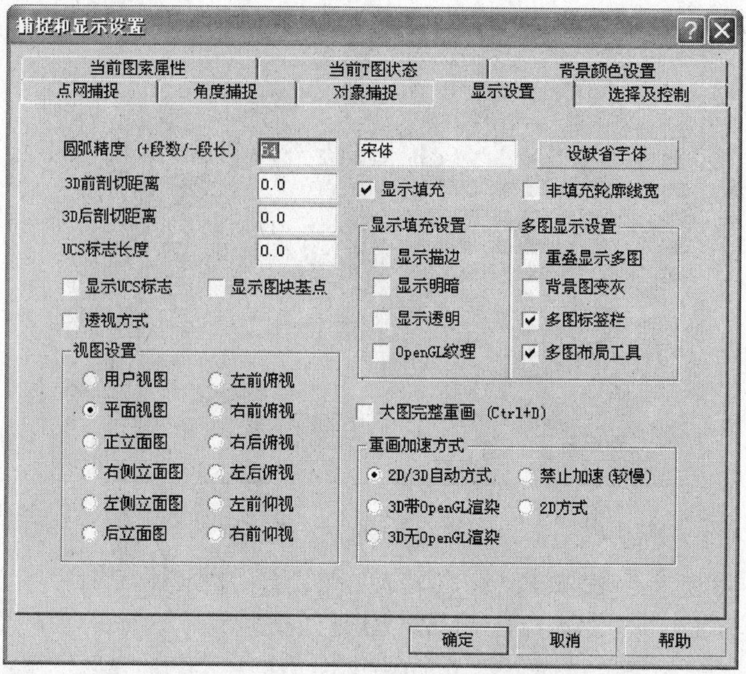

捕捉和显示设置

当前图素属性　当前T图状态　背景颜色设置

点网捕捉　角度捕捉　对象捕捉　显示设置　选择及控制

圆弧精度（+段数/-段长）　54　宋体　设缺省字体

3D前剖切距离　0.0　显示填充　非填充轮廓线宽

3D后剖切距离　0.0

UCS标志长度　0.0

显示填充设置：显示描边　显示明暗　显示透明　OpenGL纹理

多图显示设置：重叠显示多图　背景图变灰　多图标签栏　多图布局工具

显示UCS标志　显示图块基点

透视方式

视图设置：用户视图　左前俯视　平面视图　右前俯视　正立面图　右后俯视　右侧立面图　左后俯视　左侧立面图　左前仰视　后立面图　右前仰视

大图完整重画（Ctrl+D）

重画加速方式：2D/3D自动方式　禁止加速（较慢）　3D带OpenGL渲染　2D方式　3D无OpenGL渲染

确定　取消　帮助

图 11-4-4　“显示设置”选项页

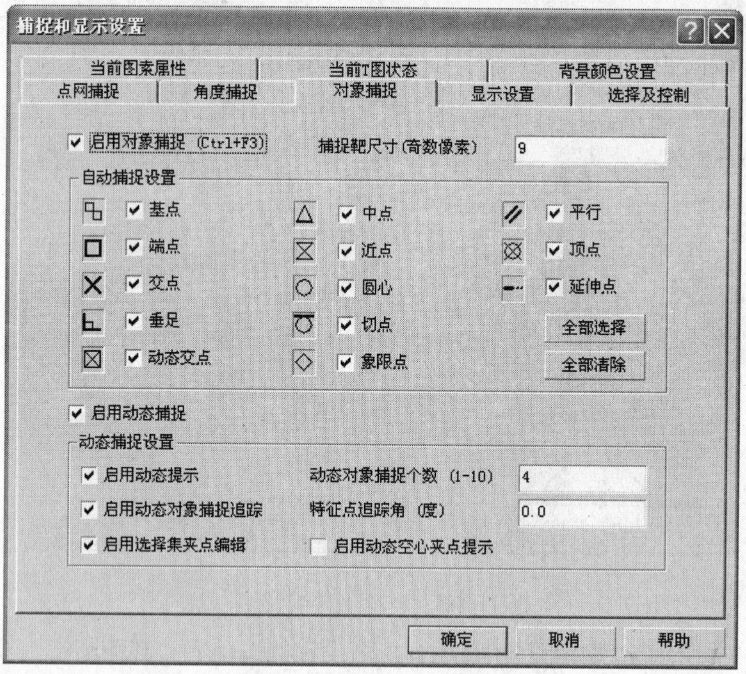

捕捉和显示设置

当前图素属性　当前T图状态　背景颜色设置

点网捕捉　角度捕捉　对象捕捉　显示设置　选择及控制

启用对象捕捉（Ctrl+F3）　捕捉靶尺寸（奇数像素）　9

自动捕捉设置：基点　中点　平行　端点　近点　顶点　交点　圆心　延伸点　垂足　切点　全部选择　动态交点　象限点　全部清除

启用动态捕捉

动态捕捉设置：启用动态提示　动态对象捕捉个数（1-10）　4　启用动态对象捕捉追踪　特征点追踪角（度）　0.0　启用选择集夹点编辑　启用动态空心夹点提示

确定　取消　帮助

图 11-4-5　“对象捕捉”设置

如图 11-4-8 所示为“当前图素”选项页，可设置内容有：属性总数、属性类型及属性值、用户扩展数据等。需要注意的是，对该页内容的修改结果将应用到后续输入的图素中。

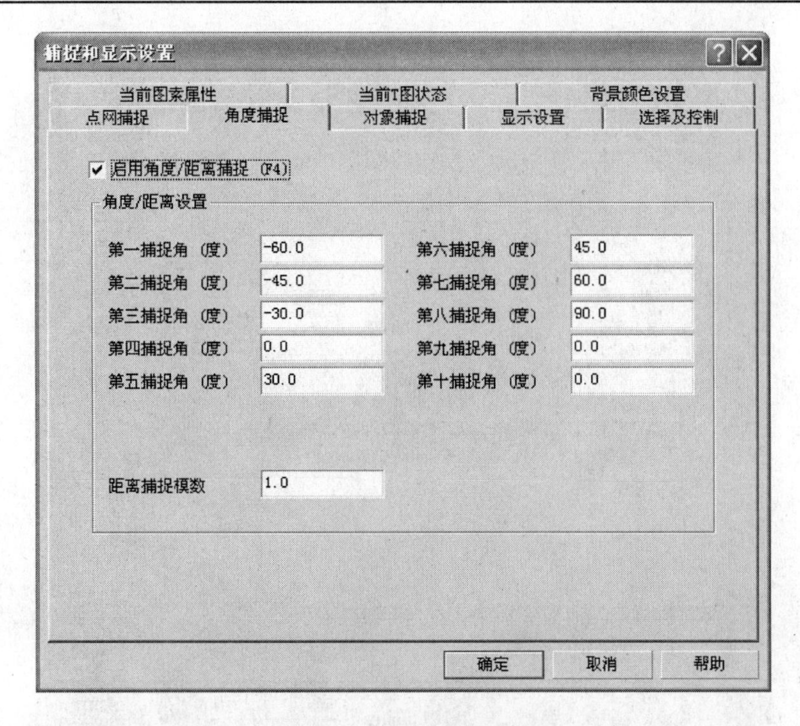

图 11-4-6　“角度捕捉”设置

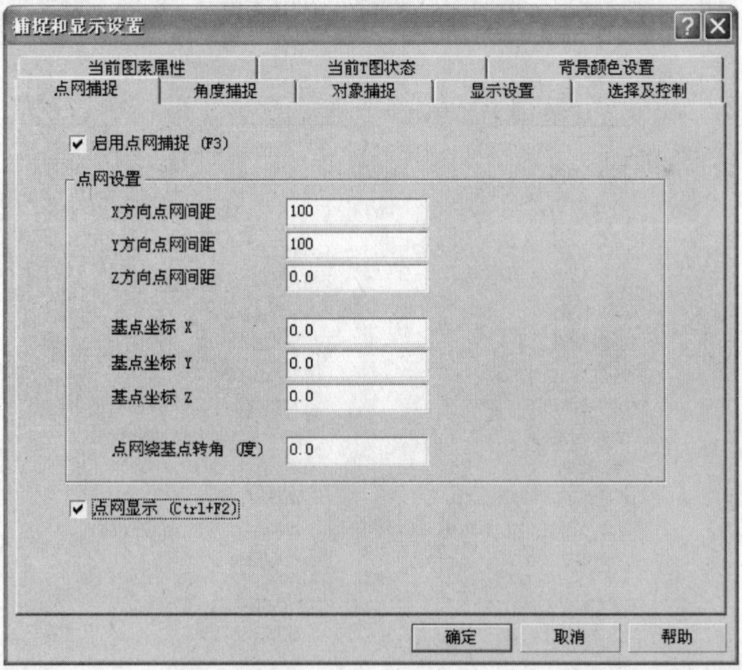

图 11-4-7　“点网捕捉”设置

图 11-4-9 所示为“当前 T 图状态”选项页，主要显示的内容有：当前图层号、线宽值、线型号、颜色值、反光值、拉伸起始终止高、贴图或透明值、XYZ 的最大范围值、局部坐标系状态、图素 ID 值、正在编辑块号、可见图素总数等。

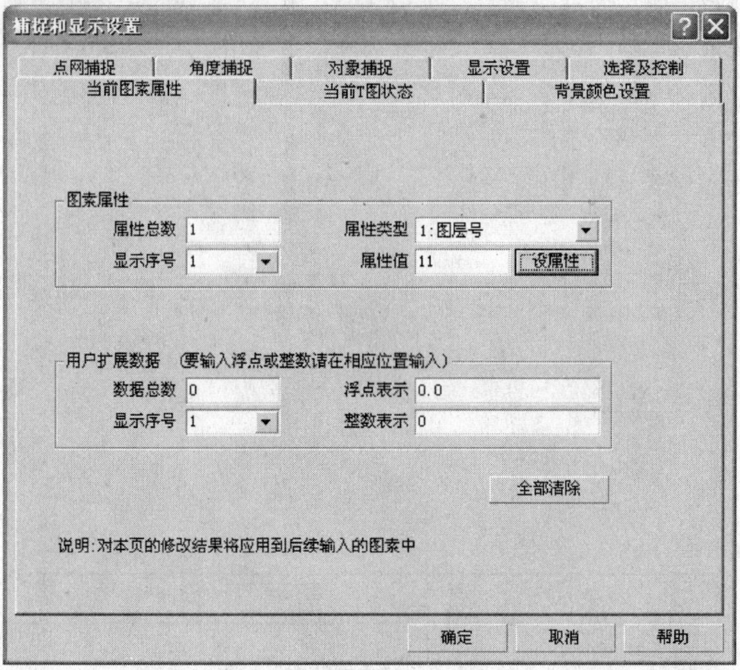

捕捉和显示设置

点网捕捉 | 角度捕捉 | 对象捕捉 | 显示设置 | 选择及控制

当前图素属性 | 当前T图状态 | 背景颜色设置

图素属性

属性总数 1　　属性类型 1:图层号

显示序号 1　　属性值 11　设属性

用户扩展数据　(要输入浮点或整数请在相应位置输入)

数据总数 0　　浮点表示 0.0

显示序号 1　　整数表示 0

全部清除

说明:对本页的修改结果将应用到后续输入的图素中

确定　取消　帮助

图 11-4-8　“当前图素”选项面

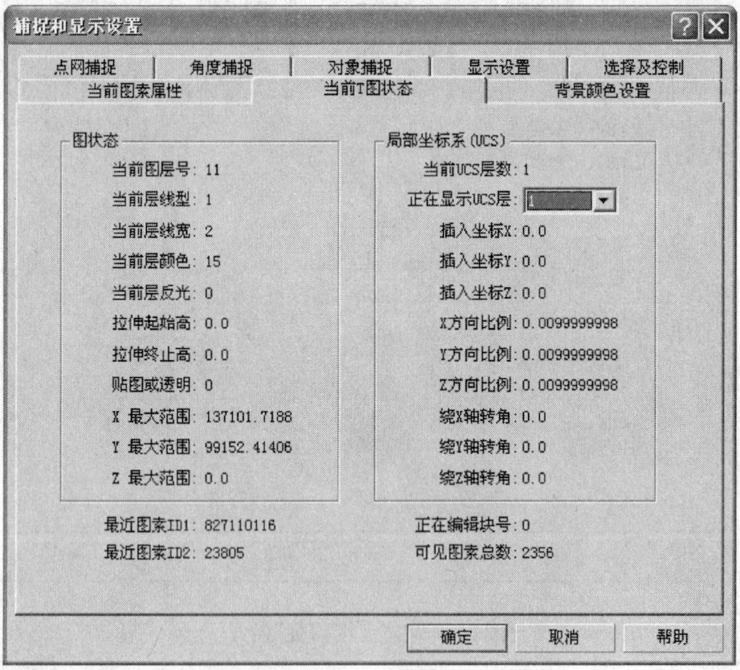

捕捉和显示设置

点网捕捉 | 角度捕捉 | 对象捕捉 | 显示设置 | 选择及控制

当前图素属性 | 当前T图状态 | 背景颜色设置

图状态

当前图层号: 11

当前层线型: 1

当前层线宽: 2

当前层颜色: 15

当前层反光: 0

拉伸起始高: 0.0

拉伸终止高: 0.0

贴图或透明: 0

X 最大范围: 137101.7188

Y 最大范围: 99152.41406

Z 最大范围: 0.0

局部坐标系 (UCS)

当前UCS层数: 1

正在显示UCS层: 1

插入坐标X: 0.0

插入坐标Y: 0.0

插入坐标Z: 0.0

X方向比例: 0.0099999998

Y方向比例: 0.0099999998

Z方向比例: 0.0099999998

绕X轴转角: 0.0

绕Y轴转角: 0.0

绕Z轴转角: 0.0

最近图素ID1: 827110116

最近图素ID2: 23805

正在编辑块号: 0

可见图素总数: 2356

确定　取消　帮助

图 11-4-9　“当前 T 图状态”选项页

二、选项设置

使用【选项设置】命令可以修改“快捷命令”的名称及描述、“编辑方式”的种类、“缺省参数”的设置、“文件配置”等信息，它的调用方法如下：

- 命　　令：CONFIG↙（回车）
- 简化命令：CG↙（回车）
- 菜　　单：无，可由用户自由设置，或执行【工具】菜单中的【指定快捷命令】或【指定编辑方式】选项
- 工 具 条：【工具】|  按钮

执行【环境设置】命令后，系统将弹出“系统配置属性”对话框（图 11-4-10），在该对话框有 4 页选项页，其中包括：“快捷命令”、“编辑方式”、“缺省参数”、“文件配置”。其中，有关“快捷命令”功能介绍请参见第一章第四节相关内容。

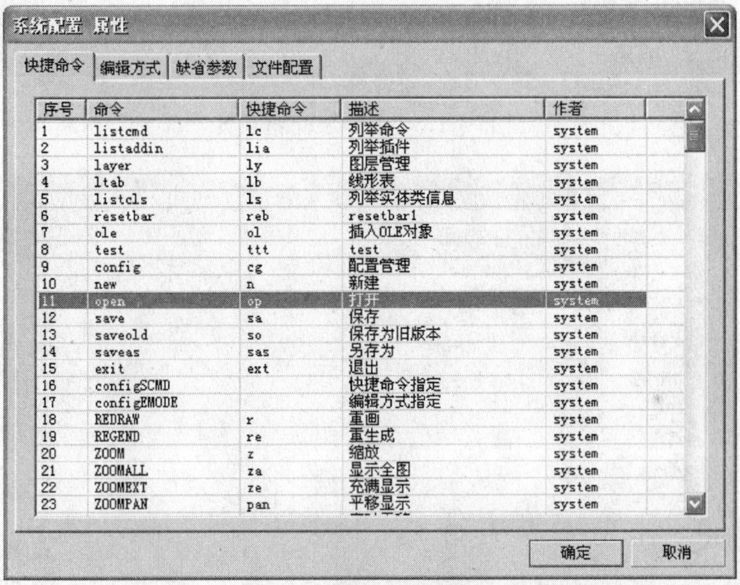

系统配置 属性

快捷命令 | 编辑方式 | 缺省参数 | 文件配置

序号	命令	快捷命令	描述	作者
1	listcmd	lc	列举命令	system
2	listaddin	lia	列举插件	system
3	layer	ly	图层管理	system
4	ltab	lb	线形表	system
5	listcls	ls	列举实体类信息	system
6	resetbar	reb	resetbar1	system
7	ole	ol	插入OLE对象	system
8	test	ttt	test	system
9	config	cg	配置管理	system
10	new	n	新建	system
11	open	op	打开	system
12	save	sa	保存	system
13	saveold	so	保存为旧版本	system
14	saveas	sas	另存为	system
15	exit	ext	退出	system
16	configSCMD		快捷命令指定	system
17	configEMODE		编辑方式指定	system
18	REDRAW	r	重画	system
19	REGEND	re	重生成	system
20	ZOOM	z	缩放	system
21	ZOOMALL	za	显示全图	system
22	ZOOMEXT	ze	充满显示	system
23	ZOOMPAN	pan	平移显示	system

确定　取消

图 11-4-10　“系统配置属性”对话框

1. 快捷命令

在此选项页内显示程序的所有命令及与该命令相对应的快捷命令。可在快捷命令列表项内按用户的使用习惯自己定义相应的快捷命令。

2. 编辑方式

在“编辑方式”选项页（如图 11-4-11 所示）中提供了多种设置模式供用户选择，有定制右键单击操作、命令模式快捷菜单、绘图编辑方式、F1-F9 快捷方式的不同设置模式。用户可根据个人编辑习惯选用“PKPM 方式”或“AutoCAD 方式”。对于“定制右键单击操作”及“命令模式快捷菜单”，用户也可以按自己的习惯选取不同的模式。详细说明见第一章第六节。

3. 缺省参数

在“缺省参数”选项页（图 11-4-12）内可设置数字宽度、字符宽度、中文宽度、数字高

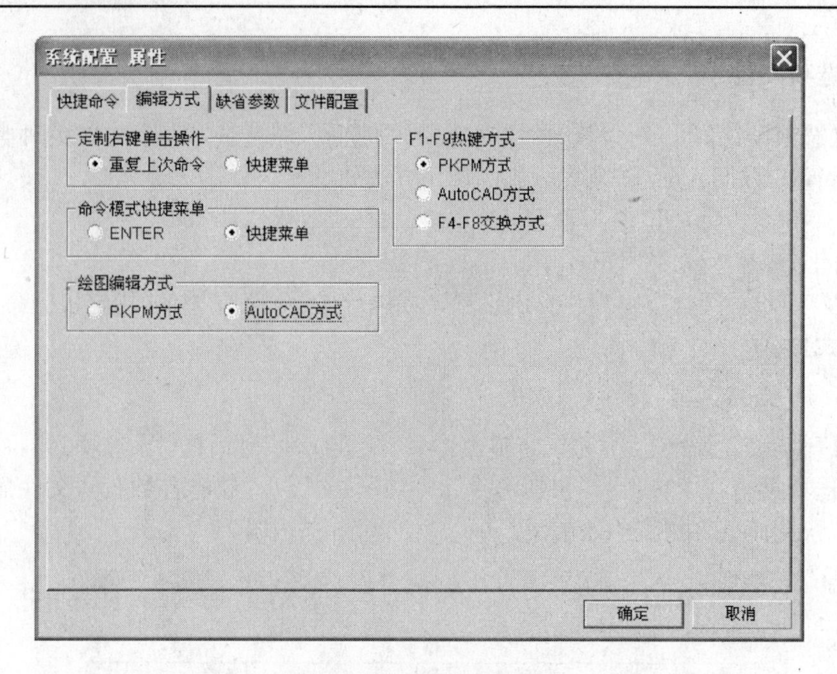

图 11-4-11 “编辑方式”选项页

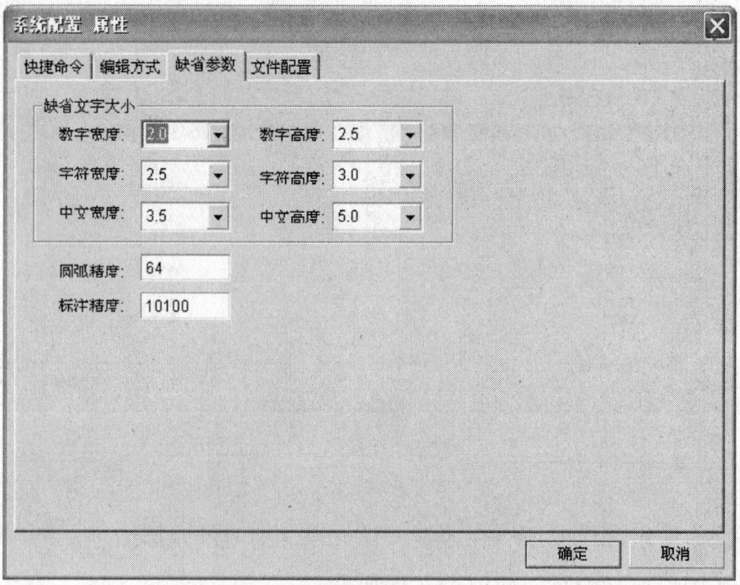

图 11-4-12 “缺省参数”选项页

度、字符高度、中文高度、圆弧精度和标注精度。

4. 文件配置

在“文件配置”选项页(图 11-4-13)内可设置自动存盘的时间间隔，同时会显示出已加载的模块信息。在默认情况下，TCAD 系统会加载“sysdef. dll”和“DY_PUBLICFUNC. dll”两个模块，用户还可以自行开发所需功能的模块进行加载，有关 TCAD 平台的二次开发方法请参考第十二章相关内容。

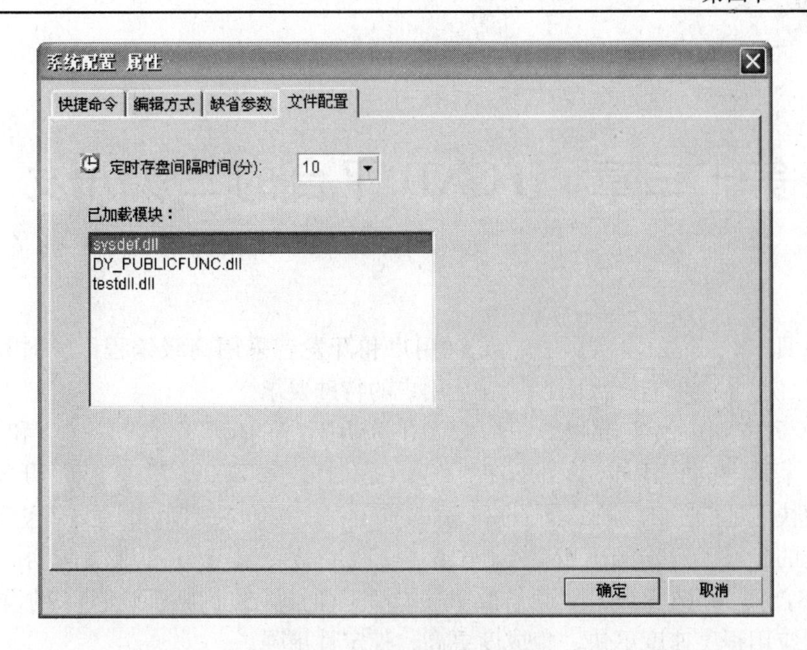

图 11-4-13　“文件配置”选项页

第十二章　TCAD平台的二次开发

TCAD具有开放的体系结构，它允许用户和开发者采用高级编程语言对其进行扩充和修改(即二次开发)，能最大限度地满足用户的特殊要求。

ObjectCFG是一种崭新的二次开发TCAD应用程序的工具，它以C++和Fortran为编程语言，采用先进的面向对象的编程原理，提供可与TCAD直接交互的开发环境，能使用户方便快捷地开发出高效简洁的TCAD应用程序。ObjectCFG并没有包含在TCAD中，需要它的用户可以与PKPM公司技术咨询部联系，其最新版本是ObjectCFG for TCAD 2008，它能够对TCAD的所有事务进行完整的、先进的、面向对象的设计与开发，并且开发的应用程序速度更快、集成度更高、稳定性更强。

ObjectCFG是一种特定的C++与Fortran混合编程环境，它包括一组动态链接库(DLL)，使得二次开发者可以充分利用TCAD的开放结构，直接访问TCAD数据库结构、图形系统以及几何造型核心，创建能全面享受TCAD固有环境的新命令。ObjectCFG由于速度快，又采用面向对象的编程体系，因而很适合于复杂的数据处理、参数化设计过程，如二次开发的机械设计CAD、工程分析CAD、建筑结构CAD、土木工程CAD、化学工程CAD、电气工程CAD等。

本章的主要内容有：

◆ ObjectCFG开发包的内容
◆ 安装ObjectCFG开发包的系统要求及方法
◆ 如何使用ObjectCFG开发包创建TCAD应用程序
◆ TCAD中的命令注册机制与使用方法
◆ 如何加载、运行用户自定义的模块

第一节　ObjectCFG简介与安装方法

一、ObjectCFG简介

ObjectCFG二次开发库从本质上来讲，是一种特定的C++与Fortran混合编程环境，它包括一组动态链接库(DLL)。这些库与TCAD在同一地址空间运行并能直接利用TCAD核心数据结构和代码，库中包含一组通用工具，使得二次开发者可以充分利用TCAD的开放结构，直接访问TCAD数据库结构、图形系统以及几何造型核心，以便能在运行期间实时扩展TCAD的功能，创建能全面享受TCAD固有环境的新命令。它主要包含以下几部分：

1. 基本实体库

提供了调用 TCAD 数据库的实体类接口，包括了全部的二维、三维图形对象，不仅用于访问、存储、管理所有的图形实体数据，并且可以创建新的图形数据对象实例。

2. 图形界面库

主要负责管理 TCAD 的图形界面，设置 TCAD 的基本图形环境，进行 T 格式图形文件的内存控制与管理，还包括色彩变换、视窗管理、界面定制等重要模块。

3. 交互管理库

主要负责对图形界面消息循环的控制，提供用户交互操作的反馈动作，包括对选择集的构造与处理，对图层属性的交互编辑与管理，对图库、图块内容的管理，对实体对象的编辑处理等内容。

4. 几何辅助库

主要用来进行二维、三维图形实体求交运算，坐标转换运算，处理区域包含关系，提供矢量和矩阵的各种运算，以及包含其他几何辅助计算等模块。

二、系统要求

开发 ObjectCFG 应用程序要求有以下软件和硬件环境：

CPU——最低配置 586 以上，推荐使用 1G 以上的处理器；

内存——最低配置 128M 以上，推荐使用 512M 以上；

操作系统——最低配置 Windows98，推荐使用 Windows2000 或 WindowsXP 或更高；

显卡——VGA、TVGA 及 VESA 以上，显卡内存 16M 以上；

输入设备——鼠标、键盘；

开发环境——Microsoft Visual C^{++} 6.0 版本＋SP6，如果需要使用 Fortran 语言进行开发，则还需安装 Fortran 开发环境，如 Compaq Visual Fortran 6.6。

三、ObjectCFG 的安装及目录结构

如图 12-1-1 所示，当从 PKPM 公司获得“ObjectCFG. rar”开发包后，需要解压释放到用户开发环境中，目录位置可以自行指定。在 ObjectCFG 目录下共有 4 个主要的子目录，

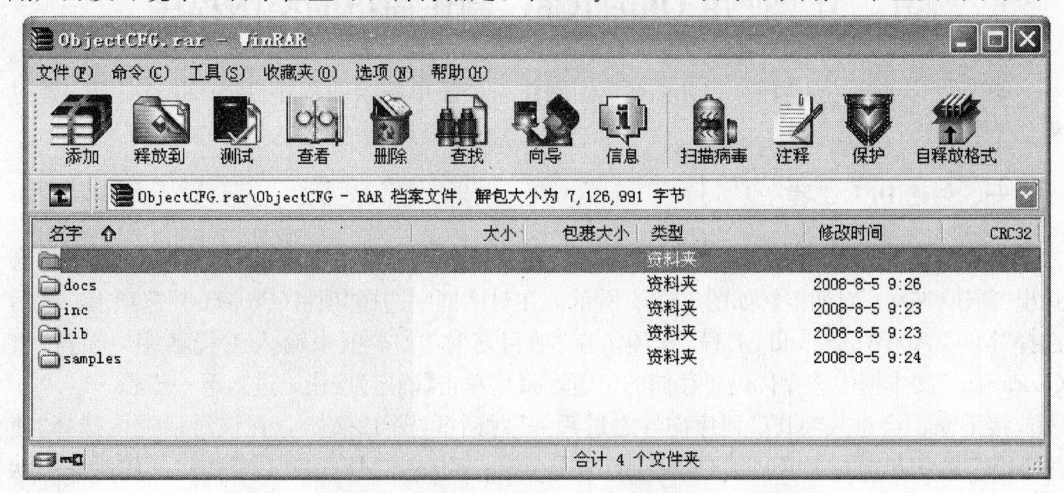

图 12-1-1　“ObjectCFG. rar”开发包

简介如下：

docs目录包含了ObjectCFG开发者的帮助文件，不仅包括了CFG库中各个函数的详细说明（图12-1-2），还包括如何使用ObjectCFG制作DLL程序的说明文档，从而使TCAD能够顺利加载运行用户编译的程序。

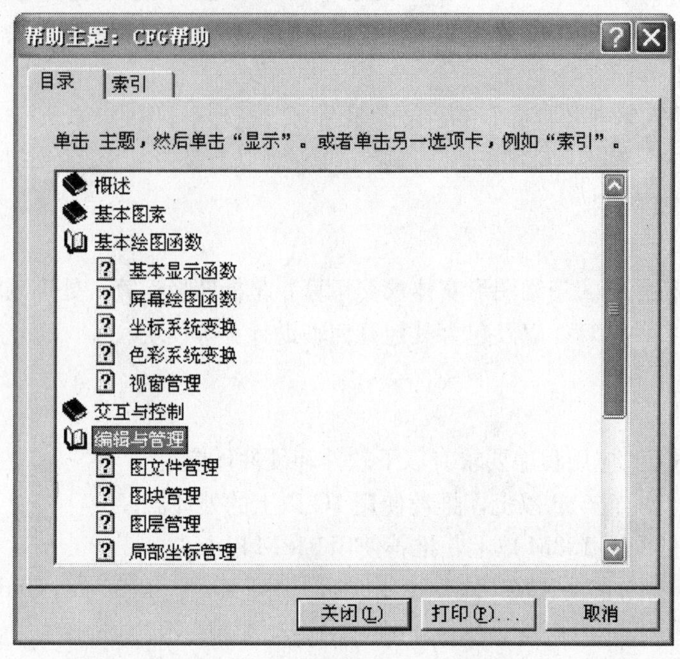

图12-1-2　“CFG函数”帮助手册

inc目录包含了ObjectCFG开发所需的头文件。

lib目录包含了ObjectCFG开发所需的库文件。

samples目录包含了一些ObjectCFG应用程序例子的子目录，这些子目录中包含源程序代码和说明文件。

第二节　使用ObjectCFG制作简单的绘图程序

本节将详细介绍如何使用ObjectCFG制作一个简单的绘图程序TestDll。主要创建过程如下：

一、创建DLL工程

首先启动Microsoft Visual C^{++} 6.0，执行【文件】(File)菜单中的【新建】(New)选项，会弹出“新建(New)”对话框，如图12-2-1所示。在对话框中选择“项目(Projects)”选项卡，然后选择“MFC AppWizard[dll]工程”选项，在“项目名称”文本框中输入工程名字，在“位置(Location)”文本框中选择代码要存储的位置，最后单击【确定】按钮，进入下一步骤。

接下来，会进入“MFC程序向导之过程一”对话框（图12-2-2），在该对话框内选择“使用MFC共享方式的常规DLL(Regular DLL using shared MFC DLL)”类型，其他采用默认设置，最后单击【结束】(Finish)按钮，完成TestDll工程的创建。

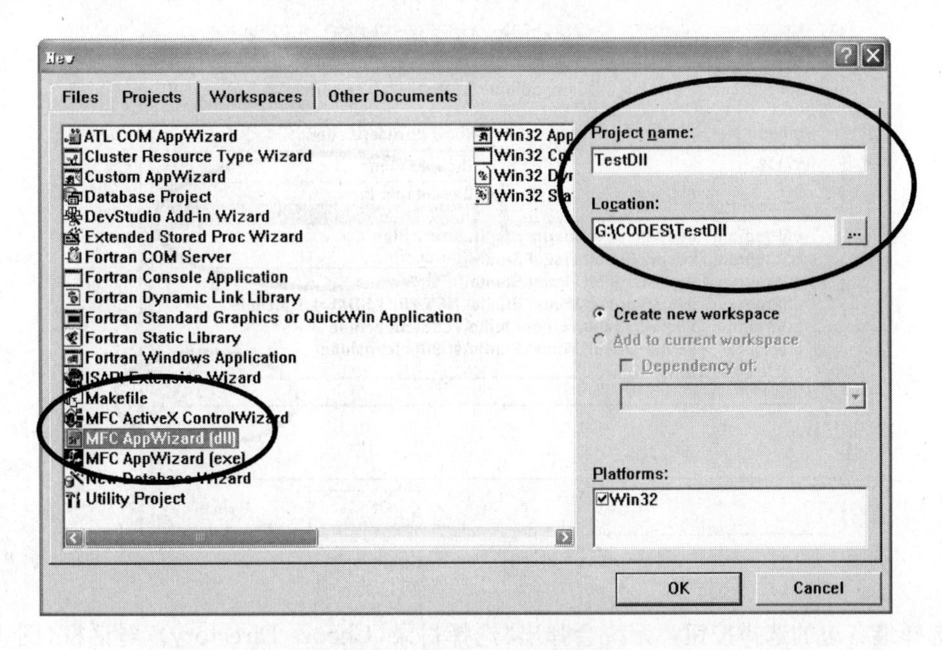

图 12-2-1　创建 DLL 工程步骤一

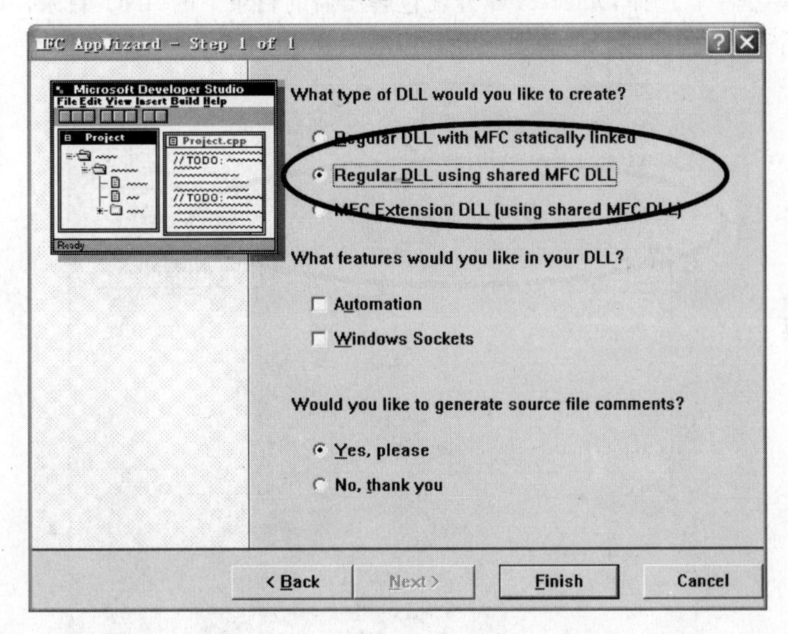

图 12-2-2　创建 DLL 工程步骤二

二、设置编译环境

创建 TestDll 工程后，要将 ObjectCFG 的头文件和库文件目录包含到当前工程中。首先在 Microsoft Visual C++ 6.0 中，执行【工具】(Tools)菜单中的【选项】(Options)选项，会弹出"选项(Options)"对话框，如图 12-2-3 所示。

在该对话框中选择"目录(Directories)"选项卡，在"为……显目录(Show directories for)"下拉列表中选择"包含文件(Include files)"选项，然后在最下面的输入目录位置文本

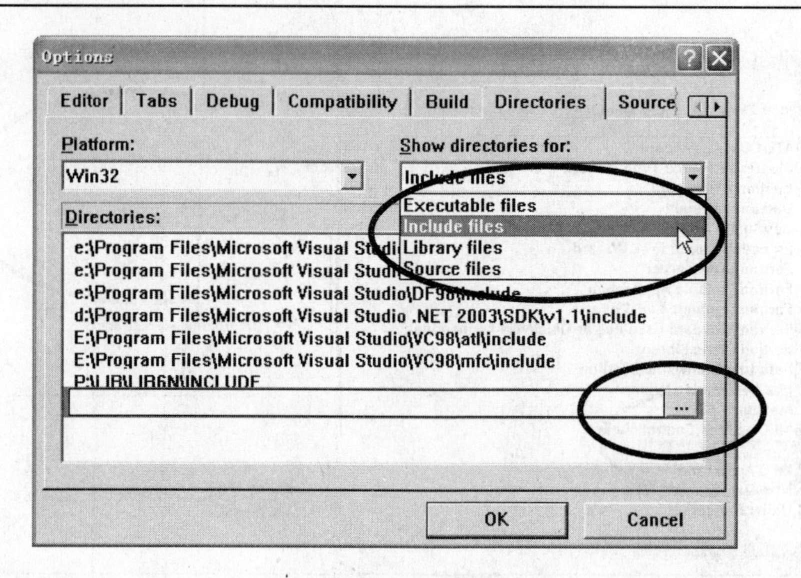

图 12-2-3　“选项”对话框

框中选择最右边的选择按钮，系统会弹出“选择目录(Choose Directory)”对话框(图 12-2-4)。在该对话框中，选择 ObjectCFG 开发包解压后的目录下的“INC”目录，单击【确定】(OK)按钮后完成头文件目录的引用设置。

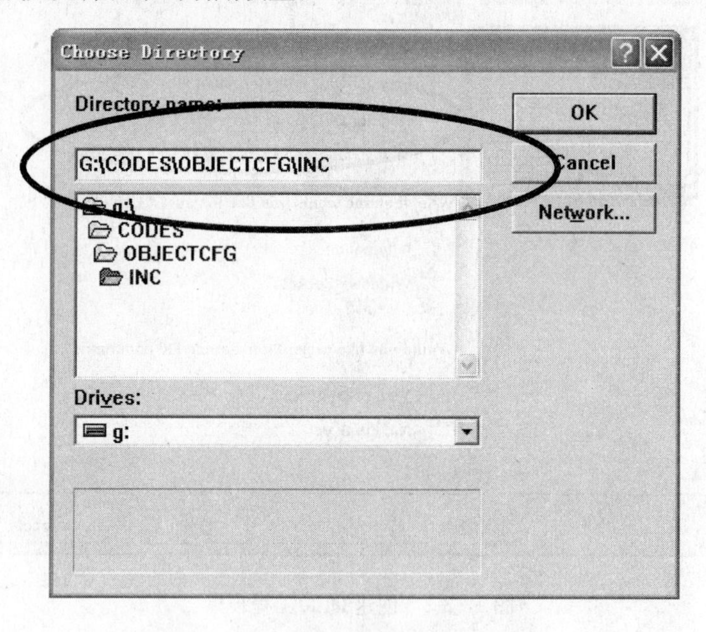

图 12-2-4　头文件目录的引用设置

接下来设置库文件的包含目录，步骤与设置头文件过程类似。首先在“选项(Options)”对话框中的“为……显目录(Show directories for)”下拉列表中选择“库文件(Library files)”选项，如图 12-2-5 所示。

然后在最下面的输入目录位置文本框中选择最右边的选择按钮，系统会弹出“选择目录(Choose Directory)”对话框。在该对话框中，选择 ObjectCFG 开发包解压后的目录下的“lib”目录，如图 12-2-6 所示。单击【确定】(OK)按钮后完成库文件目录的引用设置。

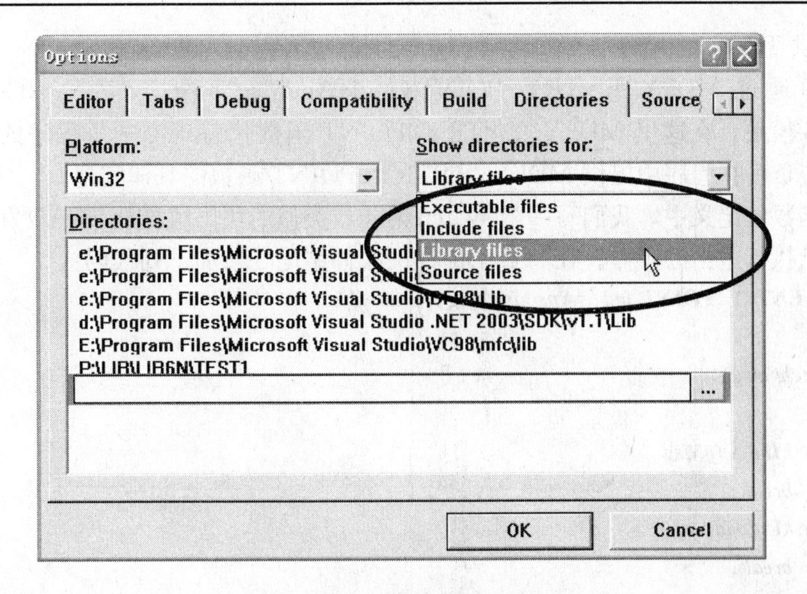

图 12-2-5　选择库文件目录

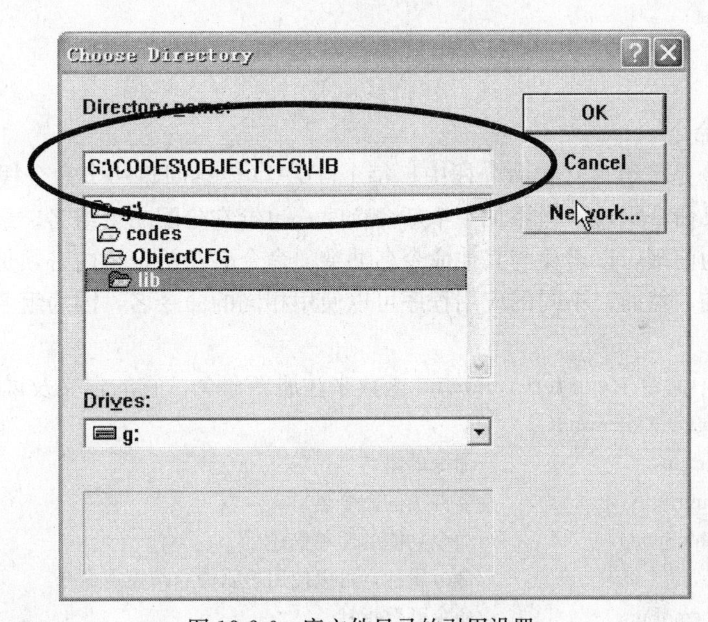

图 12-2-6　库文件目录的引用设置

三、添加代码

1. 包含头文件

在"TestDll. cpp"文件开头处增加下列头文件的引用(以下需要增加或修改的代码都用斜体加粗字体显示):

```
#include "stdafx.h"
#include "TestDll.h"
#include "mdf.h"
#include "CFg.h"
......
```

2. 提供TCAD的入口

TCAD通过MDFY_ENTRY_POINT(mdfyAppMsg msg，void * pkt)函数调入ObjectCFG模块，在这里MDFY_ENTRY_POINT函数代替了C++程序的main()函数。我们应负责在程序中提供MDFY_ENTRY_POINT函数的具体实现。

在该函数的定义中，我们写一个switch语句或类似的代码解释从TCAD发出的消息，对每个消息执行适当的操作。在"TestDll. cpp"文件结尾处增加下列代码：

```
MDFY_ENTRY_POINT(mdfyAppMsg msg, void * pkt)
{
    switch(msg)
    {
    case kInitAppMsg:
        break;
    case kUnloadAppMsg:
        break;
    default:
        break;
    }
}
```

3. 注册新命令

TCAD命令是按组存储在命令栈中。每个TCAD会话创建一个命令栈实例。该栈由已定义的自定义命令组成。当添加一个新命令时，也给它分配一个组名。最好使用开发者自定义的名称为前缀，以避免与其他命令名冲突。命令名在给定组内必须是唯一的，组名也必须是唯一的。然而，不同的应用程序可以使用相同的命令名，因为组名可以将其明确地分开来。

在TCAD中命令RegisterCommand函数来注册新命令，它的定义及说明如下：

```
static void RegisterCommand(
const char * group,          //命令的组名
const char * cmd,            //要添加的命令名
const char * helpString,     //命令功能的简单描述
DWORD flags,                 //命令属性，可以使用透明命令与模态命令
CMD_FUNC cmdFunc);           //命令函数指针
```

下面，在程序中注册3个新命令，名称分别为"test"、"test-circle"、"test-line"，分别用来测试在TCAD中输出提示信息、绘制圆形及绘制直线。在"TestDll. cpp"文件MDFY_ENTRY_POINT函数中增加下列代码：

```
    switch(msg)
    {
    case kInitAppMsg:
        mdf::RegisterCommand("test","test","测试输出提示", mdf::CMD_MODAL, CMD_test);
        mdf::RegisterCommand("test","test-circle","测试画圆", mdf::CMD_MODAL, CMD_circle);
```

```
        mdf::RegisterCommand("test","test-line","测试画直线", mdf::CMD_MODAL, CMD_line);
        break;
        ......
    }
```

4. 编写用户自定义代码

下面用户可以编写自定义功能的代码，在 ObjectCFG 开发包中的"samples \ TestDll"目录下有一个"circle. for"文件，用来示例交互绘制圆形，把它加入到当前工程中，或者参考该文件编写其他交互绘制的代码。在"TestDll. cpp"文件 MDFY_ENTRY_POINT 函数前面增加下列代码：

```
    void CMD_test()
    {
        mdf::PrintPrompt("Hello TCAD!"); //在命令提示行输出文本信息
    }
    void CMD_line()
    {
        float x[2]={0, 1000}, y[2]={0, 1000};
        LINE(x[0], y[0], x[1], y[1]); //在屏幕上绘制一条直线，起点坐标为(0, 0)，终点坐
标为(1000, 1000)
}
extern "C"void __stdcall CIRCL();
void CMD_circle()
{
    CIRCL(); //交互绘制圆形
}
MDFY_ENTRY_POINT(mdfyAppMsg msg, void * pkt)
{
......
  }
```

四、编译、设置程序

在 Microsoft Visual C++ 6.0 中，执行【编译】(Build)菜单中的【全部编译】(Rebuild All)选项，将工程中的代码全部编译完成。

然后指定运行程序的位置，执行【项目】(Project)菜单中的【设置】(Settings)选项，会弹出"项目设置(Project Settings)"对话框，如图 12-2-7 所示。

在该对话框中输入或选取 TCAD 所在的目录，要包含完整的路径名称。然后将编译生成的"TestDll. dll"拷贝到 TCAD 目录下，或者修改设置，直接生成该文件到 TCAD 目录下。

最后，还需要修改 TCAD 目录下的"addins. ini"文件内容，在其最后增加一行：

```
sysdef. dll
DY_PUBLICFUNC. dll
TestDll. dll
```

"addins. ini"文件中定义的模块在 TCAD 程序启动后会自动加载，并提示是否加载成

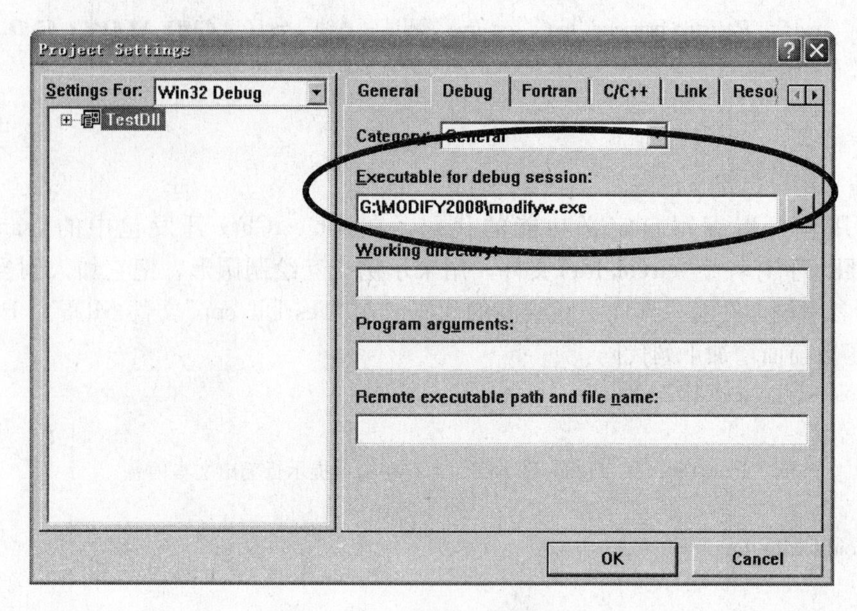

图 12-2-7 “项目设置”对话框

功。在该文件中，一行表示一个模块的名字。

五、运行程序

启动TCAD后，在命令提示区，系统会提示是否成功加载需要的模块，如图 12-2-8

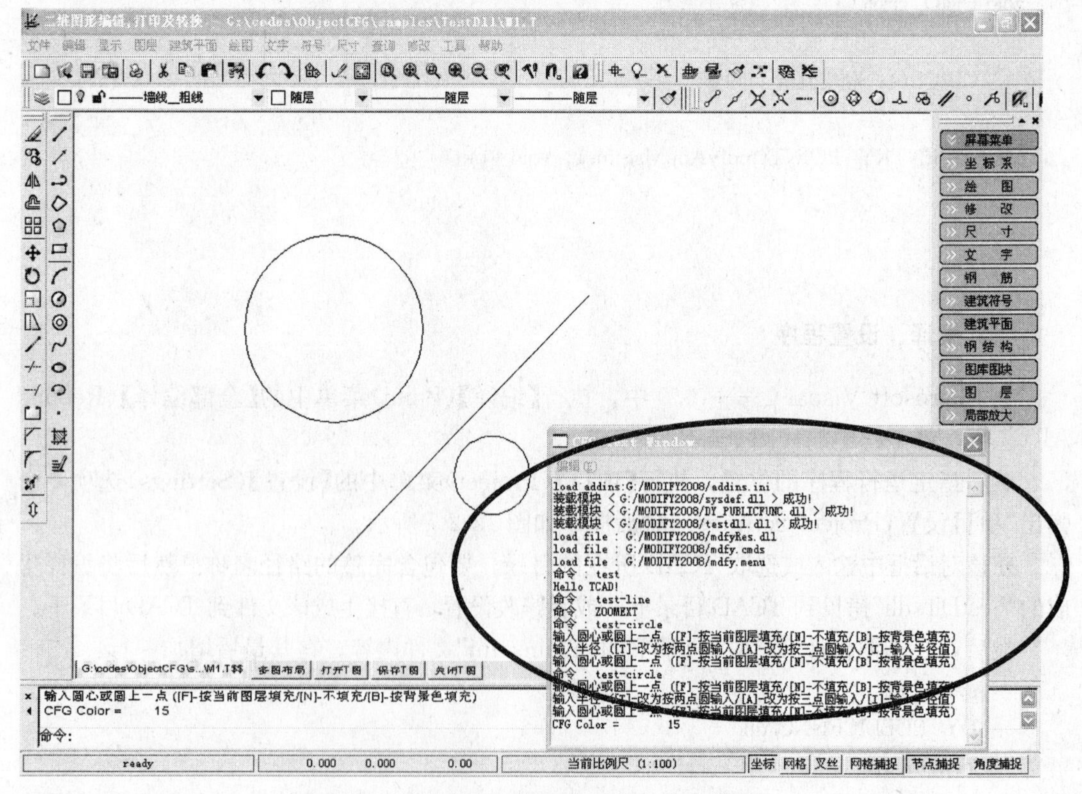

图 12-2-8 成功加载DLL及运行命令结果

所示，系统提示加载“TestDll. dll”成功。

在命令行输入“test”命令，则系统会在提示区输出“Hello TCAD!”。

在命令行输入“test-line”命令，则系统屏幕上指定位置绘制一条直线。

在命令行输入“test-circle”命令，则系统会给出一些提示信息供用户选择，在屏幕上交互地输入圆形。

各个命令的执行过程中的提示信息如图 12-2-8 中的文本窗口所示。

附录　TCAD 系统命令列表

命令全名	简化命令	说　明	命令全名	简化命令	说　明
_APPINT		捕捉外观交点	BLKUDOVER	BUD	上下翻转
_CEN		捕捉圆心	BLOCK	B	插入图块
_ENDP		捕捉端点	BOTTOMBAR	BT	画板底筋
_EXT		捕捉到延伸点	BREAK	BR	打断
_INS		捕捉插入点	CALCULAT	CAL	计算器
_INT		捕捉交点	CHAMFER	CHA	倒角
_MID		捕捉中点	CHANGE	CHG	点取查改属性
_NEAR		捕捉最近点	CHGBLKANG	CA	改块角度
_NODE		捕捉节点	CHGBLKSIZ	CS	改块尺寸
_NONE		取消捕捉	CHGCHANG	CCA	修改中文角度
_PARA		捕捉平行线	CHGCHSIZ	CCS	修改中文大小
_PERP		捕捉垂足	CHGCHTXT	CCT	修改中文内容
_QUAD		捕捉象限点	CHGENANG	CEA	修改字符角度
_TAN		捕捉切点	CHGENSIZ	CES	修改字符大小
ADDPAT	AD	图案定义	CHGENTXT	CET	修改字符内容
AHIDEAA	AH	反转隐藏	CHGFONT	CF	修改字体
ARC	A	圆弧	CHGUCSSC	CSC	修改比例尺
ARCAXIS	AX	弧线轴网	CHKLINE	CKL	直线测量
ARRAY	AR	阵列	CHKTXTSZ	CTS	查字大小
ARROW	AW	绘箭头	CHOFONT	FONT	设置字体
ASEL	AS	反转选择	CIRCLE	C	圆
ASSEMBLE	AM	图形拼接	CLEANLINE	CLL	消除重线
AXISDRAW	AXD	绘轴网	CLNSELECT	CLS	清除选择
BACKCOLR	BC	背景颜色	CLRLYRLT	CLY	清理图层线型
BALCDRAW	BAL	阳台布置	CLRMUTIL	CLM	消除重线
BARCORE	BAC	钢筋圆点	COLMDRAW	COD	柱 布 置
BARDIADSP	BAD	直径间距	COMMONLIB	CLB	常用词库
BARNUMDIA	BAN	根数直径	COMPASS	CPS	指 北 针
BASEPT	BAS	设基准点	CONFIG	CG	配置管理
BLKLROVER	BLR	左右翻转	CONFIRM	CNF	确认开关

续表

命令全名	简化命令	说　明	命令全名	简化命令	说　明
COPY	CP	复　制	DRAGCHN	DRC	字符拖动
COPYBLOCK	CPB	复制图块	DRAGCOPY	DC	拖动复制
COPYLBBLK	CPL	复制库块	DRAGENDC	DRA	拖点复制
COPYWIN	CPW	复制(标准方式)	DRAGENG	DRE	字符拖动
CUSTOMSIZE TOOLBAR	CB	定制工具条	DRAGMOVE	DM	图素拖动
CUT_AWAY	CTA	断面符号	DRAWAXIS	DW	绘制轴线
CUT_IND	CTI	剖切索引	DRAW_SETTING	DST	环境设置
CUT_OFF	CTO	折 断 线	DRAWFRAME	DFR	插入图框
CUTWIN	CTW	剪切(标准方式)	DRAWMARK	DMK	写 图 名
DEFBLOCK	DFB	定义图块	DWGTOT	DWT	DWG 转 T 图
DELBLOCK	DEB	删除图块	DXFTOT	DXT	DXF 转 T 图
DELETEWALL	DEW	删 墙 段	EDITLTYP	EDL	线型编辑
DELLBBLK	DEL	删除库块	EDITRLIB	EDR	编辑词库
DELNOWLY	DEY	删除当前层	EDITTLIB	EDT	编辑词库
DETAILIND	DEI	详图索引	ELLIPSE	EL	椭　圆
DETAMARK	DEM	详图符号	ELLIPSEARC	EA	椭 圆 弧
DIM1GRADE	DG1	标 HPB235 级钢	ELPOLYGON	EPL	正多边形
DIM2GRADE	DG2	标 HRB335 级钢	EQUIPDRAW	EPD	常用设备
DIM3GRADE	DG3	标 HRB400 级钢	ERASE	E	删　除
DIM4GRADE	DG4	标 RRB400 级钢	EXIT	EXT	退　出
DIMANGLE	DMA	标注角度	EXPBLOCK	XB	图块炸开
DIMAXIS	DMX	轴号标注	EXPLODE	X	分　解
DIMCC	DCC	弧弧间距	EXTEND	EX	延　伸
DIMD	DMD	标注直径	FILEBLOCK	FB	文 件 块
DIMELEV	DME	标注标高	FILELINE	FL	文 件 行
DIMHOR	DMH	线性标注	FILETOLIB	FTL	文件入库
DIMLINE	DML	标注直线	FILLDSP	FD	填充开关
DIMLL	DLL	线线距离	FILLET	F	圆　角
DIMMERGE	DMM	合并标注	FORMREGN	FM	形成区域
DIMPL	DPL	点线距离	GCOORD	GC	大地坐标
DIMPP	DPP	点点距离	HATCH	HAT	填　充
DIMR	DR	标注半径	HELP	H	帮　助
DIMROUND	DRD	标注精度	HIDESS	HI	隐　藏
DIMSPLIT	DS	标注分解	INDEXNOTE	INN	引出注释
DONUT	DN	圆　环	INPUT	CHN	标注中文
DOSC	DOS	DOS 命令	INQANGLE	IA	查询角度

续表

命令全名	简化命令	说　明	命令全名	简化命令	说　明
INQCC	ICC	弧弧间距	MULTILINE	ML	双　线
INQD	ID	查询直径	NAMESCALE	NS	图名比例
INQFONT	IF	查询字体	NEW	N	新建图形
INQLL	ILL	线线间距	NOWLAYER	NL	改为现层
INQLTYPE	IL	点取查询线型	NUMBER	NUM	标注数字
INQPL	IPL	点线距离	OBJTRIM	OBT	区域切除
INQPP	IPP	点点距离	OFFSET	O	偏　移
INQR	IR	查询半径	OFFSETM	OFE	图素偏移
INSERT	I	插入块	OLE	OL	插入 OLE 对象
INSERTBLK	INB	插入库块	ONOFFNLY	ONL	开关当前层
INSFILE	INS	插入图形	OPEN	OP	打　开
INSPOINT	INP	等距插点	PARALLEL	PAR	平行直线
LAYER	LY	图层管理	PASSELECT	PS	粘　贴
LENGTHEN	LEN	拉　长	PASTEWIN	PW	粘贴(标准方式)
LIBPATH	LIP	图库路径	PICTURE	PIC	处理图片
LINE	L	直　线	PLINEOLD	PLO	多段线
LINEAXIS	LA	直线轴网	PLINEWIDE	PLW	PLINE 轮廓线宽
LINEOUTDD	LDD	出标注：直径间距	PLOT	PRINT	打印输出
LINEOUTND	LND	引出标注：根数直径	POINT	PO	点
LINEPATTN	LP	线图案	POLILINE	PL	多段线
LIST	LI	列表显示	POLYBAR	PB	画折线筋
LISTADDIN	LIA	列举插件	POLYGON	PLG	多边形
LISTCLS	LS	列举实体类信息	RAY	RA	放射线
LISTCMD	LC	列举命令	RECTANGL	REC	矩　形
LOADTMPFL	LT	恢复以往 T 图记录	REDO	RD	恢　复
LTAB	LB	线形表	REDRAW	R	重　画
LTOAXIS	LTA	线生轴网	REGEND	RE	重生成
LYRMATCH	LM	图层匹配	REPLACET	RT	文字替换
MIRRCOPY	MC	镜像复制	RESETBAR	REB	恢复工具条位置
MIRROR	MI	镜　像	ROOMNAME	RN	房间名称
MODIFYAXIS SYM	MX	修改轴号	ROTACOPY	RC	旋转复制
MODILAYS	MY	特征修改	ROTATE	RO	旋　转
MOVE	M	移　动	SALL	SAL	全部选择
MOVEBLOCK	MB	移动图块	SAVE	SA	保　存
MOVEUCS	MU	拖动 UCS	SAVEAS	SAS	另存为
MTEXT	MT	多行文字	SAVEELEM	SAE	转存图素

续表

命令全名	简化命令	说　明	命令全名	简化命令	说　明
SAVEOLD	SO	保存为旧版本	SYMMETRY	SYM	对称符号
SAVEWMF	SAW	存为 WMF 文件	TEXT	T	标注字符
SCALE	SC	比　例	TEXTALIGN	TAL	文字对齐
SECTION	SEC	剖面符号	TEXTAVOID	TAD	文字避让
SEL88J98J	S89	门窗图集	TEXTMERGE	TMG	文字合并
SETASAVE	ST	设置自动存盘时间	3DFACE	3D	创建三维面实体
SETUCS	UCS	设置局部坐标系	TRANSFOR	TRA	图素变换
SHOWPROPERTY	CH	属性工具框	TRIM	TR	修　剪
SHOWSCREEN MENU	SM	屏幕菜单	TRIMM	TRM	圈内裁剪
SHOWSS	SU	取消隐藏	TTODWG	TTW	T 图转 DWG
SHWNEWDOC	SDOC	最新改进说明	UNDO	U	回退
SNAP_SETTING	SST	捕捉设置	UNITEUCS	UUCS	统一局部坐标系
SNAPAREA	SNA	围区面积	VERSION	VER	关于本程序
SNAPUCS	SUCS	选择局部坐标系	WALLDRAW	WA	绘 墙 线
SNPEDITT	ET	点取修改	WALLINPUT	WI	墙 布 置
SNPINQLY	SIL	点取查询图层	WNDRDRAW	WD	门窗布置
SNPMODLY	SL	点取修改	ZOOM	Z	缩　放
SNPNOWLY	SNL	点选当前层	ZOOM2X	Z2X	放大 1 倍
SPACEDOWN	SPD	字行等距	ZOOMALL	ZA	显示全图
SPLINE	SP	样条曲线	ZOOMEXT	ZE	充满显示
STAIRDRAW	STA	楼梯布置	ZOOMPAN	PAN	平移显示
STDOUBLE	SDB	单线变双	ZOOMPIP	ZIP	局部放大
STIRRUP	STI	画 箍 筋	ZOOMPRV	ZP	恢复显示
STRETCH	S	拉　伸	ZOOMRO	ZR	观察角度
STS_BZGB	SBB	标注钢板	ZOOMSM	ZD	实时平移
STS_BZHF	SBF	标注焊缝	ZOOMSX	ZDS	实时缩放
STS_BZNUM	SBN	标注编号	ZOOMWIN	ZW	窗口放大
STS_HLSQ	SLS	画螺栓群	ZOOMX	ZX	比例缩放
STS_ZLSK	SLSK	注螺栓孔	ZOOMX2	ZX2	缩小一半
SUPPTBAR	SUP	画 槽 筋			